Bernd Stoy
Wunschenergie Sonne

Bernd Stoy

WUNSCH-ENERGIE SONNE

Energie-Verlag GmbH

Der Verfasser dankt den Herren
Karl Biasin, Dr. Bernd Dietrich, Peter Göricke,
Peter Kalischer, Dr. Ernst-Werner Mann, Manfred Seidl
und Ingo Wallner
für Ergänzungen, Korrekturen und intensive Diskussion
des Manuskriptes.

ISBN 3-87200-611-8

Inhaltsverzeichnis

Einführung

Unerschöpflich, umweltfreundlich, heute und in aller Zukunft kostenlos, diese Eigenschaften ließen die Energiequelle Sonne zur Wunschenergie werden. Mit ihr könnten – so wird es unterschwellig dargestellt – die meisten Probleme in kurzer Zeit gelöst werden: der Energiebedarf der Industrienationen, die wirtschaftliche Abhängigkeit der zumeist sonnenreichen Entwicklungsländer, die Nahrungslücken der Menschheit, die zunehmende Verschmutzung unserer Atmosphäre, der Ausweg aus dem Zwang zur friedlichen Nutzung der Kernenergie und vieles andere.

Doch stimmt das wirklich? Ist Sonnenenergie unerschöpflich, umweltfreundlich, kostenlos? Kann Sonnenenergie auch Kernenergie ersetzen? Lassen sich Weltprobleme kurzfristig mit Sonnenenergie lösen?

Manche Journalisten und Politiker, auch manche Wissenschaftler und Autoren von Fachbüchern spielen mit dieser Hoffnung, indem sie die Möglichkeiten der Sonnenenergie ausgesprochen positiv darstellen. Manche wissen dennoch sehr wohl, daß uns diese Energiequelle nicht in den Schoß fällt. Doch sie wollen einen besonders positiven Beitrag leisten, indem sie Hoffnungen wecken, die Bereitschaft zu Vorleistungen erhöhen, der Euphorie Auftrieb geben. Andere haben tatsächlich die unerschütterliche, auch durch sachliche Diskussion nicht zu ändernde Meinung, daß der Weg zur Sonne viel schneller zu beschreiten sei, als es die gewachsenen Strukturen, der Wettbewerb mit anderen Energiearten, die physikalischen Gegebenheiten nun einmal zulassen.

Der Mensch konnte in den Jahrtausenden seiner Entwicklungsgeschichte immer tiefer in die Wirkungsweisen und Abhängigkeiten seiner näheren und später auch weiteren Umgebung eindringen. Die Erfolge auf einem Gebiet, das wir Naturwissenschaft nennen, sind vor allem in der kurzen Zeitspanne der letzten 200 Jahre so groß, daß die heutige Generation beginnt, das Augenmaß für das Machbare zu verlieren.

Einer Zeit der grenzenlosen Entdeckungen folgt vielleicht eine Zeit der Entdekkung der Grenzen. Dieser Satz soll keinen Pessimismus verbreiten, er soll nur eine gewisse Skepsis vor allzu schneller Verwirklichung eines gigantischen Projektes zum Ausdruck bringen, das letztlich zum Ziel hat, die Energieträger Kohle, Öl, Erdgas und Kernenergie nach und nach durch Sonnenenergie – und das auch nur teilweise – zu ersetzen. So stellt es sich in letzter Konsequenz für viele zumindest dar. Welcher Zeitraum im einzelnen und jeweils für die vorgenannten Energieträger hierfür einzurechnen wäre, „das steht in den Sternen", – wozu übrigens auch der uns nächstliegende Fixstern, die Sonne, zu rechnen ist.

Wie würden Sie antworten, stellte man Ihnen folgende Frage: „In welchen Formen finden wir Sonnenenergie auf unserem Planeten?"

Von tausend Befragten nannten neunhundertneunzig die Begriffe Sonnenstrahlung, Sonnenlicht, Sonnenschein. Nur ein Prozent, also zehn von tausend Befragten, äußerten sich differenzierter. Sie erwähnten neben der Strahlungsenergie auch noch die Fotosynthese der Pflanzen, die Windenergie, die Energie des Laufwassers oder die Sonnenenergie als ursprüngliche Quelle für Kohlenwasserstoffe wie Steinkohle, Braunkohle, Torf, Mineralöl und Erdgas.

Nur ein Promille, also einer von tausend, fügte hinzu, daß der Energieinhalt der Umgebungsluft hauptsächlich aus Sonnenenergie stamme. Und doch handelt es sich bei der Erdatmosphäre um einen der größten Energieträger überhaupt, der tagtäglich von Sonnenenergie gespeist wird und dadurch sein Energieniveau in einem komplizierten Jahresgleichgewicht aufrechterhalten kann.

Wer sich näher mit den faszinierenden Aussichten der Nutzung von Sonnenenergie befaßt, der wird eine Vielfalt von Möglichkeiten entdecken. Der Versuch zu ihrer Verwirklichung allerdings würde zu mancher Enttäuschung führen; denn wäre alles so einfach, längst hätte die Energiequelle Sonne viel größere Beachtung gefunden.

Erst 1974 begannen viele Industrieländer, besonders solche mit freier Marktwirtschaft, größere Aktivitäten zur Anzapfung dieser unerschöpflichen Energiequelle zu entwickeln. Nahezu gleichzeitig wurden von Privatleuten und Industriefirmen, von Behörden und Politikern zahlreiche Impulse gegeben.

Aus großem Abstand betrachtet, liegt wohl der tiefere Grund für die plötzliche Entfaltung so vieler Interessen in der gewaltigen Herausforderung, den zukünftigen Energiehunger der Menschheit zu stillen. Die Ölkrise, der Energienotstand mancher Entwicklungsländer, verschiedene auf Rohstoff- und vor allem Energiemangel beruhende Weltuntergangsthesen, die emotionale Auseinandersetzung um die Kernenergie, sie alle verstärken den Drang zur Sonnenenergie.

Für manche schon heute, für viele recht bald, ist Sonnenenergie eine Wunschenergie. Von Wünschen kann man träumen, auf sie hoffen und dabei seiner Phantasie freien Lauf lassen. Wirklichkeit werden sie bei solch passiver Einstellung nur selten. Viel mehr Aussicht auf Erfüllung eines Wunsches ist gegeben, wenn er einigermaßen wirklichkeitsnah ist, und wenn wir selbst, wo immer möglich, zu seiner Verwirklichung aktiv beitragen. Im übertragenen Sinn läßt sich für die Wunschenergie Sonne beides bestätigen: Sie besitzt durchaus Wirklichkeitsnähe, und die Aktivitäten zur Durchsetzung der erhofften Ziele nehmen von Jahr zu Jahr zu.

Nur eines sollten wir dabei nicht aus dem Auge verlieren: Zur Erfüllung dieses Wunsches gehört, wie in vielen anderen Fällen übrigens auch, ein gewisser Reichtum an herkömmlichen Energien, an Wirtschaftskraft, an geistigem Potential besonders im naturwissenschaftlichen Bereich. Oder wenn das Wort Reichtum stören sollte, es gehört hierzu eine gewisse Substanz.

Vernichten oder schmälern wir diese Substanz, d.h. übertreiben wir unser Engagement für andere, eher verbale Wissenschaftsbereiche,

schaffen wir den Nährboden für die Ablehnung unternehmerischen und innovationsfreudigen Handelns, ersticken wir in Verwaltungsapparaten und Überorganisation,

erhöhen wir die Umweltschutzauflagen für die Verwendung herkömmlicher Energien bis zu einer unerträglichen Belastung der gesamten Volkswirtschaft,

verhindern wir notwendige Alternativen zu herkömmlichen Energien, wie z.B. die Stromerzeugung in Kernkraftwerken,

so wird uns die Substanz fehlen, um den nächsten Schritt tun zu können, den Schritt zur großtechnischen wie auch millionenfach dezentralen Nutzung der Sonnenenergie.

Wie breit gefächert die Möglichkeiten zur Anwendung dieser Wunschenergie schon heute sind, wie komplex die Zusammenhänge, gegenseitigen Abhängigkeiten oder Rückwirkungen, wie dornig und lang aber auch der Weg zu einer wirklich fühlbaren Entlastung der konventionellen Energieträger ist, das wird in diesem Buch beschrieben.

So breit und verschiedenartig auch die Verfahren zur Umwandlung der Sonnenenergie sind, so breit und verschiedenartig kann auch das Interesse des Leserkreises sein. Nur deshalb wird hier der Versuch unternommen, im Hauptteil vieles nur im großen Überblick aus weitem Abstand zu betrachten und für alle, die sich jeweils besonders interessieren, noch einige Details im Anhang zu beschreiben.

Teil I
Eigenschaften der Sonnenenergie

I. 1 Was ist unerschöpfliche Energie?

Energiequellen, Energieträger, Primärenergie, Sekundärenergie, Nutzenergie und andere Energiebegriffe gehören für Fachleute oder Energieexperten zum täglichen Brot. Als jedoch die Sonnenenergie, ihre direkte oder indirekte Nutzung, immer mehr an Bedeutung gewann, stellte sich heraus, daß vor allem der Begriff „Energiequelle" überdacht werden mußte.

Wasserkraft, Steinkohle oder Braunkohle, Erdöl, Erdgas, Kernenergie gelten als Primärenergie. „Primär" kann man sie jedoch nur aus unserer gegenwärtigen Sicht bezeichnen. Feste, flüssige oder gasförmige Brennstoffe wie Holz, Torf, Kohle, Öl, Gas sind an sich das Ergebnis eines jahrmillionen zurückliegenden Umwandlungsprozesses (Sonnenenergie → Pflanze oder Plankton → Kohlenwasserstoff = Kohle oder Erdöl oder Erdgas). Eben deshalb sind sie nicht ursprünglich. Ihr Vorrat ist begrenzt. Ihr Raubbau führt zu ihrer Erschöpfung. Der Zeitraum zu ihrer Entstehung ist nach menschlichen Zeitmaßstäben unendlich groß. Abgesehen davon begünstigen die klimatischen Verhältnisse des gegenwärtigen Erdzeitalters nicht mehr oder nur noch an wenigen Stellen die Bildung solcher Kohlenwasserstoffe.

Ein Warten auf Nachschub ist somit undenkbar. Primärenergie dieser Art ist primär, was ihre Weiterverwendung als Brikett, als Kokskohle, als Benzin, als Flüssiggas usw. anbelangt. Aber nicht in bezug auf ihre Entstehung. Diese verdankt sie primär der Strahlungsenergie der Sonne.

Die Nutzung der Kernenergie durch Spaltung von schweren Atomen (Thorium, Uran, Plutonium) oder durch Verschmelzung von leichten Atomkernen (Wasserstoff) stellt ein gewaltiges Energiereservoir dar. Unerschöpflich im strengen Sinn ist diese Primärenergie jedoch nicht. Bei der Kernspaltung ist sie an das Vorkommen von Elementen mit schweren Atomkernen auf dieser Erde gebunden. Auch sie können zunehmend abgebaut werden, d.h. sie können sich erschöpfen. Bei der Technik der schnellen Brüter zwar erst in viel längeren Zeiträumen, weil die Ausnutzung der eingesetzten Kernbrennstoffe vierzig- bis sechzigmal höher ist. Bei der Kernverschmelzung, deren Technologie noch viele ungelöste Aufgaben stellt, wäre das Energiereservoir des in den Weltmeeren enthaltenen Wasserstoffs so unendlich groß, daß diese Primärenergie „quasi - unerschöpflich" wäre.

Ganz anders liegen die Verhältnisse bei der Wasserkraft. Durch den Kreislauf „Verdunstung von Süß- bzw. Salzwasser → Winde und Wasserausfall in der Atmosphäre → Niederschläge → Laufwasser in Bächern und Flüssen → Mündung der Wasserströme in die Meere → Verdunstung" erneuert sich diese Energiequelle ständig. Deshalb wird das Laufwasser im bisherigen Sprachgebrauch häufig auch als Energiequelle bezeichnet. Streng genommen sind auch die Wasserkraft und der Wind keine Energiequellen, sondern nur ein Energieträger. Wie der vorbeschriebene Kreislauf zeigt, wird die Energie des Laufwassers durch Sonnenenergie geliefert. So stellt sich durch das Beispiel Wasserkraft die Frage, ob es auf dieser Erde unerschöpfliche Energiequellen gibt, die auch bei dem extrem hohen Energiebedarf einer noch immer wachsenden Menschheit stets ausreichend zur Verfügung stehen.

Sucht man bei allen bekannten Energieträgern nach dem Ursprung ihres Energieeinhaltes oder ihrer Energieversorgung, so bleiben drei Energiequellen, die nach menschlichen Zeitmaßstäben unerschöpflich sind: Sonnenenergie, geothermische Energie, Rotationsenergie in Verbindung mit der Massenanziehung zwischen Erde und Gestirnen.

Wie unterscheiden sich diese drei Energiequellen untereinander und von der Kernenergie?

Zur geothermischen Energie, der im Erdinneren gespeicherten Wärmeenergie, wird angenommen, daß unser Planet zu Beginn seiner Entstehung einen riesigen Betrag an Hochtemperaturwärme „mitbekommen" hat. Über die Herkunft der Erdwärme, mit Ausnahme des wärmeerzeugenden Zerfalls radioaktiver Stoffe in der granitartigen Schicht der Erdkruste, gibt es keine sicheren Theorien.

Könnte man in größere Tiefen der Erdschichten vordringen und nur ein klein wenig von diesem Energievorrat anzapfen, so würden große Primärenergiemengen zur Verfügung stehen. Theoretisch wäre eine nach menschlicher Vorstellung unerschöpfliche Energiequelle erschlossen. Praktisch würde sich eine Fülle von Problemen ergeben.

Bei der Rotationsenergie in Verbindung mit der Massenanziehung zwischen Erde und Gestirnen überlagern sich zwei äußerst komplizierte Vorgänge. Einerseits handelt es sich wieder um eine „Mitgift", die unser Planet bei seiner Entstehung erhielt, nämlich die Rotation oder den Drehimpuls. Er entspricht einem großen Energiebetrag. Gleichzeitig entsteht durch die Massenanziehung zwischen Erde und Gestirnen, in erster Linie zwischen Erde und Mond, ein Kraftfeld, das sich u.a. in den Gezeiten der Weltmeere äußert. Wie das Laufwasser sind die Gezeiten auch nur Energieträger und nicht Energiequelle. Die eigentliche Quelle, Rotation in Verbindung mit Massenanziehung, ist nach unseren Begriffen unerschöpflich. Ihre Nutzungsmöglichkeiten sind nach heutigem Wissen allerdings sehr begrenzt.

Kernenergie, der schon das Prädikat „quasi – unerschöpflich" erteilt wurde, ist Umwandlung von Materie in Energie. Auf unserer Erde steht Materie, vor allem solche zur Kernspaltung, jedoch nur in gewissem Umfang zur Verfügung. Diese Materie stellt eine Art Energiespeicher dar. Unerschöpflich ist dieser demnach nicht. Doch handelt es sich um ein enormes, nach menschlichen Zeitmaßstäben nahezu unbegrenztes Energiereservoir, das die Erzeugung einer besonders hochwertigen, vielseitig anwendbaren Energieform, die Erzeugung von Hochtemperaturwärme und daraus wiederum die Erzeugung von Elektrizität ermöglicht.

Die Umwandlung von Materie in Energie führt uns zur dritten, nach menschlichen Maßstäben wirklich unerschöpflichen Energiequelle, der Sonnenenergie.

Einfach ausgedrückt, ist die Sonne ein riesiger Kernreaktor, in dem seit Milliarden von Jahren ein Kernverschmelzungsprozeß abläuft. Ein winziger Bruchteil der freigesetzten, in das Weltall abgegebenen Energie erreicht als Solarstrahlung die Erde.

Physikalisch betrachtet, das sei der Ordnung halber hinzugefügt, sind weder die geothermische Energie noch die Massenanziehung, noch die Sonnenenergie unerschöpflich. Irgendwann, bei der Sonne sind es noch etwa 4,5 Milliarden Jahre, wird auch diese Energiequelle „den Wärmetod erlitten haben", d.h. die ständige Energieumwandlung hat zu einem Abbau an hochwertiger Energie geführt, zu einer Umwandlung in niederwertige Energie. Die Sonne „erkaltet".

Nicht nur Lichtquanten werden durch den Kernverschmelzungsprozeß des Kernreaktors Sonne freigesetzt, sondern auch andere Elementarteilchen. Eine noch utopische Energiequelle, deren theoretische Grundlagen Kernphysiker gegenwärtig erforschen, ist der kosmische Neutrinofluß. Neutrinos sind ungeladene Elementarteilchen mit der Ruhemasse Null. Sie bewegen sich mit Lichtgeschwindigkeit. Die energieerzeugenden Prozesse in der Sonne und in anderen Sternen sind starke Neutrinoquellen. Bei der im Sonneninnern aus der Verschmelzung von Wasserstoff zu Helium entstehenden Energie werden Neutrinos frei, die einen beträchtlichen Anteil der frei werdenden Energie mit sich führen. Wie unvorstellbar dicht dieser Neutrinostrom ist, geht daraus hervor, daß jeden cm^2 der Erdoberfläche in der Sekunde 60 Milliarden von der Sonne herkommende Neutrinos durchqueren. Die Nutzung dieser ungeladenen, masselosen, aber energiereichen Elementarteilchen zur Energieerzeugung gehört vorläufig in den Bereich der Utopie. Gleiches gilt für die Nutzung der Magnetfelder, die aus der Umdrehung (Rotation) der Himmelskörper resultieren.

Bleiben wir auf dem Boden der Wirklichkeit. Wenden wir uns wieder der licht- und wärmespendenden Energiequelle Sonne zu. Häufig wird die Frage gestellt, welche Rückwirkungen die Nutzung der Sonnenenergie auf dem Wärmehaushalt der Erde haben könnte, wie groß das Verhältnis zwischen menschlichem Energiebedarf und Solareinstrahlung sei und welche Anteile von direktem und indirektem Sonnenenergieangebot zur Nutzung in Frage kämen. Hiermit befassen sich die folgenden drei Kapitel.

I. 2 Mitreisende im „Sonnenstrom“

Was hier zunächst interessiert, ist die Feststellung eines ganz wesentlichen Vorteils der Sonnenenergie gegenüber allen anderen Energiequellen. Er besteht darin, daß allein die Nutzung der Sonnenenergie eine zusätzliche Wärmebelastung der Atmosphäre ausschließt. Warum?

Energieverbrauch ist ein häufig verwendeter Begriff. An sich dürfte er nicht gebraucht werden, genau so wenig übrigens, wie der Begriff der Energieerzeugung. Physikalisch gesehen kann Energie weder erzeugt noch verbraucht werden. Energie verwandelt sich nur von einer Energieform in die andere. Bei jeder Umwandlung aber „verliert sie an Wert“; denn jede Energieumwandlung ist mit einem Verlust nicht an Energie an sich, sondern an ihrer „Wertigkeit“ verbunden.

Ein praktisches Beispiel hierzu: Bei der Ölheizung wird die chemisch gebundene Energie des Heizöls durch Verbrennung in Wärme umgewandelt. Dabei geht keine Energie verloren, sondern aus der hochwertigen Energieform Heizöl ist geringerwertige Energie, nämlich Heizwärme in der Warmwasserzentralheizung bzw. Abwärme an der Oberfläche des Heizkessels und in den Abgasen des Schornsteines geworden. Am Heizkörper der Zentralheizung findet ein Wärmeaustausch mit der Raumluft statt. Das Temperaturniveau des Heizwassers sinkt, d.h., die „Wertigkeit dieser Heizenergie“ nimmt für diesen Anwendungsfall ab, ohne daß dabei Energie verloren ginge, weil die Raumluft erwärmt wurde. Letztere aber gibt ihren Energieeinhalt an die Zimmerwände, an die Fenster, an die Frischluft, die durch Ritzen und Fugen streicht, wieder ab. Ohne daß ein mengenmäßiger Energieverlust eintrat, ist ihre Wertigkeit schließlich auf dem niedrigen Niveau der kalten Winterluft angelangt (siehe auch Kapitel I. 6).

Verfolgt man diese ganze Umwandlungskette vom Heizöl bis zur kalten Winterluft, so ist der Energiebetrag, der z.B. in einem kg Heizöl vor der Verbrennung steckt (10200 kcal oder rd. 42,7 Mio Joule) nach der vollständigen Verbrennung ganz und gar, früher oder später in der Außenluft enthalten (Umrechnung von Energieeinheiten siehe Anhang V. 11).

Diesen Vorgang könnte man für jede Art der Energieumwandlung aufzeigen. Die Schwingungsenergie der Schallwellen eines Radiogerätes endet letztlich als Reibungswärme in der Umgebungsluft. Die Strahlungsenergie aus einer Glühlampe wird beim Auftreffen auf absorbierende Flächen in Wärme umgewandelt. Die Bewegungsenergie eines PKWs stirbt den Wärmetod durch Abwärme in Motor und Getriebe, durch Reibungswärme zwischen Reifen und Straße, zwischen Karosserie und Fahrtwind.

Zusammenfassend gilt aufgrund der Energieerhaltungssätze, daß alle von Menschen umgewandelte Energie nach der Nutzung der jeweils gewünschten Energieform zu Niedertemperaturwärme wird – entsprechend dem Temperaturniveau der Umgebung –, daß aller „Energieverbrauch" somit zu einer Wärmebelastung der Atmosphäre führt. Der Energiekonsum der Menschheit, d.h. die Umwandlung von Primärenergie in Nutzenergie, hat schon einen gewaltigen Umfang erreicht, er wird in Zukunft phantastische Formen annehmen. Ändert sich hierdurch das Wärmegleichgewicht der Atmosphäre?

Diese Frage kann schon heute für bestimmte Regionen beantwortet werden (siehe Kapitel IV. 1). Von Menschen gemachte, sogenannte anthropogene Umweltwärme wird eine Grenze darstellen, die regional zu Schwierigkeiten führen könnte, gäbe es nicht die Sonnenenergie.

Bei der Verbrennung von Holz, Kohle, Öl oder Gas, bei der Spaltung von Kernbrennstoffen, bei der Nutzung geothermischer Energie, in all diesen Fällen wird Energie, die auf, in oder an der Erde gespeichert ist, in Nutzenergie umgewandelt. Nach ihrer Nutzung belastet sie zusätzlich die Atmosphäre mit Wärme. Bei der täglich auf die Erdoberfläche als Schwingungsenergie eingestrahlten Sonnenenergie gilt dies nicht, weil sie täglich von der Erde in praktisch gleicher Menge teils direkt, teils als Niedertemperaturwärme an den Weltraum zurückgestrahlt wird.

Nach all diesen Erläuterungen stellte jemand die logische Frage, warum denn die von Menschen gemachte, die sogenannte anthropogene Umweltwärme, die aus der Umwandlung von Kohle, Öl, Gas, Kernenergie entsteht, nicht auch an den Weltraum abgegeben würde. Die Antwort – sehr kurz gefaßt und etwas vereinfacht — lautet, daß diese zusätzliche Wärmebelastung zwar auch von der Atmosphäre früher oder später an den Weltraum abgegeben wird. Sie könnte aber regional zu Klimaveränderungen – Wärmeglocken über Ballungsgebieten – führen.

Verwendet man dagegen Sonnenenergie, um sie in Elektrizität, Wasserstoff, Prozeßwärme oder Heizwärme umzuwandeln, so tritt nur eine zeitliche Verzögerung zwischen Einstrahlung und Rückstrahlung auf. Diese Verzögerung kann je nach Speicherung der umgewandelten Energie, z.B. bei Wasserstoff, Monate oder Jahre umfassen. Aber absolut betrachtet, bleibt es dabei, daß von dem riesigen, täglich auf der Erde ankommenden „Sonnenstrom" ein klein wenig zur vorübergehenden Nutzung abgezweigt und nach der Nutzung wieder voll als Niedertemperaturwärme zurückgegeben wird.

Um es noch einfacher auszudrücken: Bei der Nutzung von Sonnenenergie sind wir „Mitreisende im Sonnenstrom". Nur für diese Energiequelle gilt, daß die Atmosphäre ihr natürliches Gleichgewicht behalten kann. Nur für diese Energiequelle gilt vor allem, daß bei ihrer Umwandlung im Prinzip keine Schadstoffe oder Abfallprobleme entstehen.

Die Verbrennung von Kohlenwasserstoffen führt außerdem zu einem Anstieg des Kohlendioxidgehaltes der Atmosphäre und der Weltmeere. Hierdurch könnten nicht nur regionale, sondern globale Auswirkungen entstehen. Denn mit der Zunahme des Kohlendioxidgehaltes steigt die Wärmespeicherfähigkeit der Atmosphäre, und es sinkt ihre „Durchlässigkeit" für Sonnenlicht. Mehrere, teils einander widersprechende Theorien zeigen, daß die Erdoberfläche hierdurch um Bruchteile mehr oder weniger Sonnenenergie enthält, kälter oder wärmer werden könnte. Die zusätzliche Wärmebelastung durch die vorbeschriebene anthropogene Umweltwärme spielt dabei auch eine wichtige Rolle.

Die Theorien zeigen viele Unsicherheiten hinsichtlich der möglichen katastrophalen Folgen. Die Folgen brauchten übrigens nicht nur negativ, sie könnten – zumindest für bestimmte Regionen – auch positiv sein. Einerseits wird vielleicht manches übertrieben, andererseits sind wir uns vielleicht der Gefahren gar nicht so recht bewußt. Würden wir zum Beispiel das knapper werdende Öl weniger durch Kernenergie und mehr durch Steinkohle ersetzen, so trügen wir sogar zu einer weiteren Erhöhung des Kohlendioxidgehaltes der Erdatmosphäre bei.

Erkannte Gefahren, aber nicht abzuschätzende, auch nicht auszudenkende Folgen. Sicher ist nur eins: Die Nutzung der Sonnenenergie bewahrt uns gleich vor drei Gefahren, die eines Tages jedes Land dieser Erde, jeden Bewohner dieses Planeten mehr oder weniger treffen könnten:

> Sonnenenergie bewahrt uns vor einem Raubbau an den sich erschöpfenden Primärenergien,
>
> Sonnenenergie bewahrt uns vor einer zusätzlichen Wärme- und Schadstoffbelastung der Atmosphäre,
>
> Sonnenenergie bewahrt uns vor einer Veränderung des Erdklimas mit noch nicht absehbaren Folgen.

Das schließlich letzte Fragezeichen wird gesetzt, wenn es um die möglichen Rückwirkungen der Sonnenenergie selbst durch großflächige Solaranlagen geht. Solche Überlegungen werden noch diskutiert. Bezogen auf die Energiebilanz der Erde sind diese Rückwirkungen allerdings weitaus harmloser als alle anderen Lösungen. Wie aber die täglich eingestrahlte Sonnenenergie auf unserem Planet umgewandelt wird, welchen Weg sie im einzelnen nimmt und wie groß ihre Menge im Vergleich zu anderen Energieströmen ist, das zeigt die folgende Betrachtung.

I. 3 Die Energiebilanz der Erde

In einem ganz schmalen Raumwinkel wird der Planet Erde von den Lichtquanten des Fixsternes, den wir Sonne nennen, getroffen. Alles Leben auf der Erde ist abhängig von diesem Energiestrom. Er ermöglicht sämtliche thermodynamischen, biologischen und chemischen Kreisprozesse. Alle Stufen der Energieumwandlung aber sind letztlich irreversibel, d.h. freiwillig laufen sie nur in eine Richtung ab; sie sind nicht umkehrbar. Die zugestrahlten Energiemengen werden in Umwandlungs- und Nutzungsketten umgesetzt und schließlich als Wärmestrahlung wieder in das Weltall abgegeben.

Bei den Prozessen der Kernverschmelzung auf der Sonne entsteht aus dem Element Wasserstoff das Element Helium unter Freisetzung von Energie. Diese wird z.T. als elektromagnetische Strahlung ausgesandt. Nach der Theorie vom Teilchenbild kann man sich diesen Energiestrom aus Lichtquanten bestehend vorstellen.

Seit etwa 4,5 Milliarden Jahren „brennt das Sonnenfeuer", vollzieht sich diese Umwandlung von Materie in Energie. Noch einmal so lang kann es nach menschlicher Berechnung dauern, bis der Sonnenofen erlischt. So lange nämlich steht der Sonne Wasserstoff für diesen Prozeß der Kernverschmelzung, der nuklearen Fusion, zur Verfügung. 4500 Millionen Jahre, das ist eine Zeitspanne, die menschliches Vorstellungsvermögen übersteigt – eine Unendlichkeit.

Gleichermaßen entzieht sich unserem Vorstellungsvermögen, welche Leistung und welche Energiemenge insgesamt von der Sonne in den Weltraum gestrahlt wird. An den äußeren Schichten der Erdatmosphäre beträgt sie bei einer senkrecht zur Sonne ausgerichteten Fläche 1,36 kW/m^2. Diesen bei mittlerer Entfernung zwischen Sonne und Erde auftretenden Leistungsbetrag nennt man die Solarkonstante. Diesen Wert kann sich jeder leicht vorstellen, wenn er ihn z.B. mit seinem elektrischen Heizöfchen vergleicht, das in der Regel 2 kW erzeugt. Unvorstellbar ist aber die Leistung, die sich bezogen auf die der Sonne zugewandten Erdhälfte ergibt, nämlich rund $175 \cdot 10^{12}$ kW. Das sind 175 Billionen Kilowatt oder 175 Milliarden Megawatt (Einheiten siehe Anhang V. 11).

Man sucht nach Vergleichen. Die größten Kraftwerksblöcke der Welt haben eine elektrische Leistung von rd. 1300 Megawatt. Somit entsprächen der auf die Erde wirkenden solaren Strahlungsleistung etwa 135 Millionen solcher Riesenkraftwerke.

Eine weitere Frage ist, ob die beiden anderen unerschöpflichen Energiequellen, geothermische Energie und Massenanziehung, im Vergleich zur Sonnenenergie eine ähnlich hohe Leistung freisetzen. Diese Frage interessiert besonders dann, wenn es um die Energie- bzw. Leistungsbilanz der Erde geht.

Errechnet man die Leistungen, die aus der geothermischen Energie in Form von Wärme an die Erdoberfläche gelangen und die aus Massenanziehung über die

Gezeiten der Meere als Bewegungs- und Reibungsenergie letztlich auch in Wärme umgewandelt werden, so zeigt sich unsere geradezu dramatische Abhängigkeit von der Sonnenenergie. Die Leistung der Gezeitenenergie ist ungefähr 5000mal geringer als die Leistung der Sonnenenergie. Auf die ganze Erde bezogen beträgt die Leistung für die Gezeitenenergie rd. 3 Millionen Megawatt und für die geothermische Energie rd. 32 Millionen Megawatt. Zur Wiederholung: Die auf die Erde wirkende Leistung der Sonnenenergie liegt bei 150 Milliarden Megawatt.

An bestimmten Stellen der Erde, regional aber sehr begrenzt, können die Gezeitenenergie und die geothermische Energie stärker ins Gewicht fallen. Für eine Energiebilanz der Erde können wir dies vergessen. „Wohl und Wehe" hängt allein von der Energie der Sonne ab.

Die Energiebilanz der Erde zeigt Bild 1. Diese Darstellung bedarf noch einiger Erläuterungen. Wieder müssen wir mit Zahlen operieren, die außerhalb unseres Vorstellungsvermögens liegen, die nicht einmal in Worten zu fassen sind.

Man konnte errechnen, daß durch die Prozesse der Kernverschmelzung (Fusionszyklen) jährlich von der Sonne $3{,}48 \cdot 10^{30}$ Wh/a in den Weltraum abgestrahlt werden. Etwas weniger als ein halbes Millardstel dieses „Energievulkans" liegt in dem ganz schmalen Raumwinkel, unter dem die Erde von der

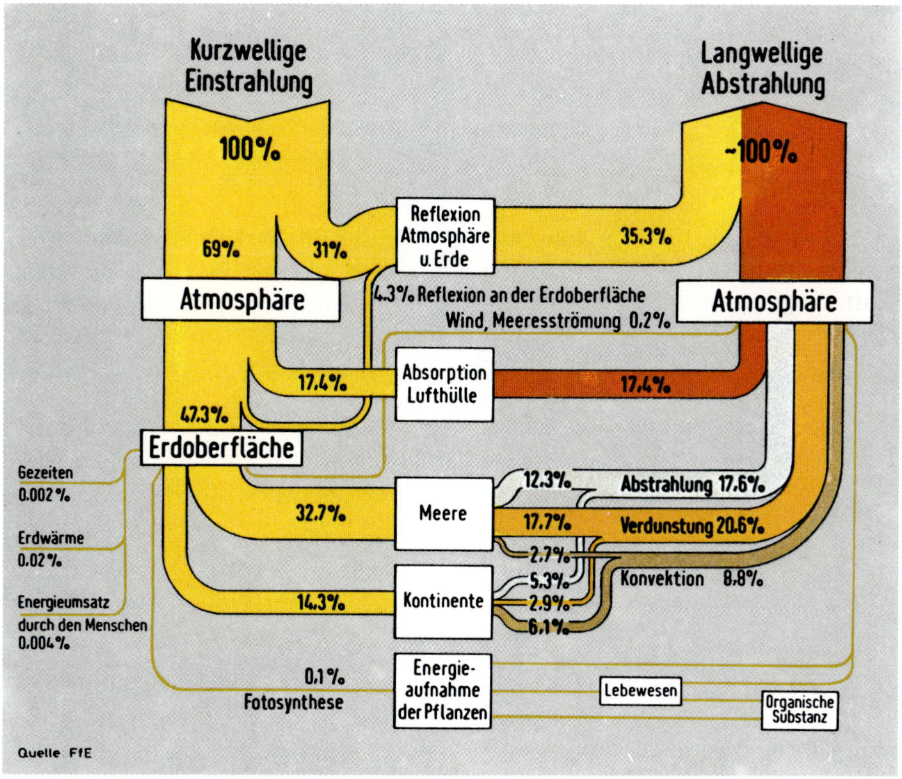

Bild 1: Energiebilanz der Erde (in % der eingestrahlten Sonnenenergie)

Sonne aus gesehen erscheint. Mit diesem Anteil von $4{,}53 \cdot 10^{-10}$ ergibt sich die Energiemenge von $1{,}53 \cdot 10^{21}$ Wh/a, die jährlich auf die Erde eingestrahlt wird. Wer gern in Zahlen badet, der kann diese Energiemenge auch ausdrücken als $1{,}53 \cdot 10^9 \cdot 10^9$ kWh/a und dann von rd. eineinhalb Milliarden Milliarden Kilowattstunden sprechen.

Viel interessanter ist der Energiefluß innerhalb der Erdatmosphäre, auf der Erdoberfläche und zurück zum Weltall. 31% der Energiemenge werden schon an der Lufthülle zurückgeworfen, 17,4% von der Lufthülle aufgenommen (absorbiert) und nur etwa die Hälfte, nämlich 51,6% erreicht die Erdoberfläche.

Die Gesamtreflexion unseres Planeten, 31% an der Atmosphäre und 4,3% an der Erdoberfläche (Land und Meere), ist die sogenannte Albedo der Erde. Dieses von der Erde und ihrer Lufthülle zurückgeworfene Licht vermittelt dem Raumfahrer das Bild seines Planeten.

Wer es genau nimmt, der wird hier den geringfügigen Beitrag durch geothermische Energie (0,02%) und durch Gezeitenenergie (0,002%) nicht vergessen und dem „Sonnenenergiestrom" hinzufügen. Auch der Energieumsatz durch Menschen, d.h. die schon erwähnte anthropogene Umweltwärme, ist zusätzliche Energie und darf in einer genauen Energiebilanz nicht fehlen. Dieser Anteil von 0,004% ist zwar erdweit betrachtet sehr gering. Deshalb mag mancher denken: Warum so viele Worte über diese kleine Menge, die knapp ein halbes Zehntausendstel der eingestrahlten Sonnenenergie beträgt!

Doch es muß hier wieder an das empfindliche Energiegleichgewicht unseres Planeten erinnert werden. Man stelle sich eine große Waage vor, die durch verschiedene, teilweise sehr schwere Gewichte beiderseits im Gleichgewicht gehalten wird.

Auf der linken Seite der Waage liegt eine riesige Last, vergleichbar mit der auf die Erdoberfläche auftreffenden Sonnenenergie. Kaum sichtbare, winzige Gewichte – auch auf dieser Seite der Waage – stellen die Beträge für Gezeitenenergie und geothermische Energie dar.

Ein Gewicht liegt neben der Waage, vergleichbar mit der organischen Substanz, die in Jahrmillionen aus Sonnenenergie durch Photosynthese entstand.

Auf der rechten Seite der Waage liegen viele Gewichte, die das Gleichgewicht halten. Sie sind vergleichbar mit der von der Erde zurückgegebenen Energie. Dies geschieht über Verdunstung, Konvektion und Abstrahlung durch Meere und Kontinente. Auch hier gibt es einige kleine Gewichte, die den Energiebetrag für Wind, Meeresströmung und direkte Reflexion symbolisieren.

Und auf der linken Seite der Waage zündet die Spezies Mensch nun ein „großes Feuer" an, weil diese Lebewesen sich aus dem „gespeicherten Energieberg", der neben der Waage liegt, reichlich bedienen, Kohle, Öl und Gas verbrennen und damit der rechten Seite der Waage ein Gewicht hinzufügen. Noch hat es das Gewicht eines Staubkornes. Noch bringt es die Waage nicht aus dem Gleichgewicht. Noch weiß niemand, wieviele Staubkörner das Gleichgewicht stören könnten. Nicht durch die global vernachlässigbare Umweltwärme, sondern durch den Anstieg des Kohlendioxidgehaltes bei Verbrennung von Kohle, Öl und Gas könnten sich unabsehbare Folgen, z.B. durch geringfügige Temperaturerhöhungen und kaum meßbare „Grautönung" der Polkappen mit dadurch höherer Absorption des Sonnenlichtes ergeben. Beides würde zu einem „gewissen Abschmelzen" der Polkappen führen. Diese Theorie basiert mehr auf Vermutungen, ist aber nicht einfach abzutun. Natürlich wäre es besser, im „Energiestrom mitzureisen", nicht an der organischen Substanz, dem Energiespeicher neben der Waage Raubbau zu betreiben, sondern seinen Bedarf aus dem gewaltigen Sonnenstrom abzuzweigen und der Energiebilanz nicht Neues hinzuzufügen.

Das Energieflußschema in Bild 1 zeigt noch mehr. Es veranschaulicht, wo die Sonnenenergie bleibt, welche die Erdoberfläche erreicht. Auch bei dieser Aufteilung beziehen sich alle Zahlen auf die am Rande der Erdatmosphäre eingestrahlten Sonnenenergiemenge, die gleich 100% gesetzt wurde.

Ein kleiner Teil (4,3%) wird von der Erdoberfläche, insbesondere den Weltmeeren, direkt zurückgestrahlt (reflektiert).

Ein verschwindend kleiner Teil (0,2%) speist die Windenergie und die Energie der Meeresströmungen. Ein großer Teil (32,7%) wird von den Weltmeeren aufgenommen und auf drei verschiedene Weisen an die Atmosphäre zurückgegeben: durch Verdunstung (17,7%), durch Konvektion (2,7%) und durch Abstrahlung (12,3%). Ein bedeutender, aber viel kleinerer Teil als vermutet (nur 14,3%), entfällt auf die Landfläche, die Kontinente. Auch hierfür sind die Prozentwerte für Verdunstung, Konvektion und Abstrahlung genannt.

Die terrestrische Abstrahlung durch Weltmeere und Kontinente unterscheidet sich übrigens durch ihre größere Wellenlänge von der direkten Reflektion – der schon erwähnten Albedo der Erde –, die gleich zu Anfang des Energieflusses angegeben ist. Die von der Sonne auf die Erde einfallende Strahlung ist kurzwellig, die von der Atmosphäre an das Weltall abgegebene Strahlung ist langwellige Wärmestrahlung.

Nur 0,1%, der tausendste Teil, entfällt auf die Photosynthese. Die von den Pflanzen aufgenommene Energie geht allerdings zum größten Teil, zu etwa 80% wieder in die Atmosphäre. Auch beim Verwesungsprozeß wird noch Energie in Form von Wärme, durch Bildung brennbarer Gase und anderer Stoffe, freigesetzt. Ein kleiner Teil wird als organische Substanz gespeichert. Aus hochwertiger Energie, der Solarstrahlung, wird auf diese Weise chemisch gebundene Energie, mit anderen Worten energiereicher Stoff oder Materie hergestellt. Dies ist ein Vorgang, den der Mensch bisher in noch nicht allen Stufen erklären, geschweige denn künstlich nachvollziehen kann.

I. 4 Die Sonnenenergielücke der Bundesrepublik Deutschland

Im Jahre 1975 wurde der Erde 15000mal mehr Sonnenenergie zugestrahlt, als die gesamte Menschheit in jenem Jahr an Energie benötigte. Oder anders ausgedrückt: Setzte man den Jahresenergiebedarf der Menschheit gleich Eins, so strahlte die Sonne im gleichen Zeitraum die 15000fache Energiemenge auf die Erde.

Wie sich zeigen wird, ist dies eine verführerische Zahl. Schon oft zitiert, im Überschwang als unermeßlicher Energieschatz gepriesen, für eine wachsende Menschheit auch noch in fernen Zeiten tausendfach ausreichend, weckt diese Zahl allzugroße Hoffnungen.

Eine Abschätzung der tatsächlichen Möglichkeit wurde 1977 vorgenommen. Sie blieb bisher unveröffentlicht. Das Ergebnis war einerseits niederschmetternd, andererseits aber immer noch relativ günstig. Für bestimmte Länder um den Äquator liegt auch bei dieser Untersuchung das nutzbare Sonnenenergieangebot noch um Größenordnungen über dem menschlichen Energiebedarf dieser Länder. Für einige Industrienationen der nördlichen Halbkugel schrumpft dagegen das Verhältnis, beispielsweise für die Bundesrepublik Deutschland von 15000 : 1 auf 0,2 : 1 – bei den getroffenen Annahmen und für den bundesdeutschen Energiebedarf des Jahres Zweitausend.

Stellt man diese beiden Verhältnisse nebeneinander, so wird man zunächst auf einen Rechenfehler, auf irrtümliche Annahmen hoffen. Der Unterschied zwischen den globalen und den bundesdeutschen Zahlenwerten beträgt hier nämlich 15000:0,2 = 75000! Ein Schock für jeden, der in dem Glauben lebte, daß man sich auch in unserem Land aus einem überreichen Sonnenenergieangebot reichlich bedienen könne. Warum sind wir soviel schlechter gestellt als manche anderen Länder?

Etwa Dreiviertel der Erdoberfläche bestehen aus Wasser, und unser Land gehört zu einem der dichtest besiedelten mit gleichzeitig sehr hohem Energiebedarf. Errechnet man streng physikalisch die auf die gesamte Oberfläche der Bundesrepublik Deutschland im Jahresmittel eingestrahlte Sonnenenergiemenge, setzt man diese ins Verhältnis zu dem 1975 tatsächlich entstandenen Energiebedarf des ganzen Landes, so verringert sich das globale Verhältnis von 15000: 1 auf das Verhältnis von 120: 1.

Der Sonnenenergieeinfall wird auch im Jahre Zweitausend noch immer der gleiche sein, dagegen wird der Energiebedarf des Landes – zwar mit abnehmender Tendenz – aber dennoch weiter ansteigen. Bei weniger als einer Verdoppelung des Energiebedarfs im letzten Viertel unseres Jahrhunderts, was eine sicher sehr bescheidene Annahme ist, ergibt sich für das Jahr Zweitausend ein Verhältnis von nur noch 70: 1.

Doch niemand kann sich vorstellen, daß alles Land mit Kollektoren, Solarzellen, Windkraftwerken usw. belegt sein kann. Niemand wird den physikalischen Gesetzen über die theoretisch maximalen Wirkungsgrade bei der Umwandlung von Sonnenenergie in Elektrizität oder in Wasserstoff, bei einem Solarkollektor, einer frei angeströmten Windturbine, einer Solarzelle usw. widersprechen wollen. Berücksichtigt man alle Möglichkeiten unter optimistischen, um nicht zu sagen utopischen Annahmen, so „landet" man schließlich bei dem erwähnten Verhältnis von 0,2:1.

Ein Drama ist dies nicht. Nur wurde dieser Gedankengang zuvor nicht mit letzter Konsequenz vollzogen. Deshalb glaubt man noch heute allgemein, daß die Wunschenergie Sonne in Zukunft jeden Wunsch erfüllen kann.

Solange es uns nicht gelingt, den Energiebedarf je Gerät, je Anlage, je Prozeß von vornherein deutlich zu vermindern (Beispiel: Wärmedämmung von Gebäuden), den Umwandlungswirkungsgrad bei allen Verfahren drastisch zu erhöhen (Beispiel: Elektrifizierung des Schienenverkehrs), zusammengenommen also den absoluten Energiebedarf sogar zu verringern, solange werden wir in diesem Land selbst bei „grenzenloser" Solaranwendung und extremer Flächenbelegung noch in großem Umfang auf andere Primärenergien, letzten Endes – und daran geht zunächst kein Weg vorbei – auf Kernenergie angewiesen sein.

Es sei denn, die Bevölkerung würde stark reduziert. Kurzfristig könnte dies nur durch eine grausame Katastrophe eintreten. Sehr langfristig gesehen wäre bis zum Jahr Zweitausend ein Bevölkerungsrückgang denkbar, aber doch wohl nur begrenzt. Für 1995 rechnet das Statistische Bundesamt mit 3 bis 4 Millionen weniger Wohndeutschen als heute (Gastarbeiter eingerechnet).

Auf welch schwachen Füßen solche Prognosen stehen, wird aus diesem Beispiel deutlich. Denn zu den einigermaßen sicheren Voraussagen über nur zwei Jahrzehnte gehört normalerweise die Bevölkerungsentwicklung. Weitaus schwieriger ist die Abschätzung des Energiebedarfs für einen solchen Zeitraum. Das einzige, wovon wir ausgehen können, ist, daß der Betrag an jährlich eingestrahlter Sonnenenergie im Jahr 2000 mit allergrößter Wahrscheinlichkeit der gleiche sein wird. Mit ziemlich großer Wahrscheinlichkeit wird unser Energiebedarf jenes Jahres eher noch höher sein als heute. An den physikalischen Gesetzen der Energieumwandlung und der maximalen Wirkungsgrade ist auch nicht zu rütteln.

Bleibt die Schlußfolgerung, daß alle nur denkbaren Anstrengungen unternommen werden sollten, um so viel und so wirtschaftlich wie möglich auch in unserem Land Sonnenenergie nutzbar zu machen. Bleibt aber auch die Erkenntnis, daß Sonnenenergie bis zum Ende dieses Jahrhunderts nicht den Löwenanteil der Energiebedarfsdeckung übernehmen kann.

I. 5 Sonnenscheindauer, Strahlungsintensität und andere Kenndaten

Die Länder dieser Erde sind mit Sonnenenergie nicht gleichermaßen gesegnet. Diese allgemein bekannte Tatsache läßt aber nicht das Ausmaß der Unterschiede und die tatsächlichen Verhältnisse von stündlich oder jährlich eingestrahlter Sonnenenergie erkennen.

In Kapitel I. 3 „Die Energiebilanz der Erde“ wurden die globalen Zusammenhänge erläutert. Die mittlere jährliche Einstrahlung ist in der Äquatorzone, wie man zunächst vermutet hätte, jedoch nicht am größten. Dunstglocken und Niederschläge über den Tropenwäldern schirmen die Strahlung zu manchen Zeiten ab. Die Globalstrahlungskarte der Erde in Bild 2 zeigt die mittlere jährliche Einstrahlung in kWh auf eine horizontale Fläche von einem Quadratmeter. Im Gegensatz zu den nachfolgenden Darstellungen ist hier nicht die Sonnenscheindauer in Stunden pro Tag, sondern die mittlere jährliche Einstrahlung in kWh/m^2 und Jahr angegeben. Nur diese Werte liegen mit einiger Zuverlässigkeit vor. Eine Umrechnung von Einstrahlung in Sonnenscheindauer ist aus verschiedenen Gründen noch nicht möglich. Es wird auch sehr schwierig sein, eine für alle Zonen der Erde gültige Beziehung zu finden.

Bild 2 zeigt auch, daß einige technisch hochentwickelte Länder, wie die USA, Südafrika, Israel und Australien mit Sonnenenergie besonders reich gesegnet sind. Kein Wunder also, daß hier schon seit Jahren – wenn auch wegen der niedrigen Ölpreise nur recht begrenzt – Solaranlagen in Betrieb sind.

Aufschlußreich ist auch ein Vergleich der Sonnenscheindauer in Stunden pro Jahr zwischen der Bundesrepublik Deutschland (siehe Bild 3) und den USA

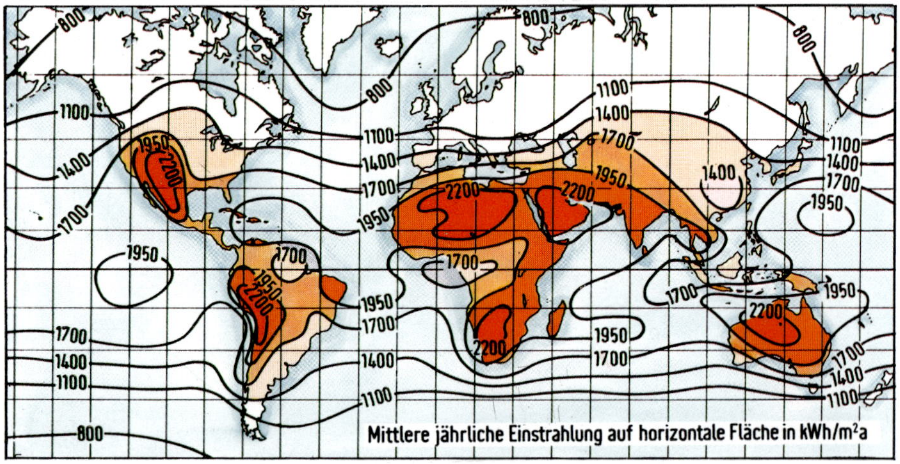

Bild 2: Globalstrahlungskarte der Erde (die eingetragenen Linien gleicher Werte geben die mittlere jährliche Einstrahlung auf eine horizontale Fläche in kWh/m^2 u. Jahr an)

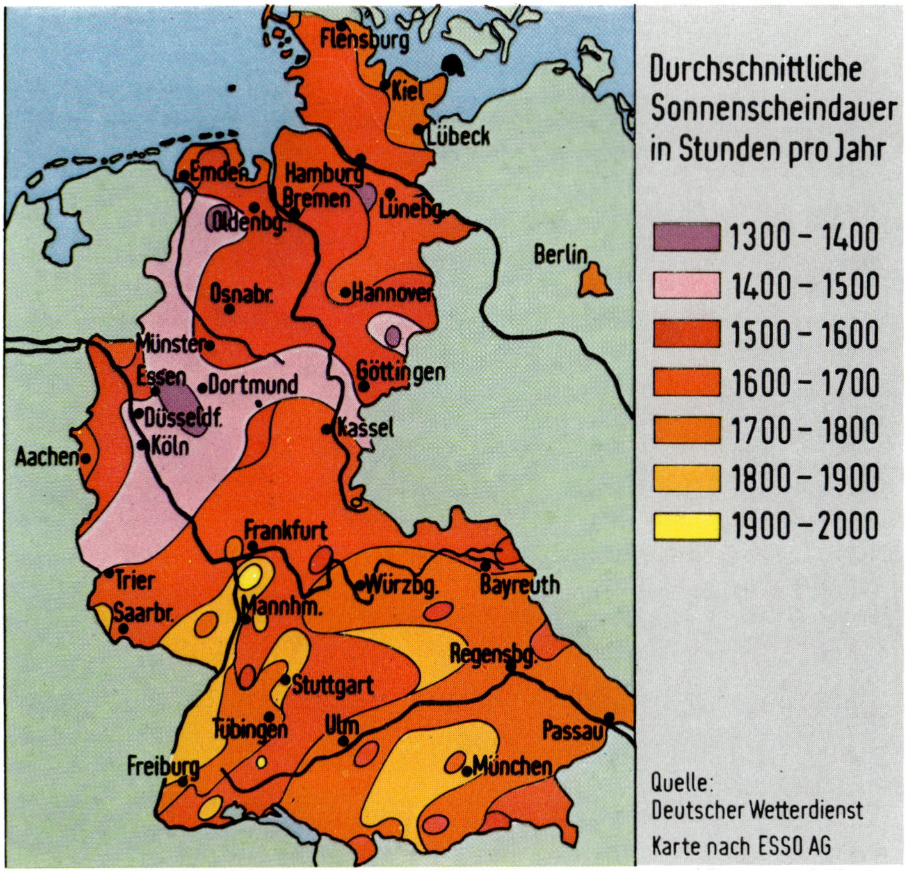

Bild 3: Zonen gleicher durchschnittlicher Sonnenscheindauer (in Stunden pro Jahr) in der Bundesrepublik Deutschland)

(siehe Bild 4). Von den 8760 Stunden des Jahres scheint in den meisten Teilen der Bundesrepublik nur an 1300 bis 1600 Stunden die Sonne. 2000 Stunden sind selten anzutreffende Höchstwerte.

Diese Sonnenscheindauer gibt es in den USA nur an manchen nördlichen Landesgrenzen, aber nicht als Höchst- sondern als Tiefstwerte der Vereinigten Staaten. Etwa ⅔ der riesigen Fläche dürfen mit 2600 bis 3000 Sonnenstunden rechnen. Im Südwesten gibt es sogar ein großes Gebiet mit mehr als 3000 Stunden jährlichem Sonnenschein.

Bild 5 zeigt diesen Unterschied besonders deutlich. Da hier jeweils ein Sommer- und ein Wintermonat miteinander verglichen werden, beziehen sich die Angaben in dieser Darstellung auf Tagesmittelwerte der monatlichen Einstrahlung in kWh/m^2 und Tag. Die jeweils höchsten und tiefsten bisher bekannt gewordenen Werte sind eingetragen. Im Winter liegt der ungünstigste Wert in den USA (Minneapolis) noch etwa doppelt und der günstigste Wert (Miami) etwa fünfmal so hoch wie der günstigste Wert der Bundesrepublik (München). Im Sommer

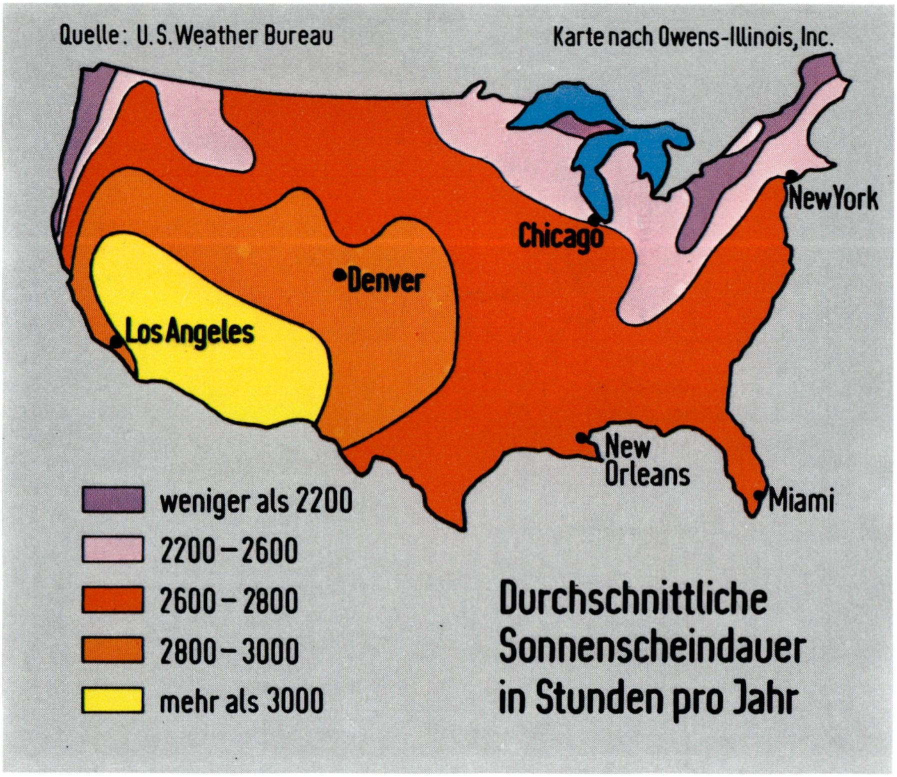

Bild 4: Zonen gleicher durchschnittlicher Sonnenscheindauer in den USA

sind die Verhältnisse nicht ganz so unterschiedlich; die Bundesrepublik ist aber noch immer deutlich schlechter gestellt.

Geht man noch mehr ins Detail (siehe Bild 6) und vergleicht die Tagesmittelwerte der Monate eines Jahres von Hamburg und Washington, so ergibt sich, daß die auf Hamburg jährlich eingestrahlte Sonnenenergiemenge nur etwa 60% der auf Washington im gleichen Zeitraum eingestrahlten Menge beträgt.

Zwischen Menge und Leistung sowie zwischen nutzbarer und nicht mehr sinnvoll nutzbarer Leistung liegt jeweils ein großer Unterschied. Auch sind verschiedene Begriffe für die Solarstrahlung zu unterscheiden. Unter Sonnenstrahlung oder direkter Solarstrahlung versteht man denjenigen Anteil der Strahlung, der direkt aus der Sonnenrichtung einfällt. Himmelsstrahlung dagegen ist der diffuse Anteil der von der Sonne kommenden Strahlung, der durch Streuung und Reflexion von allen Richtungen aus der Atmosphäre auf die Erdoberfläche trifft. Die Globalstrahlung ist die Summe von Sonnenstrahlung und Himmelsstrahlung. In den bisherigen Bilddarstellungen beziehen sich alle Angaben auf diese Globalstrahlung.

Ein weiterer Unterschied wird zwischen der Solarstrahlung außerhalb der

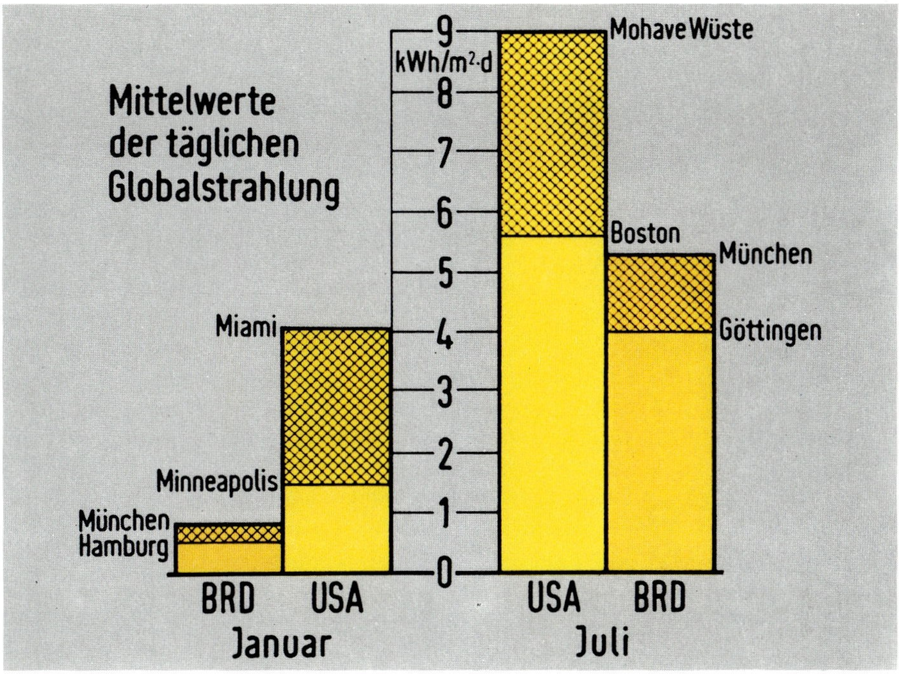

Bild 5: Vergleich des Sonnenenergieangebotes für verschiedene Städte oder Regionen (in kWh/m² und Tag) zwischen der Bundesrepublik und den USA

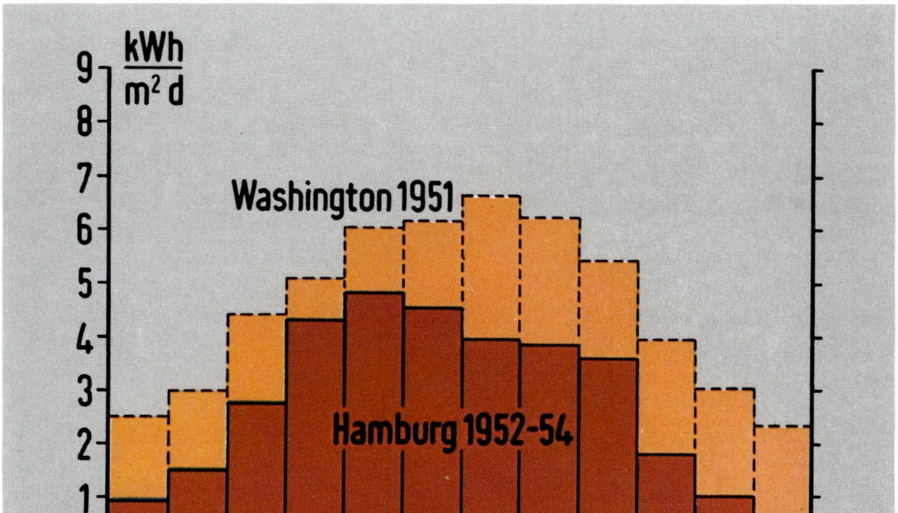

Bild 6: Monatsmittelwerte der täglichen Einstrahlung (in kWh/m² und Tag) auf eine 45° nach Süden geneigte Fläche für Washington und Hamburg

Erdatmosphäre, der sogenannten extraterrestrischen Sonnenstrahlung und der Solarstrahlung, welche die Erdoberfläche erreicht, der sogenannten terrestrischen Sonnenstrahlung, gemacht. Die Leistung der extraterrestrischen Strahlung außerhalb der Erdatmosphäre, aber in Erdnähe, wird durch die Solarkonstante charakterisiert. Die Strahlungsintensität der Sonne, die in jenen Teilen des Weltraums auf eine senkrecht zur Einstrahlung ausgerichtete Fläche auftrifft, nennt man Solarkonstante. Ihr Mittelwert beträgt 1,36 kW/m^2. Sie ändert sich im Laufe eines Jahres durch Wechsel der Entfernung Sonne – Erde zwischen 1,34 kW/m^2 und 1,44 kW/m^2.

Die terrestrische Sonnenstrahlung wird durch ihre Intensität und Spektralverteilung gekennzeichnet (siehe linker Teil von Bild 7). Die einfallende, kurzwellige, elektromagnetische Strahlung der Sonne besitzt verschiedene Wellenlängen, die in μm, dem Längenmaß des Mikrometers (millionstel Meter), darstellbar sind. Das Sonnenlicht liegt zwischen 0,3 (ultraviolett) und 2,5 (infrarot) μm. Die Intensität, wie auch die Spektralverteilung werden von der Erdatmosphäre beeinflußt. Sie schwanken aufgrund von örtlichen wie auch zeitlichen Gegebenheiten. Manche Wellenlängen des einfallenden Lichts werden in der Erdatmosphäre stärker reflektiert oder absorbiert als andere, so daß sich – auf der Erdoberfläche gemessen – der in Bild 7 im linken Teil dargestellte, gezackte Verlauf ergibt. Im rechten Teil dieses Bildes ist der Verlauf der Wärmestrahlung eines Körpers mit einer Temperatur von 80°C gezeigt, dessen Wellenlängen größer sind. Dies ist die Charakteristik der von der Erde an den Weltraum zurückgegebenen Niedertemperatur-Wärmestrahlung. Die Intensität von einfallender und abgegebener Strahlung ist unterschiedlich. Aus Bild 7 geht dies nicht hervor, weil diese Darstellung jeweils auf die Maximalwerte bezogen wurde.

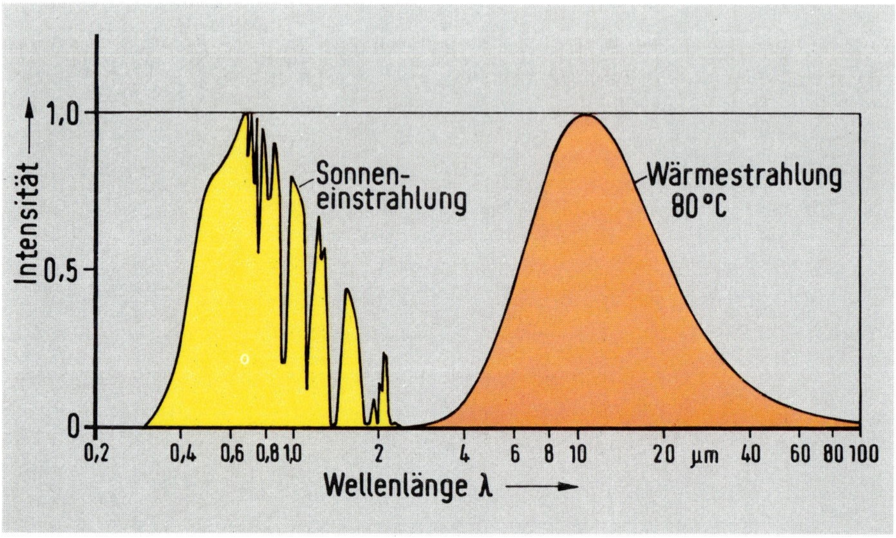

Bild 7: Zusammenhang zwischen Intensität der Sonneneinstrahlung bzw. der Wärmeabstrahlung eines Körpers mit einer Temperatur von 80° C und der Wellenlänge (in µm = millionstel Meter)

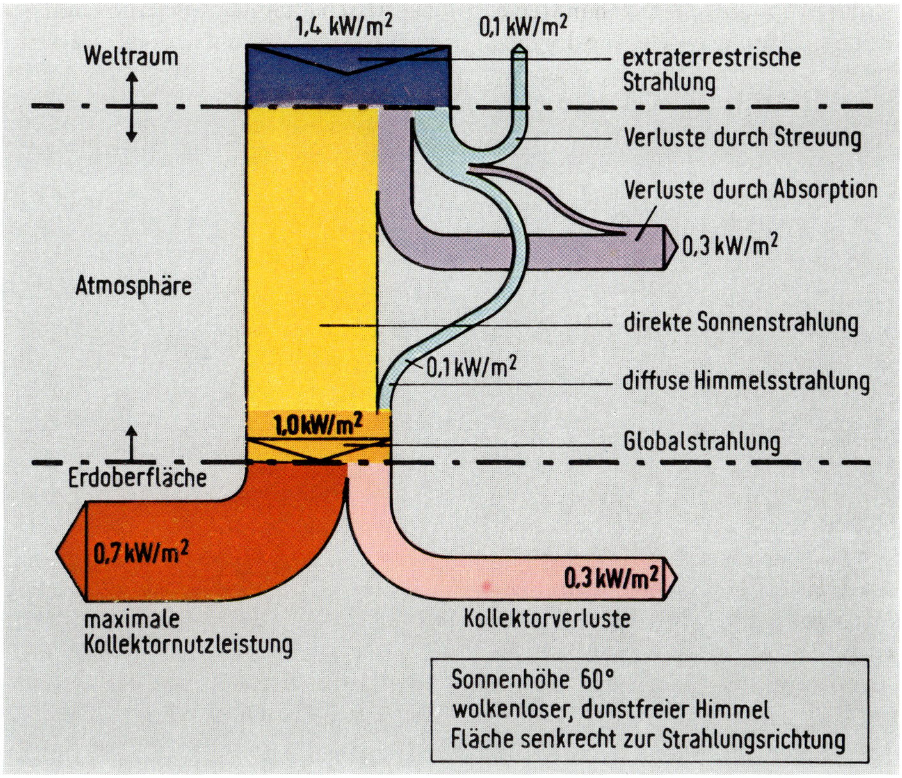

Bild 8: Leistungsbilanz der Sonnenstrahlung (in kWh/m²) bei günstigsten Strahlungsbedingungen in Mitteleuropa (50° nördlicher Breite)

Welche Leistung der eingestrahlten Sonnenenergie kann nun ein Kollektor zur Warmwasserbereitung nutzbar machen? Bild 8 gibt hierauf Antwort. Es zeigt den Idealfall eines „strahlenden Junimittages". Es ist, so könnte man sagen, die Momentaufnahme eines Idealzustandes. Von der außerhalb der Erdatmosphäre anstehenden Solarleistung von 1,4 kW/m² wird rd. ⅓ in der Erdatmosphäre verschluckt oder von ihr direkt in den Weltraum zurückgestreut. Die auf die Erde auftreffende Globalstrahlung setzt sich an einem solchen Tag zu 90% aus direkter Strahlung und zu 10% aus diffuser Strahlung zusammen. Der Kollektor vermag unter diesen Idealbedingungen im günstigsten Fall 70% nutzbar zu machen.

Zu anderen Stunden dieses Tages und an allen übrigen Tagen des Jahres sind z.T. wesentlich ungünstigere Einstrahlungsbedingungen gegeben. Vergleicht man die mittlere Leistung bzw. die eingestrahlte Energiemenge eines Tages für extreme Monate, so kommt man zu einem schlechten Ergebnis: Was die Verfügbarkeit angeht, so ist die Sonnenstrahlung in unserer maritimen nördlichen Klimazone der unzuverlässigste aller nutzbaren Energieträger. Enorme Schwankungen sind typisch. An einem schönen Junitag wird gegenüber einem bedeckten Januartag etwa die fünfzigfache Menge (8 gegenüber 0,16 kWh/m² und Tag) und die dreißigfache Leistung (600 gegenüber 20 W/m²) eingestrahlt.

Was die Verwertung der Strahlungsenergie für ein nutzbares Temperaturniveau angeht, so ist an jenem trüben Januartag überhaupt nichts zu gewinnen.

Die folgenden drei Richtwerte kann man sich recht gut merken: Im Jahresmittel werden – etwas aufgerundet – 2,75 kWh je m^2 und Tag eingestrahlt, an den 100 besten Tagen des Jahres im Durchschnitt das Doppelte, nämlich etwa 5,5 kWh je m^2 und Tag. Über das ganze Jahr gerechnet beträgt die eingestrahlte Sonnenenergiemenge etwa 1000 kWh je m^2. Alle Angaben beziehen sich auf horizontale Flächen.

Die schwankende Verfügbarkeit der Sonnenenergie wird auch dadurch beschrieben, daß 75% der jährlich eingestrahlten Energiemenge im Sommerhalbjahr von April bis September anfallen. Auf die vier lichtarmen Wintermonate November, Dezember, Januar, Februar entfallen nur 12 bis 15% der jährlich eingestrahlten Energiemenge. Die Hälfte hiervon ist diffuse Strahlung geringer Intensität. Auf diese vier Monate entfallen andererseits etwa 60% des Heizwärmebedarfs.

Die Verfügbarkeit der Sonnenenergie könnte auch noch zusätzlich gestört und nachteilig beeinflußt werden. Die Beschattung durch vorhandene oder allmählich hochwachsende Bäume oder Hochhäuser der Nachbargrundstücke bereitet Probleme. In den USA diskutiert man schon über „Solar Rights", Rechtsverordnungen zur Nutzung der Sonnenenergie bzw. Nachbarschaftsgesetze bei Verwendung von Solaranlagen.

I. 6 Zur Wertigkeit von Sonnenenergie

Energie ist nicht gleich Energie. Bei jeder Energieumwandlung bleibt zwar die Energiemenge erhalten, doch ihre „Wertigkeit“ ist nach der Umwandlung geringer. Um den schwierigen Begriff der Entropie zu vermeiden, um die immer häufiger verwendeten Begriffe von Anergie und Exergie zu umgehen, behelfen wir uns mit dem Begriff der „Wertigkeit“.

Dieser Begriff hat in dem hier verstandenen Sinn nichts mit der Wertigkeit eines chemischen Elementes, einem in der Chemie gebräuchlichen und fundamentalen Begriff zu tun. Die Wertigkeit von Energie soll nur ausdrücken, daß man z.B. mit einem kg Steinkohle, das den Energieinhalt von 7000 Kilokalorien oder – was dasselbe ist – von 8,14 thermischen Kilowattstunden besitzt, weniger anfangen kann als mit der gleichen elektrischen Energiemenge von 8,14 elektrischen Kilowattstunden.

Wie unterscheiden sich thermische und elektrische Kilowattstunde? Ist beides nicht dasselbe? Dies sind wesentliche Fragen, die zum Verständnis der Sonnenenergie, ihrer Wertschätzung, ihrer Zukunftsaussichten von großer Bedeutung sind.

Bei der Verbrennung von Kohle kann man hohe Temperaturen erzielen, die entstehende Heizwärme in chemischen Prozessen oder zur Erzeugung von Dampf einsetzen. Aber es ist schwierig, umständlich und teuer, mit einem Kohlenfeuer die Wohnung zu beleuchten. Es ist unmöglich, mit dem Energieinhalt der Kohle ein Fernsehgerät zu betreiben. Mit der Energieart Strom, d.h. mit Elektrizität, kann man zwar auch hohe Temperaturen erzielen und Heizwärme für chemische Prozesse oder zur Dampferzeugung erhalten. Aber noch vieles mehr: Elektromotoren antreiben, beleuchten, Radiowellen erzeugen usw. Die Wertschätzung des Menschen und auch die Wertigkeit im physikalischen Sinne sind bei der Elektrizität demnach besonders groß.

Interessant ist nun die Überlegung, welche Wertigkeit die Wunschenergie Sonne besitzt.

Auf jeden Quadratmeter der Bundesrepublik trifft im Jahresdurchschnitt die Sonnenenergiemenge von umgerechnet etwa 1000 $kWh_{thermisch}$. Geht man in diesem Zahlenbeispiel von einer Jahresförderung von 92 Mio Tonnen Steinkohle aus und von einem Zechengelände auf der Erdoberfläche von insgesamt 100 km^2, so entspricht der Energieinhalt der geförderten Steinkohle rd. 7500 $kWh_{thermisch}$ je m^2; bezogen auf den Quadratmeter also 7,5 mal mehr als derjenige der Sonnenenergie.

Außerdem läßt sich Kohle Tag und Nacht fördern, Sommer wie Winter, auf Halde legen, als Energievorrat speichern. Die eingestrahlte Sonnenenergiemenge dagegen ist abhängig von der Tageszeit, von der Jahreszeit, von der Witterung, vom geographischen Standort. Ihre Energiedichte oder Strahlungsleistung je m^2 beträgt im Jahresdurchschnitt – bezogen auf 8760 Stunden – in unserem Land nur etwa 110 Watt/m^2, im günstigsten Fall – wie schon ausgeführt – etwa das Achtfache, nämlich 900 Watt/m^2.

Schwankendes Angebot, geringe Energiedichte, keine direkte Speicherung, es sieht schlecht aus um die Wertigkeit der Sonnenenergie. Doch bei dem Vergleich zwischen Steinkohle und Sonnenenergie ging es immer nur um Energiemengen. Auch die Energiedichte ist mit der Bezugsgröße eines Quadratmeters ein mehr oder weniger willkürlicher Begriff. Wie steht es nun wirklich um die Wertigkeit der elektromagnetischen Strahlung, die aus dem Weltall den Planeten Erde trifft?

Es gibt eine Skala für die Stärke von Erdbeben, eine Skala für Windstärken, aber es gibt keine Skala für die Wertigkeit von Energie. Zwar gibt es in der Thermodynamik komplizierte Maßstäbe mit sogenannten Zustandsgrößen und Zustandsgleichungen, woraus sich Festpunkte für die jeweilige Wertigkeit der Energie ergeben. Doch daß es keine einfache Wertskala gibt, hat seinen Grund darin, daß die Wertigkeit von Energie eine relative Sache ist. Es kommt immer darauf an, was man mit der Energie anfangen will. Ein Verbrennungsvorgang mit nur 400°C in einem Schmelzofen hat eine zu geringe Wertigkeit für diesen Prozeß, der z.B. mindestens 800°C erfordert. Aber Heizenergie mit nur 40°C in einer Warmwasser-Fußbodenheizung reicht aus, um die gewünschte Raumtemperatur von 22°C zu halten. Hier besitzt die Heizwärme eine relativ hohe Wertigkeit im Verhältnis zu dem gewünschten Zweck. Vergleicht man aber beide Prozesse miteinander, Schmelzwärme und die Heizwärmeerzeugung, so wird im Schmelzofen eine viel höhere Energiewertigkeit verlangt.

Auf den jeweiligen Anwendungsfall kommt es also an. Ganz allgemein aber könnte man sagen, daß eine Energieform um so höherwertiger ist, je mehr Anwendungsfälle mit hohem Energieniveau bewältigt werden können.

Sonnenenergie ist elektromagnetische Strahlung, eine Schwingungsenergie mit Wellencharakter. Sie kann bei bestimmten Wellenlängen und Strahlungsdichten ein außerordentlich hohes Energieniveau annehmen. Durch Schwingungen können andere Energiezustände angeregt werden, kann z.B. auch Elektrizität auf direktem Wege entstehen, ohne den Umweg über den klassischen Kraftwerksprozeß (Hochtemperaturwärme → Dampferzeugung → Antrieb einer Turbine → Antrieb eines Generators zur Stromerzeugung). Mit Schwingungsenergie wird unter bestimmten Bedingungen ein Elektronenfluß in einem elektrischen Leiter erzeugt. Energiedirektumwandlung nennt man das. Aus Sonnenenergie entsteht Elektrizität.

Durch die Bündelung der Schwingungsenergie, z.B. mit Hilfe von Spiegeln, kann sie konzentriert, d.h. auf einer viel kleineren Fläche gesammelt werden, wodurch sehr hohe Temperauren entstehen. Aus Sonnenenergie wird Hochtemperaturwärme von über 3000°C, Schmelzenergie von höchstem Reinheitsgrad. Wählt man eine geringere Konzentration der Solarstrahlung, so stellen sich Temperaturen von „nur" einigen hundert °C ein. Damit läßt sich Dampf erzeugen für den Antrieb von Maschinen, für die Energieversorgung von Absorptions-Klimaanlagen oder -Kühlhäusern.

Die kurzwellige Schwingungsenergie, die der Kernreaktor Sonne ausstrahlt, wird nicht nur reflektiert, sondern auch absorbiert. Aus Sonnenenergie wird Niedertemperaturwärme für Warmwasserbereitung, Raumheizung, Wärmeversorgung von Schwimmbädern. Es entseht Heizwärme ohne Schadstoffe, Abgase, Rückstände.

Auch chemische Prozesse können in ihren Reaktionsgeschwindigkeiten beeinflußt werden, fallen auf sie die Lichtstrahlen der Sonne. Sie liefern die Aktivierungsenergie zum Start oder zur Beschleunigung von chemischen Reaktionen. So entsteht im grünen Blatt der Pflanze mit Hilfe der auftreffenden kurzwelligen Schwingungsenergie aus dem Kohlendioxid der Umgebungsluft und dem Wasser im Boden eine Anreicherung von Kohlenstoff in der Pflanze und die Abgabe von Sauerstoff an die Umgebungsluft. Kohlenstoff wird in der Pflanze als organische Substanz gespeichert, Sauerstoff an die Atmosphäre abgegeben.

Die Frage nach der Wertigkeit von Sonnenenergie ist beantwortet. In der Vielfalt ihrer Anwendungsmöglichkeiten kann sich keine Primärenergie mit der Sonnenenergie vergleichen, weder Kohle noch Öl, noch Erdgas, noch Kernenergie. Auch Energieformen, die ihre Entstehung selbst der Sonnenenergie verdanken, wie Wasserkraft und Windenergie, haben eine geringere Wertigkeit, vergleicht man die Vielfalt möglicher Energieumwandlungsformen.

Das Handicap der Sonnenenergie, aus dem Blickwinkel ihrer Nutzung betrachtet, besteht in ihrem schwankenden Angebot, ihrer gleichmäßigen flächigen Verteilung, ihrer mangelnden direkten Speicherungsmöglichkeit.
Als 1974 die „Sonneneuphorie" ausbrach und der Optimismus mancherorts keine Grenzen kannte, dämpfte Dixi Lee Ray vom amerikanischen Atomforum die Begeisterung mit einem phantasievollen Vergleich, der bald die Runde um die Erde machte: „Die technische Realisierung der Nutzung von Sonnenenergie ist in etwa der Schwierigkeit vergleichbar, die von 10 Millionen Flöhen aufbringbare Kraft dadurch nutzbar zu machen, daß man den Flöhen beibringt, alle zur gleichen Zeit in die gleiche Richtung zu hüpfen."

I. 7 Natürliche, sich stets erneuernde Energiespeicher

Sonnenenergie, täglich als elektromagnetische Schwingungsenergie eingestrahlt, täglich als Wärmeenergie in den Weltraum zurückgestrahlt, wird auf dem langen Weg durch die Erdatmosphäre und auf der Erdoberfläche in vielfältiger Form gespeichert. Manches wurde in Kapitel I. 3 hierzu gesagt und in Bild 1 veranschaulicht. Es fehlt eine klare Definition dessen, was Energiequelle, was Energieträger sind. In Bild 9 ist der Versuch unternommen, die drei unerschöpflichen Energiequellen den Energieträgern zuzuordnen, die aus diesen Quellen gespeist werden.

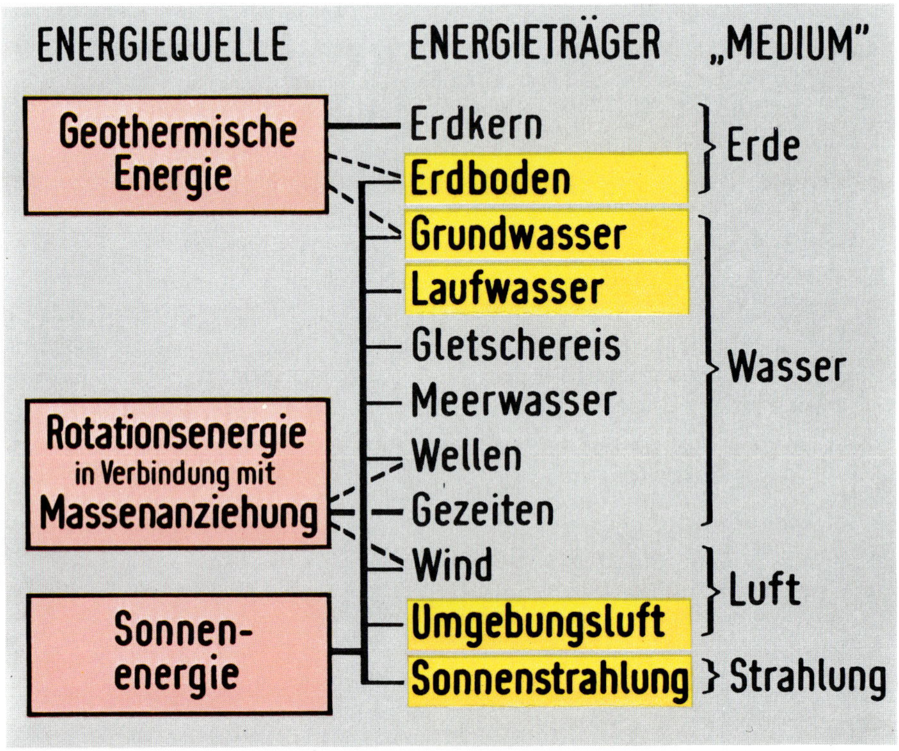

Bild 9: Nicht nukleare, nicht fossile Energiequellen. Vorschlag für die Zuordnung von Energiequelle, Energieträger und „Medium"

Nicht jeder Energieträger läßt sich eindeutig einer der drei in Bild 9 aufgeführten Energiequellen zuordnen. Erdboden und Grundwasser beziehen ihren Energieinhalt zum weit überwiegenden Teil aus der täglichen Sonneneinstrahlung.

Zu einem allerdings verschwindend geringen Teil – beim Erdboden sind es im Mittel 0,02% – enthalten sie auch geothermische Energie. Beim Grundwasser gibt es seltene Fälle, wo aus tiefen Gesteinsschichten oder durch – in einem sogenannten Aquifer verlaufende – Grundwasserströme auch geothermische Energie aufgenommen wird.

Auch die Energieträger Wellen und Wind enthalten nicht nur in Bewegungsenergie umgewandelte Sonnenenergie, sie werden zu einem geringen, nicht exakt bestimmbaren Teil auch durch die Rotationsenergie der Erde bzw. durch die aus den Massenanziehungskräften zwischen Erde und Gestirnen resultierende Energie gespeist.

Laufwasser, Gletschereis, Meerwasser, Umgebungsluft und Sonnenstrahlung beziehen ihren Energieinhalt ausschließlich aus der Energie der Sonne.

Diese natürlichen, sich stets erneuernden Energiespeicher bezeichnet man in der Fachsprache als regenerative Energieträger. Versuche, sie zu erschließen, gibt es seit Menschengedenken, aber nur zwei dieser Energiespeicher tragen heute in geringem Umfang zur Energiebedarfsdeckung bei: das Laufwasser und das Gletschereis. Andere Energieträger besitzen ausschließlich regionale Bedeutung, wie die Gezeiten oder die an wenigen Stellen nahe an der Erdoberfläche anstehende geothermische Energie. Wieder andere haben ihre frühere Bedeutung eingebüßt, wie die Windenergie.

Wie sich im Verlauf dieser Darstellungen zeigen wird, sind für die zukünftige Nutzung aus wirtschaftlicher Sicht von den elf Energieträgern, die in Bild 9 gelb gekennzeichnet sind, fünf Energieträger Erdboden, Grundwasser, Laufwasser, Umgebungsluft, Sonnenstrahlung besonders interessant.

Soweit bekannt, sind von den elf Energieträgern in bisherigen Systemstudien hauptsächlich immer nur acht untersucht worden; drei Energieträger blieben außer Betracht: Erdboden, Grundwasser und Umgebungsluft. Diese sind Zwischenspeichern vergleichbar, die täglich mit Sonnenenergie aufgeladen werden und diese als Niedertemperaturwärme abgeben. Ihr Einfluß auf die künftige Energiebedarfsdeckung der Bundesrepublik Deutschland wird größer sein als die Nutzung der Sonnenstrahlung.

Je nach Tageszeit, Jahreszeit und Wetter unterliegt die Sonneneinstrahlung gewissen Schwankungen, die im wesentlichen entgegengesetzt zum Energiebedarf verlaufen. Deshalb ist die Sonnenenergieforschung eng mit anderen Bereichen der Energietechnik, vor allem der Entwicklung leistungsfähiger Langzeitspeicher für Wärme, Elektrizität und chemische Energie verbunden.

Was vielleicht noch zu wenig beachtet wird, ist die Tatsache, daß wir vor allem mit der Umgebungsluft einen kostenlosen, unerschöpflichen Energiespeicher für Niedertemperaturwärme zur Verfügung haben. Eine praxisnahe Beurteilung führt zu der Erkenntnis, daß bei Nutzung der Sonnenenergie für Heizzwecke auf direktem Wege, d.h. durch Umwandlung der Strahlung in Wärmeenergie, und bei wirtschaftlich vernünftiger Auslegung durch den Solarkollektor weniger Sonnenenergie während eines Jahres in Heizwärme umgewandelt wird als durch die Wärmepumpe, welche die in der Umgebungsluft gespeicherte Sonnenenergie zur Raumheizung verwendet.

Die Hintergründe für die Unterschätzung der wirtschaftlichen Möglichkeiten des Solarnergiespeichers „Umgebungsluft“ sind komplizierter Natur. Zunächst haben sich die Industriefirmen, die als Pioniere an der Umwandlung der Strahlungsenergie in Wärme arbeiteten, auf die Entwicklung von leistungsfähigen, praxisgerechten, möglichst kostengünstigen Kollektoren konzentriert. Folgerichtig wird der einmal eingeschlagene Weg zunächst weiter beschritten. Für sonnenreiche Länder sind solche Systeme auch besonders angebracht. Die Exportchancen werden hierdurch sicher erhöht. Viele dieser besonders aktiven Firmen bereiten sich jedoch schon jetzt darauf vor, das zweite Bein in ihre Produkt- oder Vertriebspalette aufzunehmen, die Wärmepumpe.

Es ist denkbar, daß manche der natürlichen, sich stets erneuernden Energiespeicher in unseren Breitengraden größere Bedeutung erlangen werden als die direkte Nutzung der Sonnenstrahlung. Die Strahlung ist zwar ein Energieträger, aber kein Energiespeicher. Die physikalische Natur der elektromagnetischen Welle, deren Fortpflanzungsgeschwindigkeit knapp 300 000 Kilometer je Sekunde beträgt, verbietet den Gedanken der Speicherung. Deshalb spricht man auch von direkter Sonnenenergienutzung, wenn die Umwandlung des Energieträgers Solarstrahlung in andere Energieformen gemeint ist, und von indirekter Sonnenenergienutzung, wenn die übrigen, hier beschriebenen Sonnenenergieträger genutzt werden.

Teil II
Heizwärme aus Sonnenenergie

II. 1 Schwerpunkte, Prioritäten, Nahziele

Sonne wird mit Natur gleichgesetzt, eine Hinwendung zur Sonnenenergie mit einem „zurück zur Natur“. Nostalgie hieraus ableiten zu wollen, wäre weit gefehlt. Sonnenenergie nutzbar zu machen, heißt Einbeziehung unserer Zivilisation in einen ursprünglichen, alles beherrschenden natürlichen Prozeß, bedeutet große Anstrengungen an Wissen und Kapital.

H. Meysenburg prägte schon 1972 – vor der Ölkrise – den Satz: „Der jahrhundertelange Ablösungsprozeß von Muskelkraft durch Energie wird fortgesetzt werden durch den Ablösungsprozeß von Energie durch Kapital.“ Wie sich nun zeigt, gilt dieses Zitat ganz besonders für die Anzapfung der Sonnenenergie. Ihr Energiepreis, nicht die Anlage- und die Wartungskosten, ist gleich Null; heute und in aller Zukunft. Das erforderliche Kapital für die Anlagen zum Einfangen und Umwandeln dieser Energie ist jedoch hoch. Mit Kapital also wird bisher benötigte Energie, wie z.B. Brennstoff, durch Sonnenenergie ersetzt.

Wie weit und wie schnell Anwendungen praxisreif werden, liegt nicht nur am Entwicklungstempo. Dies wird vor allem durch Preisveränderungen anderer Energien beeinflußt werden. Für den mengenmäßig so wichtigen Verbrauchssektor, die Raumheizung und Warmwasserbereitung, zeichnen sich schon jetzt künftige Perspektiven ab. Sollte uns der Ölpreis gar über den Kopf wachsen, wir müßten dennoch nicht frieren und uns kalt waschen. Mit mehr Kapital, mit anderen Worten unter gewissen Opfern, würden Anlagen zur Wärmeerzeugung, Wärmespeicherung und Wärmelieferung aus Sonnenenergie auch in unserem Land in Großserie hergestellt und installiert werden. Manch einer müßte vorübergehend auf einige Hobbys verzichten und sich dann statt des allzu teuren Öls mit Sonnenenergie versorgen. Doch soweit ist es noch nicht. Soweit braucht es noch lange nicht zu sein. Soweit kommt es aber nach Meinung mancher Experten vielleicht schon im nächsten Jahrzehnt, was die Heizwärmeversorgung angeht. Ein Ölpreis von 50 Pfennig je Liter wäre nur eine Grenzmarke, bei der die Wärmeerzeugung aus Sonnenenergie zum Durchbruch käme.
Darauf müssen wir uns vorbereiten. Es hat keinen Sinn, Vorarbeiten hierfür auf die lange Bank zu schieben, sich auf Randgebieten der Sonnenenergieforschung zu verzetteln. Wir müssen beides tun: vorhandene Energien sinnvoller nutzen, und größte Anstrengungen unternehmen, um die Energie der Sonne zunächst für Niedertemperaturwärme – weil hier am ehesten wirtschaftlich – zu verwenden.

Der größte Energiekonzern der Bundesrepublik, mehrheitlich in staatlicher Hand, ist offensichtlich anderer Ansicht. In ganzseitigen Farbanzeigen, im Juni 1977 veröffentlicht, hieß es: „Die VEBA und die Sonne. In knapp einer Stunde schickt die Sonne mehr Energie zur Erde, als die Menschheit in einem ganzen Jahr verbraucht. Ein Geschenk des Himmels. Aber erst für kommende Generationen. Bevor wir zur Sonne greifen, nutzen wir deshalb das besser, was uns zu Füßen liegt. Indem wir Kohle, Öl, Gas, Kernkraft, Wasser noch effektiver einsetzen. Was man hat, das hat man. DIE VEBA." Ja, was man hat, das hat man. Offenbar auch eine Binde, um sich die Augen zu verdecken. Nochmals: Es ist leichtsinnig, sich auf den Standpunkt des „was man hat, das hat man" zu stellen. Weiß doch jeder, daß uns auch eine sinnvolle Energienutzung nicht davor bewahrt, weiterhin Primärenergie in riesigem Umfang einsetzen zu müssen. Auch ist hinreichend bekannt, daß man schon in naher Zukunft nicht mehr soviel haben könnte, vor allem nicht mehr die Substanz, um bei der Nutzung der Sonnenenergie rechtzeitig und dann noch schnell genug brauchbare Ergebnisse zu erzielen.

Wo liegen die Schwerpunkte, die Prioritäten, die Nahziele zur Nutzung der Wunschenergie Sonne?

In den Industrieländern der nördlichen Hemisphäre konzentrieren sich alle Forschungs-, Entwicklungs- und Erprobungsarbeiten auf zwei Ziele: 1) Anwendung im eigenen Land; 2) Export von Geräten, Anlagen oder Lizenzen.

Die Anstrengungen sind groß. Der Einsatz von personellen und finanziellen Mitteln im Vergleich zur Kernenergie zwar recht bescheiden, aber bei der Sonnenenergienutzung kann mit verhältnismäßig geringerem Aufwand – zumindest in der gegenwärtigen Phase – gearbeitet werden. Oder anders ausgedrückt: Viel mehr Personal und Geld würden nur wenig mehr an Ergebnissen bringen. Dennoch sind die Aktivitäten, die durch eine Vielzahl von Firmen, auch durch die moralische und finanzielle Unterstützung von Regierungsstellen, entfaltet werden, nicht zu unterschätzen.

„As recently as a decade ago, the whole idea of tapping solar energy was considered by many to be little more than a form of permissible idiocy, a harmless pursuit for a handful of engineers and tinkerers. Only six years ago, the Federal Government budgeted a mere \$ 1 million for solar-energy research; this year the sum will be almost \$ 180 million."

(„Noch vor einem Jahrzehnt wurde die Idee der Sonnenenergienutzung von vielen Leuten als nur etwas mehr als eine Art erlaubten Schwachsinns, als eine harmlose Beschäftigung einer Handvoll Ingenieure und Tüftler angesehen. Vor sechs Jahren noch förderte die Regierung (Anm: gemeint sind die USA) die Sonnenenergieforschung mit nicht mehr als einer Million Dollar. Dieses Jahr wird die Summe ahezu 180 Millionen Dollar betragen.")

Dieses Zitat vom November 1976 aus TIME bringt mit Kürze und Würze zum Ausdruck, was noch vor ganz wenigen Jahren viele dachten und was inzwischen daraus geworden ist.

Neben den beiden Schwerpunkten „Anwendungen im eigenen Land" und „Export" gibt es natürlich auch Prioritäten bei der Art der verschiedenen Solartechniken. Wie vielfältig anwendbar die unerschöpfliche Energiequelle Sonne, wie hoch ihre energetische Wertigkeit einzuschätzen ist, wurde begründet. So ist es auch leicht vorstellbar, wie schwer es für manche Unternehmen war, die richtige Entscheidung zu treffen, die notwendigen Prioritäten zu setzen.

Bei manchen war durch frühere Tätigkeit oder durch das Lieferprogramm vorgegeben, welche Solartechnik in Frage käme. Einige wenige Unternehmen der Energieversorgung konzentrierten sich auf Entwicklungs- und Versuchsanlagen für Wärmepumpen, Solarkollektoren und Langzeitspeicher; die Unternehmen der Elektrotechnik auf Solarzellen, Solarkollektoren und Wärmepumpen; die Unternehmen der Raumfahrt auf Solarkollektoren und Solarkraftwerke und Langzeitspeicher; die Unternehmen des Maschinenbaus auf Wärmepumpen, Solarkollektoren und Solar- oder Windkraftwerke; die Unternehmen der Glasindustrie auf die Beschichtung von Gläsern, die Fertigung von Spiegeln; die Unternehmen der Chemie auf Kunststoffe, Wärmedämmstoffe und Kältemittel für Wärmepumpen, Solarspeicher und Kollektoren; die Unternehmen der Stahl- und Aluminiumindustrie auf die Verwendung ihrer Materialien in der Solartechnik; die Unternehmen der Bauindustrie auf die Anbringung von Solarkollektoren, Wärmetauschern und -speichern in oder an Gebäuden; die Unternehmen der Heizungsindustrie auf die Einbindung von Solaranlagen in vorhandene Heizsysteme.

Mit dem Ziel, die Erforschung, Prüfung und Erschließung von Möglichkeiten zur Nutzung von Sonnenenergie zu fördern, gründeten 1975 zunächst fünf Unternehmen die Arbeitsgemeinschaft Solarenergie (ASE). Im Mai 1977 gehörten dieser Arbeitsgemeinschaft trotz schwieriger Aufnahmebedingungen bereits 19 zumeist weltbekannte Unternehmen an. Es genügt nicht, wenn nur vertriebliche Aufgaben wahrgenommen werden. Bedingung ist für die Mitgliedschaft u.a., daß die Entwicklung und/oder Fertigung von Solaranlagen oder deren Komponenten in der Bundesrepublik vorgenommen wird und daß schon Vorarbeit auf diesem Gebiet geleistet wurde. Zu den Zielsetzungen der ASE gehört es auch, gemeinsam interessierende technische Aufgaben z.B. bei der Erstellung von Richtlinien und Normen zu bearbeiten, die Öffentlichkeit über die Möglichkeiten der Anwendung von Sonnenenergie zu unterrichten und die Zusammenarbeit mit dem Ausland zu fördern. Die ASE scheint sich schon zwei Jahre nach ihrer Gründung zu einem Wirtschaftsverband der deutschen Solarindustrie zu entwickeln.

Kurz nach der Gründung der Arbeitsgemeinschaft Solarenergie (ASE) formierte sich eine andere, ursprünglich von Physikern, Journalisten und Heizungsbauern aktivierte Gruppe und bildete die Deutsche Gesellschaft für Sonnenenergie (DGS): Alle an der Sonnenenergie interessierten Einzelpersonen, Institute, Verbände, Betriebe und Unternehmen können hier Mitglied werden. Wie enorm das Interesse an der Sonnenenergie ist, zeigt die Tatsache, daß die DGS schon nach zwei Jahren etwa 3000 Mitglieder zählte. Durch verschiedene sehr gut besuchte Tagungen in mehreren Großstädten der Bundesrepublik betrieb sie systematisch Öffentlichkeitsarbeit. Auch die DGS blieb nicht beim Solarkollektor, ihrer anfänglichen Zielrichtung, stehen, sondern weitete den Blick auf Wärmepumpen, Windenergie, Speicherprobleme usw.

Ein anderer Schwerpunkt ist die Arbeit der Ingenieurverbände. Meist geht es dabei um die Erarbeitung von Normen und Richtlinien. Vernünftigerweise wird man damit nicht zu früh beginnen, um die Entwicklung nicht einzuengen. Dennoch hat auch hier der Verein Deutscher Ingenieure (VDI) schon Vorarbeit geleistet und 1976 einen Fachbeirat „Sonnenenergie“ gebildet. 1977 regte diese VDI-Gruppe die Gründung einer deutschen Vertretung der ISES an, der

International Solar Energy Society, der von Australien über Japan bis USA auch viele europäischen Länder angehören.

Beim Deutschen Institut für Normung (DIN) wurde Mitte 1977 vom Fachnormenausschuß „Heizung und Lüftung" ein Arbeitskreis „Sicherheitsvorschriften für Sonnenenergie-Anlagen (DIN 4757)" gegründet.

Ein Schwerpunkt verdient besondere Erwähnung: das Ministerium für Forschung und Technologie (BMFT). Heute, nach so kurzer Zeit, ist schon fast Geschichte geworden, daß die Initialzündung für die ersten, großangelegten Forschungs- und Entwicklungsarbeiten von diesem Ministerium, d.h. den dafür zuständigen Referenten, ausging. Diese konnten der jederzeitigen, besonderen Unterstützung des Ministers sicher sein, der mit dem Gespür des Politikers erkannte, daß der Nutzung von Sonnenenergie aus ganz verschiedenen Gründen Erfolg beschieden sein müsse. Heute kann man sich schon kaum noch vorstellen, daß in der Anfangsphase recht viel Mut und Selbstvertrauen dazu gehörten, sich für die Sonnenenergie einzusetzen. Das galt auch für Minister Hans Matthöfer und seine Mitarbeiter, die sich anfänglich sagen lassen mußten, sie würden nach dem Gießkannenprinzip alles fördern, auch solchen Unsinn wie den Bau von Solaranlagen, die doch nichts anderes als technische Spielerei seien. Schon wenige Monate später wurde dem gleichen Ministerium zum Vorwurf gemacht, es setze im Vergleich zur Kernenergie viel zu geringe Mittel für die Solarforschung ein. Keinem ist es recht zu machen. Der einzig gangbare Weg besteht darin – wie in so vielen anderen Fällen auch – die Linie zu halten und das Vernünftige zu tun. So hat denn auch das BMFT kürzlich mitgeteilt, daß die Kollektortechnik kaum noch Förderung erhalten werde, weil die Marktreife viel schneller als gedacht erreicht sei. Dafür sind Mittel für andere Solartechniken vorgesehen. Auch dies ist ein gutes Beispiel für die Schaffung von Prioritäten.

So ist für die Forschung, Entwicklung und Erprobung der Solartechnik in der Bundesrepublik Deutschland das Fundament in außergewöhnlich kurzer Zeit gelegt worden; „die Lawine rollt". Fragt sich, wo die Nahziele zu suchen sind, wenn es um das Käuferinteresse von Solaranlagen geht.

Unterscheidet man zwischen Solaranwendungen im eigenen Land und dem Export, so ist zu erkennen, daß im Ausland vor allem hochwertige Systeme gefragt sind. Kollektoren dagegen, mit Ausnahme von einigen hochleistungsfähigen Spezialprodukten, können überall gebaut werden; Solarzellen, Kaltdampf-Solarkraftwerke oder solche, die mit konzentrierenden Spiegelsystemen arbeiten, jedoch nur in Spezialbetrieben. Auch der Entwurf und die Planung solcher integrierter Energiesysteme werden schon mit Erfolg von einigen deutschen Ingenieurfirmen, vor allem im Auftrag der Länder des Nahen Ostens, bearbeitet.

Im Inland liegt der Schwerpunkt der Anwendungen eindeutig bei Anlagen zur Erzeugung von Heizwärme für Schwimmbäder, Brauchwasser oder Raumheizung. Ob Kollektoren oder Wärmepumpen, ob die Verbindung beider Systeme, ob die Anpassung des Gebäudes, des Daches oder nur der Heizungsanlage an die Erfordernisse der Sonnenenergienutzung, eine Fülle von Fragen drängt sich auf. Eine Fülle von Antworten wird gegeben. Einige tausend Pioniere betreiben schon Anlagen dieser Art. Dies gilt vor allem für die indirekte Sonnenenergienutzung durch den Einsatz von Wärmepumpen.

Werden es bald Zehntausend, Hunderttausend oder mehr werden? Ist eine Revolution der Heizungstechnik zu erwarten? Bei welchen Haustypen, welchen Wohnlagen, welchen Komfortansprüchen ist welches System zu bevorzugen? Können überhaupt schon heute zuverlässige Ratschläge gegeben werden oder wird nicht alles, was heute richtig erscheint, in wenigen Jahren überholt sein?

Diesen präzisen Fragen braucht man nicht auszuweichen. Mit aller gebotenen Vorsicht und Zurückhaltung wird in der Tendenz schon manches zu beantworten sein und sich im nachhinein als richtig erweisen. Auch gibt es Möglichkeiten, sich durch wenige Handgriffe und sehr geringe finanzielle Vorleistungen die Zukunft nicht zu verbauen. Da unter den Schwerpunkten, Prioritäten, Nahzielen das Gebiet der Heizwärmeversorgung von Gebäuden die erste Stelle einnimmt, soll es auch hier an erster Stelle behandelt werden.

II. 2 Wie beheizen Sie Ihr Haus?

„Zum größten Teil mit Sonnenenergie." Früher oder später im letzten Viertel dieses Jahrhunderts wird diese zunächst übertriebene oder allzu optimistisch erscheinende Antwort zutreffen.

Im Kapitel IV. 1 wird gesagt, welche energiewirtschaftlichen Sachzwänge dazu führen werden, daß die Beheizung von Gebäuden, deren Versorgung mit Niedertemperaturwärme mehr und mehr durch Solarenergie erfolgen wird.

Doch wen interessieren energiewirtschaftliche oder gar volkswirtschaftliche Gründe. Privat fallen sie nur dann ins Gewicht, wenn sie Einflüsse auf Baurechte, Steuergesetzgebung oder Investitionshilfen haben können. Ansonsten interessieren den Bauherren eines mehrgeschossigen Gebäudes oder eines Einfamilienhauses, den Betreiber einer Heizzentrale oder einer privaten Heizungsanlage in erster Linie wirtschaftliche Gesichtspunkte, in zweiter Linie noch einige Randerscheinungen, wie Störungsanfälligkeit oder Luftverunreinigung im bzw. unmittelbar am eigenen Haus. Das ist nun einmal so und wird sich auch in Zukunft nicht ändern.

Deshalb muß man davon ausgehen, daß wirkliche Veränderungen am Heizungsmarkt im wesentlichen von Wirtschaftlichkeitsfragen beeinflußt werden und nicht von nationalen Interessen, volkswirtschaftlichen Zusammenhängen, energiepolitischen Überlegungen, Umweltschutzgedanken. Diese übergeordneten Gesichtspunkte bereiten zwar den Boden, stimmen u.U. nachdenklich, schaffen eine Grundlage für zukunftsorientiertes Handeln, doch die Fähigkeit des Menschen, unbequeme und ihn persönlich noch nicht betreffende Vorgänge zu verdrängen, ist ungeheuer groß. Deshalb werden Entscheidungen in den meisten Fällen nur nach der Belastung des eigenen Geldbeutels in Verbindung mit denjenigen Maßstäben getroffen, die durch Nachbarschaft, nähere Umgebung und meinungsbildende Medien vorgegeben sind; die dem entsprechen, was man tut, was modern ist, was dem jeweiligen Trend entgegenkommt.

Sehen wir unter diesem praxisnahen Blickwinkel die Frage „Wie beheizen Sie Ihr Haus?", so können einige unwiderlegliche Feststellungen getroffen werden.

Die Heizung ist ein langlebiges Wirtschaftsgut. Die Heizung belastet das Haushaltsbudget Jahr für Jahr in beträchtlichem Ausmaß. Wenige machen sich die Mühe, wirklich alle Kosten für die Heizung festzuhalten. Nicht nur die Energiekosten, auch die Wartungskosten. Wer ganz genau ist, müßte die Anschaffungskosten der Heizungsanlage über die Lebensdauer, d.h. die jährliche Abschreibung der Anlage, auch noch zu den Jahresheizkosten hinzurechnen. Doch das machen meist nur Vermieter.

Wer selbst eine Heizungsanlage betreibt, der lebt zumeist nach dem Sprichwort „Was der Mensch braucht, das muß er haben". So ähnlich werden auch die Unkosten für das Autofahren behandelt. Doch die Unterhaltung eines Autos unterscheidet sich in vieler Hinsicht von dem Betrieb einer Heizungsanlage. Die

Unterschiede zu beschreiben, ist hier wohl nicht erforderlich. Ein Hinweis genügt: Beim Auto wissen die meisten, was sie dafür bezahlen; bei der Heizung wissen die meisten nicht so genau, was sie eigentlich hierfür bezahlen.

Die Ölheizungsbesitzer haben vorübergehend die Brennstoffkosten beachten müssen. Das ist schon lange her. Das war anno 1974, als sich die Ölpreise in einem einzigen Jahr verdoppelten, als für 5000 Liter leichtes Heizöl nicht mehr 600 DM, sondern plötzlich 1200 DM zu bezahlen waren, als die Besitzer großer Einfamilienhäuser mit dem dreifachen Heizölbedarf hierfür 3600 DM entrichten mußten. Da reagierte mancher empfindlich. Doch auch hier hat die Fähigkeit der Verdrängung und der Gewöhnung an neue Situationen Wunder gewirkt. Der Ölpreis liegt inzwischen bei etwa 30 Pfennig je Liter und schon sind viele darauf vorbereitet, daß auch in naher Zukunft 35 oder 40 Pfennig je Liter schließlich zu verkraften sein müssen.

Auch wird zu Recht gefragt, welche Ausweichsmöglichkeiten denn überhaupt bestünden. Andere Heizenergien seien auch teurer geworden, zwar nicht im gleichen Umfang, aber es lohnte sich zumeist nicht, eine vorhandene Heizungsanlage auf eine andere umzustellen, z.B. von Öl auf Erdgasbetrieb. Außerdem ist der Erdgaspreis über verwickelte Preisanpassungsklauseln und internationale Querverbindungen mit dem Ölpreis gekoppelt. Erhöht sich der eine, muß auch der andere nach gewisser Zeit ansteigen.

Bei der Elektroheizung wird der Neuanschluß vor Speicherheizungen schon nicht einmal mehr überall zugelassen. Erst muß das zuständige Elektrizitätswerk gefragt werden. Zu groß war die Nachfrage seit Mitte der sechziger Jahre. Zu schnell wurden die vorhandenen Reserven in den Schwachlastzeiten der Stromversorgung durch die Nachfrage nach diesem Heizsystem aufgefüllt. Nur noch neue Kraftwerke bringen weitere Kapazitäten an freier Nachtlast. Doch ein großer Kraftwerksblock von 600 Megawatt mit Steinkohle betrieben läßt nur den Anschluß von weiteren 5000 elektrisch beheizten Einfamilienhäusern oder die Installation von Speicherheizungen in etwa dreimal so viel Wohnungen von mehrgeschossigen Gebäuden zu. Für Veränderungen auf dem Heizungsmarkt sind das keine bedeutenden Zahlen.

„Kohle über Draht“ hieß ein früherer Slogan in den Anfangszeiten der Speicherheizung. Wie begrenzt im Rahmen des zuwachsenden Strombedarfs und der davon abhängigen Genehmigungen für den Bau von Kraftwerken, Kohle über Draht für die problemfreie Speicherheizung noch geliefert werden kann, zeigt das Beispiel des 600-MW-Steinkohlekraftwerkes.

Früher, heute schon nicht mehr, wurde noch über elektrische Direktheizung diskutiert. Einige Stromversorgungsunternehmen wollten sich nie so recht mit diesem in den Anlagekosten billigsten aller Heizsysteme anfreunden. Sie befürchteten Spitzenbelastungen an kalten Wintertagen, Netzzusammenbrüche, Lücken in der Bereitstellung ausreichender Strommengen. Eine sichere Heizenergieversorgung dieser Art hätte den Bau entsprechender Kraftwerke und Netze erfordert, d.h. die Stromkosten für Direktheizung stark belastet. Ihre Wirtschaftlichkeit wäre bei damaliger kostenechter Berechnung nicht gegeben gewesen.

Nun ist das Öl zwar wesentlich teurer geworden, aber die Diskussion um die elektrische Direktheizung hat sich von allein erledigt. Durch die Verzögerungen beim Bau von Kraftwerken für den allernotwendigsten Strombedarf verliert die elektrische Direktheizung an Bedeutung. Auch rechnet man vor, daß nur etwa ein Drittel, mit Netztransportverlusten sind es sogar nur etwa 28%, der eingesetzten Primärenergie, wie Steinkohle, Braunkohle oder Uran, für Heizzwecke im Hause selbst nutzbar würden. Bei elektrischer Direktheizung würde also Primärenergie verschwendet; wenngleich kaum importierte Energie, kaum Erdöl oder Erdgas, sondern heimische Energie, hauptsächlich Steinkohle. Tatsächlich aber wird bei elektrischer Direktheizung etwa so viel oder so wenig Primärenergie verschwendet wie bei Ölheizung, weil die viel bessere Regelung der Direktheizung und die weit höhere Wärmedämmung elektrisch direktbeheizter Gebäude – Anlagenkostengleichheit zwischen Öl und Strom vorausgesetzt – von vornherein weniger Heizenergie erfordert.

Zwischendurch nur sei erwähnt, eben weil sich dieser Gedanke manchen folgerichtig aufdrängt, daß diese Rechnung für die Speicherheizung nicht gilt. Die nächtliche Grundlast der Großkraftwerke ist rückläufig, weil einerseits die Grundstoffindustrie aus diesem Land teilweise abwandert, weil andererseits weniger im Dreischichtbetrieb gearbeitet wird als früher. Für den wirtschaftlichen Betrieb von großen Wärmekraftwerken, gleichgültig ob sie Kohle oder Uran als Primärenergie verwenden, ist eine Tag und Nacht durchgehende Betriebsweise unerläßlich. Der Teillastbetrieb bringt etwas schlechtere Wirkungsgrade, vor allem betriebliche Probleme mit sich. Der tatsächlich eintretende Energieaufwand für Speicherheizung kann deshalb nur die Differenz an aufzuwendender Primärenergie zwischen Vollast- und Teillastbetrieb enthalten. Dafür ergeben sich je nach Kraftwerkstyp und Betriebsweise andere Zahlen. Außerdem werden bei der Speicherheizung schon vorhandene Anlagen, schon eingesetzte Geldmittel besser ausgenutzt. Kein einziges Kraftwerk, keine einzige Hochspannungsleitung muß hierfür gebaut werden. Schließlich ist bei Speicherheizungsanlagen schon immer eine bessere Wärmedämmung der Gebäude zur Voraussetzung gemacht worden, weshalb mit diesen Anlagen sogar mehr Primärenergie gespart wird als mit Ölheizungsanlagen (siehe auch Energieflußbilder in Kapitel II. 16).

Welcher Ausweg bietet sich noch an? Von Fernwärme wird seit einiger Zeit sehr viel gesprochen. Politische, volkswirtschaftliche, ökologische, energiewirtschaftliche und umweltfreundliche Gesichtspunkte werden genannt. Doch es wurde schon gesagt: Wenn interessiert das schon für seinen unmittelbaren, seinen privaten Bereich? Läge der Fernwärmeanschluß eines Jahres vor der Tür – nachdem die gigantischen Verlegearbeiten vom Heizkraftwerk bis zum Verbraucher beendet wären – und würde dann der Bezug von Fernwärme noch teurer als von Heizenergie aus Öl, Gas oder Strom, die Proteste müßten zur Ablehnung der Fernwärme führen. Solches fürchten auch die Befürworter der Fernwärme. Vom Anschlußzwang war hier und da zwischen den Zeilen die Rede. Inzwischen wird der Anschlußzwang aus mehreren Gründen wohl doch nicht kommen. Erstens widerspräche solcher Zwang den Regeln der freien Marktwirtschaft, zweitens würden andere, mindestens ebenso vorteilhafte Heizsysteme – Solaranlagen mit Kollektoren oder strom- bzw. gasbetriebenen

Wärmepumpen – beeinträchtigt; denn diese lassen sich nicht nur auf das freie Land „verbannen", sie haben mindestens ebensolche Berechtigung in Ballungsgebieten. Drittens wollen selbst manche Fernwärmegesellschaften den Anschlußzwang nicht in Anspruch nehmen, weil Anschlußzwang auch Versorgungspflicht bedeutet.

Also bleibt noch der Weg, der Fernwärme zur Wirtschaftlichkeit zu verhelfen, indem enorme Gelder, insgesamt Beträge von Milliarden DM, aufgebracht werden, damit in Jahren und Jahrzehnten die Fernwärme mit anderen Systemen konkurrieren kann. Diese finanzielle Vorleistung trägt der Steuerzahler. Würde solches durchgesetzt, so bliebe noch der Trost, daß eine reiche Volkswirtschaft, wie sie diejenige der Bundesrepublik Deutschland vergleichsweise darstellt, dem Steuerzahler manches aufbürden könne. Es gibt sicher viele andere Beispiele, die weniger sinnvoll erscheinen als die Vorfinanzierung der Fernwärme. Außerdem wird ohnehin nur ein kleiner Teil der dichter besiedelten Fläche mit Fernwärme versorgt werden können. Es bleiben noch viele Möglichkeiten für andere Heizsysteme.

Die Warnung, die jedoch ausgesprochen werden muß, ist diese:
Solange wir keine Planwirtschaft haben, was die Bevölkerung, die Wähler dieses Landes verhindern mögen, solange wird man auch in Fernwärme-versorgten Gebieten die Installation und den Betrieb von dezentralen Heizanlagen, welche Sonnenenergie entweder direkt oder indirekt nutzbar machen, nicht verbieten können. Was aber geschähe, wenn diese Anlagen, dereinst millionenfach bewährt, in Großserie hergestellt, in der Zuständigkeit jedes einzelnen Betreibers, mit Anpassungsfähigkeit an kleinste wie auch größte Gebäude, in der Anwendung noch gefördert durch Vorschriften für wärmegedämmtes Bauen, durch die Verwendung energiesparender Baumaterialien und Glasscheiben, – was geschähe, wenn diese Einzelanlagen so große Beliebtheit erlangten, daß die Fernwärme trotz aller Vorleistungen der öffentlichen Hand, trotz aller Befürwortung nur noch an wenigen Stellen Verwendung finden könnte? Wenn bei Fernwärmeversorgung nicht einmal mehr deren laufende Kosten gedeckt werden könnten? Auch wenn die gesamte Erstellung aus Steuergeldern bezahlt worden wäre?

Vielleicht werden hier die zukünftigen Möglichkeiten der Sonnenenergienutzung überschätzt. Doch man wird sehen, und man wird bald sehen. Einige Tendenzen, die heute schon zu erkennen sind, werden in diesem Buch noch beschrieben. Einige Insider-Informationen können schon weitergegeben werden. Alles braucht natürlich seine Zeit. Jede technische Entwicklung benötigt mindestens fünf Jahre in Labors, Werkstätten, Entwicklungsabteilungen. Doch was sind fünf Jahre? Nicht zu übersehen ist nämlich, daß die Nutzung der Sonnenenergie zur Heizwärmeversorgung von Häusern auf bekannte Technologie zurückgreift, daß also wirklich Neues kaum erfunden werden muß. Denn das Umdenken auf eine andere Energiequelle, die elektromagnetische Strahlung einerseits, den geringwertigen Energieinhalt der Umgebungsluft andererseits, gelingt den Physikern, Technikern und Vertriebsfachleuten sehr schnell.

Man könnte sogar soweit gehen, zu behaupten, daß die Energiequelle Sonne für die Erzeugung von Niedertemperaturwärme weniger Probleme stellte, als sollte heute der umgekehrte Weg beschritten werden: die Verbrennung von Öl oder Gas im Wohnhaus marktreif zu machen. Wer hierüber schon einmal nachgedacht hat, wird schnell zu dem Schluß kommen, daß bei den mit der Verbrennung von Heizenergie verbundenen Aufgaben weit mehr Hürden zu nehmen wären als bei der Erschließung des Heizungsmarktes für direkte oder indirekte Nutzung der Sonnenenergie.

Nach dieser Diskussion um das Für und Wider, die Chancen und Schwierigkeiten verschiedener Heizsysteme, sei noch einmal die Frage aus einer Zeit um 1990 gestellt: „Wie beheizen Sie Ihr Haus?" Die spontane Antwort – früher oder später für das letzte Jahrzehnt dieses Jahrhunderts gültig – lautete: „Zum größten Teil mit Sonnenenergie."

Jetzt ist eher zu verstehen, vor welchem Hintergrund diese Aussage gemacht werden konnte. Der Trend in dieser Richtung ist unaufhaltsam. Aus übergeordneten Gründen, die noch ausführlich beschrieben werden, gilt dies sowieso. Wenn darüber hinaus auch noch private, jeden einzelnen persönlich betreffende Gesichtspunkte in diese Richtung führen, dann werden bald Ergebnisse sichtbar werden.

Bisher standen allgemeine Überlegungen im Vordergrund, wurden die großen Entwicklungslinien beschrieben. Jeder überträgt diese nun auf seinen eigenen Interessensbereich. Er möchte für sein Haus wissen, wie er sich ausrichten sollte. Er möchte als Bauherr erfahren, wie er sich die Zukunft offenhalten könnte oder welches der kommenden Systeme er schon heute als Pionier erproben sollte.

„Der Teufel steckt im Detail" und das Detail ist hier nicht mit ein paar Sätzen zu bewältigen. Um wirklich handfeste, praxisnahe Ratschläge geben zu können, gehen die folgenden drei Kapitel wirklich ins Detail. Wen diese Einzelheiten nicht interessieren, der mag die Seiten überschlagen. Wen sie besonders ansprechen, der wird sich vor Augen halten, daß hier eine subjektive Meinung wiedergegeben wird. Allerdings beruht sie auf jahrelanger Erfahrung, auf frühzeitig begonnenen Entwicklungsarbeiten, auf Kenntnis verschiedenster Aktivitäten von Entwicklungs- und Herstellerfirmen im In- und Ausland, auf Einblick in energiewirtschaftliche und energiepolitische Zusammenhänge. Zusammenfassend: Es handelt sich um eine zwar subjektive, aber wohl fundierte Meinung.

II. 3 Kollektor und Wärmepumpe, zwei ungleiche Geschwister

Heizwärme aus Sonnenenergie, das ist kostenlose Wunschenergie, heute und in aller Zukunft. Für den Energiewandler, den man zur Heizwärmeerzeugung braucht, gibt es zwei grundsätzlich voneinander verschiedene Systeme: Kollektor oder Wärmepumpe.

Ein Kollektor ist, wie der Name schon zum Ausdruck bringt, ein Sammler, eine „Sonnenstrahlenfalle". Er arbeitet mit günstigem Wirkungsgrad nur bei direktem Sonnenschein. Wenn Wolken oder Nebel die Sonnenstrahlen abschirmen, wenn nur noch diffuses Licht, d.h. gestreute Strahlung auf die Erdoberfläche fällt, dann sind Spiegelkollektoren hilflos. Flachkollektoren, die für Warm- oder Heißwasserbereitung entwickelt wurden, wirken teilweise auch noch etwas bei diffuser Strahlung. Der Wirkungsgrad ist dann aber sehr viel geringer. Jeder Kollektor ist unbrauchbar bei Dämmerung, erst recht bei Dunkelheit. Eine Trivialität, doch bei dem Vergleich mit der Wärmepumpe eine nicht zu unterschätzende Tatsache.

Auch bei der Wärmepumpe beschreibt der Name die Funktion. Zwar läßt sich Wärme nicht „pumpen", doch läßt sich Wärmeenergie niedriger Temperatur in Wärmeenergie höherer Temperatur verwandeln.

Bei Warmluftheizung zum Beispiel könnte man mit einer Lufttemperatur von + 15°C kein Zimmer erwärmen, weil dort + 22°C gewünscht werden. Wird die Heizluft zuvor mit einer Brennstoff- oder Elektroheizung auf + 35°C erwärmt, so kann sie Wärmeenergie an die Raumluft abgeben. Alle genutzte Heizenergie ist hier ursprünglich durch Brennstoff erzeugt worden, der als Primärenergie gewonnen, geliefert und gekauft werden mußte.

Eine Wärmepumpe dagegen arbeitet zum Beispiel mit der kalten Außenluft. Nehmen wir an, die Außenluft habe + 7°C. Sie besitzt auch dann natürlich noch einen gewissen Energieinhalt. Der absolute Nullpunkt liegt nämlich bei − 273°C. In dem Beispiel beträgt die Temperaturdifferenz zwischen absolutem Nullpunkt und + 7°C demnach 280 Grad. Sofort wird klar, daß die Außenluft über einen beträchtlichen Energieinhalt verfügt. Sonnenenergie erhält sie tagtäglich und gibt diese über die Atmosphäre tagtäglich wieder an das Weltall ab. (Siehe Kapitel I. 3). Nur die „Wertigkeit" dieser Wärmeenergie ist, wie schon in Kapitel I. 6 beschrieben, sehr gering. Für die Raumheizung brauchen wir nur eine geringfügig höhere Wertigkeit.

Schon vor etwa 150 Jahren haben Naturwissenschaftler überlegt, als einer der ersten Lord Kelvin, mit welchem „Trick" diese niederwertige Energie zu nutzen wäre. Sie ersannen den Wärmepumpenkreislauf, indem sie niederwertige Wärmeenergie durch hochwertige Energie, und zwar Bewegungsenergie „veredelten". Das hat noch den Vorteil, daß die Bewegungsenergie bei ihrer Nutzung ebenfalls zu Wärmeenergie wird und mit zur Heizung verwendet werden kann (Erläuterung des Wärmepumpenprinzips siehe Anlage V. 1). So erhält man aus dem Energieinhalt der kalten Außenluft genügend Heizwärme für die Warmwasser-Zentralheizung. Heute können Heizwasser-Temperaturen von 55 °C mit der Wärmepumpe erzielt werden. Derzeit wird intensiv an einer Wärmepumpe gearbeitet, die Heizwasser bis zu 95 °C erzeugen kann.

Bei dem Betrieb einer Wärmepumpe „veredelt" man – ganz einfach ausgedrückt – niederwertige durch hochwertige Energie, um die gewünschte Temperaturhöhe der Heizwärme zu erhalten. Wie bei jeder Veredelung gibt es auch hier ein Veredelungsverhältnis. Man kann sich hierzu leicht merken, daß Wärmepumpen, die den Energieinhalt der kalten Außenluft nutzen, im Jahresdurchschnitt mit 1 Teil hochwertiger Energie insgesamt 3 Teile Wärmeenergie liefern. Wärmepumpen, die den Energieinhalt des Grundwassers oder des Erdbodens verwenden, liefern aus 1 Teil hochwertiger Energie insgesamt bis zu 4 Teile Wärmeenergie. Das liegt daran, daß im Jahresmittel die Temperatur des Grundwassers oder des Erdbodens gleichmäßiger verläuft. Für die „Energieveredelung" steht hier etwas „bessere" niederwertige Energie zur Verfügung. Der Aufwand für die Veredelung wird hierdurch geringer. Es ließe sich auch so ausdrücken: Grundwasser und Erdboden sind bessere Sonnenenergiespeicher als die Umgebungsluft.

So einfach funktioniert die Wärmepumpe. Weil die Außenluft, auch das Grundwasser und der Erdboden, ihren Energieinhalt überwiegend von der unerschöpflichen Energiequelle Sonne beziehen, macht die Wärmepumpe somit Sonnenenergie nutzbar. Natürlich wird das energiespendende Medium, das heißt die Luft, das Wasser, der Erdboden, an jener Stelle, wo die Wärmepumpe arbeitet, geringfügig abgekühlt; denn es wird ja Wärmeenergie entzogen. Doch ständig fließt Energie nach, hauptsächlich von der Sonne; aber auch durch die Umwandlung des menschlichen Energiebedarfs zusätzliche Niedertemperaturwärme. (Siehe Kapitel I. 2). Selbst die in Wohnhäusern benötigte Heizwärme wird ja nicht „verbraucht", sondern mündet wieder als „abgekühlte" Wärmeenergie in die Außenluft. Ein wirklich unerschöpfliches Reservoir an gespeicherter, niederwertiger Energie liegt „vor der Tür". In Abwandlung des Sprichwortes „Das Geld liegt auf der Straße" läßt sich hier sagen, „Die Energie liegt in der Luft".

Das Wärmepumpenprinzip wird schon millionenfach angewendet. Nicht für die Wärmelieferung, sondern für einen umgekehrten Prozeß, den Wärmeentzug. Im Kühlschrank oder im Gefriergerät wird der Luft im Geräteinneren Energie entzogen, die Luft wird abgekühlt. Die Speisen bleiben frisch. Damit niederwertige Energie entzogen werden kann, muß auch hier etwas hochwertige Energie aufgewendet werden, und die gesamte dabei entstehende Wärme wird an der Rückseite des Kühlschranks an die Raumluft abgegeben.

Bei der Kühlung erzeugt man demnach durch die „Energieveredelung" im Geräteinneren Kälte und „verpulvert" außerhalb des Gerätes die Wärme; z. B. durch Abgabe an die Raumluft. Bei der Heizung mit der Wärmepumpe erzeugt man durch die „Energieveredelung" innerhalb des Gerätes die Wärme und schert sich nicht darum, daß das benutzte Medium – z. B. die Außenluft – ein ganz klein wenig kälter wird. Das gleiche technische Prinzip wird so für zwei entgegengesetzte Effekte angewendet.

Weder der Kollektor noch die Wärmepumpe, beide für die Heizwärmeerzeugung aus Sonnenenergie gezüchtet, arbeiten ohne hochwertige Energie. Ein Kollektor auf dem Dach wird zwar heiß, aber deshalb haben wir noch lange keine Heizwärme in unserer Zentralheizung. Die Wärmeenergie muß abgeführt, d.h. umgepumpt werden. Umwälzpumpen sind durch die Ölheizung bekannt. Sie werden mit Strom betrieben. Ölheizungen benötigen auf das Jahr umgerechnet etwa 2% ihrer abgegebenen Heizenergie als elektrische Energie. Kollektorheizungen, die bei geringem Sonnenenergieangebot mit einer Ölheizung – also nicht mit Elektrozusatzheizung – kombiniert sind, brauchen dennoch, bezogen auf die gesamte abgegebene Heizenergie (Sonne + Öl), etwa viermal mehr Strom als die klassische Ölheizung, d.h. 8% der abgegebenen Heizenergie. Das kommt daher, daß viel mehr Wasser mit niedriger Temperatur durch viele Leitungen (Strömungswiderstände) das ganze Jahr über umgepumpt werden muß.

Die Wärmepumpe braucht, wie schon mehrmals gesagt, hochwertige Bewegungsenergie für die „Energieveredelung". Der Antrieb eines Verdichters oder Kompressors kann durch einen Benzin-, Gas- oder Elektromotor erfolgen. Alle drei Lösungen sind in der Erprobung. Bei der Diesel-Wärmepumpe steht man noch ganz am Anfang. Bei der Gas-Wärmepumpe gibt es seit drei Jahren vom BMFT geförderte und intensive Entwicklungsarbeiten von Ruhrgas und VW. Fünf Anlagen für Großgebäude sind bereits im praktischen Betrieb in Erprobung. Bei der Elektrowärmepumpe sind tausende von Anlagen in Großgebäuden, wie auch mehr und mehr in Wohnhäusern, in Betrieb. Der Elektromotor ist als Antrieb besonders unkompliziert, ausgereift, geräuscharm, preisgünstig und vor allem langlebig. Dafür wird bei Diesel und Gas noch weniger Primärenergie benötigt, als – über alle Umwandlungsketten gerechnet – bei der Verwendung von Strom. Bei Strom allerdings handelt es sich zumeist um heimische Primärenergie, d.h. Steinkohle, Braunkohle oder Wasserkraft.

Zurück zu den ungleichen Geschwistern: Kollektor und Wärmepumpe. Beide brauchen hochwertige Hilfsenergie, um Heizwärme aus Sonnenenergie für die Warmwasserbereitung bereitzustellen. Der Kollektor weniger als die Wärmepumpe. Dafür braucht der Kollektor viel mehr Zusatzenergie, wenn er nicht nur im Sommer für die Warmwasserbereitung oder das Freischwimmbad eingesetzt werden soll, sondern auch für die Heizung im Winter.

Das aber ist nicht die besondere Ungleichheit der Geschwister. Diese besteht darin, daß der Kollektor phantastische Ergebnisse erzielt, wenn die Sonne hell vom Himmel strahlt, und ein absoluter Versager ist, wenn es dunkel wird. Die Wärmepumpe dagegen holt sich auch bei Regen, auch nachts, aus dem Medium, das ihr angeboten wird (Luft, Wasser, Erde), eine im voraus festlegbare Energiemenge. Sie versagt, wenn sie auch noch die Sonnenstrahlung direkt in Wärme umwandeln soll. „Was dem einen sin Ul, ist dem andern sin Nachtigall".

Das Handicap der Wärmepumpe ist darauf zurückzuführen, daß sie einen natürlichen, sich stets erneuernden Sonnenenergiespeicher benutzt (siehe Kapitel I. 7). Die Wärmepumpe h a t den Speicher, sie nutzt die Energie der Sonne indirekt. Der Kollektor b r a u c h t den Speicher, denn er nutzt die tages- und jahreszeitlich so stark schwankende Solarstrahlung auf direkte Weise.

Alle bisherigen Erläuterungen waren sehr einfach. Hoffentlich ganz allgemein verständlich. Wer mehr über die spezifischen Eigenschaften von Kollektor und Wärmepumpe erfahren möchte, wer das thermodynamische Prinzip und die Funktionsweise einer Wärmepumpe in besonders anschaulicher Darstellung kennenlernen möchte, der müßte Kapitel V. 1 im Anhang studieren.

Hier geht es hauptsächlich um praktische Gesichtspunkte, um die Frage, welchem der ungleichen Geschwister man den Vorzug geben sollte. Das ist wirklich eine Gretchenfrage. Sie war und ist es noch für viele Hersteller und Vertriebsfirmen. Den Insidern war klar, daß beide Systeme zur Anwendung kommen würden, daß der Wärmepumpe für die Raumheizung eine deutliche Überlegenheit nicht abzusprechen wäre. Doch auch die Insider wußten und wissen immer noch nicht, wie sich die Öffentlichkeit, wie sich die Käufer verhalten werden.

Auch überschätzen manche die Möglichkeiten des Kollektors. Vorläufig noch kann der Kollektor für die Sommer-Warmwasserbereitung und die Wärmeversorgung von Freischwimmbädern mit seinen Eigenschaften glänzen. Wie lange es noch dauert, bis auch auf diesem Anwendungsgebiet sich kleine Spezial-Wärmepumpen zu tummeln beginnen, bleibt abzuwarten.

Auf jeden Fall kann der Kollektor für sich buchen, daß er am wenigsten Hilfsenergie – nur zu bestimmten sonnenreichen Stunden – benötigt und daß er sichtbar ist. Wenn erst einmal die Aktualität abgenommen hat, dann wird die Sichtbarkeit weniger zählen, vielleicht das Unsichtbare sogar bevorzugt werden.

Es wurde schon gesagt, daß hier eine subjektive, aber fundierte Meinung vorgetragen wird. Um der Gretchenfrage „Kollektor oder Wärmepumpe" nicht aus dem Wege zu gehen, muß zwischen verschiedenen Anwendungsfällen unterschieden werden.

Die Warmwasserbereitung im Sommer ist ein Sonderfall. Wer zum Beispiel ein Fertighaus mit einer solchen Anlage kauft oder wer eine Kompaktanlage nachträglich einbaut, ist mit dem Kollektor aus energiewirtschaftlicher Sicht gut bedient. Nicht erläutert wird hier die Frage der Wirtschaftlichkeit und der Qualität verschiedener Produkte (siehe Kapitel II. 5 „Vorschläge für Mutige"). Wer von April bis September keine hohen Anforderungen an die jederzeitige genaue Temperatureinhaltung seines Schwimmbadwassers stellt, der wird mit einfachsten Kollektorsystemen am besten fahren.

Wer für die Raumheizung eine Ölheizung mit einer Kollektoranlage kombiniert, sich allen Aufwand für Speichersysteme, komplizierter Regeleinrichtungen und eine interne Wärmepumpe schenkt, und eben nur „mitnimmt", was der Kollektor bringt, im übrigen während der vielen ungünstigen Wochen weiterhin mit Öl heizt, der wird etwas mehr Strom bezahlen, etwa ein Drittel an Heizöl einsparen und hoffentlich ein Solarsystem mit hoher Lebensdauer angeschafft haben.

Die Raumheizung kann nach aller bisherigen Erfahrung z.Zt. und sehr wahrscheinlich erst recht in Zukunft wirtschaftlicher durch die Umgebungsluft-Wärmepumpe, in Sonderfällen auch über Erdboden- oder Grundwasserwärmepumpen bereitgestellt werden. Die Möglichkeiten der abschließend beschriebenen Kombination von Absorber und Sole-Wärmepumpe sind heute schwer abzuschätzen.

Daß die Wärmepumpe dem Kollektor in unserem Klima für die Raumheizung den Rang ablaufen könnte, ist schon daran zu erkennen, daß die auf dem Entwicklungssektor führenden Unternehmen in fast allen ihren Experimentierhäusern nicht nur Kollektoren in Verbindung mit Langzeitspeichern testen, sondern auch in Verbindung mit Wärmepumpen.

Da gibt es allerdings den Fall, daß die Wärmepumpe nicht der Umgebung Energie entzieht, sondern im inneren Kreislauf der Kollektoranlage arbeitet. Wenn der Kollektor das Heizwasser nicht mehr ausreichend, z.B. auf 55°C erwärmen kann, dann holt sich eine interne Wärmepumpe Heizenergie aus einem Wasser-Wärmespeicher, der vom Kollektor noch mit Wärme niedrigerer Temperatur versorgt wird. Die Wärmepumpe hebt dieses Temperaturniveau auf die gewünschten 55°C an. Man könnte auch sagen: Der Kollektor erhält eine Stütze. Was er allein nicht mehr schafft, das erreicht er in Zusammenarbeit mit der Wärmepumpe (siehe auch Kapitel II. 5 „Vorschläge für Mutige"). Da auch die Wärmepumpe an lichtarmen Tagen vom Kollektor nicht mehr genügend Nachschub erhält, tritt als dritter Partner eine Brennstoffzusatzheizung, die zweite Stütze, in Aktion.

Die hochgezüchtete, interessante, vielseitige Kombination verschiedener Systeme (Kollektor/Wärmespeicher + Wärmepumpe + Brennstoffheizung) soll hier nicht abgewertet werden. Sie ist zur Ermittlung des unterschiedlichen Energieangebotes von großer Bedeutung und hat in den Experimentierhäusern sehr aufschlußreiche Ergebnisse gebracht. Der private Bauherr oder der Betreiber einer Heizungsanlage bevorzugt jedoch unkomplizierte, wartungsarme, übersichtliche, platzsparende Systeme. Daraus ergibt sich folgerichtig, daß eine kleine Wärmepumpe für die ganzjährige Heizwärmeversorgung der Idealfall wäre. Das aber ist ein Problem für sich. Es wird in Kapitel II. 15 (Umgebungsluft-Wärmepumpe) behandelt. Zumindest die Kombination von Umgebungsluft – Wärmepumpe mit vorhandener Ölheizung hat besondere Aussichten; stückzahlmäßig wohl viel größere als der Kollektor, weil es 11 Millionen bestehende ölbeheizte Wohnungen in diesem Lande gibt. Die Kombination einer vorhandenen Ölheizung mit der Wärmepumpe als Ölspargerät ist einfacher zu verwirklichen und preisgünstiger als die Kombination vorhandener Ölheizungen mit Kollektorsystemen.

Über das ganze Jahr betrachtet macht die Wärmepumpe mehr Sonnenenergie nutzbar als der Kollektor – geht man von wirtschaftlich vernünftiger Dimensionierung beider Anlagen aus. Dieser Sachverhalt und die größeren Stückzahlen der Wärmepumpe, ihre vielseitigere Anwendbarkeit im Alt- und Neubau eröffnen nach aller Voraussicht für unser Klima der Wärmepumpe die größeren Chancen (siehe Bild 10).

Der Verfasser hat sich schon vor zwei Jahren die Frage gestellt, ob nicht die gegenteiligen Eigenschaften der „ungleichen Geschwister" miteinander kombiniert werden könnten. Gemeint ist eine Wärmepumpe, die nicht nur den Energieinhalt der Luft, sondern auch der Strahlung nutzt.

Bild 10: Kompaktwärmepumpe für die Heizwärmeversorgung zur Raumheizung und Brauchwarmwasserbereitung eines Wohnhauses

Mehrere Wege wurden und werden noch beschritten. Übrigens zeigte sich inzwischen, daß ähnliche Gedanken gleichzeitig auch an mehreren Stellen im In- und Ausland verfolgt werden. Zunächst erprobte die RWE-Anwendungstechnik das Glasziegeldach (siehe Bild 11). Bei Anordnung von schwarzen Blechen unter den Glasziegeln und Ansaugung der Außenluft in einem Hohlraum unter den Blechen wird immer dann, wenn die Sonne scheint, der Außenluft ein zusätzlicher Energiebetrag aus Strahlung zugeführt. Das in der Außenluft enthaltene Energieangebot wird dadurch für die Wärmepumpe größer. Die vorbeschriebene „Energieveredelung" erfordert dann weniger hochwertige Hilfsenergie in Form von Elektrizität. Die Wärmepumpe kann über das Glasziegeldach also auch noch einen Teil der Solarstrahlung nutzbar machen.

Obwohl etliche Ziegeldachkonstruktionen untersucht und schrittweise verbessert wurden, ließ das Ergebnis doch zu wünschen übrig. Die Mehrkosten für Glasziegel würden sich wohl kaum durch die Stromeinsparungen bei der Wärmepumpe wieder gewinnen lassen. Wer einen nach unten gegen Feuchtigkeit und Wärmeverlust gedichteten Hohlraum unter normalen Dachziegeln vorsieht, könnte die Außenluft für die Wärmepumpe nicht direkt ansaugen, sondern erst unter den Ziegeln entlang streichen lassen. Zwar würde er dann gegenüber dem Glasziegeldach viel weniger Strahlungsenergie nutzbar machen, aber immer noch einen gewissen Teil auf dem Umweg über die Wärmespeiche-

Bild 11: Teststation der RWE-Anwendungstechnik zur Erfassung von Strahlungs- und Klimadaten (oben Mitte), zur Kollektorwirkungsgrad-Bestimmung (oben links) und zur Weiterentwicklung von Dachkonstruktionen (rechts drei Glasziegel-Dachvarianten in der Erprobung)

rung und die Wärmewanderung in den Ziegeln gewinnen. Der Energiegewinn ist so gering, daß diese Lösung nicht empfohlen werden kann.

Die Idee des Solarabsorbers bringt uns noch ein Stück weiter. Am Ende dieses Entwicklungsschrittes steht eine Anlage, die heute noch Vision ist: Das Solardach, dem man von außen nicht mehr ansieht, an welchen Stellen es als Wetterschutz + Solar-Wärmetauscher arbeitet und an welchen Stellen es nur dem Wetterschutz dient. Vielleicht wird es noch daran zu erkennen sein, daß manche Dachflächen zu manchen Zeiten eine etwas feuchte Oberfläche haben.

Der Endzustand könnte so aussehen: Man stelle sich ein schwarzes Eternit-Schieferdach oder ein dunkelgraues bzw. dunkelbraunes Dach mit einer Art Ziegelstruktur vor. Bei genauem Hinsehen zeigt sich, daß es gar nicht mit Eternit-Schiefer oder mit einem Ziegelmaterial gedeckt ist. Tatsächlich handelt es sich um ein Metall mit geschwärzter und im Ziegelmuster geprägter Oberfläche. Alle Anschluß- oder Paßstücke, Firstteile usw. sind aus dem gleichen Material, aus langen Bahnen ohne sichtbare Nahtstellen aneinandergesetzt. Sämtliche Dachseiten, gleichgültig nach welcher Himmelsrichtung sie orientiert sind, haben dieselbe Struktur, keine spiegelnden, keine ein- oder aufgesetzten andersartigen Flächen. Welche Dachteile Sonnenenergie sammeln, das ist von außen nicht feststellbar, oder nur, wenn die Außenluft sehr feucht ist, wenn der Wassergehalt der Luft teilweise an den energiesammelnden Flächen des Daches sich niederschlägt, kondensiert. An jenen Stellen befinden sich im Material unter der Dachhaut Hohlräume, durch die, genauso wie bei dem heute bekannten Flachkollektor, eine Flüssigkeit, Sole, strömt. Sole ist Wasser mit Frostschutzmittel. In diesem Falle ein Gemisch, bei dem keine schädigenden Rückwirkungen entstünden, wenn das System undicht würde.

Wie Versuche mit solchen Dachteilen (siehe Bild 12) gezeigt haben, nimmt die kalte Dachoberfläche sowohl aus der wärmeren Umgebungsluft als auch aus der Solarstrahlung beträchtliche Energiemengen auf. Wird die Sole in einen kleinen Zwischenspeicher gepumpt, so kann sich die Wärmepumpe die für die Heizwärmeversorgung benötigte Energie dort holen. Ein ähnliches Prinzip also wie beim Solarkollektor mit interner Wärmepumpe?

In der Theorie ja, in der Praxis doch ganz anders. Vom Kollektor ist nur noch der Absorber, d.h. die schwarze Metallfläche mit darunter liegender Wärmedämmung übriggeblieben.

Die übliche Dacheindeckung besteht heute aus einer wetterschützenden Oberfläche und darunter liegender Wärmedämmung. Wenn es gelänge – und das ist durchaus denkbar – die klassische Dacheindeckung durch eine konkurrenzfähige Abdeckung dieser Art zu ersetzen, Energiesammler und Wetterschutz wären zur Einheit geworden. Die Dimensionierung der Kollektoranlage entfiele. Man würde alle Dachhälften, die dem Sonneneinfall ausgesetzt wären, damit versehen. In vermutlich vielen Fällen würde die Fläche dann auch an sehr kalten Wintertagen für die Wärmebedarfsdeckung des gesamten Hauses über den Wärmepumpenkreislauf ausreichen. Denn des Dach kann z.B. eine Oberflächentemperatur von –15°C durch die kalte, nicht einfrierende Sole aufweisen. Es wird dann der Winterluft von –10°C noch Wärme entziehen können. Bei solchen tiefen Außentemperaturen aber ist der Himmel für einige Stunden am Tage offen. Die Wintersonne scheint. Das ist durch jahrzehntelange Wetterbe-

Bild 12: Versuchsanlage mit 45° nach Süden geneigten Solarabsorbern mit Solekreislauf (im Hintergrund Versuchsanlagen für Flachdach-Soleabsorber)

obachtungen bewiesen. Deshalb würde das Solarabsorber-Wärmetauscher-Dach an diesen ungünstigsten Tagen noch zusätzliche Energie aus der Solarstrahlung umwandeln. Ganz im Gegensatz zur klassischen Umgebungsluft-Wärmepumpe, die an solchen Tagen den ungünstigsten Wirkungsgrad (Leistungszahl) besitzt. Der zweite, fast so ungünstige Fall ist an feuchtkalten Wintertagen mit bedecktem Himmel und starkem Windanfall gegeben. Auch hier ist das Solarabsorber-Wärmetauscher-Dach allen anderen Systemen überlegen. Der Kollektor schafft dann nichts mehr, der Verdampfer einer Umgebungsluft-Wärmepumpe vereist. Der Wärmeaustausch am Solarabsorber dagegen wird noch durch Wind gefördert. Die sehr kalte große Fläche entzieht nicht nur der Luft, sondern auch dem Schneeregen noch Energie und bildet dabei einen Eispanzer auf dem Dach.

Im Gegensatz zum klassischen Kollektor ist der Solarabsorber, die strukturierte, schwärzliche Dachfläche, nicht nach außen isoliert. Der Kollektor soll ja als Wärmefalle wirken. Sein Aufbau hat deshalb an den besonders ungünstigen Tagen im Winter zur Folge, daß Rauhreif und Schnee seine Wärmedämmung, das Glas oder den durchsichtigen Kunststoff bedecken und nur langsam abtauen. Viel langsamer als dies an normalen Dächern geschieht. Das Soledach dagegen hat keine Wärmedämmung über dem Absorber. Ja, wie Messungen gezeigt haben, es entzieht sogar dem Regen, dem Schnee noch Energie, weil es im Vergleich dazu noch viel kälter ist.

Die Überhitzungsprobleme klassischer Solarkollektoren bei Überschußwärme im Sommerhalbjahr treten beim Solarabsorber nicht auf. Es werden höchstens 85°C erreicht, also kaum höhere Temperaturen als bei einem konventionellen Dach.

Noch einen Unterschied bewiesen praktische Versuche: Das System ist außerordentlich „flink“: Es führt die gewonnene Energie schnell ab, bringt sie zum Solespeicher. Bei Sonnenschein wärmt sich das Dach derart auf, daß die Temperatur der Sole bis auf 70°C ansteigen kann. Deshalb könnte immer dann, wenn die Solartemperaturen über 50°C steigen, der Heizwasserkreislauf für Raumheizung und Warmwasserbereitung direkt aus dem kleinen Solespeicher mit Wärme versorgt werden. In allen anderen Fällen geht die Wärmepumpe in Aktion.

Was ist aus den beiden ungleichen Geschwistern Kollektor und Wärmepumpe bei diesem System geworden? Aus dem Kollektor wurde ein unsichtbarer Soleabsorber, aus der Umgebungsluft-Wärmepumpe die Sole-Wärmepumpe. Beide zusammen leisten mehr als zuvor. Auch Ziegel haben eine Lebensdauer. Vielleicht wird eines Tages bei Neueindeckung der Dächer die Solebahn und nicht mehr der Ziegel verwendet.

II. 4 Empfehlungen für Vorsichtige

Die Themen Sonnenenergie, Solardach, Kollektor, Wärmepumpe besitzen bereits große Aktualität. Nahezu jeder Architekt, jeder Bauherr hat schon etwas hierüber gehört oder gelesen. Natürlich möchte jeder, erst recht, wenn er selbst baut oder im Rahmen der Förderung zur Altbausanierung seine Heizungsanlage modernisiert, Ratschläge haben. Er möchte wissen, wie er sich am klügsten verhält.

Das Interesse ist enorm. Die Anfragen bei den Firmen, die Solaranlagen oder Wärmepumpen anbieten, gehen in die Tausende. Der Prozentsatz derjenigen, die sich ernsthaft mit solchen Systemen befassen, ist dann später viel kleiner. Der Prozentsatz der Käufer vorläufig noch sehr gering.

Der Grund ist darin zu suchen, daß die Bereitschaft, die Energiequelle Sonne für den privaten Heizwärmebedarf zu nutzen, ungewöhnlich groß ist. Wer möchte nicht unabhängig werden von Energielieferung, Energieeinkauf und allem, was damit zusammenhängt? Im wahrsten Sinne des Wortes ist Sonnenenergie zur Wunschenergie geworden. Wenn dann aber die Preise für z.B. eine solare Brauchwarmwasserbereitungsanlage mitgeteilt werden und noch die vor Ort auftretenden Installationskosten hinzugerechnet sind, dann bleiben nur wenige Mutige übrig, die solche Anlagen kaufen.

Einige Unternehmen sagen, daß der Serieneffekt für eine weitere Preissenkung sorgen werde. Sicher wird sich dieser Effekt auswirken. Wie stark er bei bestimmten Systemen zur Wirkung kommt, läßt sich nur sehr grob abschätzen. Zum Beispiel fallen bei Solarkollektoren auf lange Sicht weniger die Materialpreise der Anlage selbst ins Gewicht, sondern mehr die Installationskosten für den Einbau im Dach und für die Anbindung an das Warmwasserversorgungs- oder Heizsystem. Bei Wärmepumpen sind noch starke Reduzierungen bei den Anlagekosten denkbar.

Für die ganzjährige Wärmeversorgung eines Hauses ist schon heute die komplette Wärmepumpenheizung in den Anlagekosten günstiger als eine komplette Kollektorheizung mit Zwischenspeicher und Brennstoffzusatzheizung. Die bivalente Wärmepumpenheizung kostete – einschließlich Ölheizkessel – 1975 rd. 25000 DM, 1976 rd. 18000 DM, 1977 rd. 15000 DM. Was wird sie 1980 kosten? Mit Sicherheit weniger als heute, voraussichtlich unter 10000 DM, wobei 1980 die Lebenshaltungskosten und die Einkommen gestiegen, d.h. solche Anlagen um so erschwinglicher sein werden. Wie schon gesagt, für Kollektoren ist diese relativ stark fallende Preistendenz nicht in dem Maße erkennbar, weil der Lohnkostenanteil für die Montage und die Anbindung vor Ort stärker ins Gewicht fallen. Gerade die Lohnkosten aber haben weiter steigende Tendenz.

Wie also soll man sich entscheiden? Es gibt da zwei Theorien, die je nach Mentalität zu dem einen oder dem anderen Käuferkreis passen.

Wer höhere Beträge zur Verfügung hat, wer im Zuge einer Umbaumaßnahme oder eines Neubaus gleich ein System mit Zukunft einbauen, nicht in einigen wenigen Jahren mit nachträglichen Baumaßnahmen zu tun haben, bestimmte Sonderangebote wahrnehmen möchte (siehe nächstes Kapitel), wer aus beruflichem Interesse frühzeitig diese neue Technik erproben, als Pionier von Anfang mit dabei, seiner Zeit um einiges voraus sein möchte, wer den noch einigermaßen exklusiven Betrieb einer Wärmepumpe oder einer Kollektoranlage im eigenen Haus sehen möchte, der hat die richtige Einstellung, um sich schon jetzt für solche Systeme zu entscheiden.

Es ist sehr wichtig, daß solche Käufer zu diesem frühen Zeitpunkt einer für die zukünftige Wärmeversorgung wesentlichen Entwicklung durch ihr Engagement großen Auftrieb geben. Ohne sie könnte der Start nicht gelingen. Sie werden bestätigt werden, denn ihre Entscheidung entspricht den unvermeidlichen energiewirtschaftlichen Sachzwängen. Keine andere Lösung zeichnet sich für die Zukunft ab. Damit dieser mutige Käuferkreis einige Leitlinien erhalten kann, wird im nächsten Kapitel noch manches in den Einzelheiten erläutert.

Hier geht es zunächst um den Käuferkreis mit der anderen Mentalität, um die Vorsichtigen. Da das Wort vom „Sachzwang“ fiel, sei hinzugefügt, daß bei allem Wollen manchmal auch der Sachzwang der verfügbaren persönlichen Finanzmittel eine Verwirklichung so mancher in die Zukunft gerichteter Pläne verhindert. Was immer die Gründe auch seien, es gibt eine breite Schicht, die „in den Startlöchern sitzt“ und nur noch auf bestimmte Ereignisse wartet, um sich für die Nutzung der Sonnenenergie zu entscheiden. Solche Ereignisse können sein: weitere Ermäßigung der Anlagekosten, Weiterentwicklung der Systeme, steuerliche Begünstigung solcher Anlagen, vor allem der Anstieg der Heizenergiepreise. Um den Weg offenzuhalten für die zukünftige, schnelle und preisgünstige Verwirklichung solcher Pläne, ohne daß ein vorhandenes oder jetzt gewähltes Heizsystem dadurch überflüssig würde oder umgebaut werden müßte, hat der Verfasser bereits vor zwei Jahren Vorschläge für Beratungsblätter gemacht, mit denen Architekten und Bauherren etwas anfangen können. Beachtet man diese wenigen Hinweise, so „verbaut“ man sich wenigstens nicht die Zukunft.

Als die Flut der Anfragen nach Richtlinien oder Einbauvorschlägen für Solarkollektoren bei der Arbeitsgemeinschaft Solarenergie (ASE) überhand nahm, wurde ein solches Beratungsblatt mit einigen ganz einfachen und praktischen Empfehlungen herausgegeben. Es wurde inzwischen vielfach abgedruckt und weiterverwendet. Im Anhang (siehe V. 2) ist der Text dieses Beratungsblattes wiedergegeben.

Als das Interesse an der Wärmepumpe, aber auch die Detailfragen über ihre Anwendungsmöglichkeiten zunahmen und die RWE-Anwendungstechnik, die in der ersten Phase hauptsächlich Entwicklungsarbeiten hierfür leistete, nicht mehr allen Beratungswünschen gerecht werden konnte, wurde das Merkblatt „Sonne + Strom = neue Wärme, Anforderungen an die Heizung, die Elektroinstallation und das Gebäude bei bivalenter Wärmepumpenheizung“ versandt. Dieses Merkblatt enthält eine Fülle von praktischen Anregungen und ist ebenfalls in der Anlage (siehe V. 3) beigefügt. Wer bei Sanierung seiner bestehenden Heizungsanlage oder bei Neubau eines Hauses gewisse Vorkehrungen trifft, der kann später mit beträchtlich geringerem Installationsaufwand eine Wärmepumpe mit seiner vorhandenen Warmwasser-Zentralheizung kombinieren.

Nun erhebt sich die naheliegende Frage, ob solche Vorkehrungen nicht eines Tages durch die Weiterentwicklung der Solartechnik überholt sein werden. Nehmen wir zur Beantwortung ein praktisches Beispiel: Im vorerwähnten Merkblatt für die bivalente Wärmepumpenheizung, also für ein spezielles System, steht, daß eine Stellfläche von etwa 1,2 m x 1,2 m für die Wärmepumpe in der Nähe des Ölheizkessels freizuhalten sei.

Dies ist gewiß keine große Fläche. Für den Fall, daß man ganz ohne Wärmepumpe auskäme, wäre das Vorhandensein dieser Fläche kein „Beinbruch". Für den viel wahrscheinlicheren Fall, daß man diese Fläche brauchte, aber beim besten Willen nicht zur Verfügung hätte, wäre das ein großer Nachteil.

In dem gleichen Merkblatt steht, daß statt der vorgenannten Stellfläche auch die Verwendung von Batterietanks für die Öllagerung die Lösung bringt, weil später wegen der Wärmeversorgung durch die Wärmepumpe ein Teil der Tanks wieder entfallen kann. Meist werden ohnehin solche Batterietanks verwendet. Aber manchmal war es eben doch anders vorgesehen. Ein sehr praktischer Hinweis also.

In dem Merkblatt ist beschrieben, daß in der Ölheizungszentrale drei Handabsperrventile vorzusehen seien. Heute sind damit geringe Ausgaben verbunden, später eine enorme Erleichterung bei der Kombination beider Anlagen zur bivalenten Wärmepumpenheizung. Auch für die Kombination mit Kollektoren würde dies gelten.

Das Merkblatt nennt die Vorkehrungen für die Elektroinstallation. Diese sind in jedem Fall, gleichgültig welches System später Verwendung fände, eine Vorleistung, die heute in den Baukosten absolut vernachlässigbar ist; denn Leerrohre, Platz auf der Zählertafel und eine Steuerleitung sind eine Kleinigkeit. Man muß nur rechtzeitig dafür sorgen.

Bei den Anforderungen an das Gebäude geht es um einen Wanddurchbruch oder um eine Zu- und Abluftöffnung oder im ASE-Merkblatt um einen Schacht im Gebäude zur späteren Einbringung der Verbindungsleitungen zwischen Dach und Wärmeverteilungsanlage, die zumeist im Keller steht. Auch das kann durch die Weiterentwicklung von Systemen nicht überflüssig werden. Damit ist wohl überzeugend dargestellt, daß „Empfehlungen für Vorsichtige" in jedem Fall Beachtung finden sollten.

Einer Frage, die sich bei näherer Betrachtung aufdrängt, soll nicht ausgewichen werden. Die Nutzung der Sonnenenergie, sei es nun über die Wärmepumpe oder über den Kollektor, ist an ein Wärmeverteilungssystem gebunden. Warmwasser- oder Warmluft-Zentralheizungen kommen hierfür in Frage. Am besten eignen sich Großoberflächen-Heizungen, also entweder die Warmwasser-Fußbodenheizung oder entsprechend dimensionierte Radiatoren, deren Heizfläche auch an kalten Tagen bei 40° C Heizwasser für ausreichende Raumerwärmung sorgt. Die einzige Ausnahme bildet die bivalente Wärmepumpenheizung, wo auch konventionelle Heizkörper genügen (siehe Kapitel II. 15).

Doch wie können bestehende Häuser umgestellt werden, wenn sie elektrische Speicherheizungsgeräte oder elektrische Heizkabel-Fußbodenheizung besitzen? Hier entfiel die Heizwärmeverteilung über Warmwasserrohre. Nur einige Stromzuleitungen mußten verlegt werden. Was als großer Vorzug galt, und nach wie vor von Vorteil ist, hat in diesem besonderen Fall den Nachteil, daß die Wärmeverteilung über Wasser fehlt. Hier bleibt zwar immer noch die Möglichkeit, die Brauchwassererwärmung über Wärmepumpe oder Kollektor später vorzunehmen, falls sich der Installationsaufwand nur für diesen Teil überhaupt lohnt. Die Raumheizung allerdings ließe sich nur mit unvernünftig hohen Kosten auf eine Solaranlage umstellen. Bleibt den Besitzern solcher Häuser die Gewißheit, daß erst recht bei zunehmender Solartechnik die Auslastung der Großkraftwerke, d.h. der Verkauf von freier Nachtleistung, große Bedeutung für eine wirtschaftliche Stromversorgung behält. Weil im Nachtstrompreis keine Kapitalkosten enthalten sind, wird er die steigende Tendenz anderer Energiepreise nur im Verhältnis der beweglichen Kosten, also des Anstiegs der Primärenergiekosten, mitmachen und deshalb relativ weniger ansteigen. Noch etwas positiver ausgedrückt: Die Besitzer solcher allelektrischer Häuser hatten schon vor Jahren eine langfristig richtige Entscheidung getroffen. Die Umstellung oder die Anpassung von Heizöl auf Solarenergie wird hier nicht erforderlich, da solche Anlagen von Anfang an unabhängig von der Ölversorgung waren.

II. 5 Vorschläge für Mutige

Marcel Boiteux, Generaldirektor der Electricité de France, der französischen Stromversorgungsgesellschaft, international bekannt für seine geistreichen Bemerkungen, sagte zur Wirtschaftlichkeit von Sonnenenergie „Les énergies gratuites sont les plus chères“ (Gratisenergie ist die teuerste Energie).

Das soll nicht entmutigen. Allerdings liegt eine tiefe Wahrheit in diesem Bonmot. Sonnenenergie ist an sich kostenlos, die Anlagen und Geräte für ihre Umwandlung in Nutzenergie sind noch sehr aufwendig. Nun bezog Monsieur Boiteux seinen Ausspruch in erster Linie auf die Stromerzeugungskosten aus Sonnenenergie (siehe Kapitel III. 6). Sie liegen wesentlich über denen der Stromerzeugung aus brennstoff- oder uranversorgten Großkraftwerken. Bezogen auf die Heizwärmeversorgung von Häusern gilt die Feststellung von der „teuren Gratisenergie“ in mancher Hinsicht auch.

Eine Kreuzfahrt war früher für die allermeisten ein unerfüllbarer Wunsch, ein Traum. Heute können sich viele solches leisten. Der Massentourismus zur See machte es möglich. Vergleiche lassen sich schlecht übertragen. Aber allgemein gilt auch für die Anschaffung der Solaranlagen, daß immer einige wenige Vorreiter spielen und dadurch die breite Anwendung erst ermöglichen. Im Gegensatz zur Kreuzfahrt, einem einmaligen Erlebnis und einer einmaligen Ausgabe, muß bei Solaranlagen zwar auch nur einmal die Anschaffung bezahlt werden, zumindest für die Lebensdauer der Anlage, dafür hat man aber auch viele Jahre kostenlose Wärme im Haus.

Damit nun die Solaranlage – gleichgültig ob Wärmepumpe oder Kollektor – nicht zum einmaligen, unangenehmen Erlebnis wird, in dem die Probleme der Wartung und der Lebensdauer etliche Überraschungen mit sich bringen, sollen einige Hinweise gegeben werden.

Zunächst zum Haus selbst und zu seinem Wärmebedarf: Wer einen Neubau errichtet, der muß in diesem Zusammenhang ganz besonders auf hervorragende Wärmedämmung des Gebäudes achten. Durch das neue Gesetz zur Einsparung von Energie ist schon einiges in dieser Richtung getan worden. Doch die danach empfohlenen bzw. vorgeschriebenen Dämmwerte reichen für das Solarhaus nicht aus. Die obersten Geschoßdecken, die Fenster und die Rolladenkästen verdienen besonderes Augenmerk. Im übrigen enthalten die ASE- und RWE-Empfehlungen, die schon im letzten Kapitel erwähnt und im Anhang wiedergegeben wurden, noch etliche Hinweise.

Richtzahlen für die Auslegung der Wärmeerzeugung für Brauchwasser oder für Heizung sind in den Kapiteln II. 6 und II. 7 für das jeweilige System genannt. Man kann sich hierdurch einen Überblick verschaffen, welche Kollektorflächen und welche Wärmetauscherflächen oder Platzverhältnisse bei Wärmepumpenbetrieb benötigt werden.

Eine Grundregel sollte stets Beachtung finden: Nur Hersteller mit Erfahrung sind geeignete Partner. Jeder lernt etwas dazu, weshalb der erste Kunde sicher noch Lehrgeld aus seiner Tasche mitbezahlen muß. Der zehnte Kunde ist schon besser dran, beim Hundertsten sind die Erfahrungen von einigen zig Vorgängern eingeflossen.

Bei Kollektoranlagen ist nochmals zu betonen: Man verwechsle nicht das Experimentierhaus mit einem Privathaus. In letzterem kann nur eine Serienanlage betrieben werden. Die Vorstufen zur Serienanlage werden in Experimentierhäusern ausgereift, weshalb viele Unternehmen zunächst in firmeneigenen Häusern oder Versuchsanlagen die Entwicklung vorangetrieben haben. Dem Privatmann ist nicht mit einem Prototyp, sondern nur mit einer serienreifen Anlage gedient.

Ein besonders schwieriges Thema ist die Planung der Anlage. Zwischen Architekt und Anlagenhersteller bzw. -lieferant gibt es bei Großbauten einen Partner, der unerläßlich ist, ohne den der Bau später nicht genutzt werden könnte: das Planungs- oder Ingenieurbüro. Die Leistungen dieser Gruppe bieten die Gewähr dafür, daß schon für den Rohbau sämtliche Durchbrüche, Schlitze, Kanäle, statischen Einflüsse, Stellflächen, Zuordnungen der Anlagen selbst usw. Berücksichtigung finden. Bis zur Inbetriebnahme der Heizungs-, Lüftungs-, Klima-, Beleuchtungs-, Aufzugs-, Frischwasser- und Abwasseranlagen ist das Ingenieurbüro zuständig.

Bei Wohnhäusern war solche Fachberatung nur in seltenen Fällen, zumeist nur bei sehr großen Einfamilienhäusern und Mehrgeschoßwohnbauten, vonnöten. Das hatte seinen Grund auch darin, daß ein hoher Kenntnisstand bei Architekten, Heizungs- und Elektroinstallateuren eine vorhergehende Detailplanung kostenmäßig nicht rechtfertigte. Mit Solaranlagen, solange es sich nicht um ein paar Quadratmeter Kollektorfläche für die Sommerwarmwasserbereitung oder das Garten-Freischwimmbad handelt, werden viele Gewerke berührt: Bei Kollektoranlagen sind der Heizungs-, Sanitär- und Elektroinstallateur sowie der Dachdecker anzusprechen. Bei Wärmepumpen entfällt der Dachdecker, die übrigen Handwerker sind allerdings auch einzubeziehen. Wenn die Außenluft in das Gebäude zu führen ist, müssen auch noch einige Maurerarbeiten für die beiden Durchbrüche ausgeführt und Luftkanäle verlegt werden.

Wer plant, wer koordiniert? Die Herstellerfirma für Kollektoren oder für Wärmepumpen sendet zwar Einbaubeispiele, genaue Abmessungen ihrer Anlagen, hilft auch bei der Dimensionierung, aber Anlagen dieser Art müssen nun einmal mit anderen verbunden werden. Die Regelung ist anzupassen, das System ist einzufahren usw.

Dies ist wirklich ein wunder Punkt. Denn wir haben Neuland vor uns. Was die bivalente Wärmepumpenheizung angeht, so ist im RWE-Versorgungsgebiet der Weg beschritten worden, vom Stromversorgungsunternehmen selbst die Einzelplanung mit zu unterstützen. Damit ist eine gründlichere Vorbereitung schon vor dem Einbau der Wärmepumpe gegeben. Auch hat der Betreiber der Anlage einen Ansprechpartner, wenn in den Anfangszeiten Schwierigkeiten auftreten oder die Anlage einzuregeln ist. Auch einige andere Stromversorgungsunternehmen bieten diese Dienstleistung an oder werden sie noch anbieten. Trotzdem ist festzustellen, daß immer mehr Interessenten ohne vorherige Information des Energielieferanten beim Hersteller kaufen und manchmal die Anlage von Installationsfirmen einbauen lassen, die zum erstenmal damit in Berührung kommen. Hinterher ist es dann sehr viel schwieriger, Pannen zu beseitigen.

Weil die Stromversorgungsunternehmen, welche die Einführung der Wärmepumpe unter dem Aspekt „Sonne + Strom = neue Wärme" unterstützten, durch die Vielzahl der Beratungswünsche überlastet würden, haben sie in dieser Anfangsphase den Weg gewählt, Stützpunkte durch interessierte Installationsfirmen – zumeist aus dem Zentralheizungsgewerbe – zu schaffen. Wenn diese eingearbeitet sind, dann können sie später selbständig und von Anfang an das wichtige Bindeglied zwischen Hersteller und Käufer bilden.

Aller Anfang ist schwer. Eines Tages, wenn die Vorsichtigen folgen, wird sich alles eingespielt haben. Deshalb wird hier auch unter den Vorschlägen für Mutige so ausdrücklich darauf hingewiesen, den Einbau solcher Anlagen gründlich vorzuplanen.

Um auf die Wirtschaftlichkeit zurückzukommen. Sie ist für Kollektoranlagen nur dann gegeben, wenn diese nicht überdimensioniert werden und hauptsächlich im Sommer zum Ersatz des Heizöls dienen. Das hätte noch den Vorteil, daß die Ölheizung in jener Zeit weder das eigene Gelände noch das der Nachbarn mit Rückständen aus den Abgasen oder durch Geruch belästigt. Bei Hanglagen, die mit ölbeheizten Einfamilienhäusern bebaut sind, ist dies je nach Windrichtung eine sehr lästige Beeinträchtigung. Der Solarkollektor für Sommerbetrieb schafft hier Abhilfe.

Die ganzjährige Wärmeversorgung kann unter wirtschaftlichen Gesichtspunkten z.Zt. mit Sonnenenergie nur über die Wärmepumpe erzielt werden. Doch auch da nur unter bestimmten Bedingungen. Diese sind je nach geographischer Lage und daraus folgendem Wärmepumpensystem (z.B. Grundwasser-Wärmepumpe), je nach Größe des Grundstücks (z.B. Erdreich-Wärmepumpe) und je nach Förderung durch das Stromversorgungsunternehmen (z.B. bivalente Wärmepumpenheizung) recht unterschiedlich. Das RWE z.B. honoriert die Mutigen, indem es für die ersten tausend Anlagen auf den ohnehin niedrigen Gesamtstrompreis von rd. 9 Pf/kWh für den Strombezug der Wärmepumpe einen Rabatt von 20% für die Dauer von zehn Jahren gewährt. Bei einer durchschnittlichen Arbeitszahl von 2,8, ein sicher praxisnaher Wert, kostet dann die thermische Kilowattstunde, d.h. die an das Heizsystem abgegebene Wärmemenge, umgerechnet nur noch rd. 2,6 Pfennig/$kWh_{thermisch}$.

Daraus ergeben sich je nach Größe der Anlage jährlich Ersparnisse an Heizenergiekosten von einigen hundert DM. Die Ersparnisse sind in bestimmten Fällen um so größer, je weniger die Wärmepumpe im Winter in Betrieb geht. Wie für den Solarkollektor schon erwähnt, ist auch bei der Wärmepumpe eine Überdimensionierung von Nachteil. Je mehr Öl sie im Sommer, wo es mit schlechtem Wirkungsgrad verfeuert wird, ersetzt, desto größer ist ihre Wirtschaftlichkeit.

Ein extremes Beispiel hierzu: Bei einem sehr großen Einfamilienhaus wird in den Sommermonaten für die Schwimmbaderwärmung und das Brauchwarmwasser eine Heizölmenge von 6000 Liter benötigt. Die weit überdimensionierte Ölheizungsanlage, in solchen Häusern kein Einzelfall, arbeitet mit einem durchschnittlichen Sommer-Wirkungsgrad von 30%. Das heißt, der tatsächliche Heizwärmebedarf entspricht an sich nur dem Energieinhalt von rd. 18400 $kWh_{thermisch}$. Die Wärmepumpe arbeitet im Sommer mit einer Leistungszahl von etwa 4, d.h. um 4 $kWh_{thermisch}$ abzugeben, benötigt sie 1 $kWh_{elektrisch}$. Ihr Strombezug ergibt sich demnach zu 4600 kWh, ihre Stromkosten zu 4600 x 9,0 Pfennige je kWh = 414 DM. Damit wird der gleiche Effekt erzielt wie mit 6000 Liter Heizöl x 30 Pfennig/Liter = 1800 DM. In diesem Extremfall hat sich die Wärmepumpe schon nach wenigen Jahren durch die jährliche Einsparung von 1470 DM amortisiert.

Zu Recht ließe sich hierzu einwenden, daß es viel mehr Beispiele gäbe, bei denen sich die Anschaffungskosten der Wärmepumpe noch nicht amortisieren. Das trifft zu. Die Fälle aber, wo schon heute die Wirtschaftlichkeit gegeben ist, werden dazu beitragen, die Anschaffungskosten durch zunehmende Serienfertigung zu senken, so daß immer neue Anlagen mit positiven Ergebnissen entstehen.

Selbst wenn der Strompreis sich im gleichen Verhältnis erhöhte wie der Ölpreis, was Energiewirtschaftler für undenkbar halten und was für bivalente Wärmepumpenheizung aus gutem Grund nicht gelten kann (siehe Kapitel II. 15), selbst dann würde das vorerwähnte Beispiel noch günstiger für die Wärmepumpe aussehen als heute. Bei einem Ölpreis von 50 Pfennig je Liter würden aus den Ölkosten 3000 DM und aus den im gleichen Verhältnis erhöhten Stromkosten 690 DM. Die Differenz hätte sich von 1470 DM auf 2310 DM erhöht. Das liegt einfach daran, daß die Wärmepumpe in diesem Beispiel aus 1 Teil Strom etwa 4 Teile Wärme erzeugt, daß sie sich 3 Teile aus dem Energieinhalt der Umgebungsluft holt, aus kostenloser Sonnenenergie, und daß daher nur 1 Teil Strom der Preissteigerung unterworfen ist.

Der Anstieg der Ölpreise wird, wie auch das behandelte Beispiel so deutlich zeigte, ganz besonders dazu beitragen, daß Solaranlagen eine große Zukunft haben – ob nun mit Kollektor oder mit Wärmepumpe oder mit einer Kombination von beidem. Der Durchbruch ist, so meinen Experten, auf breiter Front gegeben, wenn die Ölpreise die Marke von 50 Pfennig/l überschreiten. Dann haben die Mutigen schon vorgesorgt, und dann ist sie für viele erschwinglich, die Wunschenergie Sonne.

(Nachtrag: Am 14. 9. 1977, während der Drucklegung dieses Buches, teilte das Bundesministerium für Forschung und Technologie (BMFT) mit, daß auf Antrag 20% der Investitionen für private Solaranlagen erstattet werden sollen. Die Arbeitsgemeinschaft Solarenergie (ASE) hatte sich monatelang intensiv um Fördermaßnahmen bemüht und beim BMFT von Anfang an viel Verständnis gefunden.)

II. 6 Brauchwassererwärmung mit Sonnenenergie

Das Angebot von Solaranlagen für die Warmwasserbereitung in Wohnhäusern ist nach nur zweijähriger Entwicklungsarbeit erstaunlich groß. Über Verkaufszahlen ist so gut wie nichts zu erfahren. Die Tatsache aber, daß schon etliche Firmen Umsätze erzielen, zeigt wieder einmal, daß Wirtschaftlichkeitsbetrachtungen zwar wesentlich, aber nicht allein entscheidend sind, denn für die Warmwasserbereitung mit Sonnenenergie ist heute erst für bestimmte Fälle ein wirtschaftlicher Nachweis zu erbringen.

In den meisten der 8 Millionen Ein- und Zweifamilienhaushalte der Bundesrepublik ist die Warmwasserbereitung direkt mit der Ölheizung gekoppelt. Da die Kesseltemperatur aus Korrosionsgründen stets über 70°C gehalten werden muß, ist im Sommer der Wärmeverlust im Ölkessel weitaus höher als die Nutzwärme für Warmwasserbereitung. Der Wirkungsgrad für die Brauchwassererwärmung durch einen Ölkessel fällt daher von 70 bis 75% während der Heizzeit im kalten Winter auf etwa 10 bis 20% für die übrige Zeit zwischen Mai und September ab, wenn nicht mit der Ölheizungsanlage geheizt wird. Dies war und ist der Hauptgrund für die Solarindustrie, den Wettbewerb mit der Ölwarmwasserbereitung im Sommer aufzunehmen.

Der Aufbau einer solaren Warmwasserbereitungsanlage ist denkbar einfach. Sie besteht aus drei Bauteilen (siehe Bild 13): dem Kollektor, der in der Regel auf dem Dach nach Süden unter einem Neigungswinkel zwischen 35° und 60°

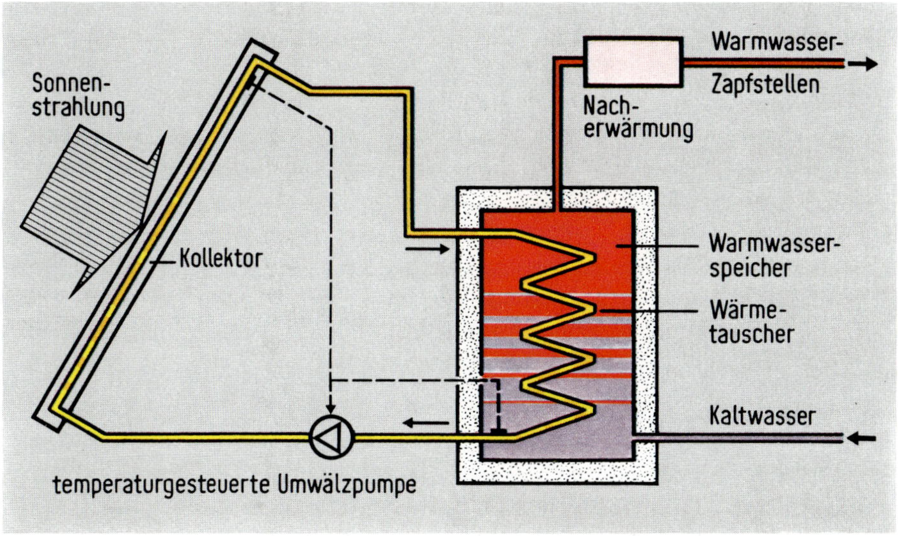

Eild 13: Schematische Darstellung einer solaren Brauchwasser-Erwärmungsanlage

montiert ist; dem Warmwasserspeicher mit eingebautem Wärmetauscher für die Übertragung der Wärme aus dem Kollektorkreislauf an das Brauchwasser, meist mit eingebauter oder nachgeschalteter Zusatzheizung, welche entweder über eine Elektroheizung (Sommerbetrieb) oder über einen mit der Zentralheizung gekoppelten Wärmetauscher (Winterbetrieb) erfolgt; dem Leitungs- und Regelsystem, bestehend aus Armaturen, Umwälzpumpe, Temperaturregler und den Verbindungsleitungen zwischen Kollektor, Speicher und Zentralheizung. In der Anlage V. 4 sind verschiedene Schaltkombinationen gezeigt, wie z.B. die üblichen Ausführungsarten der Brauchwassererwärmung bei Zentralheizkesseln sowie Schemazeichnungen für solare Heizungsanlagen.

Zur Regelung wäre noch hinzuzufügen, daß bei allen Solaranlagen im Prinzip die Umwälzpumpe oder die Regelventile – oder beide – von Temperaturfühlern so angesteuert werden, daß die Solarwärme in den Speicher gelangt und nicht umgekehrt Wärme aus dem Speicher über die Kollektoren an sonnenarmen Tagen oder in der Nacht wieder abgestrahlt wird.

Außerdem gewährleistet die Regelung, daß die Zusatzheizung immer dann einsetzt, wenn die gewünschte Solltemperatur im Speicher nicht durch Sonnenenergie erreicht werden kann. Andererseits wird immer genügend kaltes Wasser im Speicher bereitgehalten, um ein Sonnenenergieangebot ausnützen zu können. Letzteres ist recht einfach dadurch zu erreichen, daß schlanke, hohe Speicher mit einem größeren Volumen, als es dem Tagesbedarf entspricht, verwendet werden. In solchen Speichern stellt sich eine Schichtung des Wassers nach der Temperatur ein, so daß im oberen Teil das wärmere und im unteren Teil das kältere Wasser voneinander getrennt bleiben.

Sicherheitsgruppen zum Schutz gegen Rücklauf und Wärmeüberlastung sowie Entlüftungsventile vervollständigen die Regeleinrichtung.

In zahlreichen Versuchsanlagen, anfänglich mit Förderung des Bundesministeriums für Forschung und Technologie (BMFT), wurden an verschiedenen Orten der Bundesrepublik praktische Erfahrungen für die Dimensionierung solcher Anlagen gesammelt. Die nachfolgenden Richtwerte ließen sich hieraus ableiten.

Im Ein- oder Zweifamilienhaus muß man mit einem Warmwasserbedarf von 60 bis 80 Liter Warmwasser pro Person und Tag bei einer Warmwasserauslauftemperatur von 45°C rechnen. Dieser Wert bezieht sich auf eine 4- bis 5-köpfige Familie. Von den Herstellern werden meist niedrigere Werte angegeben. Das ist jedoch für den Warmwasserkomfort nicht von Nachteil, denn jede Solaranlage muß mit einer Zusatzheizung versehen werden, so daß zu jeder Zeit ausreichende Warmwassermengen verfügbar sind. Nur die rechnerischen Prozentzahlen über die tatsächlich aus Sonnenenergie bereitgestellten Warmwassermengen erhöhen sich bei theoretisch geringerem Warmwasserbedarf.

Zu dem angegebenen Durchschnittswert von 70 Liter/Person und Tag ist noch hinzuzufügen, daß er mit steigender Personenzahl je Haushalt bis auf etwa 50 Liter/Person und Tag abnehmen kann und bei sinkender Personenzahl in jedem Falle zunimmt. Im Einpersonenhaushalt rechnet man mit maximal 150 Liter/Person und Tag. Im übrigen ist ein steigendes Komfortbedürfnis zu beobachten. Außerdem ist denkbar, daß in einigen Jahren auch Geschirrspülmaschinen und Waschmaschinen mit getrennten Kalt- und Warmwasserversorgungsanschlüssen und elektrischer Nacherhitzung im Gerät angeboten werden. Auch hierdurch würde sich der Warmwasserbedarf erhöhen. Aus all diesen Gründen sollte man nicht von zu niedrigen Werten ausgehen.

Im allgemeinen werden Kollektorflächen von 6 m^2 für solare Brauchwarmwasseranlagen in Verbindung mit 400 bis 500 Liter Großspeichern angeboten. Damit können in der Zeit von Anfang April bis Mitte Oktober nur etwa 1400 $kWh_{thermisch}$ als Kollektor-Nutzenergie an den Speicher abgegeben werden oder im Durchschnitt täglich rd. 220 Liter Warmwasser von 45 °C erzeugt werden, bei einer Kaltwassereinlauftemperatur von 15 °C und Verteilungsverlusten am Speicher und im gesamten Verteilungssystem von 20%.

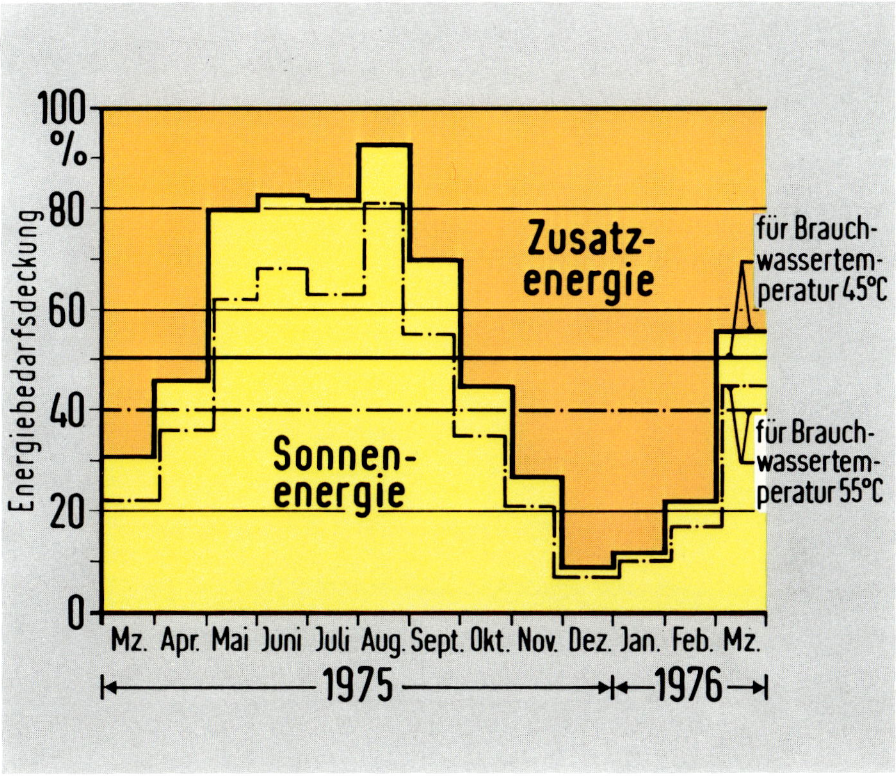

Bild 14: Meßwerte über eine Jahresperiode aus einer solaren Brauchwasser-Erwärmungsanlage (prozentuale Aufteilung in nutzbare Sonnenenergie und erforderliche Zusatzenergie)

Wie Bild 14 für die Monatswerte eines Jahres zeigt, ist das Sonnenenergieangebot sehr schwankend. Hier handelte es sich um eine Anlage mit nur 3 m^2 Kollektorfläche und einem Speicher von nur 150 Liter Wasservolumen. Aus der Darstellung ist auch deutlich zu erkennen, daß der Sonnenenergieanteil um so niedriger ist, je höher die Ansprüche an die Zapftemperatur sind. Bei 55 °C

Brauchwassertemperatur muß etwa 25% mehr Zusatzenergie aufgebracht werden als bei einer Zapftemperatur von nur 45°C. Dieser Umstand verdient größte Beachtung. Es hat sich in praktischen Versuchen gezeigt, daß die Temperatur von 45°C völlig ausreicht. Allerdings sollte das Speichervolumen dann mindestens 400, besser 600 Liter für eine 4- bis 5-köpfige Familie betragen.

Bei Verdoppelung der Kollektorfläche und Verdreifachung des Speichervolumens gegenüber Bild 14 kann man sich vorstellen, daß an sonnenreichen Sommertagen mehr Sonnenenergie in Nutzwärme umgewandelt als benötigt wird. Bei wechselnder Witterung kann der Speicher demnach für etwa einen Tag die benötigte Warmwassermenge vorhalten. An vielen Tagen, vor allem in der Übergangszeit, wird jedoch mit dieser so ausgelegten Anlage von 6 m² Kollektorfläche eine Nacherhitzung erforderlich.

Die Nacherhitzung ist bei den gegenwärtigen Anschaffungskosten der Kollektoranlage gar nicht von Nachteil. Es wurde schon mehrmals betont, daß es wirtschaftlich sinnvoller ist, die Solaranlage eher etwas zu knapp, also nur für mittlere Sommertage ausreichend zu dimensionieren. Sie ist dann für „strahlende" Junitage überdimensioniert. Die oben beschriebene Auslegung mit 6 m² Kollektorfläche erzeugt zu den 1400 $kWh_{thermisch}$ während der 6 Sommermonate nochmals rd. 600 $kWh_{thermisch}$ während der übrigen Monate, d.h. etwa 50% des gesamten Jahresenergiebedarfes für die Warmwasserbereitung.

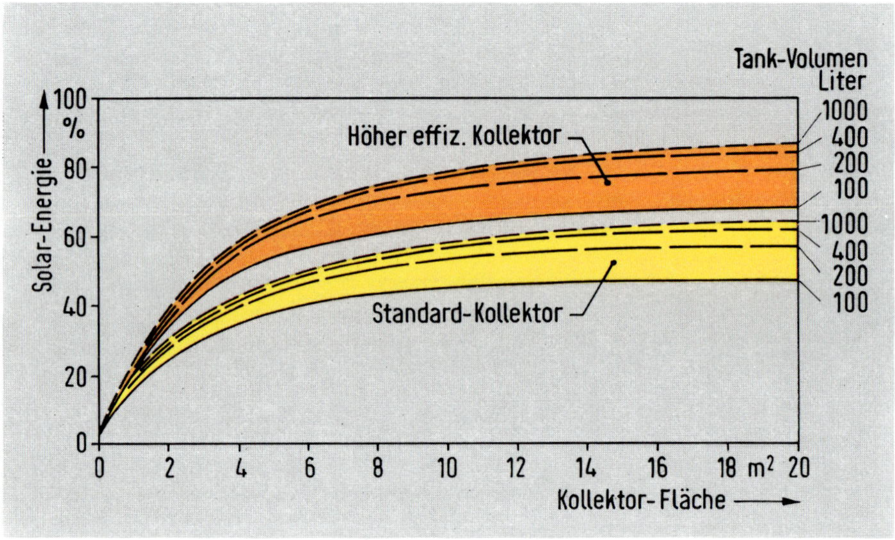

Bild 15: Anteil der Solarenergie am Warmwasserbrauch eines Vier-Personen-Haushaltes

Bild 15 zeigt die Zusammenhänge zwischen Kollektorfläche, Speichergröße und Sonnenenergiegewinn für die Brauchwarmwasserbereitung. Die darin eingezeichnete Bandbreite für hocheffiziente Kollektoren gibt interessante, theoretische Aufschlüsse. Praktisch sind solche Kollektoren jedoch nicht erhältlich. Sie könnten doppelt so teuer sein als die gebräuchlichen Kollektoren, weil sie in dem eingezeichneten Beispiel nur die halbe Fläche benötigen.

Ein Detail, das später einmal gewisse Bedeutung erlangen kann, ist die Frage, ob auch der Warmwasserbedarf von Wasch- und Geschirrspülmaschinen aus der Solaranlage bereitgestellt werden könnte. Im gewerblichen Bereich werden Geschirrspülmaschinen häufig an eine zentrale Warmwasserversorgung angeschlossen und in Verbindung mit dieser betrieben. Dagegen besteht das Normalspülprogramm bei der Haushaltgeschirrspülmaschine aus etwa 5 Spülgängen, wovon das Wasser von 2 Spülgängen – dem Reinigungsgang und dem Klarspülgang – aufgeheizt wird; die Vor- und Zwischenspülgänge arbeiten mit kaltem Wasser.

Beim Anschluß bisheriger Haushaltgeschirrspülmaschinen an die zentrale Warmwasserversorgung werden alle Spül- und Reinigungsgänge mit warmem Wasser gefahren, da dann nur ein Warmwasseranschluß, jedoch kein Kaltwasseranschluß vorhanden ist. Der elektrische Energiebedarf verringert sich von 2,5 kWh auf etwa 0,6 kWh für ein Normalprogramm. Statt des Kaltwasserbedarfs von etwa 60 Liter wird aber die entsprechende Warmwassermenge benötigt. Energetisch betrachtet sind etwa knapp 2 kWh weniger aufzuwenden, dafür aber rd. 60 Liter heißes Wasser zu bereiten. Diese Betriebsweise ist deshalb nicht sinnvoll. Der Gesamtenergiebedarf bei Warmwasseranschluß ist höher als bei elektrischem Aufheizen im Gerät, da im ersten Falle die 2,5fache Wassermenge erhitzt wird.

Gewerbliche Geschirrspüler arbeiten dagegen mit Warm- und Kaltwasseranschluß, so daß die einzelnen Spülgänge entsprechend gesteuert werden. Erst wenn Wasch- oder Geschirrspülmaschinen für den Haushalt mit getrenntem Warm- und Kaltwasseranschluß vom Anschaffungspreis her vertretbar sind (bisher gibt es ein Fabrikat, das gleichzeitig auch zu den bewährtesten Markenfabrikaten zählt), können solche Überlegungen angestellt werden. Dann fragt sich immer noch, ob die Mehrkosten für solche Geschirrspülmaschinen durch die Energieersparnis bei Sonnenwärmelieferung ausgeglichen werden können.

Auch ein Wirtschaftlichkeitsvergleich mit Öl oder Strom läßt sich durchführen.

Bei einem einschließlich der Verteilungsverluste angenommenen Sommerwirkungsgrad der Brauchwarmwasserbereitung mit Ölheizung von 25% werden für 2000 $kWh_{thermisch}$ rd. 560 Liter Heizöl und bei einem Wirkungsgrad der Brauchwarmwasserbereitung mit Ölheizung von 75% rd. 80 Liter, insgesamt also 640 Liter Heizöl oder bei 30 Pfennig je Liter für diesen Anteil der Warmwasserbereitung insgesamt 190 DM aufzuwenden sein.

Als Richtwert ergab sich aus bisherigen Anlagen eine jährliche Öleinsparung von 100 bis 150 Liter pro m^2 Kollektorfläche, im behandelten Beispiel rd. 110 l/m^2.

Für die elektrische Heißwasserbereitung liegen die durchschnittlichen Strompreise für nachtstrombetriebene Großspeicher der gleichen Art, wie sie für Solaranlagen verwendet werden, bei 6 Pf/kWh und für Durchlauferhitzer oder Durchlaufspeicher – letzterer mit gleichem Komfort wie bei der zentralen

Warmwasserdarbietung ausgestattet – bei 15 Pf/kWh. Der Verteilungswirkungsgrad ist im ersten Fall gleich anzusetzen wie bei Solarspeichern, d.h. mit nur 80%, im zweiten Fall wegen dezentraler Erzeugung mit mindestens 95%. Daraus ergeben sich Stromkosten von 150 bis 316 DM.

Die Solaranlage erspart demnach für den angenommenen typischen Fall des Einfamilienhauses jährlich rd. 150 bis 320 DM an Brennstoff- bzw. an Stromkosten.

Die Kosten für Brauchwasseranlagen der hier beschriebenen Art liegen einschließlich kompletter Montage bei über 10000 DM pro Anlage. Sie hängen stark von der Fertigungsrate ab, von den Vertriebswegen (Direktvertrieb oder Großhandel), von den Montagekosten am und im Gebäude. Ein praxisnaher Wert für die betriebsfertige Anlage bei Umrüstung in einem bestehenden Gebäude dürfte bei 12000 DM liegen. In Fertighäusern liegt der Aufpreis für die komplette Anlage bei fast der Hälfte, weil eine gründliche Vorplanung, eingespielte Montage und günstigere Lieferpreise sehr ins Gewicht fallen.

Mit Bausparkassenbedingungen lassen sich hier kaum jährliche Ersparnisse errechnen. Wenn der Bauherr oder Hausbesitzer über Eigenmittel verfügt, dann erhielte er hierfür bei 12000 DM eingesetztem Kapital für die Anlage und bei einer Energiekostenersparnis von jährlich 240 DM eine Verzinsung von 2%.

Starke Beachtung verdient auch die Tatsache, daß man mit Solaranlagen in die Außenhaut des Baukörpers eingreift. Handlichkeit der Kollektoren, kein allzugroßes Gewicht und einfache Montage sind notwendige Voraussetzungen. Die ästhetischen Fragen werden unterschiedlich beurteilt. Der in Kapitel II. 3 beschriebene Solarabsorber würde dieses Problem vollkommen und in jeder Hinsicht lösen.

Der Kollektor muß außerdem neben seiner eigentlichen Funktion auch noch die Aufgabe einer schützenden Bauaußenhaut übernehmen. Dies hat sehr viel Einfluß auf seine Bauweise. Auch ist der Kollektor extremen Temperaturbelastungen zwischen ca. +140°C im Leerlauf – d.h. wenn keine Heizwärme abgenommen wird – und –20°C ausgesetzt. Dies hat Einfluß auf die Lebensdauer dieses Bauteiles, insbesondere auf den Absorber und die Glas- oder Folienabdeckung.

Weiterhin ist das Problem der dichten Einbindung ein Kapitel für sich. Die Dichtheit darf unter keinen Umständen leiden, auch nicht bei den extremsten Witterungsbedingungen wie Flugschnee und Hagel. Ein Hersteller liefert deshalb Spezialeindeckrahmen, die auf die Dachsparren aufgelegt werden und mittels Bitumen-getränkten Dichtbändern den Dachinnenraum schützen. Ein anderer Hersteller liefert selbstabdichtende Konstruktionen und wieder ein anderer ein aufsetzbares Befestigungssystem, um die Kollektoren über der Bedachung anbringen zu können.

Auch gibt es inzwischen Flachdachkollektoren mit Wärmedämmflanschen für Warmdächer bzw. mit speziellen Unterkonstruktionen für die nachträgliche Anbringung auf Kalt- oder Warmdächern. Diese Flachdachkollektoren besitzen zur Erhöhung ihrer Effektivität einen unter der durchscheinenden Abdeckung in verstellbarer Steillage angebrachten Reflektor, weil der Kollektor selbst auf dem Flachdach nur eine geringe Neigung aufweisen kann.

Ein weiterer Gesichtspunkt ist die Einfriergefahr. Auch hierzu gibt es bereits verschiedene Lösungen. Entweder wird dem Kollektorkreislauf Frostschutzmittel zugeführt, oder die Kollektoren sind im Ruhezustand mit Luft gefüllt. Im letzteren Fall wird der Kollektorkreislauf über die Außentemperatursteuerung und eine Umwälzpumpe aus einem Wasserspeicher versorgt. Auch Überdruck, der im Ruhezustand des wassergefüllten Kollektors bei starker Sonneneinstrahlung auftreten könnte bzw. gegen den dann Sicherheitsvorkehrungen zu treffen sind, wird hierdurch vermieden. Überhaupt werden die sicherheitstechnischen Probleme in zuständigen Fachnormenausschüssen noch zu eingehenden Diskussionen und zur Erarbeitung von Vorschriften und Richtlinien speziell für Solaranlagen führen.

Erstaunlich ist auch, wie viele unterschiedliche Spezialausführungen, Oberflächenbehandlungen, Regelsysteme, Systemkombinationen usw. in ganz kurzer Zeit entwickelt und angeboten werden. Fachausdrücke, deren Erörterung in eine mehr fachlich orientierte Beschreibung gehörte, legen hierüber beredtes Zeugnis ab, wie z.B. photoselektive Beschichtung, IR-Reflektoren, UV-Stabilisierung, Dauerelastizität, Druckstabilität, Korrosionssicherheit, Temperaturbeständigkeit, multivalente Zellenspeicher, Dünnschichtkollektoren, hocheffiziente Kollektoren, Rollbondabsorber, Solarmodule usw.

Auch Markennamen wurden schon geschaffen, wie z.B. Solarwatt-, Heliotherm- oder Tritherm-System usw. Hierbei handelt es sich dann um Solaranlagen für die Warmwasserbereitung und für die Raumheizung. Letztere aber stellt noch viel höhere Ansprüche an die Systemtechnik, was die folgenden Ausführungen aufzeigen sollen.

II. 7 Solarhäuser

Schon der Name „Solarhaus" hat einen besonderen Klang. Noch vor fünf Jahren in der Öffentlichkeit ein gänzlich unbekannter Begriff, gibt es heute in nahezu jedem Land, selbst in Skandinavien, Musterexemplare mit teilweise futuristisch anmutender Gestaltung und mit höchst aufwendigen, technischen Einrichtungen. Einige dieser Häuser haben Berühmtheit erlangt.

Daß es noch keine Solarhäuser dieser Art „von der Stange", d.h. als Eigenheime, gibt, hat seinen guten Grund. Dächer mit großer Kollektorfläche, Langzeitspeicher, internem Wärmepumpenkreislauf führen zu Gesamtkosten, für die man sich schon fast ein halbes Haus bauen kann. Für einige dieser Häuser, die als Forschungseinrichtungen gebaut wurden, also unbewohnt sind, mußten durch die mehrjährigen Studien schon teilweise Millionenbeträge aufgebracht werden.

Nimmt man es genau, streitet man sich nicht um Begriffsbestimmungen, dann gibt es schon Tausende von Solarhäusern. Alle Häuser, die ihren Wärmebedarf mit einer Grundwasser- oder Erdreichwärmepumpe oder auch mit einer Umgebungsluftwärmepumpe decken, sind solche Solarhäuser. Im Jahresmittel beziehen sie 60 bis 80% der Heizwärme aus Solarenergie. Der Rest ist Elektrizität, Hilfsenergie für den Antrieb der Wärmepumpe. Käme jemand auf den Gedanken, diesen Häusern den Titel „Solarhaus" deshalb absprechen zu wollen, weil sie Strom für den Betrieb der Wärmepumpe benötigen, so müßte man ihm den Strombedarf von Kollektorhäusern mit Langzeitspeichern vor Augen halten. Solche Experimentierhäuser, die auf vollkommene Unabhängigkeit von einer Zusatzheizung, sei es nun Öl oder Flüssiggas oder Strom, gezüchtet wurden, bleiben dennoch Strombezieher. Ihr Strombedarf für Umwälzpumpen, für den Haushalt und die Beleuchtung fällt hier prozentual besonders ins Gewicht, denn diese Häuser sind mit extremer Wärmedämmung ausgestattet. Deshalb stellen sowohl der Strombedarf wie auch die Wärmeabgabe der sich in diesen Häusern aufhaltenden Menschen eine starke Energiequelle dar. Einige extreme Solarhäuser sind sogar vollkommen stromunabhängig. Sie erzeugen ihre Elektrizität über Solarzellen oder von Windenergie getriebene Generatoren selbst. Das sind dann wirklich reinrassige Solarhäuser, seltene Exemplare ihrer Gattung.

Die Schrift „Sonnenhäuser" des österreichischen Bundesministeriums für Wissenschaft und Forschung enthielt eine Bestandsaufnahme in- und ausländischer Objekte, die für die Entwicklung von Systemen und Technologien zur Sonnenenergienutzung bedeutend waren. In Tafel 1 ist eine Auswertung dieser Bestandsaufnahme übersichtlich dargestellt.

Sie beginnt mit dem Jahre 1938, als in den USA mit den Keck-Sloan-Solarhäusern zum erstenmal Sonnenenergie für die Raumheizung nutzbar gemacht wurde. Dieser Aufstellung ist zu entnehmen, daß Ende der fünfziger Jahre insbesondere in den USA stärkere Aktivitäten entwickelt wurden. Von 1957 bis 1960 entstanden dort 10 Solarhäuser in verschiedenen Bundesstaaten. Danach

Tafel 1: Seit 1938 bis 1975 bekanntgewordene Solarhäuser (Bestandsaufnahme des österreichischen Bundesministeriums für Wissenschaft und Forschung)

1938	USA	Keck-Sloan Häuser
1939	USA	M.I.T.-Sonnenhaus 1
1940	USA	Duncan-Keck Haus
1945	USA	Hutchison-Purdue-Haus
	USA	LÖF-Boulder-Cottage
1947	USA	M.I.T.-Sonnenhaus 2
1949	USA	Dover-Haus
	USA	M.I.T.-Sonnenhaus 3
1953	USA	State-College-Sonnenhaus
1954	USA	Lefever-Haus
	USA	Bliss-Amado-Haus
1956	F	Odeillo-Sonnenhaus
	J	Yamagimachi-Sonnenhaus 1
1957	USA	Van-Dresser-Haus (Umbau)
	USA	Bridgers & Daxton Gebäude
1958	USA	Afase-Sonnenhaus
	USA	White-Wohnhaus
	USA	M.I.T.-Sonnenhaus 4
	J	Yamagimachi-Sonnenhaus 2
	USA	Kansas-State-College
1959	USA.	Thomason-Sonnenhaus 1
	USA	LÖF-Denver-Wohnhaus
1960	USA	Thomason-Sonnenhaus 2
	USA	Saunders-Wohnhaus
1962	USA	Mowry & Davis Umbau
1963	USA	Thomason-Sonnenhaus 3
	USA	Univ. Florida-Sonnenhaus
1965	F	Ferme-Ronde-Sonnenhaus
1966	AUS	Brisbane-Sonnenhaus
1967	USA	Coos-Bay-Sonnenhaus
1968	CAN	Hoffmann-Haus
	F	Trombe-Michel-Sonnenhaus
1971	USA	Baer-Zomeworks-Haus
1972	USA	Davis-Corrales-Haus
	USA	Reines-Ils-Energiesparhaus
	J	Kimura-Sonnenhaus
1973	USA	Skytherm-Sonnenhaus
	USA	Meinel-Haus-Umbau
	USA	Solar-One-Delaware-Haus
	USA	Monte-Vista-Schule
	J	Waseda-MF-Sonnenhaus
1974	USA	MSFC (NASA)-Sonnenhaus
	USA	Watson-Barber-Haus
	USA	Cottrell-Sonnenhaus
Forts.	USA	Pinchot-Garage-Haus
1974	USA	Ouroboros-Süd-Haus
	USA	Ouroboros-Ost-Umbau
	USA	New-Paltz-Sonnenhaus
	USA	P.P. & L.-Sonnenhaus
	USA	Univ. Colorado-Sonnenhaus
	USA	Phoenix-Sonnenhaus
	USA	Peter Wood-Sonnenhaus
	USA	Davis-Bar-Harbor-Haus
	USA	O.S.U.-Sonnenhaus
	USA	Thomason-Sonnenhaus 6
	USA	Crowther-Haus-Umbau
	USA	David Wrigths-Haus
	USA	Shore-Sonnenhaus
	USA	NBS-Sonnenhaus
	USA	Seaton-Village-Haus
	USA	Crowther-Sonnenhaus
	J	Yazaki-Sonnenhaus
	USA	Sinton-Haus-Umbau
	USA	Miller-Sonnenhaus
	USA	Aller-Log-Cabin
	J	Soka-Sonnenhaus
	J	Ohbayashi-Gumi-Haus
	CH	Schärer-Sonnenhaus
	I	Pacinotti-Sonnenhaus
	CH	System-Grimm-Sonnenhäuser
	CH	Schneider-Sonnenhaus
	USA	North-View-Junior-High School
1975	USA	Perna-Sonnenhaus
	USA	Guadalupe-Haus 1
	USA	Engle-Sonnenhaus
	USA	Decade-80-Sonnenhaus
	USA	Barber-Sonnenhaus
	USA	Karen Terry-Haus
	USA	Ponton-Sonnenhaus
	DK	Nullenergiehaus
	D	Philips-Experimentierhaus
	USA	Eureka-Sonnenhaus
	USA	Solar-Mec-Sonnenhäuser
	GB	Autonomes Haus System Pike
	GB	BRE-Sonnenhaus
	A	Molekular-Biologie, Salzburg
	S	Olsson-Sonnenhaus
	CH	Delta-Stadt-Sonnenhäuser
	D	Dornier-System-Sonnenhaus
	USA	NASA-Langley-Haus
	CH	P. Moser-Haus
	A	Stix-Haus-Umbau
	D	Freibad/Mehrzweckhalle Wiehl
	USA	General Electric-Kantine
	A	Minergie-Haus
		Sonnenhaus „Foire de Paris 1975"

flachte das Interesse, sicher beeinflußt durch die niedrigen Ölpreise, wieder ab. Erst die Ölkrise im Oktober 1973 gab weltweit den entscheidenden und nachhaltigen Impuls. Schon in den beiden darauffolgenden Jahren 1974 und 1975 entstanden jeweils 26 Häuser, deren technische Konzeption auf die weitere Entwicklung Einfluß ausübte. Allein auf die USA entfielen hiervon 35 solcher Häuser.

Einige in Westeuropa und in Übersee besonders herausragende Objekte – weltweit bekannte Experimentierhäuser – werden nachfolgend kurz beschrieben. Sie zeigen die Schwerpunkte und Zielrichtungen verschiedener Entwicklungen.

Das 1972 von J. Michel und F. Trombe projektierte *Solarhaus in Chauvency-le-Château* in Lothringen, Frankreich, hat eine Wohnfläche von 106 m^2 und ein Bauvolumen von 275 m^3. In jener Gegend kann man mit 1700 Stunden Sonneneinstrahlung pro Jahr rechnen. Zum Vergleich: In Hamburg werden auch etwa so viele Sonnenstunden gemessen.

Solarhaus in Chauvency-le-Château
(Frankreich, 49° 10'N)
Projekt: J. Michel, F. Trombe
Baujahr: 1972

1 Glasscheiben (45 m^2)
2 Luftschicht
3 Speicherwand aus Beton (Außenseite schwarz)
4 Warme Zuluft zum Wohnraum
5 Umlufteintritt
6 Warmluftzirkulation im Raum
7 Fortluft

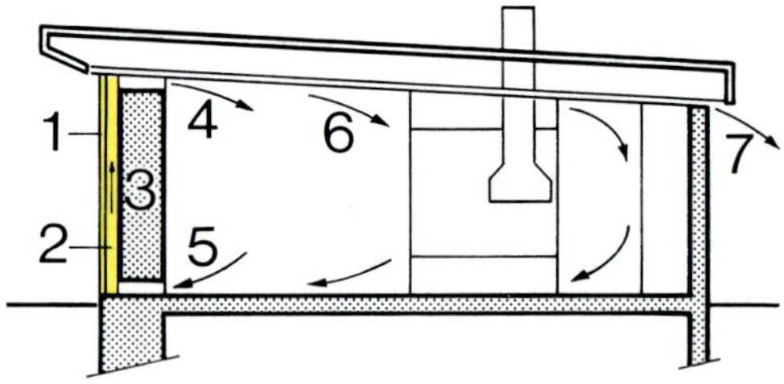

Bild 16: Schnittzeichnung des Solarhauses in Chauvency-le-Château, Frankreich

Die mit vertikalen Kollektoren ausgerüstete schwarze Wärmespeicherwand von 45 m^2 bildet die Südfassade (siehe Schnittzeichnung). Auf der Nordseite sind die Naßzellen angeordnet, die als isolierende Puffer wirken sollen. Die hinter der Südfassade ausgebildeten Wärmespeichereinheiten aus Steinmaterial sind als tragende Elemente in der Gebäudestruktur integriert. Diese ca. 35 cm starke Speicherwand kann angeblich ungefähr die Hälfte der eingestrahlten Sonnenenergie von 18000 $kWh_{thermisch}$ speichern. Das sind ca. 10000 nutzbare $kWh_{thermisch}$. An der Wand wird durch einen Schacht eine Warmluftbewegung erzeugt, die bis zum nächsten Morgen anhält. Für die Zusatzheizung werden jährlich 7000 $kWh_{elektrisch}$ an Energie benötigt. Das Haus ist allerdings nicht sehr gut wärmegedämmt. Im übrigen ist es Geschichte geworden, da seine Anlagentechnik heute schon überholt ist.

Das 1973 von A. Böer, M. Telkes und K. O'Connor entwickelte *„Solar-One-House" in Delaware* erlangte einen hohen Berühmtheitsgrad. Dieses Sonnen-

„Solar-One-House“ in Delaware
(USA, 39° 35'N)
Projekt: K. Böer, M. Telkes, K. O'Connor
Baujahr: 1973

1 Sonnenkollektoren (82 m²)
2 Thermische Pufferzone
3 Chemische Hilfsspeicher (630 kg)
4 Chemische Hauptspeicher (3600 kg)
5 Wärmepumpe
6 Elektrische Hilfsheizung
7 Akkumulator (180 Ah)

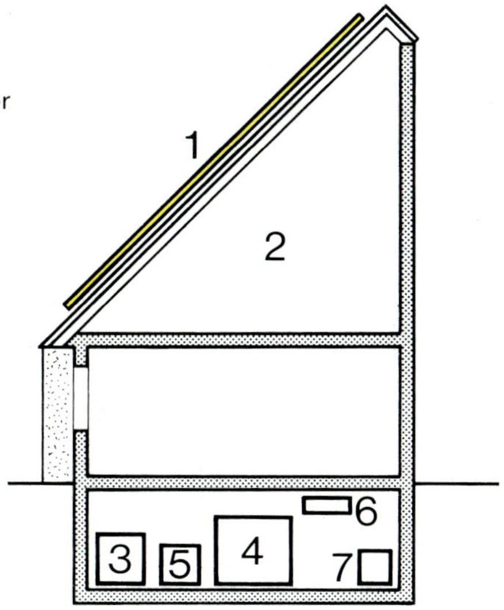

Bild 17: Schnittzeichnung des Solar-One-House in Delaware, USA

haus des „Institute of Energy Conversion“ der Universität Delaware ist das erste konsequent durchdachte Solarhaus der Welt, wobei die Sonnenstrahlung sowohl in Wärme wie auch direkt in elektrische Energie umgewandelt wird (siehe Schnittzeichnung).

Die Gesamtwohnfläche beträgt 132 m^2 in zwei Ebenen. Die 45° geneigte Kollektorfläche beträgt 82 m^2. Ein Teil der Kollektoren besteht aus Kadmiumsulfid- und Kupfersulfid-Solarzellen. Der Wirkungsgrad für die Stromerzeugung beträgt 6 bis 7%. Die Solarzellen, deren Lebensdauer man auf 10 Jahre schätzte, kosteten allein 130000 Dollar. Der Bau wurde von acht Forschungsinstituten und Stromversorgungsunternehmen der USA finanziert. Überschußstrom wird in Bleiakkumulatoren mit einer Speicherkapazität von 20 kWh gespeichert.

Die Kollektoren sind hier Luftkollektoren. Die von ihnen erzeugte Wärme wird über Gebläse an einen Speicher, von dort über Warmluftheizung an die Räume abgegeben. Das Wärmespeichersystem arbeitet nach einem chemischen Prinzip mit verschiedenen Salzlösungen tiefer Schmelztemperatur zwischen +24°C und +49°C. Die Luftheizung ermöglicht auch die Klimatisierung der Räume im Sommer. Durch diese Kombination von Wärme- und Stromerzeugung aus Sonnenenergie einerseits, die Anteile von Heiz-, Kühl- und sonstigem Energiebedarf des Hauses andererseits, entfallen 80% des gesamten Nutzenergiebedarfs auf Wärme und 20% auf Strom; samt und sonders aus Sonnenenergie erzeugt.

Auch in Japan wurden frühzeitig starke Aktivitäten für die Nutzung der Sonnenenergie entwickelt. Japan ist in noch größerem Maße abhängig von Ölimporten als manche westeuropäischen Länder. Schon 1974 ging dort ein Solarhaus in Betrieb, das *Yazaki Experimental Solar House Nr. 1 in Tokio.*

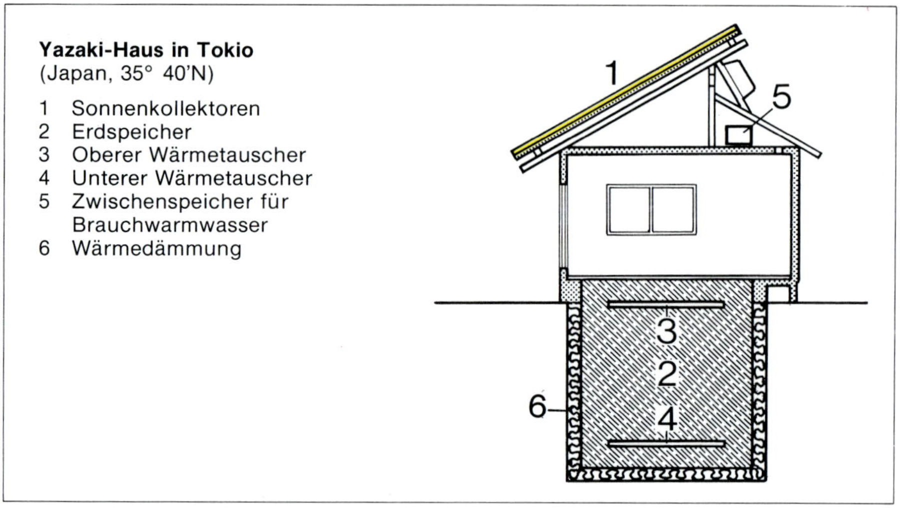

Bild 18: Schnittzeichnung des Yazaki Experimental Solar House No. 1 in Tokio, Japan

Die konsequente energie- und anwendungstechnische Auslegung des Hauses weist in die gleiche Richtung wie diejenige der europäischen Solarhäuser (siehe Schnittzeichnung). Hohe Wärmedämmung, eine das ganze Dach bedeckende, nach Süden optimierte Kollektorfläche, Super-Erdreichspeicher unter dem Haus, Zwischenspeicher für Brauchwarmwasser, das alles gehört zur Ausrüstung des hochgezüchteten Yazaki-Solarhauses.

Das besondere an diesem Solarhaus ist der Erdreichspeicher unter dem Haus. Seine Abmessungen sind so groß, daß er als Jahresspeicher dienen kann. Zwei Wärmetauscher, einer in nahezu 4 m Tiefe, einer in etwa 0,5 m Tiefe, werden mit Überschußwärme im Sommer versorgt. Der Erdreichspeicher unter dem Haus ist in eine 30 cm dicke Wärmedämmschicht eingepackt, um die Abwanderung der Speicherwärme aufzuhalten. Diese Wärmedämmung ist auch vor die Außenwände und unter die Dachhaut in gleicher Stärke gesetzt worden. Auch dieses Experimentierhaus darf nicht unter wirtschaftlichen Gesichtspunkten betrachtet werden.

In Dänemark wurde mit dem „Zero Energy House" an der Technischen Hochschule in Kopenhagen 1975 ein ebenso interessantes Forschungsobjekt in Betrieb genommen. V. Korsgaard und T.V. Esbensen planten dieses Objekt (siehe Schnittzeichnung). Mit einer Wohnfläche von 120 m² und einem Bauvolumen von 300 m³ aus nur 6 Räumen bestehend unterbietet es mit seiner extremen Wärmedämmung noch den niedrigen Wärmebedarf des Philips-Hauses. Er beträgt nur noch 2300 kWh für den Heizwärmebedarf und 3000 kWh für den Warmwasserbedarf. Die Wärmedämmung der Wände besteht aus 30 cm dicken Mineralwollschichten. Allerdings kann man dieses Experimentierhaus insofern kaum mit anderen vergleichen, weil der zwischen dem Wohn- und Schlafteil angeordnete große Baukörper als Pufferzone dient und bei der Wärmebedarfsberechnung – da im Winter unbewohnt und als uneeheizte Innenzone gedacht – keine Berücksichtigung fand. Trotz der höheren Wärmedämmung dieses Hauses ist dessen Wärmebedarf (maximal 6,7 kW) höher als der des Philips-Hauses (masimal 5,6 kW) wegen des wesentlich ungünstigeren Verhältnisses von Wohnfläche zu Außenfläche.

Die senkrecht angeordnete 42 m² große Kollektorfläche liefert bei rd. 1700 Stunden jährlichen Sonnenscheins in Kopenhagen eine nutzbare Wärmemenre von 9000 kWh. Ein Teil hiervon wird in einem 30 m³ Langzeitspeicher gespeichert. Er arbeitet quasi als Jahresspeicher, weshalb rd. 25% seiner Speicherwärme zur Raumheizung, rd. 35% zur Warmwasserbereitung dienen und die restlichen 40% auf Speicherverluste über das ganze Jahr gerechnet entfallen. Die Brauchwarmaasserbereitung erfolgt über eine Zwischenstufe in einem 3 m³ großen Tank.

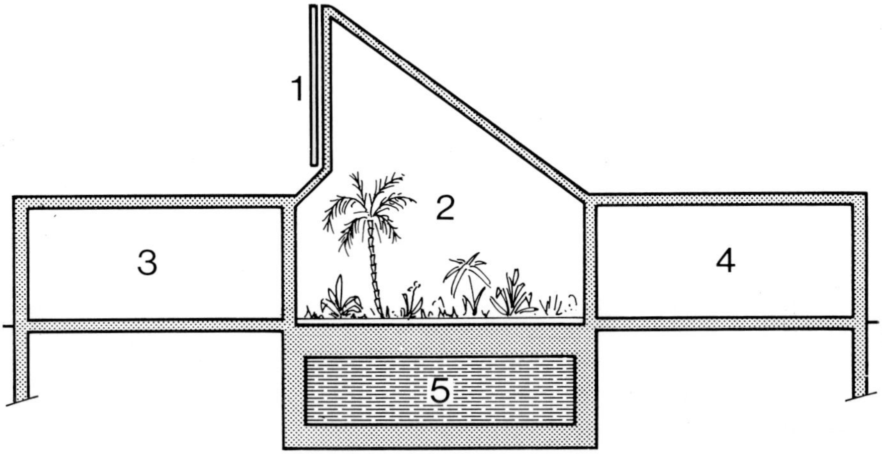

„Null-Energie-Haus" in Kopenhagen
(Dänemark, 55° 43'N)
Projekt: Y. Korsgaard, T. Ebbensen
Baujahr: 1975

1 Sonnenkollektoren (42 m²)
2 Innenhof-Garten
3 Schlafteil
4 Wohnteil
5 Warmwasserspeicher (33 m³)

Bild 19: Schnittzeichnung des Zero Energy House an der Technischen Hochschule in Kopenhagen, Dänemark

Durch die extreme Wärmedämmung dieses Solarhauses trägt hier die sogenannte „freie Wärme", das ist die im Haus durch Haushaltgeräte, Beleuchtung und Menschen entstehende Wärme, mit rd. 4800 kWh sowie die direkte Sonneneinstrahlung durch die Fenster mit rd. 2800 kWh mehr zur Wärmebedarfsdeckung des Hauses bei (insgesamt 7600 kWh) als die über Solarkollektoren umgewandelte und im Langzeitspeicher vorgehaltene Sonnenenergie. Die Bezeichnung „Nullenergiehaus" trifft also, bezogen auf den Wärmebedarf, absolut zu. Für den Haushalt dagegen darf noch Strom vom Elektrizitätswerk geliefert werden.

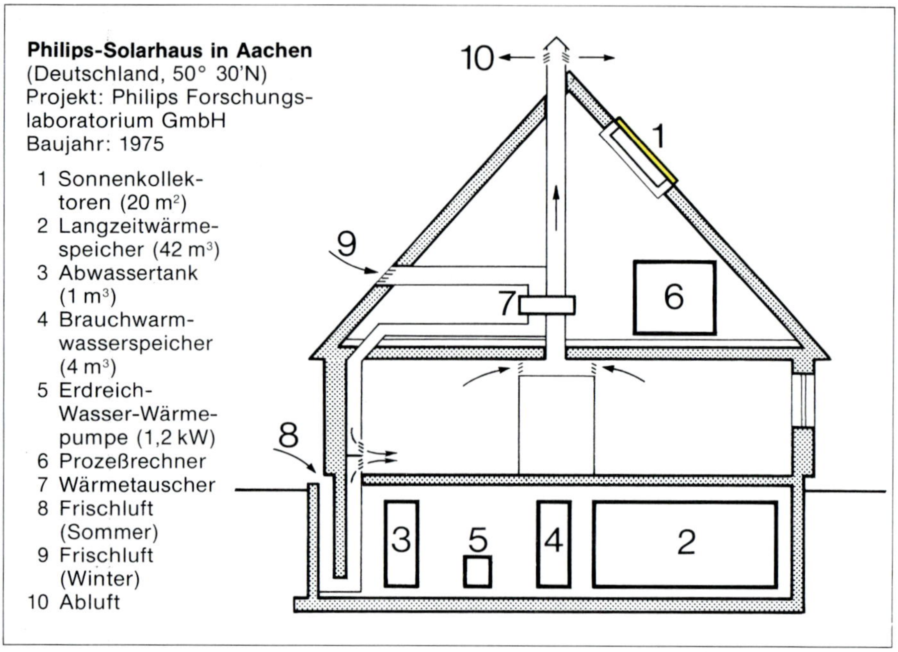

Bild 20a: Schnittzeichnung des Philips-Solarhauses in Aachen, Bundesrepublik Deutschland

Bild 20b: Experimentierhaus des Philips Forschungslaboratorium in Aachen, ausgestattet mit vakuumisolierten und selektiv-reflektierenden Philips-Kollektoren, Wasser-Langzeitspeicher, Erdreich-Heizwasser-Wärmepumpe, Kollektorwasser-Heizwasser-Wärmepumpe, Warmwasser-Flächenheizsystem, Warmluft-Heizsystem, regenerativem Wärmeaustauscher, Erdreich-Luftkühlung, selektiv-reflektierenden Fensterscheiben, extremer Wärmedämmung des Fertighauses, umfangreichen Datenerfassungsanlagen

Das Philips-Solarhaus in Aachen, Bundesrepublik Deutschland, dessen Erstellung im wesentlichen von E. Kauer, H. Hörster und Mitarbeitern geplant, vom Bundesministerium für Forschung und Technologie (BMFT) und mit geringer Beteiligung auch vom Rheinisch-Westfälischen Elektrizitätswerk (RWE) gefördert wurde, ging im Sommer 1975 in Betrieb (siehe Schnittzeichnung). Es hat eine Wohnfläche von 116 m^2 und ein Bauvolumen von 290 m^3. Bei ihm liegt der Schwerpunkt auf einer ungewöhnlich hochgezüchteten Wärmedämmung, die etwa fünfmal besser ist als bei einem konventionellen Haus. Sein Wärmebedarf liegt nur bei etwa 5 kW am kältesten Tag des Jahres. Seine Transmissionswärmeverluste bei 6300 kWh/Jahr, seine Lüftungswärmeverluste bei 2000 kWh/Jahr. Eine Außenansicht dieses Solarhauses zeigt Bild 20b.

Die hochwirksamen Kollektoren sind vakuum-isoliert und mit selektiver Beschichtung versehen. Die Heizwärme kann in einem 42 m^3 Langzeitspeicher getankt werden. Eine interne Wärmepumpe mit einer elektrischen Leistung von 1,2 kW kann den Energieinhalt des Speichers unterhalb von 40°C nutzbar machen. Außerdem sind für weitere Untersuchungen eine Erdreichwärmepumpe, eine Wärmerückgewinnungsanlage für die Raumluft, eine Wärmepumpenanlage für die Warmwasserbereitung aus dem warmen Abwasser sowie eine Kühlluftzirkulation zur Ausnutzung der Kühlkapazität des Erdreichs im Sommer eingebaut. Die im Dachgeschoß installierten Philips-Prozeßrechner dienen zur Steuerung des Energiesystems, zur Simulation des Energieverbrauchs im Wohnbereich und zur Erfassung sowie Speicherung aller Meßdaten.

Die reinen Baukosten des Philips-Solarhauses betrugen 600000 DM, die dreijährigen Forschungsarbeiten kosteten rd. 10 Millionen DM. Wie sich inzwischen schon zeigte, haben die Meßergebnisse verschiedener Systemkombinationen wesentliche Aufschlüsse über die technischen und wirtschaftlichen Möglichkeiten der Sonnenenergienutzung für Wohngebäude gebracht.

Von einem privaten Auftraggeber wurde bei J. Michel, dem Architekten des Trombe-Hauses, das *„Solarhaus Foire de Paris 1975"* in Auftrag gegeben. Dieses französische Solarhaus ist das erste in Europa, bei dem die direkte und indirekte Sonnenenergienutzung über die Solarenergieträger Strahlung und Wind miteinander gekoppelt sind.

Das Haus hat eine Wohnfläche von 160 m^2 und ein Bauvolumen von 485 m^3. Die Wärmedämmung ist nicht extrem, liegt aber weit über den gegenwärtigen Richtlinien. Auf einer mit 45° nach Süden geneigten Dachfläche sind 45 m^2 der Kollektorfläche sowie 14 Solarzellen montiert. Außerdem wird elektrische Energie durch einen Windkraft-Generator erzeugt. Elektrische Energie kann angeblich, was die Solarzellen betrifft, mit 14 kW und, was den Windgenerator angeht, mit 11 kW über die Batterie für die Beleuchtung und den übrigen Strombedarf des Hauses abgegeben werden. Mit diesen Werten ist jedoch wenig anzufangen, da sie zwar außergewöhnlich hoch erscheinen, aber die Dauer der Leistungsabgabe nicht genannt ist. Was die Deckung des Spitzenwärmebedarfs an sonnenarmen Tagen angeht, so wird hier der Umweg über eine Elektrospeicherheizung beschritten, die von den Solarzellen und dem kleinen Windkraftwerk versorgt wird.

Solarhaus „Foire de Paris 1975"
(Frankreich, 48° 42'N)
Projekt: J. Michel
Baujahr: 1975

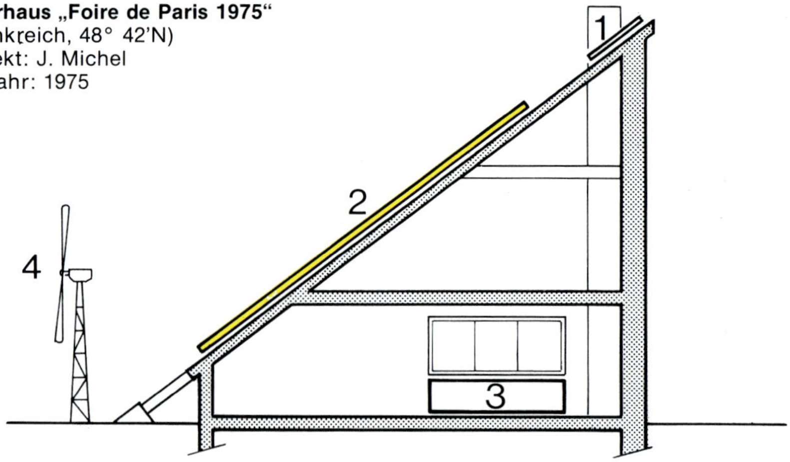

1 Solarzellen
2 Sonnenkollektoren (45 m²)
3 Elektrospeicherheizung
(Aufladung durch Windkraft-Generator)
4 Rotor für Windkraft-Generator

Bild 21: Schnittzeichnung des Solarhauses „Foire de Paris", Frankreich

Diese Anlagentechnik ist zwar auch ein Weg, für normale Wohngebäude aus Kostengründen nicht gangbar.

Ein noch abseits liegenderes, aber doch auch beachtenswertes Projekt wurde von A. Pike und J. Thring als *autonomes Solarhaus an der Universität Cambridge* 1976 in England erstellt. Resultat dreijähriger Vorplanung war ein vollständig autonomes Haus. Seine Wohnfläche beträgt 111 m² in zweigeschossiger Bauweise. Außerdem kann der überbaute Gartenraum während des größten Teiles des Jahres benutzt werden (siehe Schnittzeichnung).

Neben Solarstrahlung und Wind wird jegliche im Gebäude anfallende Energie ebenfalls genutzt. Sonnenkollektoren liefern Heizwärme und die Heizenergie für die Destillation des Trinkwassers. Die Stromerzeugung des Windgenerators dient zum Betrieb einer Wärmepumpe, einer Hauskläranlage, der Haushaltsgeräte und zur Beleuchtung. Während mit der Hauskläranlage Methangas hergestellt wird, dient ein innerer Garten hinter der Südfassade als Sauerstoff- und Nahrungsmittellieferant (Anmerkung: Es konnte nicht ermittelt werden, ob dieses Haus inzwischen wirklich fertiggestellt wurde und auch bewohnt werden kann).

1975 erteilte die RWE-Studiengesellschaft Energietechnik mit Förderung des Bundesministeriums für Forschung und Technologie dem Architekturbüro Bähr + Gansfort den Auftrag für die architektonische Gestaltung zukünftiger

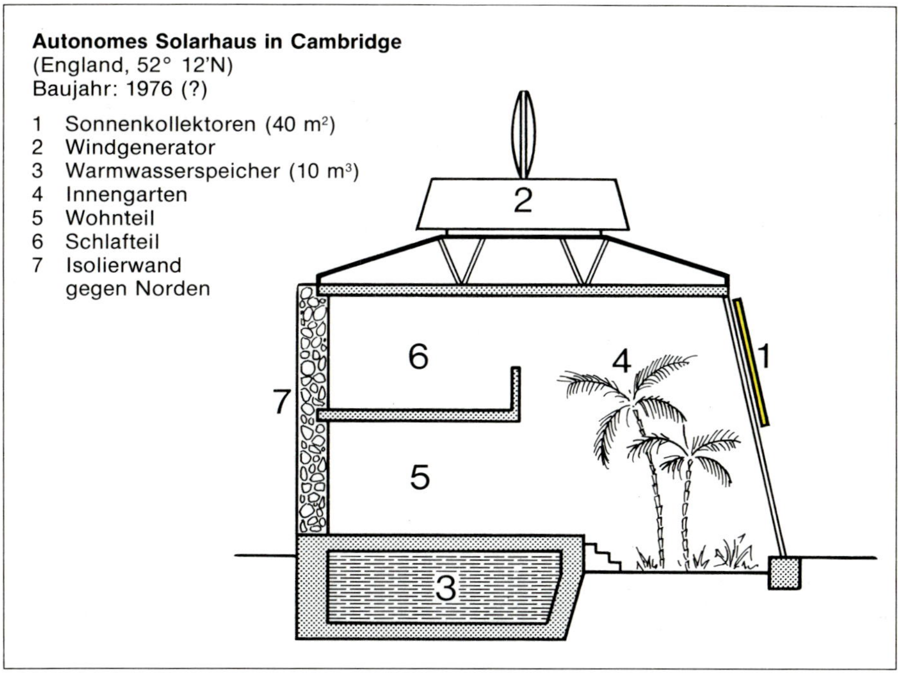

Bild 22: Schnittzeichnung des autonomen Solarhauses an der Universität Cambridge, England

solarbeheizter Wohnhäuser. K.H. Gansfort entwickelte daraus Solarhausmodelle, von denen zwei architektonisch interessante Lösungen in Bild 23 gezeigt werden. Die nach Süden bis Südosten bzw. Südwesten geneigten Kollektorflächen wurden als Bauelemente so in das Gebäude integriert, daß sie weitgehend die herkömmliche Dachabdeckung, teilweise sogar die Fassadenverkleidung ersetzen und die Einbringung ausreichender Fensterflächen in die Südfront der Gebäude ermöglichen. Dies wird auch aus den in Bild 24 gezeigten Grundrissen des kegelförmigen Wohnhauses, für das mehrere Varianten entwickelt wurden, deutlich. Die Solararchitektur ist schon zum Fachbegriff geworden.

Neben den Experimentierhäusern, die zum Zwecke der Forschung und Entwicklung errichtet wurden, gibt es inzwischen schon eine ganze Anzahl von praxisnah konzipierten Solarhäusern, die von den Herstellerfirmen von Solaranlagen entweder selbst finanziert, errichtet und betrieben werden oder in denen bestimmte Versuchsanlagen von diesen Firmen installiert worden sind. Manche dieser Häuser sind bewohnt. Zumeist von Firmenangestellten oder Architekten, weil die ständigen Messungen, Besichtigungen und Änderungsarbeiten gewisse Belastungen für den privaten Bereich mit sich bringen.

Das ebenfalls schon 1975 in Betrieb genommene Solarhaus in Essen (siehe Bild 25) ist seither bewohnt. Seine technische Konzeption geht auf eine Gemeinschaftsarbeit von Dornier und RWE zurück.

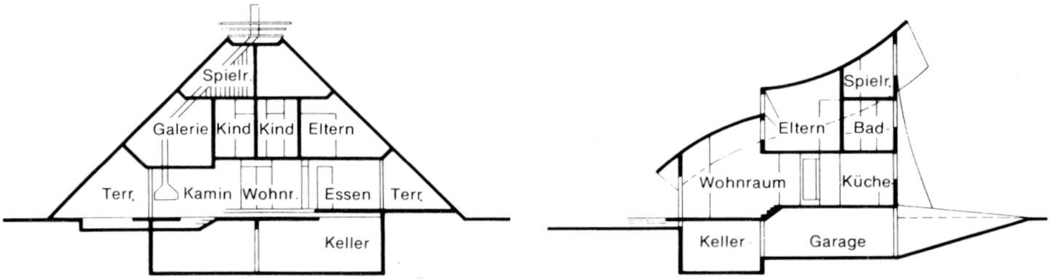

Bild 23: Solarhausstudien von K.H. Gansfort. Im oberen Beispiel konvex und konkav gebogene Kollektorflächen; im mittleren Beispiel kegelförmige, 45° geneigte Kollektorflächen. Die beiden unteren Abbildungen zeigen Schnitte durch diese Solarhäuser.

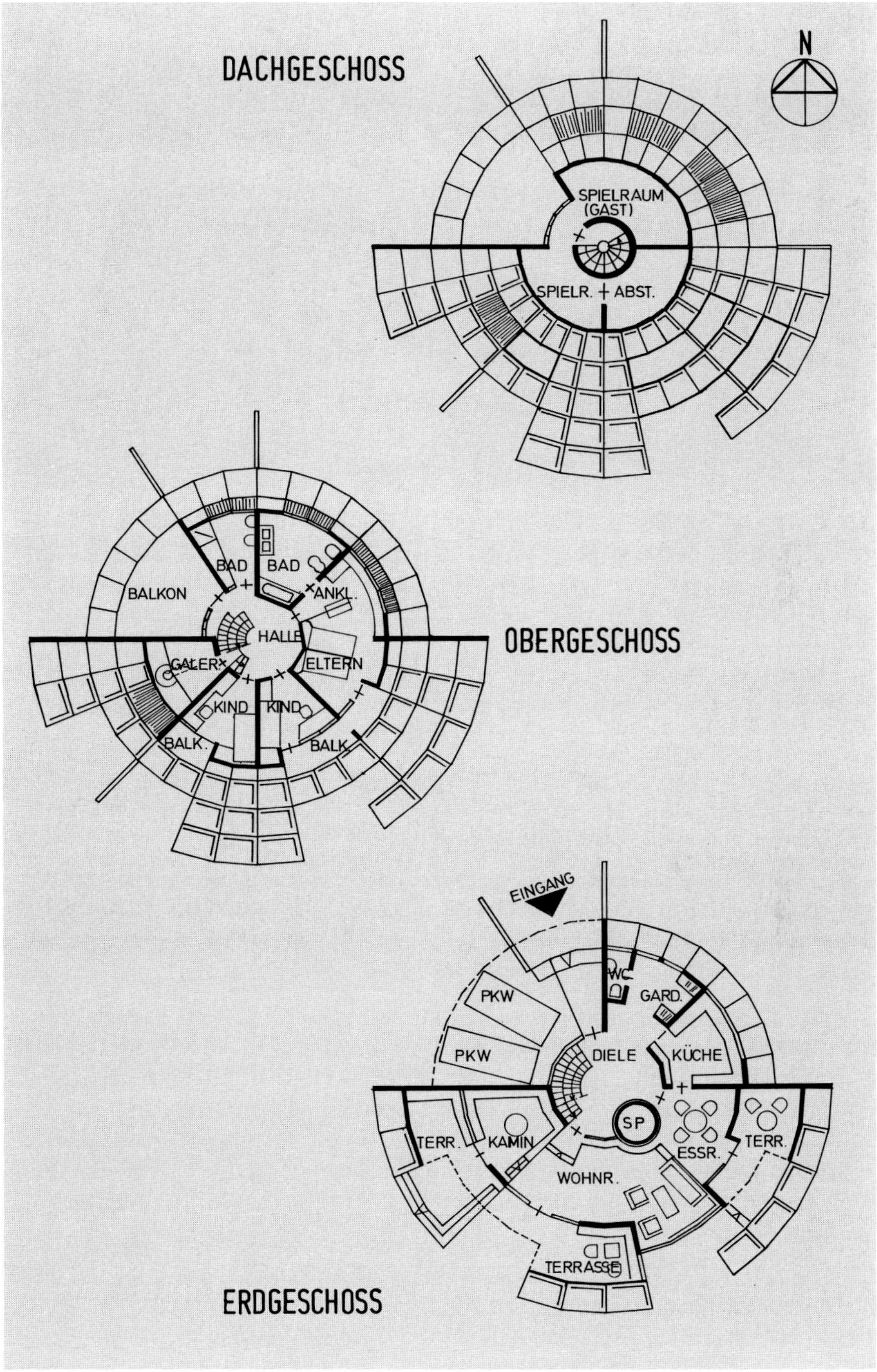

Bild 24: Grundrisse des Solarhauses mit kegelförmigen Kollektorflächen

Bild 25: Bewohntes Zweifamilien-Solarhaus in Essen, Experimentieranlagen konzipiert durch die RWE-Anwendungstechnik, ausgestattet mit Kältemittel-Kollektoren der Dornier-Systemtechnik (Heat-Pipe-Absorber), selektiv-reflektierender Glasabdeckung der Kollektoren, Heizwasser-Großspeichern, Brauchwasser-Großspeichern, Kollektorwasser-Heizwasser-Wärmepumpe, Warmwasser-Flächenheizsystem für Fußbodenheizung und kleines Hausschwimmbad, verbesserter Wärmedämmung, Datenerfassungsanlage

Auch diese Versuchsanlage wurde vom BMFT gefördert. Das Haus ist mit 70 m^2 hocheffizienten Heat-Pipe-Kollektoren ausgestattet. Durch die Kombination mit einer internen Wärmepumpe werden ca. 50% der jährlich eingestrahlten Solarenergie in Nutzwärme umgewandelt.

Das BBC-Solarhaus (siehe Bild 26), 1976 fertiggestellt, ist ein Fertighaus auf dem Werksgelände der Süddeutschen Metallwerke, einer BBC-Tochtergesellschaft. Bei diesem Solarhaus besteht eine Dachhälfte ausschließlich aus Kollektoren. Auch das Innere des Hauses ähnelt mehr einem Entwicklungslabor, weil umfangreiche Meßprogramme abgewickelt werden. Besonders erwähnenswert ist, daß in diesem Solarhaus ein Latentwärmespeicher und während der Sommermonate eine Absorptionskältemaschine mit Solarenergie für die Raumkühlung erprobt werden.

Im gleichen Jahr wurde in Malmö in Südschweden das in seiner äußeren Erscheinung recht ansprechende, ebenfalls bewohnte Solarhaus der Fa. Teknotherm, der Tochtergesellschaft eines schwedischen Baukonzerns, vorgestellt (siehe Bild 27). Hier ging man vor allem bei der Abdeckung der Kollektoren neue Wege. Die Systemschaltungen der „technischen Innereien" ähneln den vorbeschriebenen Solarhäusern, die übrigens als Wärmeverteilungssystem in den Räumen zumeist eine Warmwasser-Fußbodenheizung verwenden.

Bild 26: Experimentierhaus der BBC-Forschung in der Nähe von Heidelberg, ausgestattet mit für die Serienfertigung entwickelten BBC-Flachkollektoren „klassischer Systeme", Heizwasser-Großspeichern, Brauchwasserspeicher, Kollektorwasser-Heizwasser-Wärmepumpe mit Auslegung für bivalenten Flüssiggasheizbetrieb, Warmwasser-Flächenheizsystem, Warmluft-Heizsystem, üblicher Wärmedämmung des Fertighauses, Datenerfassungsanlage

Bild 27: Experimentierhaus der schwedischen Entwicklungsfirma Teknotherm in Malmö, ausgestattet mit Experimentieranlagen der in den vorstehenden Bildern beschriebenen Art, außerdem ausgerüstet mit einer Wärmerückgewinnungsanlage für das Abwasser der Bäder, Duschen, Waschmaschine und Geschirrspülmaschine

Bild 28: Bewohntes Solarversuchshaus von Messerschmidt-Bölkow-Blohm (MBB) mit einer dem örtlichen Baustil angepaßten Dachneigung von 35°, ausgestattet mit Experimentiereinrichtungen der vorbeschriebenen Art

Auch MBB (Messerschmidt-Bölkow-Blohm) widmete sich als Flugzeugbauer und Raumfahrtunternehmen ähnlich wie Dornier in Süddeutschland und ERNO in Norddeutschland intensiv der Entwicklung von Solaranlagen; womit denn alle potenten Raumfahrer wieder einmal zu denen gehören, die der Zukunft auf der Spur sind. Auch die MBB Solarversuchshäuser unterscheiden sich in der Technik im Prinzip nicht von denen anderer Unternehmen. Kollektorneigungen von 23°, 30° und 60° für verschiedene Baustile werden erprobt (siehe Bild 28). Varianten mit Wärmepumpe, Erdreichspeicher, Ölzusatzheizung, konventioneller und Fertigbauweise sind im Programm.

Bild 29: Tritherm-Solarhaus der Firma Junkers mit einer Kombination von Solarkollektoren, Wärmepumpe und Ölzusatzheizung, ebenfalls mit Experimentiereinrichtungen und Datenerfassungsanlagen ausgestattet

Eine gewisse äußere Verwandtschaft mit dem Schwedenhaus ist bei dem 1977 fertiggestellten, ebenfalls bewohnten Tritherm-Haus der Fa. Junkers, einer Tochtergesellschaft des Bosch-Konzerns, festzustellen (siehe Bild 29). Die Bezeichnung Tritherm soll zum Ausdruck bringen, daß drei Heizenergiequellen miteinander kombiniert sind: Sonnenenergie zur Wärmegewinnung über Kollektoren, elektrische Energie für die Wärmepumpe und den übrigen Haushaltbedarf sowie Heizöl zur Deckung des Spitzenwärmebedarfs.

Vor allem mit den im Bild gezeigten, eher der bestehenden Praxis angeglichenen Solarhäusern sollen Grundlagen für die Serienfertigung von Solaranlagen ermittelt werden. Folgendes scheint sich herauszukristallisieren: Es wird unumgänglich sein, bivalente Heizsysteme zu verwenden. Unsere Winterperioden sind zu lang, der Heizwärmebedarf auch bei guter Wärmedämmung des Gebäudes zu groß, als daß mit wirtschaftlich vertretbarem Aufwand ausreichende Wärmemengen vom Sommer in den Winter – z.B. durch Saisonspeicher – verlagert werden könnten.

Der Vorschlag, immer dann, wenn die Sonnenstrahlung nicht ausreicht, mit elektrischer Energie zu heizen, ist nicht realisierbar. Die Stromversorung ist für diese „Lückenbüßerrolle" zu kapitalintensiv. Zwar wäre es unter gewissen Voraussetzungen technisch möglich, Kraftwerke und Übertragungsnetze für sonnenarme Tage vorzuhalten und in der übrigen Zeit unbeschäftigt zu lassen, doch würden die dadurch entstehenden Festkosten für elektrische Spitzenlastenergie zu unwirtschaftlichen Solaranlagen führen.

Allenfalls wäre ein Wochenspeicher denkbar, der in sonnenarmen Perioden nur an Wochenenden, also während ausgesprochen lastschwacher Zeit, nachgeladen würde. Eine Solaranlage lohnte sich dann nur noch, wenn sich der Aufwand für Kollektoren und Zubehör nach einigen Jahren durch die kostenlose Energielieferung der Sonne amortisieren ließe. Umgekehrt wäre der Wochenspeicher nur vertretbar, wenn seine hohen Anschaffungskosten einschließlich der Stromkosten für sonnenarme Tage zu einem günstigeren Ergebnis führten als eine komplette Ölheizungsanlage, die an sonnenarmen Tagen in Betrieb ginge.

Da langfristig betrachtet eine Loslösung von der reinen, d.h. klassischen Ölheizung erfolgen dürfte, ist nur der Fall der Kombination einer Solaranlage mit der Ölheizungsanlage für Spitzenbedarf oder mit einem Wochenspeicher für elektrische Nachladung am Wochenende denkbar.

Schaltkombinationen mit unterschiedlich gezeichneten Betriebsweisen sind im Anhang V. 4 wiedergegeben. Diesen Übersichtsschemata ist zu entnehmen, welcher apparative Aufwand hier erforderlich ist. Es fragt sich dann wirklich, wer hier in Zukunft das Rennen macht (siehe auch Kapitel II. 3), die Wärmepumpe bzw. bivalente Wärmepumpenheizung oder die Kollektorheizung oder bei Neubauten bzw. Umrüstung von Dächern der Solarabsorber mit Wärmepumpe.

Ein überzeugendes Beispiel zu dieser Frage zeigt Bild 30, in dem tatsächlich gemessene Werte folgendes veranschaulichen: Die gelbe Treppenkurve zeigt die monatlich nutzbare Sonnenenergie, die schwarz umrandete Treppenkurve den Gesamtwärmebedarf des Hauses. Von Juli bis September und von April bis Juni

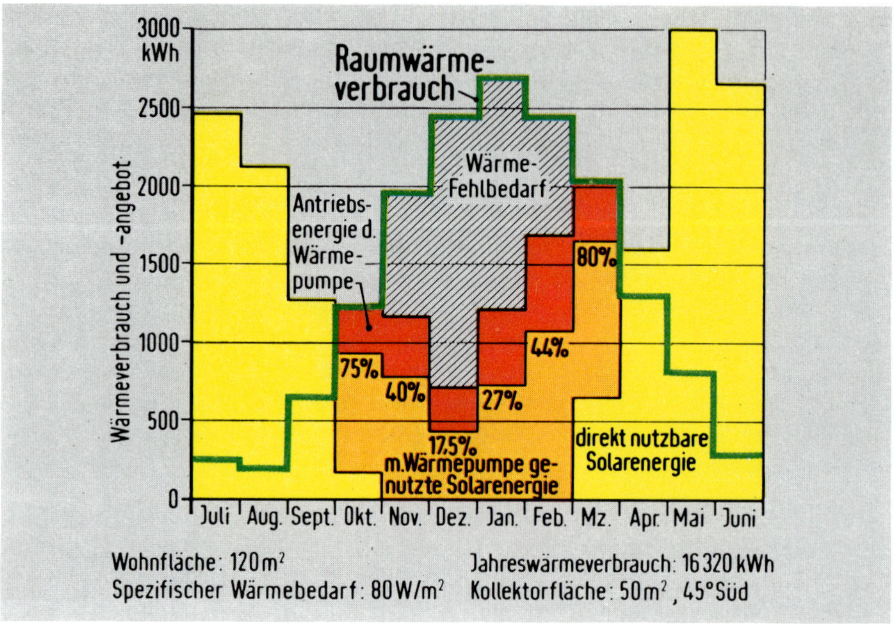

Bild 30: Wärmeverbrauch und Wärmeangebot einer solaren Raumheizungsanlage für eine Jahresperiode. Trotz Wärmepumpenbetrieb entsteht ein großer Wärmefehlbedarf in den Wintermonaten, während in den Sommermonaten weit mehr Sonnenenergie anfällt als benötigt bzw. in die Wintermonate verlagert werden kann

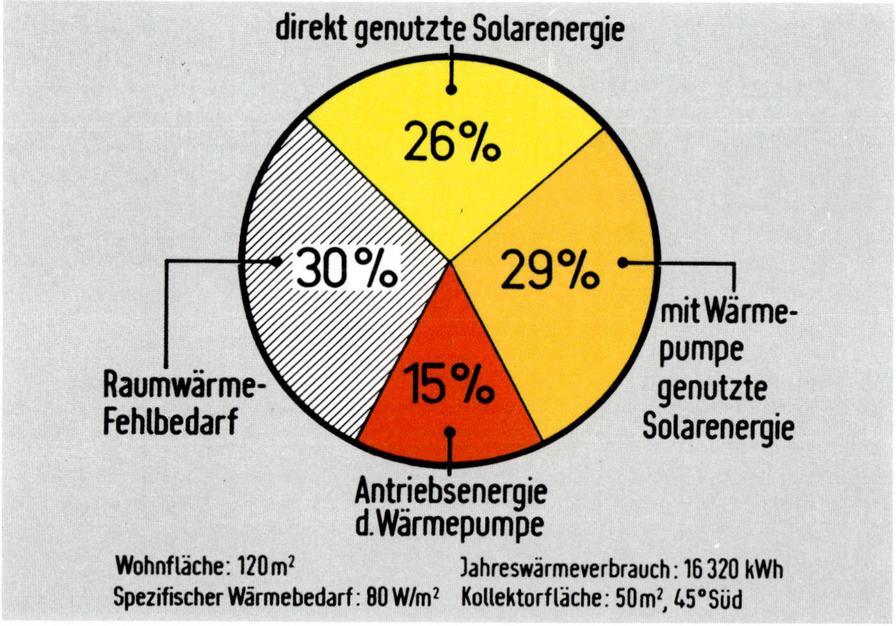

Bild 31: Aufteilung der nach Bild 30 ermittelten Wärmeanteile, wonach in diesem Beispiel 55% durch Sonnenenergie, 15% durch elektrische Energie und 30% durch Zusatzenergie (z.B. Öl) gedeckt werden

kann das Haus ausschließlich über die Kollektoranlage mit Wärme versorgt werden. In den Monaten Oktober und März macht eine innere Wärmepumpe zusätzlich einen beträchtlichen Teil Sonnenenergie nutzbar, wobei der rot eingezeichnete Strombedarf ebenfalls der Raumheizung zugute kommt. Von November bis Februar bringt die Kollektoranlage aus direkter Sonnenenergienutzung so gut wie nichts mehr, und die Wärmepumpe kann den Wärmebedarf allein nicht mehr bewältigen. Eine Brennstoffzusatzheizung muß die relativ große grau schraffierte Fläche abdecken.

Die gleiche Auswertung, jedoch in der Darstellung von Energiemengen (siehe Bild 31) sieht viel „solarfreundlicher" aus. 55% resultieren aus Sonnenenergie – entweder direkt (26%) oder über die Wärmepumpe (29%) und 15% sind auf Strombezug, 30% auf Brennstoff zurückzuführen. Doch diese Darstellung täuscht. Die vorhergehende in Bild 30 zeigt eher die Problematik der Raumheizung mit Sonnenenergie. Man erhielte noch andere Ergebnisse, würden die Kollektoranlagen größer dimensioniert und mehr Wärmespeicherung vorgesehen. Das aber ist wiederum eine Kostenfrage.

Zu den Gesamtbetriebskosten sind detaillierte Betrachtungen von einer der Pionierfirmen angestellt worden. Danach betragen die Gesamtkosten für Solarhäuser, die Ölheizung für Zusatzwärme nicht eingerechnet, derzeit etwa 25000 bis 35000 DM je nach Vertriebsweg. Eine interne Wärmepumpe ist in diesen Kosten auch nicht enthalten, dafür aber eine großdimensionierte Kollektorfläche. Diese Preise beziehen sich noch auf relativ kleine Stückzahlen. Bei der tausendfachen Stückzahl würden die Preise nach heutiger Rechnung zwischen 14000 und 18000 DM liegen. Man fragt sich bei solcher Betrachtung wirklich, ob eine komplette Wärmepumpenanlage, die heute schon die Hälfte und in Zukunft bei großer Stückzahl noch weniger als die Hälfte kosten wird, dabei mindestens ebensoviel Sonnenenergie nutzbar macht, nicht doch zum stärksten Konkurrenten der reinen Kollektoranlage werden wird. „Wettbewerb hebt das Geschäft". Auch in diesem Fall mag dies gelten. Der Wärmemarkt ist sehr groß, für beide wird Platz sein.

Der Zeitraum bis zur Verwirklichung solarer Heizungsanlagen in größerer Stückzahl wird länger dauern als bei der solaren Brauchwarmwasserbereitung, erst recht im Vergleich zur solaren Schwimmbaderwärmung. Für die Raumheizung ergeben sich niedrigere jährliche Energiegewinne pro Quadratmeter Kollektorfläche. Darüber hinaus ist hierbei mit beträchtlich höherem Wirkungsgrad des Ölheizkessels zu rechnen als für die konventionelle Sommer-Brauchwarmwasserbereitung. Es können daher günstigenfalls Öleinsparungen von nur 50 Liter pro Quadratmeter Kollektorfläche und Jahr erzielt werden. Hierin ist schon enthalten, daß die Kollektoranlage auch die Brauchwassererwärmung übernimmt, deren Anteil pro Flächeneinheit wegen der Größe der Kollektorfläche jedoch relativ gering ist.

Manche kaufen sich einen schönen Teppich. Mancher leistet sich einen Urlaub in Übersee. Mancher ein besonders teures Auto. Und mancher eine Solaranlage. Wer die Sache von dieser Seite nimmt, wer sich als Solar-Liebhaber engagiert, der hat für solche Rechnerei wohl kaum Verständnis.

II. 8 Sonnenenergie für das Privatschwimmbad im Garten

Die Diskussion um das Privatschwimmbad im Garten hat viele Seiten. Da gab es – und gibt es noch immer – zahlreiche Mitbürger, die einen Swimmingpool für übertriebenen Luxus halten. Da gibt es Mediziner, die ihn, wo immer möglich, verordnen, weil regelmäßiges Schwimmen in richtig temperiertem Wasser Gesundheit, Widerstandskraft und Wohlbefinden fördert. Da gibt es kühle Rechner, die wegen der verhältnismäßig hohen Herstellungs- und Betriebskosten von Privatschwimmbädern den Kostenaufwand über so und soviel Jahre ins Verhältnis zu den Schwimmstunden während dieser Zeitdauer setzen und dabei messerscharf zu dem Ergebnis kommen, daß eine Schwimmstunde im eigenen Minischwimmbad 20 DM koste. Und da gibt es die „Globaldenker", die aus energiewirtschaftlichen Gründen den Bau und Betrieb von Privatschwimmbädern am liebsten gesetzlich verbieten lassen möchten, weil in der Bundesrepublik alle Städte und die meisten größeren Gemeinden über öffentliche Frei- oder Hallenschwimmbäder verfügen und der privaten Energieverschwendung Einhalt geboten werden solle.

Das ist die eine, die theoretische Seite der Medaille. Die praktische Seite zeigt, daß die Zahl der privaten Schwimmbäder gewaltig ansteigt, daß also der Rechenstift nicht allein entscheidet. Die Praxis zeigt auch, daß Vergnügen und Prestige besonders hoch bewertet werden, daß der Hinweis auf Gesunderhaltung gern zitiert, aber meist als Alibi empfunden wird, daß – wer es sich leisten kann – kein Freischwimmbad im Garten, sondern gleich ein Hallenschwimmbad im Haus vorsehen oder nachträglich einbauen läßt.

Was hat das alles mit Sonnenenergie zu tun? Die Antwort könnte kurz und bündig lauten: Mit Sonnenenergie lassen sich gleich „mehrere Fliegen mit einer Klappe schlagen", vor allem bei dem Freischwimmbad im Garten: Der private Rechenstift, die energiewirtschaftliche Betrachtung und die Freude am Fortschritt, alle kommen hierbei positiv zur Geltung.

Das private Hallenschwimmbad, eine besonders aufwendige, kostspielige Angelegenheit, ist hier auszuschließen. Seine energietechnische Konzeption muß im Rahmen der gesamten Heizwärmeversorgung eines Wohnhauses gesehen werden. Da im Hallenschwimmbad nicht der Energiebedarf für die Wassererwärmung – wie beim Freischwimmbad –, sondern mit großem Abstand derjenige für die Raumerwärmung und -entfeuchtung überwiegt, kann die Nutzung der Sonnenenergie über Kollektoren nur einen geringen Beitrag liefern.

Das Gartenschwimmbad dagegen bringt von vornherein wesentlich günstigere Voraussetzungen für die Nutzung von Sonnenenergie mit sich. In unseren Breitengraden ist es der am besten geeignete Anwendungsfall für die direkte Umwandlung der solaren Strahlungsenergie in Nutzenergie. Welche Gründe gibt es für diese Behauptung?

Zunächst ist zu privaten Schwimmbecken festzustellen, daß sie bei schönem Wetter weitaus häufiger benutzt werden. Auch ist es eine Binsenweisheit, aber im Zusammenhang mit Sonnenenergie ein wichtiger Umstand, daß ein Freischwimmbecken nur für die warmen Tage, also von Mai bis September, geplant und gebaut wird. Eine Verlängerung der Badesaison durch die Beheizung des Beckens ist heute zwar selbstverständlich, doch wird deshalb kaum jemand von November bis Februar im Garten planschen wollen. Ein dritter und „solarfreundlicher Umstand" ist, daß die Heizenergie zur Schwimmbaderwärmung nur eine Temperatur von höchstens 30°C benötigt. Viertens ist nicht zu vergessen, daß ein Wärmespeicher überflüssig ist, weil das Beckenwasser selbst die Rolle des jederzeit verfügbaren und kostenlosen Speichers übernimmt.

Diese vier günstigen Voraussetzungen, Benutzung hauptsächlich bei warmem Wetter, jahreszeitlich nur während der Übergangszeit und der Sommermonate, niedrige Wassertemperatur sowie durch das Beckenwasser schon vorhandener Speicher, lassen schon heute die solare Beckenwassererwärmung interessant werden. Voraussetzung hierfür ist, daß nicht teure, hochwirksame Kollektoren, sondern preisgünstige Einfachkollektoren angeschafft werden. Manche der hierfür angebotenen Kollektoren haben nicht einmal eine Glasabdeckung, denn bei mildem Wetter, hoher Einstrahlung und Betriebstemperaaturen um 30°C haben sie kaum ungünstigere Wirkungsgrade als verglaste Kollektoren. Sie können auch von chlorhaltigem Beckenwasser direkt durchströmt werden,

Ein speziell für die Beheizung von Freischwimmbädern entwickeltes System besitzt Kollektoren, die im Ruhezustand leer sind. Genauer gesagt, dann sind sie mit Luft gefüllt. Wenn der zur automatischen Steuerung gehörende Sonnenfühler genug Solarstrahlung empfängt, drückt eine Umwälzpumpe das gefilterte Beckenwasser in die Kollektoren. Die Luft entweicht durch ein Entlüftungsventil. Wird nicht mehr ausreichend Sonnenenergie eingestrahlt, gibt der Sonnenfühler wieder ein Kommando. Das Wasser strömt aus den Kollektoren zurück ins Schwimmbecken, durch das Entlüftungsventil dringt Luft erneut in diese Kollektoren. Auf solche Weise kann das Beckenwasser, z.B. nachts, nicht versehentlich über die Kollektoren wieder abgekühlt werden. Auch können luftgefüllte Kollektoren im Winter nicht einfrieren. Die Bildung eines Überdrukkes im Kollektor ist bei starker Sonneneinstrahlung nicht möglich, da die Kollektoren bei Überschreiten einer eingestellten Beckenwassertemperatur ebenfalls leerlaufen, das Becken somit auch nicht überheizen können.

Diese hier beschriebenen Einfachkollektoren sind aus Kunststoff. Sie besitzen deshalb ein geringes Gewicht, sind korrosionsfest und haben große Einbaumaße von rd. 2,5 m Länge und 1,25 m Breite, d.h. eine wirksame Kollektorfläche von 3 m². Die Empfehlung lautet, die Kollektor-Gesamtfläche für ein Freibad ebenso groß zu wählen wie die Beckenoberfläche des Bades.

Ein anderes Einkreissystem, das wegen der Korrosionssicherheit ebenfalls Kunststoff für den Beckenwasserkreislauf im Kollektor verwendet, besitzt eine äußere Umhüllung aus aufeinandergeschweißten Stahlblechplatten. Hierdurch wird die mechanische Festigkeit des Kollektors erhöht, so daß er die u.U. entstehenden Drücke direkt aufnehmen kann. Der Einfriergefahr wird durch Zusatz von Frostschutzmitteln begegnet.

In weitere Details zu gehen, ist hier wohl nicht angebracht. Es sollte nur gezeigt werden, daß die Industrie bereits praxisorientierte Systeme anbietet.

In jedem Fall ist bei Kauf einer solaren Schwimmbad-Erwärmungsanlage besonders darauf zu achten, daß die Kollektoren korrosionssicher sind. Ein sog. Zweikreissystem, d.h. die Trennung zwischen Schwimmbadwasser und Kollektorwasser ist aus Kostengründen bei Freischwimmbädern weniger zu empfehlen. Auch ist der Gesamtwirkungsgrad bei einem Einkreissystem höher, da kein Wärmeaustausch zwischen zwei Kreisläufen stattfindet. Diese Aussagen gelten jedoch nur – das sei nochmals ausdrücklich betont – für die Sonnenenergienutzung während der Sommermonate, denn die Wirkungsgrade ändern sich und damit auch die Anlagensysteme selbst, wenn ganzjähriger Betrieb gefordert wird.

Könnte bei Installation der Solaranlage für ein Freibad auf günstige Weise auch der Warmwasserkreislauf für die Erwärmung oder Vorwärmung des Duschwassers oder sogar der Brauchwasserversorgung des Wohnhauses mit angeschlossen werden, so sollte man diese Möglichkeit nutzen. Im Einzelfall kann hierüber erst eine Wirtschaftlichkeitsberechnung entscheiden.

Zur Wirtschaftlichkeit ist folgendes hinzuzufügen: Die übliche Badesaison erstreckt sich von Mai bis September. Ein ungeheiztes Freibad hat während dieser 150 Tage nur an etwa 30 Tagen eine Wassertemperatur von über 20° C. Da die bevorzugten Wassertemperaturen zwischen 23° C und 28° C liegen, muß an den restlichen 120 Tagen nachgeheizt werden. Im Dauerbetrieb entstehen die Wärmeverluste eines Freischwimmbades durch Wärmeleitungsverluste an das Erdreich, durch Konvektions- und Strahlungsverluste an der Oberfläche des Beckenwassers und vor allem durch Wärmeverluste wegen der Wasserverdunstung an der Oberfläche.

Auch wenn hier von Sonnenenergie die Rede ist, so muß doch in erster Linie die Schwimmbeckenabdeckung als wirksamste Maßnahme für sinnvolle Energieeinsparung genannt werden. Die Ausgaben für eine automatische Abdeckvorrichtung lassen sich schon nach einigen Jahren durch Einsparung an Energiekosten wieder hereinholen, da der Wärmeverbrauch hierdurch um bis zu 70% verringert werden kann. Voraussetzung ist, daß außerhalb des Badebetriebes die Wasseroberfläche stets abgedeckt bleibt.

Die Gesamtverluste betragen bei einer mittleren Wassertiefe von 1,60 m, einer gewünschten mittleren Beckenwassertemperatur von 24° C und einer durchschnittlichen Außenlufttemperatur von 16° C während einer von Mai bis September dauernden Badesaison rd. 2200 kWh je m^2 Wasseroberfläche. Etwa 75% dieser Energiemenge gewinnt das Schwimmbecken durch Sonneneinstrahlung, da es selbst eine Art Kollektor darstellt. Es verbleiben 500 kWh je m^2, die durch Fremdenergie gedeckt werden müssen. Dieser Rest läßt sich bei einem etwa mittleren Kollektorwirkungsgrad von etwa 50% und einer Kollektorfläche, die der 1,5-fachen Beckenoberfläche entspricht, zu 85% aus Sonnenenergie erzeugen.

Reduziert man diesen Rest um 70%, in dem eine Abdeckvorrichtung die Verdunstungsverluste weitgehend verhindert, so können auch 70% Kollektorfläche eingespart werden. Bei einem Kollektorpreis von z.B. nur 200 DM/m^2 und einer Beckenwasseroberfläche von 40 m^2 entspricht die Einsparung einem Betrag von 8400 DM. Dies zeigt, daß die Abdeckung wirtschaftlicher ist als die Anschaffung einer dem Energiebedarf entsprechend größeren Kollektorfläche. Gleiches gilt übrigens auch für ein ölbeheiztes Schwimmbad. Auch hier amortisieren sich die Anschaffungskosten der Abdeckung durch die jährliche Einsparung an Ölkosten.

Natürlich erhebt sich bei solchen Zahlenvergleichen wiederum die Frage, ob die Nutzung der Sonnenenergie für diesen Anwendungsfall tatsächlich schon heute wirtschaftlich sei.

Bei einem Freibad mit Abdeckung betragen die zu deckenden Wärmeverluste während der Badesaison nur noch 30% des Restbedarfs von 500 kWh je m^2 Wasseroberfläche. Bei einem mittleren Wirkungsgrad in den Sommer- und Übergangsmonaten von 30% der Ölheizung entspricht dies 50 Liter Heizöl oder bei 30 Pfennig je Liter rd. 15 DM/m^2 und Jahr Beckenoberfläche. 30% Wirkungsgrad und 30% Restbedarf heben sich in diesem Beispiel zufällig gegenseitig auf. Zu etwa gleichen Energiekosten, d.h. zu nur 17 DM/m^2, gelangt man bei elektrischer Warmwasserbereitung über einen Durchlauferhitzer, wenn hierfür ein mittlerer Wirkungsgrad von 90% und Stromkosten von 10 Pfennig je kWh angenommen werden. Die wegen der Abdeckung nur noch 18 m^2 große Kollektoranlage dürfte dagegen für die rechnerisch erforderlichen 30% des Restwärmebedarfs eines 40 m^2 großen Freischwimmbeckens mindestens 5000 DM, d.h. 250 DM je m^2 komplett erfordern. Wenn man im günstigsten Fall annimmt, dieser Betrag läge auf einem Sparkonto, so ergäbe sich durch die Einsparung der Ölkosten hierfür eine Verzinsung von

$$\frac{15 \cdot 40 \cdot 100}{5000} = 12\% \text{ pro Jahr.}$$

Bei 50 Pfennig je Liter Heizöl wäre die Verzinsung auf 20% pro Jahr angestiegen.

Es besteht somit kein Zweifel, daß derartige Solaranlagen ausgesprochen wirtschaftlich sind. Es wird empfohlen, solche Kollektoranlagen grundsätzlich nur in Verbindung mit einer Abdeckung zu installieren. Hier ist der Slogan einer „Solar-Sparkasse" wirklich angebracht. Sicher werden die Preise für solche Schwimmbadanlagen noch sinken. Die Energiepreise dagegen weiter steigen. Es ist abzusehen, daß die Aufwendungen für solche Anlagen in nur wenigen Jahren allein durch die Einsparung an Heizenergie erwirtschaftet sein werden. In aller Zukunft wird, ausgenommen für den geringen Stromverbrauch der Umwälzpumpe, keine Energie mehr benötigt.

Wo bleiben da die negativen Argumente der kühlen Rechner von damals, der Befürworter von Gesetzen zwecks Verbot privater Schwimmbäder, der Gegner von „übertriebenem Luxus"? Die solare Energieversorgung des Privatschwimmbades im Garten ist ein Paradebeispiel für das schon erwähnte Zitat über den Ersatz von Energie durch Kapital.

II. 9 Solarbeheizte öffentliche Schwimmbäder

Bei öffentlichen Schwimmbädern ist zwischen Freibädern und Hallenbädern zu unterscheiden. Ein solarbeheiztes, öffentliches Hallenbad ist schon seit längerem geplant, verwirklicht wurde es bisher aus verschiedenen Gründen noch nicht. Natürlich sind die Bedingungen für das ganzjährig mit Sonnenenergie zu versorgende Hallenschwimmbad viel schwieriger zu erfüllen als für ein Freischwimmbad.

Was für private Schwimmbäder aus der Sicht der Wärmeversorgung gesagt wurde, gilt im Prinzip auch für große öffentliche Bäder. Deshalb ist es einleuchtend, daß für den ersten Großversuch in der Bundesrepublik Deutschland die solare Wärmeversorgung eines Freischwimmbades gewählt wurde (siehe Luftaufnahme Bild 32). Diese vom Bundesministerium für Forschung und Technologie (BMFT) angeregte und finanziell getragene Großversuchsanlage entstand in nur einjähriger Bauzeit 1975/76 in dem landschaftlich so schön gelegenen Erholungsort Wiehl im Bergischen Land, eine knappe Autostunde von Köln entfernt (nicht zu verwechseln mit Wyhl am Oberrhein). Ohne das große Engagement von Dr. Klein, des für die Solarforschung zuständigen Referenten des BMFT, wäre diese Pionieranlage nicht entstanden.

Bild 32: Luftaufnahme der größten Solarversuchsanlage Europas zur Erzeugung von Niedertemperaturwärme aus Sonnenenergie (Aufnahme Juli 1977) in Wiehl, Oberbergischer Kreis bei Köln. Der obere Bildteil zeigt das Dach der Mehrzweckhalle mit einer Kollektorfläche von rd. 1500 m²

Planung, Erstellung und Betrieb übernahm die RWE – Studiengesellschaft Energietechnik GmbH (ETS). Wer Superlative liebt, der wird gern erfahren, daß es sich hierbei um die bisher größte Solaranlage zur Erzeugung von Niedertemperaturwärme, zumindest in Europa, handelt und daß die amerikanische Energieforschungsbehörde ERDA mit der ETS einen Vertrag schloß, wonach die Bundesrepublik finanzielle Mittel als Gegenleistung für Erfahrungsberichte über diese Anlage erhält.

Die technische Konzeption dieser Großversuchsanlage mit 1500 m² Kollektorfläche zeigt Bild 33. Langjährige Erfahrungen durch die Entwicklung von

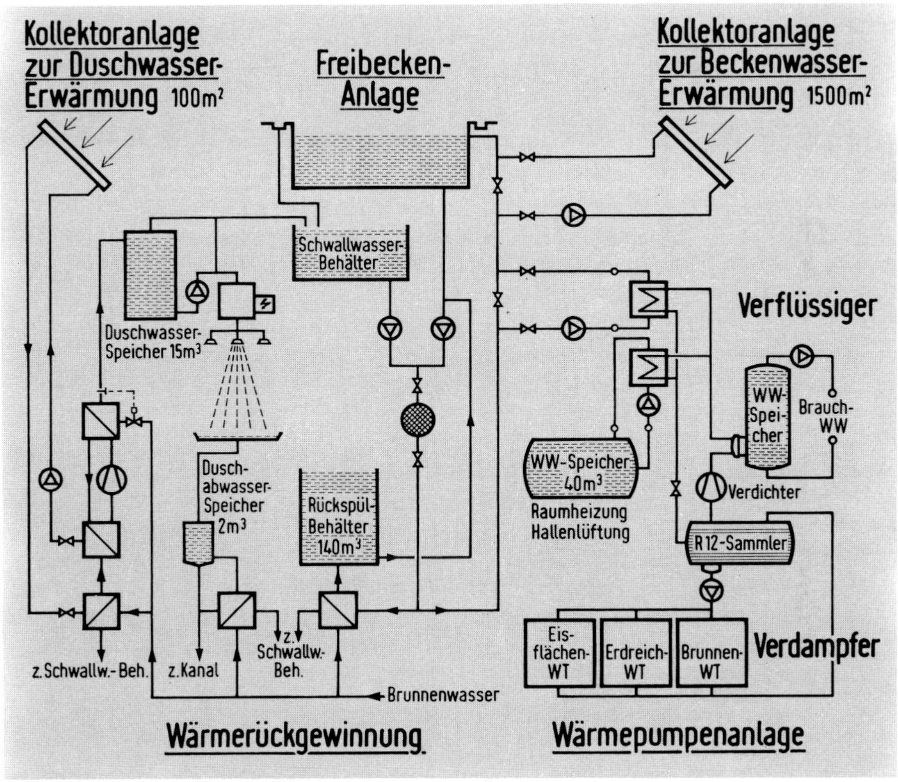

Bild 33: Sehr vereinfachtes Prinzipschaltbild der Versuchseinrichtungen zur direkten und indirekten Sonnenenergienutzung sowie Wärmerückgewinnung in der Forschungsanlage Wiehl, ausgestattet mit rd. 1000 Flachkollektoren, hocheffizienten Kollektoren zur Duschwassererwärmung, Wärmerückgewinnung aus Duschwasser- und Rückspülwasserabwärme, Beckenfliesen mit günstigen Absorptionseigenschaften, nächtlicher automatischer Rolladenabdeckung der Becken zur Verringerung der beträchtlichen Verdunstungsverluste von Freischwimmbecken, Eisflächen-Wärmetauscher für die Eisbahn der Mehrzweckhalle, Erdreich- und Brunnen-Wärmetauscher für die Erzeugung von Heizenergie für Spitzenlast, damit verbunden Erdreichspeicher mit einer Flächenausdehnung von 6000 m², Wärmepumpenanlage für Wärmeentzug aus Erdreich, Brunnen und durch Eiserzeugung sowie für Wärmeabgabe zur Erwärmung der Mehrzweckhalle (Raumluft und Sitzbänke) und in den Übergangsmonaten zur Beheizung der Freischwimmbecken zwecks Verlängerung der Badesaison

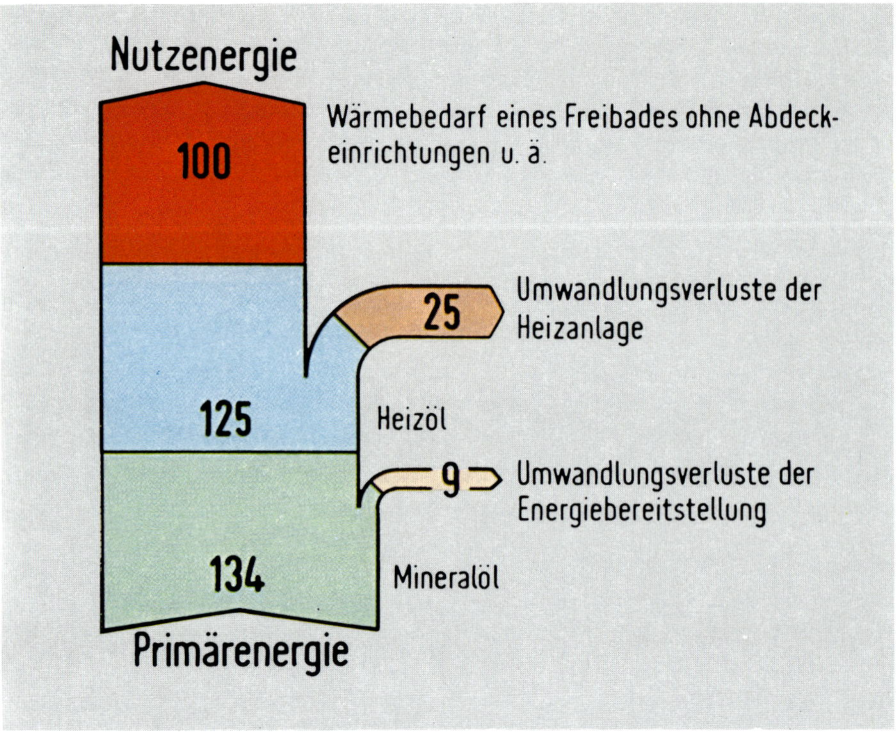
Nutzenergie
Wärmebedarf eines Freibades ohne Abdeck-
einrichtungen u. ä.
100
25
Umwandlungsverluste der
Heizanlage
125
Heizöl
9
Umwandlungsverluste der
Energiebereitstellung
134
Mineralöl
Primärenergie

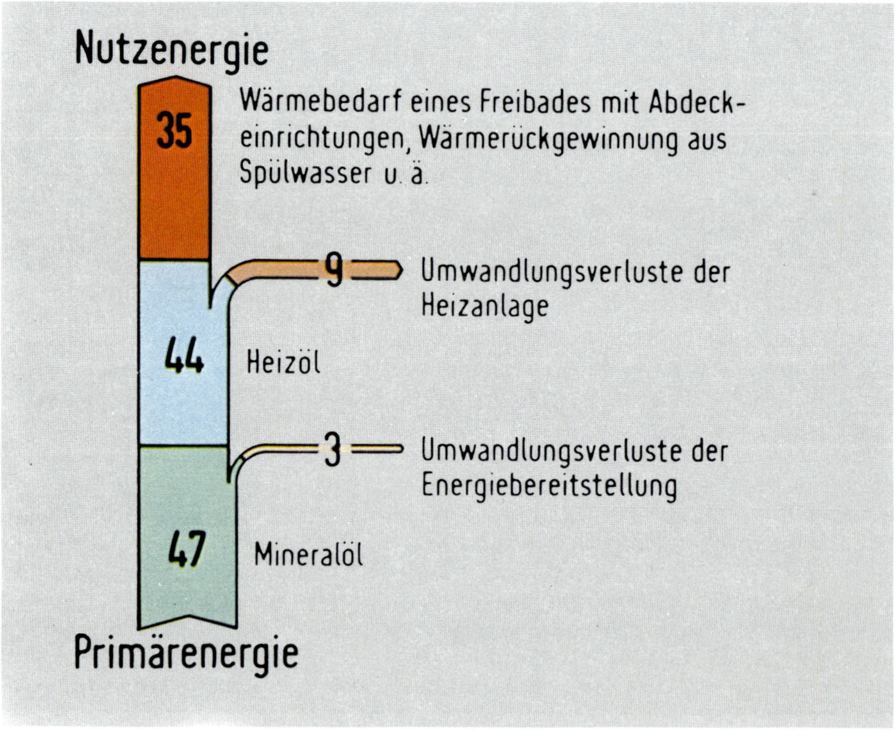
Nutzenergie
Wärmebedarf eines Freibades mit Abdeck-
einrichtungen, Wärmerückgewinnung aus
Spülwasser u. ä.
35
9
Umwandlungsverluste der
Heizanlage
44
Heizöl
3
Umwandlungsverluste der
Energiebereitstellung
47
Mineralöl
Primärenergie

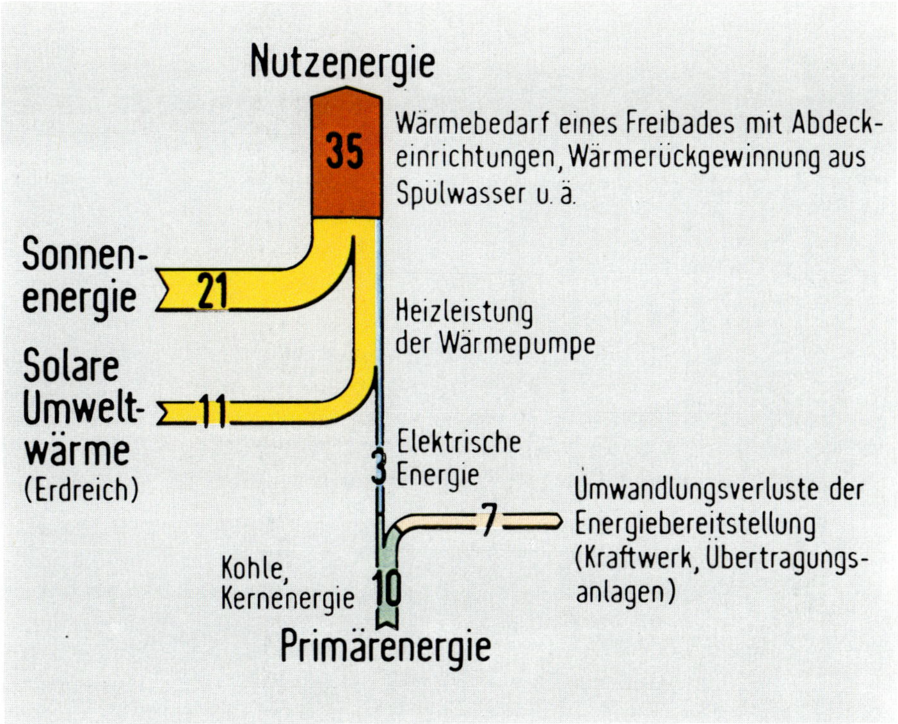

Bild 34: Energieflußschema eines öffentlichen Freibades mit heizölbefeuerter Beckenwasser-Erwärmungsanlage

Eild 35: Energieflußschema eines öffentlichen Freibades mit Abdeckeinrichtungen und Wärmerückgewinnung aus dem Spülwasser sowie heizölbefeuerter Beckenwasser-Erwärmungsanlage

Bild 36: Energieflußschema des öffentlichen Freibades in Wiehl mit Abdeckeinrichtungen und Wärmerückgewinnung aus dem Spülwasser sowie Solarkollektoren und Erdreich-Wärmepumpe

Wärmesystemen für öffentliche Hallen- und Freibäder lassen vermuten, daß bei Freibädern ein weitgehend zeitgleicher Anfall von Wärmebedarf und Sonnenenergieangebot vorliegt. Im Durchschnitt gilt: je sonniger der Tag, je mehr Badegäste. Damit aber steigt der vorgeschriebene Frischwasserzusatz, der Duschwasserbedarf und die Verdunstung des Beckenwasser, d.h. der Energiebedarf solcher Anlagen.

Für die vier Freischwimmbecken der Solaranlage Wiehl liegen inzwischen Betriebsergebnisse vor. Sie sind verblüffend. Um das Ergebnis gleich vorwegzunehmen: Der Primärenergiebedarf – einerseits Rohöl zur Herstellung von leichtem Heizöl, andererseits Steinkohle oder Uran zur Stromerzeugung – beträgt für die Solaranlage nur noch 7,5% und der Sekundärenergiebedarf – einerseits Heizöl, andererseits Elektrizität – nur noch 2,5% gegenüber konventioneller Ölheizung und konventioneller Bauweise!

Die drei Bilder 34, 35 und 36 lassen diese Zusammenhänge deutlich erkennen. Auch in dem vorliegenden Buch gibt es an keiner Stelle eine noch überzeugendere Darstellung für die enorme Verminderung des Energiebedarfs auch in unseren Breitengraden durch Nutzung von Sonnenenergie in Verbindung mit anderen sinnvollen Maßnahmen.

Für diesen Vergleich wird der Wärmebedarf eines Freibades ohne Abdeckeinrichtung und ohne Wärmerückgewinnung aus Spülwasser gleich 100 Energieeinheiten gesetzt (Bild 34). Bedingt durch die Umwandlungsverluste in der Heizanlage und durch die Umwandlungsverluste bei der Mineralölaufbereitung ist ein Bedarf an Primärenergie von 134 Energieeinheiten erforderlich.

Erhielte ein solches Freibad die in Wiehl z.Zt. in Erprobung befindlichen Einrichtungen zur Beckenabdeckung und zur Wärmerückgewinnung aus Spülwasser, so würde sich sein Wärmebedarf auf 35 Energieeinheiten verringern (siehe Bild 35). Daraus ergäbe sich ein Primärenergiebedarf von rd. 47 Energieeinheiten, also von etwa einem Drittel des bisherigen. Dieses Ergebnis wird in Zukunft Beachtung finden müssen. Schließlich gibt es in der Bundesrepublik insgesamt 2800 öffentliche Freibäder, deren jährlicher Heizölbedarf einem Gegenwert von 80 Mio DM entspricht. Werden jedoch die als Nutzwärme benötigten 35 Energieeinheiten aus einer Solaranlage geliefert, so entfallen 21 Einheiten auf die Umwandlung solarer Strahlungsenergie. Weitere 11 Energieeinheiten werden dem Erdreich mit einer Wärmepumpe entzogen. Die zum Antrieb der Umwälzpumpe der Kollektoranlage und der Wärmepumpenmotoren benötigte elektrische Energie erfordert nur 3 Einheiten, die im Kraftwerk aus 10 Einheiten Primärenergie erzeugt werden müssen (siehe Bild 36). So erhält man tatsächlich das vorangestellte Ergebnis von 7,5% des Primärenergiebedarfs und von 2,5% des Sekundärenergiebedarfs bisher üblicher Anlagen.

Im Hinblick auf die bisherigen Erfahrungen mit der Wiehler Anlage läßt sich eines voraussagen: Die Abdeckeinrichtungen, die für dieses Freibad entwickelt worden sind, werden in Zukunft zur Standardausrüstung öffentlicher Freibäder gehören. Für Kollektoranlagen scheint eine Zeitspanne von etwa 5 Jahren erforderlich zu sein, um ihre Entwicklung zu vervollständigen und zwischen den verschiedenen Kollektorsystemen für Freibäder eine auf praktische Erfahrungen begründete Auslese zu treffen.

Um die Kosten für Kollektoranlagen in Grenzen zu halten, sollten bei öffentlichen Freibädern, zu denen keine Beckenabdeckeinrichtung gehört, etwa 1,5 m^2 Absorberfläche je m^2 Wasseroberfläche vorgesehen werden. Bei Freibädern, zu denen Beckenabdeckeinrichtungen und eine Wärmerückgewinnungsanlage gehören, ist mit etwa 0,5 m^2 Absorberfläche je m^2 Wasseroberfläche zu rechnen.

In beiden Fällen würde dann von der Sonnenkollektoranlage etwa 65% des Wärmebedarfs je Saison gedeckt, wobei der restliche Wärmebedarf während

Perioden ungünstiger Witterung anfiele und z.B. mit einer Ölheizungsanlage oder mit einer Wärmepumpe gedeckt werden müßte.

Der Einbau von Beckenabdeckeinrichtungen und einer Wärmerückgewinnungsanlage in ein Freibad mittlerer Größe wird Mehrkosten von 180 DM je m^2 Wasseroberfläche bedingen. Die Verminderung der Kollektorfläche um 1 m^2 je m^2 Wasseroberfläche dagegen führte zu einer Kostenminderung, die rd. 480 DM je m^2 Wasseroberfläche beträgt und Kollektor-, Rohrleitungs- und Stellflächenkosten einschließt. Interessant ist an diesem Ergebnis, daß wirksame Maßnahmen zur Senkung des Wärmebedarfs auch zu einer erheblichen Verminderung der Anlagenkosten einer Beckenwasser-Erwärmungsanlage führen.

Diese Feststellung wird in Bild 37 veranschaulicht. Es zeigt sich hier sehr deutlich, daß es wirtschaftlich günstiger ist, einen hohen finanziellen Aufwand zur Senkung des Wärmebedarfs zu erbringen, um dadurch die Kollektorfläche zu verkleinern. Dies führt zu niedrigeren Gesamtkosten, als wenn bei konventioneller Bauweise entsprechend mehr Kollektoren installiert werden müßten.

Auch bei den Vorplanungen für ein solarbeheiztes Hallenbad in Schwalmtal/Niederrhein bestätigte sich erneut, daß die Verringerung des Wärmebedarfs

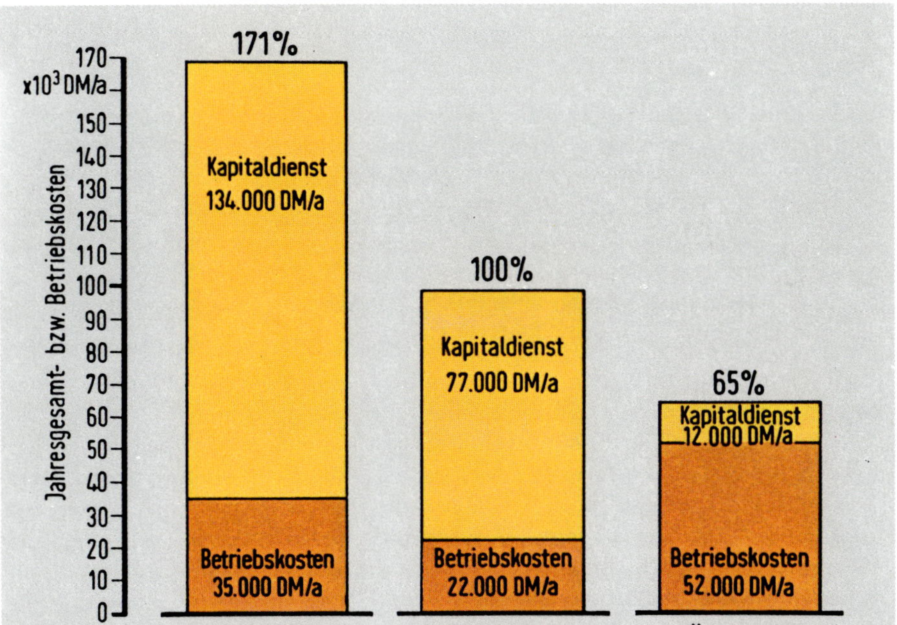

Bild 37: Vergleich der Jahresgesamt- und Betriebskosten verschiedener Beckenwasser-Erwärmungsanlagen

durch Wärmerückgewinnungsanlagen und durch eine weitgetriebene Wärmedämmung des Gebäudes günstigere Gesamtkosten mit sich bringt. Das Optimum auf derzeitiger Preisbasis ergab sich für dieses Objekt, wenn der Wärmebedarf auf rd. 40% reduziert und danach durch eine Kollektoranlage nochmals um 13%, also auf insgesamt 27% gegenüber konventioneller Ausstattung vermindert würde. Die Solarkollektoren gäben ihre Wärme im Sommer direkt, im Winter über eine Wärmepumpe an eine Warmwasser-Speicheranlage ab.

Gegenüber Hallenbädern gleicher Beckenwasseroberfläche und herkömmlicher Bauweise wurden die Fensterglasflächen bei der Vorplanung dieses Objektes auf das für die natürliche Belichtung ausreichende Maß beschränkt. Während gleich große Hallenbäder Glasflächen von 500 m^2 und mehr aufweisen, sind für das geplante Hallenbad Schwalmtal solche mit 312 m^2 vorgesehen.

Die Fenster sollen mit Glasscheiben ausgerüstet werden, die einen Großteil der aus den Schwimmbadräumen kommenden Infrarotstrahlung wieder reflektieren. Dadurch werden anstelle der heute üblichen Wärmedurchgangskoeffizienten von 3,26 $W/m^2 \cdot K$ solche von 2,0 $W/m^2 \cdot K$ erreicht.

Ganz entsprechend soll bei den übrigen, an Außenluft grenzenden Bauteilen verfahren werden. Die Wärmedurchgangskoeffizienten sollen 0,25 $W/m^2 \cdot K$ nicht überschreiten. Üblich sind heute solche von etwa 0,47 $W/m^2 \cdot K$. Durch diese Maßnahmen wird der Transmissionswärmebedarf – das sind die Wärmeverluste an Wänden, Decken, Fenstern (ohne Lüftungsverluste) – um 50% verringert.

Bei Hallenbädern mit herkömmlichen technischen Anlagen wird die warme und feuchte Luft aus dem Hallenbad ins Freie geblasen und durch erwärmte Frischluft ersetzt. Da der Lüftungswärmebedarf bei dieser Betriebsweise einen Anteil von rd. 40% am gesamten Wärmebedarf eines Hallenbades hat, kann durch den Einsatz von Wärmerückgewinnungsanlagen eine erhebliche Senkung des Lüftungswärmebedarfs erzielt werden. Der Einbau von Wärmetauschern mit einem Wirkungsgrad von 70% z.B. würde den Lüftungswärmebedarf auf etwa 30% des entsprechenden Bedarfs einer herkömmlichen Anlage senken.

Außerdem sollten im Hallenbad zwei einfache Maßnahmen verwirklicht werden, um den Beckenwasserwärmebedarf weitgehend zu senken:
Als Duschwasser würde aufbereitetes Beckenwasser verwendet, welches Trinkwasserqualität hat. Dafür würde Frischwasser in das Becken eingespeist. Dieses Frischwasser soll jedoch in der Anlage zum Rückgewinnen von Wärme aus Duschwasser vor dem Einleiten in das Becken auf ca. 28 °C erwärmt werden (siehe nachfolgende Vorschläge). Durch die Verwirklichung dieses Vorschlages entfiele der Wärmebedarf für die Zusatzwassererwärmung vollständig, für die Duschwasserbereitung würde er erheblich verringert. Für die Filterspülung würde Wasser aus dem öffentlichen Wasserversorgungsnetz verwendet. Da die benötigten großen Wasserströme starke Druckeinbrüche im öffentlichen Wasserversorgungsnetz hervorriefen, müßte ein Wasserspeicher für das benötigte Spülwasser gebaut werden. Der Wärmebedarf zur Spülwassererwärmung entfiele dadurch vollständig.

Da das ablaufende Duschwasser eine Temperatur von etwa 32 °C hat, liegt es nahe, dieses Abwasser zur Erwärmung einer etwa gleich großen Frischwassermenge zu verwenden. Diese Frischwassermenge muß ohnehin als Ausgleich für das entnommene Duschwasser in das Becken eingespeist werden. Wenn für eine dazu notwendige Wärmerückgewinnungsanlage ein Wirkungsgrad von etwa 80% vorausgesetzt wird – mit Plattenwärmetauschern ist das ohne weiteres erreichbar –, dann kann das Frischwasser auf etwa 28°C erwärmt und in das Becken eingespeist werden.

Manchem mag das alles recht kompliziert, technisch überzüchtet erscheinen. Für Experten aber steht fest, daß in Zukunft der Aufwand für die Gebäudetechnik noch zunehmen wird. Eng damit verbunden ist eine gründliche Vorplanung, eine fachbezogene Bauüberwachung und auch eine fachkundige Betreuung beim Betrieb technischer Anlagen in Großgebäuden. Dies alles ist deshalb vernünftig und sinnvoll, weil bei weiter steigenden Energiepreisen der Zwang zur Energieeinsparung unumgänglich wird. Ein einfaches Rechenexempel ist, daß diese Einsparungen die Abschreibung der aufwendigen technischen Einrichtungen wie auch die Wartungskosten bei weitem überwiegen werden. Niemand glaubt, daß die Zeiten billiger Energie zurückkehren werden.

II. 10 Kühlung mit Sonnenwärme

Kühlen mit Wärme, wie soll das gehen? Die Erklärung ist ganz einfach: Kühlung ist nichts anderes als Wärmeentzug oder die Absenkung einer bestimmten Temperaturhöhe auf eine niedrigere Temperaturstufe.

Wie aber kann durch Wärme die Temperatur ermäßigt werden? An sich müßte doch das Umgekehrte geschehen, nämlich eine Temperaturerhöhung.

Die Erläuterung führt wieder zum Beispiel des Kühlschrankes. In Kapitel II. 3 wurde der Wärmeentzug im Kühlschrank, oder anders ausgedrückt, die Kälteerzeugung so erklärt: Im Kühlschrank wird der Luft im Geräteinneren Energie entzogen; die Luft wird abgekühlt, die Speisen und Getränke bleiben frisch. Damit der schon kühlen Innenluft des Kühlschrankes überhaupt Energie entzogen werden kann, d.h. um damit das Temperaturniveau dieser niederwertigen Energie noch weiter abzusenken, muß etwas hochwertige Energie aufgewendet werden, und die gesamte Wärme wird an der Rückseite des Kühlschrankes an die Raumluft abgegeben. Man verwendet als hochwertige Energie in aller Regel Elektrizität. Durch einen Elektromotor wird sie in Bewegungsenergie umgewandelt; sie treibt im Kühlschrank den Verdichter an.

In diesem Fall dient elektrische Energie zur Kühlung. Der beschriebene Vorgang heißt Verdichtungs- oder Kompressionsprinzip. Mit Strom wurde niederwertige Energie, d.h. Wärme, entzogen.

Ein anderer Vorgang, der auf chemischen Umwandlungen beruht und bei dem auch Wärme entzogen, d.h. gekühlt werden kann, heißt Absorptionsprinzip. Als hochwertige Energie benötigt man hierfür nicht Strom für Antriebszwecke, sondern Brennstoff für Heizzwecke. Hier wird mit Heizenergie ein chemischer Prozeß in Gang gesetzt, ähnlich wie beim Kompressionsprinzip mit elektrischer Energie ein Motor angetrieben wird.

In einem z.B. mit Gas beheizten sog. Absorber-Kühlschrank findet auch eine „Energieveredelung“ statt: Hochwertige Brennstoffenergie vermischt sich mit der niederwertigen, dem Kühlschrankinneren entzogenen Wärmeenergie, und beides wird an der Rückseite des Kühlschrankes an die Raumluft abgegeben.

Genau dieses Absorptionsprinzip, das zwar zu wesentlich aufwendigeren Anlagen als das Kompressionsprinzip führt, eignet sich für die Kühlung mit Sonnenwärme. Besonders günstig liegen die Verhältnisse in sonnenreichen Ländern, wo der Wunsch nach Kühlung und die Einstrahlung kostenloser Sonnenenergie zeitgleich zusammenfallen. Endlich, so denkt man, gibt es keine Probleme bei der Nutzung dieser unerschöpflichen Energiequelle. Doch auch hier wird einem nichts geschenkt, ist „etwas Wasser in den Wein zu gießen“.

Zur Kühlung braucht man hochwertige Energie. Wie schon gesagt: entweder Elektrizität oder Brennstoff. Die Temperaturen für den chemischen Prozeß beim Absorptionsprinzip liegen theoretisch bei mindestens 80°C, praktisch bei etwa 150 °C. Noch bessere Wirkungsgrade ergeben sich bei höheren Temperaturen. Nur hochwirksame Kollektoren bringen solche Ergebnisse. Beide Anlagenteile aber, die Absorptionskältemaschine und der hochwirksame Kollektor, sind teuer. Der Gesamtwirkungsgrad dieser solaren Kälteerzeuger liegt immerhin bei nahezu 30%. Auch die solare Kühlung bestätigt den zitierten Trend: Durch Kapital für ein Mehr an technischen Einrichtungen wird Energie, z.B. Brennstoff oder Elektrizität, ersetzt.

Welche Zukunftsaussichten hat die Kühlung mit Sonnenwärme?

Daß sie technisch machbar ist, wie sie funktioniert, das wurde erläutert. Zwei Anwendungsfälle bieten sich an: Die Kälteerzeugung zur Frischhaltung von Nahrungsmitteln und die Kälteerzeugung zur Kühlung von Gebäuden. Mitteleuropäer denken zuerst an den zweiten Fall, die Raumkühlung. Der erste Fall jedoch, die Frischhaltung von Nahrungsmitteln mit Hilfe der Sonnenenergie, wird anfänglich von größerer Bedeutung sein. Denn die lebensspendende Kraft der Sonne hat auch ihre Schattenseiten: In den Entwicklungsländern verderben heute noch rd. 50% der Nahrungsmittel, wie Fisch, Fleisch, Obst und Gemüse. Die Kühlungsmöglichkeiten in diesen Ländern sind unzulänglich. Nicht immer sind fehlende Kühlhäuser schuld an der Misere. Dort, wo es sie gibt, wo ein Stromanschluß hierfür besteht, fällt die Stromversorgung häufig aus. Die Waren verderben im Kühlhaus.

Die ersten Solarkühlhäuser gehen in den Ländern des Vorderen Orients in Betrieb. Diese Anlagen arbeiten ausnahmslos nach dem Absorptionsprinzip. Manche werden „stromunabhängig“ konzipiert. Strom zum Antrieb von Umwälzpumpen, für Regel- und Steuerreinrichtungen erzeugen sie vor Ort, ebenfalls aus Sonnenenergie. Unter den Einstrahlungsbedingungen der Tropen oder Subtropen kann täglich bis zu einer kWh Kühlenergie je m^2 Kollektorfläche gewonnen werden. Bei einer Lagertemperatur von 0 bis 3 °C und bei einem Warenumsatz von 300 kg pro Tag genügt ein 10 m^3 Frischhalteraum in Verbindung mit einer 30 m^2 großen Kollektorfläche.

Etwas abgewandelt und auf Pontons installiert, lassen sich derartige Anlagen auch in schwimmende Kühlhäuser verwandeln, die an wechselnden Orten eingesetzt werden könnten. Im Küstenbereich, wo Fisch vor dem Transport ins Inland gekühlt werden muß, wenn er nicht unterwegs verderben soll, steht außerdem billiges Kühlwasser jederzeit zur Verfügung. Es ist ja nicht damit getan, die Wärme zu entziehen, sie muß auch an die Umgebung abgeführt werden. Das „Energiegemisch“ aus nieder- und hochwertiger Energie läßt sich entweder über Luftkühlung oder über Kühlwasser fortleiten. Die Luftkühlung ist nur bei hohen Kollektortemperaturen möglich. Die Kollektoranlage ist dann teuer, die Abführung der Wärme über die Luftkühlung billiger. Am wirtschaftlichsten ist es jedoch, wenn für das Kühlwasser nicht Trinkwasser verwendet werden muß, sondern wenn es kostenlos zur Verfügung steht. Das Beispiel der schwimmenden Kühlhäuser an sonnenreichen Küsten ist ein Idealfall, der eines Tages zahlreiche Verwendung finden wird.

Im Gegensatz zur Frischhaltung von Nahrungsmitteln stellt die Raumkühlung nicht so hohe Anforderungen an die Kälteerzeugung. Sehr heiße Länder brauchen ganzjährige Kühlung. In südeuropäischen Ländern oder auch in weiten Teilen der USA wird Kühlung im Sommer und Heizung im Winter benötigt. Je mehr man sich den Polarkreisen nähert, auf der nördlichen Halbkugel also in Mittel- und Nordeuropa, entfällt die Kühlung im Sommer besonders dann, wenn der klimatische Einfluß der Meere ausschlaggebend ist, wenn im Gegensatz zum kontinentalen ein maritimes Klima vorherrscht. In diesen Zonen der Erde werden nur Großgebäude im Sommer gekühlt. Dies hat nicht nur mit der Sonneneinstrahlung zu tun, sondern mehr noch mit der im Gebäude anfallenden „freien Wärme“ durch Menschen, Maschinen, Beleuchtung der Innenzonen.

Auch für die Raumkühlung mit Sonnenenergie wird das Absorptions- dem Kompressionsprinzip vorgezogen. Absorber haben den Vorteil, über den erwähnten chemischen Prozeß Wärme direkt verwenden zu können. Die Weiterentwicklung einer seit Jahrzehnten bekannten, teilweise wieder durch das Kompressionsprinzip zurückgedrängten Technik konzentriert sich derzeit auf Lithiumbromid-Wasser-Kältemaschinen bzw. auf Ammoniak-Wasser-Kältemaschinen. Vor allem erstere benötigen niedrigere Prozeßtemperaturen. Im Prinzip aber erwiesen sich alle in der Kältetechnik bekannten Stoffpaarungen als nicht brauchbar.

Mit steigender Heißwasser-Einlaßtemperatur aus dem Kollektorkreislauf nimmt im Bereich von 80 bis 100°C die Kühlleistung stark zu. Das bedeutet erstens, daß auch für diese Anwendungsfälle nur hochwirksame und damit teure Kollektoren geeignet sind und zweitens, daß erst ab einer bestimmten Temperaturhöhe des im Kollektor erhitzten Wassers, z.B. ab einer relativ hohen Schwelltemperatur von 82°C, die Anlage zu arbeiten beginnt. Für die Kühlreserve in Nachtstunden werden solche Anlagen mit Kaltwassertanks, vergleichbar mit Kältespeichern, ausgerüstet.

Langfristig hat die Raumkühlung mit der Energie der Sonnenstrahlung vor allem dann gewisse Aussichten, wenn die Kollektoren im Sommer zur Kühlung und im Winter zur Heizung benutzt werden können. Bei Ländern mit kontinentalem Klima wie den USA mit sonnenreichem, heißen Sommer und sonnenreichem, kalten Winter ist dies der Fall. Die Anlagekosten für das gesamte System liegen nur etwa 10 bis 15% höher, wenn nicht nur im Sommer gekühlt, sondern auch im Winter mit der gleichen Anlage geheizt werden soll. Da sich aber bei dieser Betriebsweise die Benutzungsstunden um 30 bis 60% erhöhen, steigt die Gesamtwirtschaftlichkeit beträchtlich.

Zur Raumkühlung muß jedoch hinzugefügt werden, daß die wichtigste Maßnahme darin bestehen sollte, schon bei der Bauplanung auf eine Verminderung der Kühlleistung zu achten. Durch ein vernünftiges Verhältnis zwischen Fenster- und Außenwandflächen, durch die Wahl reflektierender Scheiben gegen Sonneneinstrahlung im Sommer, durch Steuerung des außen liegenden Sonnenschutzes der Fenster, durch Nachtlüftung in Verbindung mit dem Abfall der Außentemperatur während der Nachtzeit, durch Wärmeabstrahlung der Gebäudemassen an die niedrigere Temperatur des Himmelsgewölbes, durch Wahl geeigneter Baumassen zwecks vorübergehender Speicherung von Wärmeenergie, sind enorme Einsparungen an Kühlenergie zu erzielen.

Der seit vielen Jahren für die natürliche Klimatisierung von Gebäuden besonders engagierte Klimatechniker Raymond Ayoub meinte kürzlich hierzu: „Noch immer stellen wir fest, daß die ungünstigsten Bauweisen und raumklimatischen Bedingungen gerade in den Ländern anzutreffen sind, wo Wissenschaft, Technologie und die Forschung über Raumklima am fortgeschrittensten sind. Dieses Paradoxon ist darauf zurückzuführen, daß die Kreise der Bauherren und des Bausektors über die Erkenntnisse der Bauwissenschaft nicht richtig informiert sind bzw. nicht die gleiche Sprache sprechen, oft auch nicht die gleichen Interessen haben."

Da hier von Sonnenenergie die Rede ist, könnte auch die Empfehlung ausgesprochen werden: Das Haus darf nicht zum Kollektor im falsch verstandenen Sinne werden. So wie für den Heizbetrieb im Winter durch Wärmedämmung der Gebäudeteile der Heizenergiebedarf von vornherein und für alle Zeiten gesenkt werden kann, so sollte durch vernünftige Architektur und richtige Bauplanung auch der Kühlenergiebedarf ein für allemal vermindert werden.

Für die Bundesrepublik Deutschland hat die Raumkühlung mit Sonnenenergie wenig Aussichten. Der tiefere Grund ist darin zu suchen, daß die Notwendigkeit für die Raumkühlung wegen des milden Klimas an sich nur in Sonderfällen, vor allem in gewerblichen Anlagen gegeben ist. Außenlufttemperaturen von über 30 °C gibt es im Normaljahr an höchstens 6 Tagen und nur für etwa 3 Stunden am Tag, dazu noch mit geringer relativer Luftfeuchte. Die mittlere Monatstemperatur liegt im Juli, im wärmsten Monat des Jahres, bei höchstens 20 °C.

Für kleinere Gebäude, insbesondere Einfamilienhäuser, soll noch eine praktische Erfahrung erwähnt werden, nämlich die Beschattung von Süd- oder Südwest-Fassaden bzw. -fenstern durch Laubbäume. Bei einem Solarhaus ist natürlich darauf zu achten, daß die Kollektorflächen nicht beschattet werden, während darunterliegende Bauteile durchaus beschattet sein sollten. Das optimale Sommerklima stellt sich unter Laubbäumen mit Grasboden ein, da neben der Beschattung auch eine angenehme Querlüftung wirksam wird. Laubbäume haben weiterhin den Vorteil, daß sie die Winter- und Frühjahrssonne auf die im Sommer beschatteten Fassaden- oder Fensterflächen freigeben. Auch bei Flachdächern führt der Schattenwurf von Laubbäumen zu einer hervorragenden Verbesserung des Sommerklimas.

Die peinliche Ordnung mancher Hausgärten wird durch fallendes Herbstlaub derart gestört, daß allein deshalb schöne Laubbäume fallen müssen und dafür ein weniger angenehmes Sommerklima in Kauf genommen wird. Vielleicht ist noch zu wenig bekannt, wieweit das Kleinklima durch den unmittelbaren Pflanzenwuchs beeinflußt wird und wie sehr die natürliche Kühlung einer künstlichen Kälteerzeugung vorzuziehen ist.

II. 11 Wärmepumpen, sanfte Revolution der Heiztechnik

Im November 1975 veröffentlichte die angesehene amerikanische Fachzeitschrift Electrical World eine Analyse der Käufer von Wärmepumpen. Die Stichprobe war auf Kunden begrenzt, die innerhalb des vergangenen Jahres eine Wärmepumpe gekauft hatten. Durch die Studie hoffte man, den potentiellen Käufertyp einer Wärmepumpe charakterisieren zu können.

Ergebnis dieser Studie war, daß der Käufer einer Wärmepumpe meistens eine bessere Ausbildung und ein höheres Einkommen hat, in seinem Beruf als Spezialist oder Manager tätig ist. Kein ausschlaggebender Faktor ist offensichtlich das Alter. Der Wärmepumpenkäufer ist kritisch und hat klare Vorstellungen über den Wert des Geldes. Die technischen Einzelheiten sind dem Käufer ziemlich unbekannt. Sind aber die Erwartungen des Käufers zu übersteigert, dann kann es passieren, daß er vom Wärmepumpensystem etwas enttäuscht wird. Informationen und entscheidende Hinweise für die Anschaffung der Wärmepumpe erhielten rd. 15% der Befragten vom Architekten bzw. der Baugesellschaft, 35% von ihrem Stromversorgungsunternehmen und 40% von Freunden, die zumeist schon eine Wärmepumpe besaßen.

In den USA ist die Wärmepumpe seit Jahrzehnten im Gespräch, in einigen zigtausend Anlagen vorhanden. Für ein kontinentales Klima mit kalten Wintern und heißen oder feuchtwarmen Sommern ist sie als Heizgerät im Winter und als Kühlgerät im Sommer verwendbar. Durch Umschalten ihres Kreislaufes hebt die Wärmepumpe das niedrige Temperaturniveau der Winterluft soweit an, daß Heizwärme gewonnen und in das Haus transportiert wird; im Sommer dient sie zur Raumkühlung, indem sie Wärme aus dem Haus ins Freie befördert.

Man sollte meinen, daß Wärmepumpen aus diesem Grund in den USA längst einen Siegeszug angetreten hätten. Dem ist nicht so. In diesem Land des Überflusses und der billigen Energie war es günstiger, im Winter mit elektrischer Direktheizung oder mit Erdgas zu heizen und im Sommer – getrennt zur Heizanlage – Klimageräte für Kühlzwecke zu installieren. Die Anschaffungskosten für die getrennte Heiz- und Kälteversorgung waren geringer, die Energiekosten spielten keine entscheidende Rolle.

Erst seit der Ölkrise kommt die Wärmepumpe in den USA stärker in den Vordergrund. Die dort gesammelten Erfahrungen bei der Verbesserung der Wärmepumpentechnik lassen sich aber nicht auf mittel- oder nordeuropäische Verhältnisse übertragen. Unser maritimes Klima erfordert keine Wohnraumkühlung im Sommer. Wir benötigen eine Heizwärmepumpe, eigens für unser Klima gezüchtet und optimiert. In der Bundesrepublik bemühen sich seit wenigen Jahren einige Elektrizitätswerke und Industrieunternehmen der Kältetechnik, des Maschinenbaus und der Elektrotechnik darum, die „Europäische Wärmepumpe“ zu entwickeln und zur Serienreife zu bringen.

Doch die sanfte Revolution der Heiztechnik hat schon vor einigen Jahren begonnen. Von der Öffentlichkeit unbemerkt, zumindest in ihrem bestehenden Ausmaß nicht erkannt, fand die Wärmepumpe Eingang in die Heiztechnik. In dieser Branche gibt es kein Gerät, das vielseitiger verwendbar wäre. Die Einsatzmöglichkeiten der Wärmepumpe sind derart hoch, daß es schwierig ist, auf wenigen Seiten einen umfassenden Überblick zu geben.

Solche Geräte oder Anlagen werden in aller Regel durch einen Elektromotor angetrieben. Schon seit einigen Jahren werden Wärmepumpen in großen Gebäudekomplexen, wie Warenhäusern oder Verwaltungshochbauten vor allem zur Wärmerückgewinnung eingesetzt oder auch zur Wärmeerzeugung aus Wärmequellen der Umgebung. Wärmepumpen machen Abwärme nutzbar aus warmen Abwässern, von Betrieben der Schwerindustrie und der verarbeitenden Industrie, von Laboratorien, in Zukunft auch von Hotels und von manchen Mehrfamilienhäusern. Wärmepumpen entziehen den Flüssen, dem Grundwasser, dem Erdreich Energie für die Raumheizung. Wärmepumpen arbeiten in Solaranlagen, um deren Nutzungsmöglichkeiten zu erweitern. Wärmepumpen können mit Brennstoffheizungen kombiniert werden, um Öl zu sparen. Wärmepumpen können aus kalter Winterluft Heizwärme erzeugen.

Mancher interessiert sich dafür, wie dieses „Heizungswunder" funktioniert. Im Anhang sind unter VI. 1 einige Erläuterungen in allgemeinverständlicher Form hierzu gegeben. Auch sei daran erinnert, daß in Kapitel II. 3 „Solarkollektor und Wärmepumpe, zwei ungleiche Geschwister" schon einiges über die Erfolgschancen der Wärmepumpe gesagt wurde. Kapitel II. 5 „Vorschläge für Mutige" enthielt praktische Hinweise. Auch das RWE-Merkblatt für die bivalente Wärmepumpenheizung, im Anhang unter VI. 3 wiedergegeben, wurde schon zitiert.

Das waren Wärmepumpen-Schwerpunkte im bisherigen Text. Im übrigen zieht sich das Thema „Wärmepumpe" auch durch die Beschreibungen der Solarhäuser, der sonnenbeheizten Schwimmbäder, der Kühlung mit Sonnenenergie.

Wer sich „hautnah" mit der Anwendung der Wärmepumpe auseinandersetzen möchte, der müßte manche der auf praktischen Erfahrungen beruhenden Hinweise in den nachfolgenden Kapiteln beachten. Die Bereitschaft, das Interesse, ja in manchen Fällen die Begeisterung zur Nutzung der Sonnenenergie gibt der Wärmepumpe großen Auftrieb. Ob es sich um den Energieinhalt des Erdreiches oder des Grundwassers oder des Laufwassers oder der Außenluft handelt, immer ist es die Energie der Sonne, die in diesen kostenlosen Energiespeichern unserer Umgebung zur Verfügung steht. Je nach Wärmequelle, je nach dem Medium Erde, stehendes oder fließendes Wasser oder Luft, sind unterschiedliche Gesichtspunkte für die Anwendung der Wärmepumpe ausschlaggebend. Deshalb wurde in den nachfolgenden vier Kapiteln jeweils nach diesen Wärmequellen unterschieden.

Es ist nicht übertrieben, von einer Revolution der Heiztechnik durch die Wärmepumpe zu sprechen. Doch es wird keine Revolution mit gewaltsamen Veränderungen sein: wir haben eine „sanfte Revolution" zu erwarten. Wo immer sinnvoll, wird die Wärmepumpe zur Anwendung kommen. Zunächst als Sonderfall. Diese Periode ist schon Vergangenheit. Dann auf breiter Front in vielen sehr unterschiedlichen Einzelfällen. Diese Periode ist Gegenwart. Danach in großen Stückzahlen, im gesamten Heizungsmarkt. Diese Periode ist nahe Zukunft.

Bild 38 zeigt auf überzeugende Weise die zwei wesentlichen Schritte zu einer bedeutenden Verringerung des Heizenergiebedarfs von Wohnhäusern. In den 50er und 60er Jahren baute man Häuser mit einem Wärmebedarf, wie der im oberen Bildteil dargestellte. Die zugeführte Heizenergie (im Bild mit E_{zu} bezeichnet) geht, wie alle Energie, letztlich als Niedertemperaturwärme an die Umgebung (im Bild mit E_v bezeichnet), entweder durch Wärmeleitungsverluste über Wände, Decken, Böden, Fenster oder durch Lüftungsverluste über Ritzen, Fugen, Öffnungen von Fenstern und Türen.

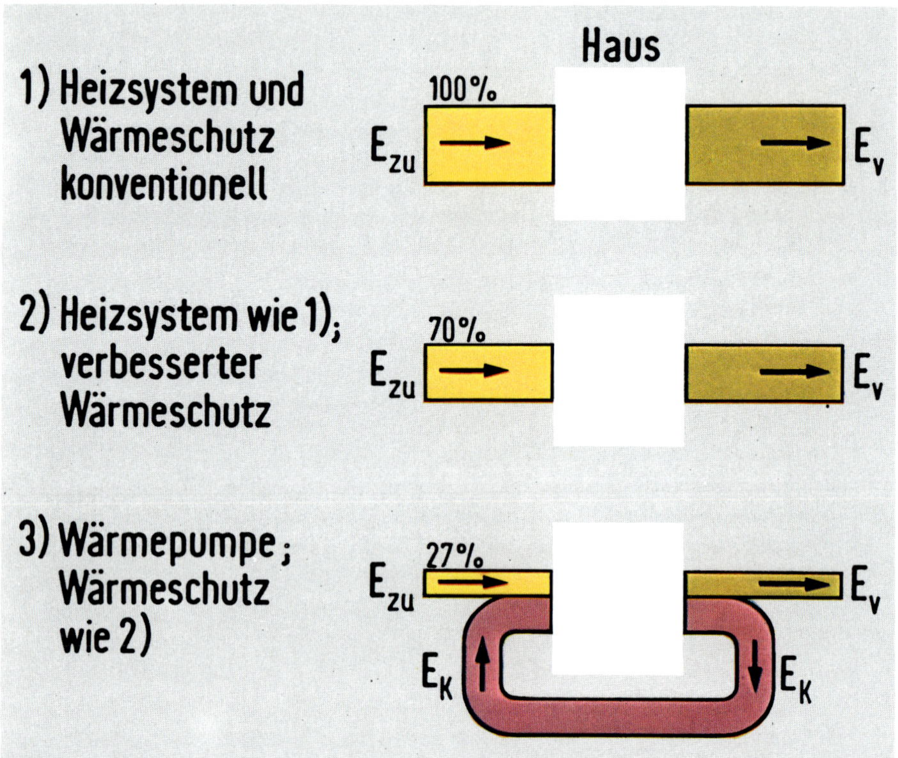

Bild 38: Vergleich der Energieflußbilder für die Raumheizung eines Hauses bei verschiedenen Bauweisen und Heizsystemen

Der mittlere Teil des Bildes 38 zeigt den Fall der 70er Jahre, wo die Wärmedämmung von Häusern mehr und mehr verbessert wurde, wo 1977 durch das Energieeinsparungsgesetz der Bundesregierung ein verbesserter Wärmeschutz sogar zur Grundlage der Baugenehmigungen gemacht wurde.

Im Durchschnitt werden nur noch 70% der früher benötigten Heizenergiemenge bei gleichem Heizsystem benötigt. Wer die Wärmeverluste seines Hauses durch entsprechende Wärmedämmung von vornherein oder bei Altbauten auch durch nachträgliche Maßnahmen verringert, der spart Jahr für Jahr einen beträchtlichen Teil an Heizenergie.

Der untere Teil des Bildes 38 veranschaulicht den wahrscheinlich typischen Fall der 80er Jahre. Das gleiche Haus mit verbessertem Wärmeschutz und einer Wärmepumpe ausgestattet, benötigt nur noch 27% der Heizenergiemenge des Wohnhauses der 50er oder 60er Jahre. Die Wärmepumpe holt sich in diesem Beispiel rd. 60% der Heizenergie aus der Umgebung. Nur noch 40% der im mittleren Beispiel erforderlichen Heizenergiemenge sind einzukaufen.

Diese Darstellung in Bild 38 zeigt, „wohin die Reise geht", wenn die Brennstoffpreise weiter ansteigen. Sie beantwortet auch die Frage, ob es in unserer Umgebung nicht immer kälter würde, wenn einst Hunderttausende oder Millionen von Wärmepumpen in Betrieb sein werden und dem Erdreich, dem Grundwasser, dem Flußwasser, vor allem der Umgebungsluft Wärme entzögen. Die in der Umgebung enthaltene, kostenlose, bislang als wertlos erachtete Wärme mit niedriger Temperatur, durch die Wärmepumpe mit wenig hochwertiger Energie für Heizzwecke nutzbar gemacht, wird in der Umgebung immer wieder ergänzt, und zwar

über die Energiezufuhr durch die Sonneneinstrahlung,

aufgrund der Tatsache, daß nach allen Energieumwandlungen vom Rohöl bis zum Kraftfahrzeug, von der Steinkohle bis zum Elektromotor oder vom Kernbrennstoff bis zur Leuchtstofflampe alle Energie letztlich in Wärme umgewandelt und an die Umgebung abgeführt wird,

dadurch, daß alle zugeführte Heizenergie – wie in Bild 38 auch gezeigt – wieder an die Umgebung abgegeben wird. Durch Wärmepumpen wird die Umgebung im Beispiel mit 27% gegenüber Fall 1), also auch zusätzlich aufgeheizt, aber weniger als bei konventionellen Systemen, die trotz Wärmedämmung noch 70% der Energiemenge gegenüber Fall 1) in die Umgebung leiten.

Weniger Heizenergie als bisher, weniger Schadstoffbelastung der Umwelt, weniger Wärmebelastung der Atmosphäre, weniger Primärenergie und dafür indirekte Nutzung der Sonnenenergie, das sind die Gründe dafür, daß Wärmepumpen in Großobjekten schon seit einigen Jahren und in zunehmendem Maße zur Anwendung kommen. Viele Beispiele bekannter Gebäude der Bundesrepublik könnten zitiert werden. Das neue Verwaltungsgebäude und Kundenzentrum der Sparkasse Essen, in Bild 39 gezeigt, soll als ein typisches Beispiel für viele stehen.

Für die Geschäftsleitung einer Sparkasse gehört der Umgang mit Geld „zum täglichen Brot". Nach eingehenden Wirtschaftlichkeitsvergleichen entschied man sich für Wärmerückgewinnungs- und Wärmepumpensysteme, nicht nur um fortschrittlich zu sein, sondern weil schon heute solche Systeme besonders wirtschaftlich sind. In der Sparkasse Essen sind viele sinnvolle Maßnahmen der Energieanwendung in einem Gebäude vereint. Eine mehr und mehr übliche und eine noch heute unübliche Maßnahme seien hier beschrieben.

Bild 39: Verwaltungsgebäude und Kundenzentrum der Stadtsparkasse Essen; ein Beispiel für viele Großgebäude, die mit Wärmepumpen und Wärmerückgewinnungsanlagen ausgestattet sind

Um mit der unüblichen Maßnahme gleich anzufangen:
Große Gebäude dieser Art müssen Feuerlöscheinrichtungen haben. Bei Ausbruch eines Brandes werden über ein im ganzen Haus installiertes Löschsystem große Wassermengen durch Deckenauslässe versprüht. Das Löschwasser muß im Gebäude in einem riesigen Behälter stets vorgehalten werden. In der Sparkasse Essen besteht dieser Behälter aus einem im obersten Geschoß eingerichteten Hallenbad für die Belegschaft. Die Heizwärme für das schön gelegene Bad wird durch Wärmerückgewinnungsanlagen erzeugt. Sollte es brennen, wird ohnehin keiner mehr schwimmen wollen.

Die mehr und mehr übliche Maßnahme besteht darin, daß die Wärmegewinne der sonnenbeschienenen Seite des Gebäudes zur Deckung der Wärmeverluste der Schattenseite des Gebäudes dienen. Ist das nicht selbstverständlich? Man sollte es nicht glauben, aber tatsächlich wurden bis vor kurzem die Heiz- und Klimaanlagen eines Großgebäudes getrennt ausgelegt, installiert und betrieben.

Denn bei jedem Gebäude liegen einige Fassaden auf der Sonnenseite, die anderen auf der Schattenseite. Deshalb gibt es an vielen Tagen des Jahres in den Räumen der Sonnenseite einen Kühlbedarf, in den anderen Räumen Heizbedarf. Innen liegende, fensterlose Räume haben wegen ihrer hohen Wärmezufuhr durch Beleuchtung, Maschinen und Menschen oftmals nur an wenigen Tagen des ganzen Jahres Heizbedarf, sonst immer nur Kühlbedarf. Also hat man den Räumen mit Kühlbedarf durch eine Klimaanlage Wärme entzogen. Klimaanlagen werden zumeist mit elektrischer Energie, in Sonderfällen auch mit Brennstoff betrieben (siehe Kapitel II. 10). Diese aufgewandte Energie muß zusammen mit der aus dem Gebäude abgeführten Wärme „vernichtet", d.h. an die Umgebung abgeführt werden. Das geschieht durch einen Kühlturm, meist auf dem Dach des Gebäudes angeordnet. Auf diese Weise wurde man die überschüssige Wärme los. Diejenigen Räume, die zur gleichen Zeit auf der Schattenseite des Gebäudes Heizwärme benötigten, erhielten diese aus einer Heizzentrale, früher mit Kohle, später mit Öl, Fernwärme oder Erdgas versorgt.

Im gleichen Gebäude, zur gleichen Zeit entzog man Wärme mit Hilfe von Energie, um Kälte zu erzeugen, und man führte – getrennt hiervon – Wärme mit Hilfe anderer Energie zu, um sie in Heizwärme umzuwandeln. Mit Wärmepumpen, zentral oder dezentral im Gebäude installiert, lassen sich nun „zwei Fliegen mit einer Klappe schlagen": Das Wärmepumpensystem entzieht den zu kühlenden Räumen Wärme und bietet sie den zu heizenden Räumen an. Nur wenn z.B. im Hochsommer dem gesamten Gebäude mehr Wärme entzogen als zugeführt werden muß, wird die Überschußwärme – wie beschrieben – über einen Kühlturm an die Umgebung abgeführt. Wenn im Gebäude dagegen mehr Wärme benötigt wird, als aus dem Gebäude selbst zugeführt werden kann, z.B. im strengen Winter, nur dann liefert die Heizzentrale zusätzliche Wärmeenergie. Die möglichen Einsparungen sind gewaltig. Sie liegen je nach Gebäudetyp und je nach seiner Nutzung zwischen 40 und 70% jährlich!

Es gibt gar keinen Zweifel daran, daß solche Wärmepumpen und Wärmetauschersysteme, die von der warmen zur kalten Seite ein- und desselben Gebäudes Wärme transportieren können, in Zukunft allgemein üblich werden. Sie verwandeln nicht nur die im Gebäude durch Beleuchtung, Maschinen und Menschen entstehende Abwärme in Heizwärme, vor allem nutzen sie die Sonneneinstrahlung, die auf große Fassadenflächen solcher Gebäude fällt und die bisher den lästigen Nebeneffekt hatte, daß die im Gebäude hierdurch entstehende Wärme durch Klimaanlagen teilweise direkt wieder in die Umgebung befördert werden mußte.

Die Wärmepumpen solcher Systeme nutzen also Sonnenenergie für den komplizierten Wärmekreislauf des Gebäudes.

Im Wohnhaus, so könnte eine Frage hiernach lauten, sind solche Anlagen unwirtschaftlich. Das hierfür notwendige Wärmeverteilungssystem über Luftkanäle sowie Kalt- und Warmwasserleitungen sind zu aufwendig. Für das Wohnhaus stellt sich mehr und mehr die Frage, ob die Wärmepumpe allein oder in Verbindung mit einer Brennstoffheizung die bessere Lösung sei. In den Kapiteln II. 15 und II. 16 wird hierzu vieles im Detail erläutert. Hier soll nur der Unterschied zwischen verschiedenen Betriebsweisen erwähnt werden. In Bild 40 sind solche Konzeptionen dargestellt.

Sortiert man alle Heiztage eines Jahres nach ihrem Heizwärmebedarf und beginnt man eine graphische Darstellung dieser sortierten Tage mit den kältesten Tagen, fügt nacheinander die weniger kalten Tage an, bis hin zu dem Tag mit dem Heizungsbedarf Null, so ergibt sich für den Normalwinter der in Bild 40 gezeigte typische Kurvenverlauf. Jede Heizung aber muß auf den kältesten Tag, auf den Spitzenwärmebedarf (links oben im Bild mit 1 bezeichnet) ausgelegt sein. Geht man auf die Hälfte des Wärmebedarfs zurück (im Bild mit 0,5

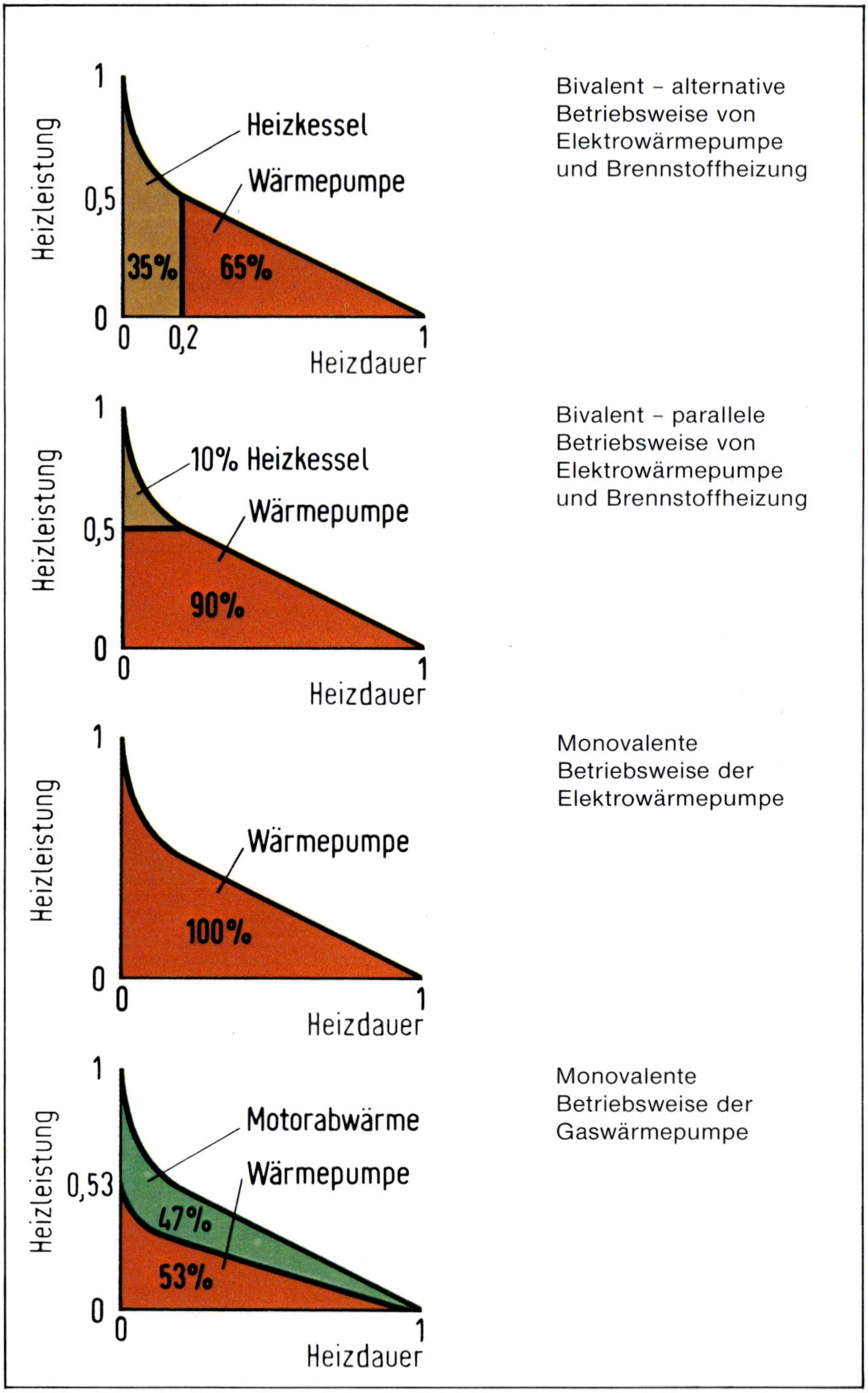

Bild 40: Wärmepumpen-Konzeptionen: Anteile der Heizleistung während der Heizdauer

bezeichnet) so zeigt sich nach der oberen Darstellung dieses Bildes, daß nur an 20% aller Heiztage mehr als die Hälfte des Spitzenwärmebedarfs benötigt wird. Oder anders ausgedrückt: An 80% aller Heiztage des deutschen Winters genügte eine Heizanlage mit der halben Heizleistung.

Deshalb bieten sich aus wirtschaftlichen Gründen folgende Einsatzmöglichkeiten für Wärmepumpen in Wohnhäusern an:

1) Die Wärmepumpe wird mit der Brennstoffheizung, z.B. der Ölheizung, kombiniert und immer an den Tagen automatisch abgeschaltet, an denen mehr als die halbe Heizleistung benötigt wird. Die Wärmepumpe ist deshalb an 80% aller Heiztage in Betrieb und liefert rd. 65% der Jahresheizenergie. Diese Kombination zweier Heizanlagen im wechselseitigen Betrieb nennt man „bivalent alternativ". Vom Verfasser wird diese Lösung, zumindest für bestehende Anlagen, als die bestmögliche angesehen.

2) Die Wärmepumpe wird mit der Brennstoffheizung, z.B. der Ölheizung, kombiniert, auch wieder nur für die halbe Heizleistung des kältesten Tages ausgelegt, aber nicht abgeschaltet, wenn mehr als die halbe Heizleistung benötigt wird. An diesen 20% aller Tage bleibt die Wärmepumpe somit noch in Betrieb, während die Ölheizung den Rest des Wärmebedarfs übernimmt. Diese Kombination zweier Anlagen mit gleichzeitigem Betrieb nennt man „bivalent parallel". Diese Lösung hat verschiedene betriebliche Schwierigkeiten, weil die Leistungszahl der Wärmepumpe mit sinkender Außentemperatur abnimmt. Dies ist auch aus der zweiten Darstellung in Bild 40 nicht zu erkennen, aber berücksichtigt worden. Jedoch würde die Wärmepumpe dann rd. 90% der Jahresheizenergie liefern.

3) Die elektrisch angetriebene Wärmepumpe wird ohne Brennstoffheizung betrieben; sie liefert 100% der Jahresheizenergie. Diesen Betrieb nennt man „monovalent". Die verschiedenen Nachteile oder Hemmnisse für diese von manchen sicher besonders gewünschte Betriebsweise sind in Kapitel II. 15 behandelt.

4) Die Wärmepumpe wird nicht durch einen Elektromotor, sondern durch einen Gasmotor angetrieben. Sie braucht dann, selbst bei monovalenter Betriebsweise, nur auf etwa die halbe Heizleistung ausgelegt zu werden, weil der Rest des Wärmebedarfs, wie in der unteren Darstellung des Bildes 40 gezeigt, durch Motorabwärme gedeckt wird.

Die letztgenannte Betriebsweise ist energetisch besonders günstig, befindet sich aber noch in der Entwicklung. Besonders für kleinere Objekte z.B. Wohnhäuser, sind noch viele betriebliche Probleme zu lösen. Außer dem Gasmotor käme hierfür theoretisch der Dieselmotor in Frage. Er unterliegt allerdings noch dem steuerlichen Nachteil, weil leichtes Heizöl im Dieselmotor auch dann versteuert werden muß, wenn der Antrieb im Hause steht, also kein Straßenfahrzeug bewegt. Bei Fachleuten entsteht der Eindruck, als ob gegenwärtig übertriebene Hoffnungen für Wärmepumpen geweckt werden, die mit einem Gas- oder Dieselmotor angetrieben werden. Man schätzt die Zahl der elektrisch angetriebenen Wärmepumpen auf derzeit 5000. Dagegen gibt es derzeit 4 gasbetriebene Wärmepumpen im Probebetrieb (Stand Juli 1977).

Eine sehr eingehende Untersuchung über die Beurteilungskriterien für Wärmepumpen zur Hausheizung hat die Fördergesellschaft Technischer Ausbau (FTA) 1977 herausgegeben. Einige Ergebnisse hieraus sind in Anlage V. 6 wiedergegeben.

Abschließend ist zur allgemeinen Übersicht noch ein wichtiger Hinweis zu geben: Alle Wärmepumpensysteme, erst recht Heizsysteme mit Solarkollektoren, können nach dem heutigen Stand der Technik nur eine niedrige Vorlauftemperatur des Heizwasserkreislaufs – das ist die Heizwassertemperatur vor Eintritt in die Heizkörper – gewährleisten. Übliche Warmwasser-Zentralheizungen arbeiten aber in der Regel mit Vorlauftemperaturen von max. 70 bis 80° C, in Extremfällen bis zu 90° C. Die Wärmepumpe schafft, bei sinnvoller Auslegung, nur 55° C. Das reicht für alle Heiztage mit halbem Höchstwärmebedarf gut aus, stellt also bei bivalenter Heizung auch in vorhandenen Zentralheizungen überhaupt keine Probleme. Auch bei monovalentem Betrieb reicht diese Vorlauftemperatur dann aus, wenn die Wärmeverteilung großflächig, z.B. durch eine Warmwasser-Fußbodenheizung erfolgt.

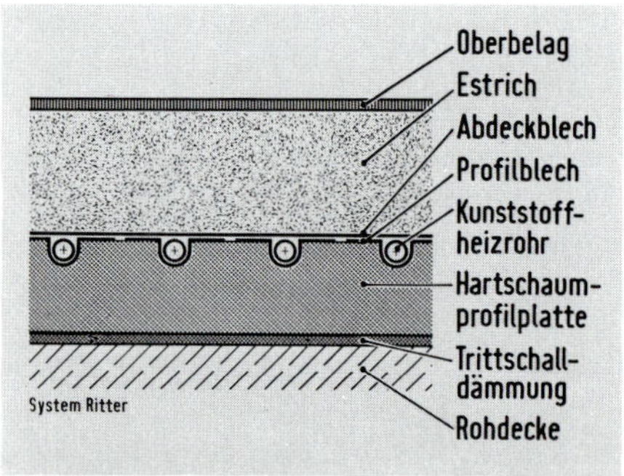

Bild 41: Schnitt durch eine Warmwasser-Fußbodenheizung

Bild 42: Verlegebeispiel einer Warmwasser-Fußbodenheizung bewährter Konstruktion

Bild 41 zeigt den Aufbau und Bild 42 das Beispiel eines typischen und bewährten Systems dieser Fußbodenheizungsart. Sie hat auch hygienische Vorteile. Gleiches gilt auch für entsprechend großdimensionierte Heizkörper. Diese haben jedoch den Nachteil, daß etwa doppelt soviel Wand- oder Brüstungsfläche gegenüber bisheriger Auslegung benötigt wird. Allerdings war die Wärmedämmung früherer Häuser nicht so fortgeschritten. Bei gut wärmegedämmten Neubauten käme man mit weniger Heizleistung, also auch mit weniger Heizkörperfläche aus, so daß sich bei niedrigerer Vorlauftemperatur wieder etwa der alte Zustand, was die Heizkörperfläche anbelangt, ergäbe. Die geringere Heizkörperfläche wegen niedrigerem Wärmebedarf und die größere Heizkörperfläche wegen niedrigerer Vorlauftemperatur heben sich gegenseitig bei sehr guter Wärmedämmung des Hauses nahezu auf.

Seit 1976 ist zu beobachten, daß sich das gesamte Gewerbe der Sanitär- und Heizungsinstallateure, auch die Planungs- und Herstellerfirmen von Heizungsanlagen in zunehmendem Maß für die Wärmepumpe interessieren und Vorbereitungen für ihre Beteiligung an der Fertigung, dem Vertrieb und der Installation solcher Heizsysteme treffen. Dies ist vielleicht das sicherste Zeichen dafür, daß die sanfte Revolution der Heiztechnik schon begonnen hat.

II. 12 Erdreich-Wärmepumpen, ein Sonderfall mit Zukunft

In der Nähe von Rendsburg, im äußersten Norden der Bundesrepublik, wird ein Sportzentrum mit einer beheizten Fläche von 2000 m^2 ausschließlich durch eine Erdreich-Wärmepumpe beheizt. Unter dem Sportplatz, dessen Untergrund aus bodentechnischen Gründen ohnehin abgehoben werden mußte, sind auf einer Fläche von 6600 m^2 Wärmetauscherrohre verlegt worden. Wirtschaftlichkeitsvergleiche erbrachten für dieses Heizsystem die günstigsten Ergebnisse. Ein Sonderfall?

In Nordrhein-Westfalen ist in Wiehl bei Köln unter den Liegewiesen und Parkplätzen der Vierbecken-Freischwimmbadanlage eine Fläche von insgesamt 6000 m^2 mit solchen Wärmetauschern ausgestattet. Erstmals im Winter 1976/77 übernahm eine Erdreich-Wärmepumpe an besonders kalten Wintertagen die Heizwärmelieferung für die auf dem Gelände errichtete Mehrzweckhalle, deren Solarkollektoren an kalten Tagen nicht genügend Heizwärme herbeischaffen. Die Kombination mit der Erdreich-Wärmepumpe bot sich auch hier aus wirtschaftlichen Gründen an, weil die Fläche unter den Liegewiesen und Parkplätzen in jedem Fall angelegt werden mußten. Ein Sonderfall?

In Biberach, im Süden der Bundesrepublik, wird ein Erdreichspeicher nach dem gleichen Prinzip als Spitzenwärmelieferant bei einem mit 20 m^2 Dachkollektorfläche ausgestatteten Einfamilienhaus seit 1976 betrieben. Doch ist man hier noch einen Schritt weitergegangen: Überschußwärme der Kollektoren wird im Sommer in das Erdreich „abgeschoben", um sie im Winter über die Erdreich-Wärmepumpe wieder herauszuholen. Ein Sonderfall?

Die Zahl der Ein- oder Zweifamilienhäuser, die schon seit einigen Jahren mit Erdreich-Wärmepumpen ausgestattet wurden und die allein mit diesem Heizsystem jahraus jahrein heizen, also keine zusätzliche Heizenergie benötigen, wird für die Bundesrepublik Deutschland auf wenige Hundert geschätzt. Sonderfälle?

Die Erdreich-Wärmepumpe stößt noch heute – bei oberflächlicher Betrachtung – zunächst auf ablehnende, zumindest aber vorsichtige Einstellung. Die üblichen Vorurteile sind, daß gewaltige Erdbewegungen erforderlich seien und daß der Boden im Garten einfriere. Die erste Behauptung ist abhängig von vielen anderen Faktoren, so daß es manche Fälle gegeben hat und geben wird, bei denen einschließlich aller Nebenkosten die Installation einer solchen Wärmepumpe besonders zu empfehlen ist. Die zweite Behauptung stimmt nicht, zumindest nicht in der Weise, wie man sich einen Erdreich-Eispanzer vorgestellt hätte. In Wirklichkeit wird die Anwendung dieses Heizsystems, das in noch größerem Umfang Sonnenenergie nutzbar macht als z.B. Solarkollektoren, durch das Verhältnis von beheizten Flächen zu Erdreich-Kollektorflächen begrenzt.

Der Erdboden übernimmt hierbei nämlich die Funktion eines Kollektors, auch wenn darauf weiterhin der Zierrasen wächst. Dem darunter liegenden Erdreich fällt die Rolle eines kostenlosen Langzeit-Wärmespeichers zu. Dieses im wahrsten Sinne des Wortes „natürliche“ System ist in der Lage, tageszeitliche und bis zu bestimmten Grenzen sogar jahreszeitliche Schwankungen der Sonneneinstrahlung auszugleichen. Die Begrenzung für eine breite Anwendung liegt einfach darin, daß wegen der geringen Temperaturunterschiede die Erdreich-Kollektorfläche etwa 2,5 bis 3 mal so groß sein muß wie die im Gebäude zu beheizende Fläche. Wer 180 m^2 beheizen möchte, muß rd. 500 m^2 Wärmetauscherfläche auf seinem Grundstück in etwa 1,40 m Tiefe bereitstellen. Bei dichter und hoher Bebauung reicht also die Erdreichfläche nicht, ganz abgesehen von den in solchen Fällen auftretenden Kosten, vor allem bei nachträglicher Installation dieses Systems.

Der Löwenanteil der zukünftigen Heizungsinstallationen wird jedoch nicht auf den Neubau, sondern auf die Umstellung bestehender Bauten entfallen. Erdreich-Wärmepumpen aber scheiden aus Kostengründen für bestehende Gebäude aus. Bei Neubauten wiederum gibt es nicht nur Hanglagen oder Grundstücke, bei denen viel Erdreich hin und her geschoben werden muß, sondern auch solche Grundstücke, bei denen außerhalb der Baugrube das Erdreich unberührt bleibt oder deren Untergrund felsiger Natur ist. Die beiden letzteren Fälle eignen sich aus Kostengründen ebenfalls nicht für Erdreich-Wärmepumpen. Deshalb muß die Frage nach dem Sonderfall, so zweckmäßig und „natürlich“ diese Lösung auch sein mag, doch mit einem Ja beantwortet werden. Allerdings wird dieses System keine Eintagsfliege sein, sondern ein Sonderfall mit Zukunft.

In zweifacher Hinsicht „mit Zukunft“. Erstens werden die schon klassisch zu nennenden Fälle – wo immer sich die Gelegenheit bietet – auch in Zukunft bei ähnlichen Objekten besonders wirtschaftlich sein. Zweitens ist vorstellbar, daß die Ausbildung des Erdreich-Wärmetauschers zum Langzeitspeicher für überschüssige Sommer-Sonnenenergie technisch wie auch wirtschaftlich weiter entwickelt wird. Damit würde dieses System zusätzlichen Auftrieb erhalten.

Mit geothermischer Energienutzung hat die Erdreich-Wärmepumpe übrigens nichts zu tun. Die Wärmegewinne durch Energieströmung vom Erdinneren sind ohne praktische Bedeutung. Der gleichmäßige jährliche Temperaturverlauf im Erdboden ist zwar auf die darunter liegende Temperaturhaltung tieferer Gesteinsschichten zurückzuführen, doch entfällt bei Energieentzug aus dem Erdboden der mengenmäßig überwiegende Teil auf indirekte Nutzung der Sonnenenergie. Geophysiker haben nachgewiesen, daß die Wärmestromdichte aus dem Erdinnern bei 0,05 Watt je m^2 liegt. Hier müssen schon die in der Landwirtschaft üblichen Flächen herhalten – denn das heißt nichts anderes, als daß einer Fläche von 2 Hektar nur 1 kW Wärmeleistung geothermischer Energie entstammt. Der bei einer Erdreich-Wärmepumpe gemessene Wärmeentzug liegt dagegen bei 20 bis 30 Watt je m^2, also 400 bis 600 mal höher. Diese Energie wird von der Sonne geliefert, resultiert aus dem komplizierten Gleichgewicht zwischen Sonneneinstrahlung auf die Erdoberfläche und Wärmeenergieabstrahlung von der Erdoberfläche an den Weltraum (siehe auch Kapitel I. 3).

Nun gibt es manche praktischen Hinweise für die Bemessung, den Einbau und den Betrieb von Erdreichwärmepumpen. Sie werden hier für diejenigen kurzgefaßt wiedergegeben, die sich ernsthaft mit dieser Lösung befassen möchten. Für andere sind dies nur Details, die im Rahmen des großen Themas „Sonnenenergienutzung" vernachlässigbar sind.

Zum Aufbau und zur Funktion der Erdreich-Wärmepumpe ist zu sagen, daß man den ursprünglich vorgeschlagenen Weg inzwischen vollkommen verlassen hat. Bei den ersten Anlagen befand sich die kalte Seite der Erdreich-Wärmepumpe, der Verdampfer, als Großflächen-Wärmetauscher im Erdreich. Doch manche hiermit verbundenen Nachteile, deren Beschreibung zu sehr in konstruktive und verfahrenstechnische Einzelheiten ginge, führten dazu, daß die Wärmepumpe jetzt als übliche Kompaktanlage eingesetzt wird und dadurch die Wärme nicht mehr direkt dem Erdreich entzieht, sondern einem Solekreislauf. Sole ist Wasser mit Frostschutzmittel, z.B. Glykol, weder giftig, noch teuer, noch sonst irgendwie kritisch. Genau wie bei dem in Kapitel II. 3 beschriebenen und für die nahe Zukunft vorstellbarem Solardach mit Solekreislauf verfährt man schon bei der Erdreich-Wärmepumpe seit längerer Zeit. Bei einem Verhältnis von 70% Wasser und 30% Glykol liegt der Gefrierpunkt der Sole bei – 18°C. Diese tiefe Temperatur wird im praktischen Betrieb nie erreicht, die Sole friert also nicht ein.

Diese sehr kalte Flüssigkeit wird mit einer kleinen Elektropumpe durch im Erdreich verlegte Kunststoffrohre gepumpt, nimmt dabei etwas Wärme aus dem Erdreich auf, die ihr durch die Wärmepumpe wieder entzogen und damit für die Raumheizung verwendet wird. Wegen der Korrosionsprobleme sollte auf keinen Fall – wie früher hier und da praktiziert – Kupferrohr verlegt werden.

Über die Verlegetiefe der Kunststoffrohre gehen die Meinungen noch etwas auseinander. Die Empfehlungen liegen zwischen 1,2 m bis 1,8 m. Dies richtet sich nach dem Boden und dem möglichen Gewinn an Sonnenenergie. Dieser ist um so größer, je näher die Wärmetauscherrohre unter der Erdoberfläche eingebettet sind. Im Winter nimmt aber die Gefahr der Vereisung bei geringer Verlegetiefe zu. Deshalb hat sich für übliche Verhältnisse eine Verlegetiefe von 1,4 m herausgebildet. Die einzelnen Rohrstränge sollen keine größere Längenausdehnung als rd. 100 m haben. Wichtig ist eine möglichst planebene Auslegung und gleiche Länge der einzelnen Kreise. Die seitlichen Abstände der Kunststoffrohre sollten aus wirtschaftlichen Gründen nicht unter 0,5 m liegen, eher 0,6 m bis 0,8 m betragen. Die einzelnen Rohrstränge sind jeweils an ihrem Anfang und Ende mit einem Vorlauf- bzw. Rücklaufsammler verbunden. Diese Sammler sollten zur Entlüftung geringfügig höher als die Rohrleitungen und möglichst am Aufstellungsort der Wärmepumpe angeordnet werden.

Der Einsatz von Kabelgrabenfräsen zum Verlegen der Wärmetauscherrohre hat sich nicht bewährt. Zweckmäßig und wirtschaftlich ist das Abschieben des Bodens durch einen Scraper. Unter der Voraussetzung, daß kein Abtransport des abgeschobenen und kein Rücktransport des zur Verfüllung benötigten Erdreichs erfolgen muß, daß also der Erdaushub in wirtschaftlich tragbarer Entfernung gelagert werden kann, ist mit einem Preis von 12 DM je m^3 abgeschobenem und wieder verfüllten Erdreiches zu rechnen (Stand 1976). Vor dem Wiederverfüllen sollte ein Lageplan der Rohrlagen angefertigt und eine

Druckprobe des Solekreislaufs erfolgen. Wenn hierbei Undichtigkeiten auftreten, so lassen sich diese sofort beheben.

Soweit bekannt, ist die Verlegung solcher Kunststoff-Wärmetauscherrohre im Erdreich weder genehmigungs- noch anzeigepflichtig.

Die Bemessung der Wärmetauscherflächen und der Wärmepumpenleistung ist deshalb schwierig, weil Bodenbeschaffenheit, Grundwasserspiegel, Verlegetiefe, Oberflächenbeschaffenheit, Beschattung usw. Einfluß ausüben. Darauf spezialisierte Firmen verfügen jedoch über ausreichende Erfahrungen, was seit Jahren störungsfrei arbeitende Erdreich-Wärmepumpenanlagen beweisen.

Folgende Erfahrungen haben sich inzwischen in verschiedenen Anlagen des Bundesgebietes herauskristallisiert: In der ersten Hälfte der Heizperiode wird der Wärmeentzug aus dem Erdreich bevorzugt durch Speicherwärme (Sonnenenergie) gedeckt. Je nach Bodenqualität und -feuchtigkeit sinkt die Erdreichtemperatur an den Wärmetauscherrohren zwischen dem 15. November und dem 15. Dezember zum erstenmal unter 0°C. Auf diesen Zeitpunkt haben auch die Verlegetiefe und der Rohrabstand einen bestimmten Einfluß. In der zweiten Hälfte der Heizperiode nimmt der Wärmevorrat des Erdbodens zunehmend ab. Wärmeentzug ohne weiteres starkes Absinken der Soletemperatur ist nur möglich in dem Maße, wie direkte Sonneneinstrahlung und Wärmeleitung des Erdreiches dies gestatten. Feuchtigkeitsniederschläge bewirken dabei eine schnellere Regenerierung, da hierdurch einerseits die Temperatur des Erdreiches angehoben und andererseits die Wärmeleitfähigkeit wesentlich gesteigert wird.

Temperaturmessungen der Sole und im Erdboden zwischen den Kollektorrohren zeigen, daß mindestens in der zweiten Heizperiodenhälfte mit Eisbildung um die Rohre zu rechnen ist. In den Stillstandzeiten der Wärmepumpe geht das Eis zumindest teilweise wieder in Wasser über. Hierdurch ergibt sich das Verhalten eines sogenannten Latentspeichers, der zwischen den Zuständen „fest“ und „flüssig“ pendelt.

In ungünstigen Perioden wächst der Eispanzer bis zu einer konstanten Größe um einige cm um die Rohre herum, weil durch die gute Wärmeleitung des Eises gespeicherte Wärmeenergie aus dem umliegenden Erdreich nachfließt. Der Eispanzer kann deshalb nicht größere Dimensionen annehmen.

Für Erdreichwärmepumpen sind besonders Böden als Wärmequellen geeignet, die eine hohe Dichte und einen hohen Wassergehalt haben. Deshalb eignen sich lehmige Böden wegen ihrer hohen Wasserbindefähigkeit und ihrer guten Wärmeleitfähigkeit besonders als Wärmequelle für Erdreichwärmepumpen. Sandige Böden können nur dann als Wärmequelle dienen, wenn ein hoher Grundwasserspiegel zu erwarten ist. Andernfalls sinkt die Leitfähigkeit zu stark ab. Ganz allgemein ist festzustellen, daß ein hoher Grundwasserspiegel für den Einsatz von Erdreich-Wärmepumpen wegen der Kapillarwirkung des Erdreichs von Vorteil ist.

Für Rasen oder flachwurzelnde Pflanzen scheint die Abkühlung des Erdreichs keine nachteiligen Folgen zu haben. Tiefwurzler oder auch Obstbäume dürften nicht auf solchen Flächen gepflanzt werden.

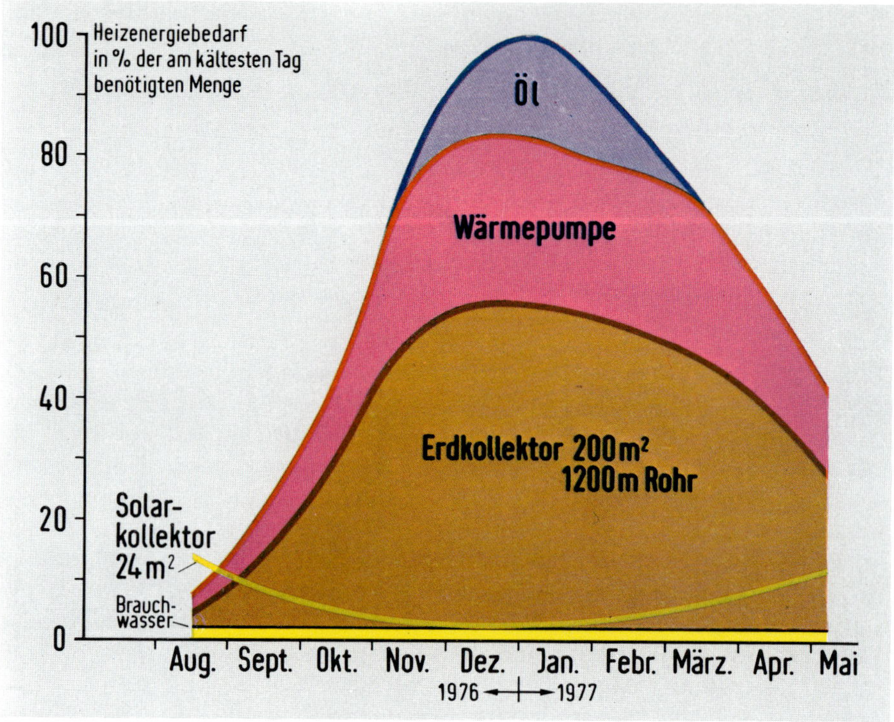

Bild 43: Anteile der Wärmelieferung bei Kombination einer Erdreich-Wärmepumpe mit Solarkollektoren und Ölzusatzheizung

Die Energie-Versorgung Schwaben (EVS), die ebenfalls verschiedene Möglichkeiten zur Nutzung von Sonnenenergie in Verbindung mit der Stromanwendung untersucht, betreibt die schon erwähnte Versuchsanlage, mit der überschüssige Sommer-Sonnenenergie in einen Erdreichspeicher eingetragen wird. Über das gleiche Wärmetauschersystem wird im Winter die gespeicherte Wärmeenergie dem Erdreich wieder entzogen.

Genau genommen handelt es sich bei dieser Anlage um eine „trivalente Heizung", weil drei verschiedene Systeme zur Wärmeerzeugung dienen: 20 m² Kollektorfläche zur Nutzung der Solarstrahlung, und zwar vorwiegend im Sommer zur Brauchwarmwasserbereitung und zur Lieferung von Überschußenergie an den Speicher; die elektrisch angetriebene Wärmepumpe; eine kleine Ölheizung für die Kältespitze im Winter.

Der in Bild 43 gezeigte Verlauf der von diesen Systemen gelieferten Energiemengen verdeutlicht, daß selbst hier ab Januar ein wenn auch kleiner Rückgang der Wärmelieferung aus dem Erdreich unvermeidlich ist. Dennoch ist diese Kombination trotz der zunächst noch hohen Investitionskosten ernst zu nehmen. Mit ihr könnte das immer wieder auftretende Speicherproblem gelöst werden. Der Erdreichspeicher ist hier den Einflüssen von Grundwasser oder Oberflächenwasser weniger ausgesetzt, weil der Erdaushub zunächst mit einer Folie ausgekleidet wurde. Die hineingesteckte überschüssige Sommer-Sonnenenergie soll möglichst nicht schon vor ihrer Nutzung in das angrenzende Erdreich in größerem Umfang abwandern.

Es gibt Bauherren, die überhaupt kein Heizöl mehr verwenden möchten. Für solche wäre dies ein brauchbares System, wobei anstelle der vorläufig noch üblichen Kollektoren die z.Zt. in Entwicklung befindlichen Soleabsorber mit einem Erdreichspeicher kombiniert werden könnten. Doch auch dies wäre nur „ein Sonderfall mit Zukunft".

II. 13 Grundwasser-Wärmepumpen, ideal, aber begrenzt

Das Grundwasser als Wärmequelle direkt am Haus in beliebiger Menge anzuzapfen, jederzeit ausreichende Wärmelieferung, keine Speicherprobleme wie bei Sonnenkollektoren, keine Begrenzung der Fläche wie bei Erdreich-Wärmepumpen, keine Begrenzung durch stark sinkende Außenlufttemperaturen im strengen Winter wie bei Umgebungsluft-Wärmepumpen – ein Idealfall, und doch selten anwendbar. Wo liegen hier die Grenzen?

Allein im Münsterland, einer Gegend mit hohem Grundwasserstand, werden etwa 300 Wärmepumpenanlagen in Ein- und Zweifamilienhäusern betrieben. Am Niederrhein, von Krefeld bis zur holländischen Grenze, sind ähnliche Verhältnisse anzutreffen. Auch in manchen Gegenden Niedersachsens und Schleswig-Holsteins gibt es zusammengenommen einige hundert Grundwasser-Wärmepumpen, weil auch dort ein hoher Grundwasserstand die Anwendung dieses Systems ermöglicht.

Damit ist schon gesagt, wo die erste Grenze liegt. Die Kosten für die Bohrung des Schachtes für den Förderbrunnen und, was zumeist notwendig ist, eines in geringer Entfernung davon anzulegenden Sickerschachtes für den Schluckbrunnen fallen zu sehr ins Gewicht, wenn der Grundwasserstand nicht ausgesprochen hoch und die nachfließende Grundwassermenge nicht groß genug sind.

Der Förderbrunnen muß je nach Grundwasserstand unterschiedlich tief gebohrt werden. Meist wird auch bei hohen Grundwasserständen von etwa 5 m bis auf 10 m und tiefer gebohrt, um an ein Grundwasser besserer Qualität zu gelangen und um sich vor den Nachteilen eines schwankenden Grundwasserstandes zu schützen. Das Grundwasser wird je nach Wärmebedarf um einige Zehntel, maximal um bis zu 4 Grad abgekühlt. In der Regel steht dieses Wasser von der Jahreszeit unabhängig mit etwa 8°C bis 10°C zur Verfügung.

In den vorgenannten Gegenden können aus geringer Tiefe von nur wenigen Metern für Mehrgeschoßbauten oder für große Komplexe, wie Schulen, Verwaltungs- oder Fabrikgebäude Wassermengen bis zu 100 m^3 je Stunde dem – wie es heißt – Grundwasserleiter entnommen werden. Einfamilienhäuser kommen schon mit 2 bis 3 m^3 je Stunde aus. Weil das Grundwasser im Jahresmittel keinen wesentlichen Temperaturveränderungen unterliegt, wird zusätzlich zur Wärmepumpe kein anderes Heizsystem benötigt. Das „Sonnenwärmereservoir Grundwasser“ ist so groß, daß selbst bei regionaler Häufung vieler Grundwasser-Wärmepumpen keine merkliche Temperaturabsenkung einträte und nicht die Gefahr bestünde, daß manch einer nur noch abgekühltes Grundwasser auf seinem Grundstück vorfände.

Für die Wasserqualität sind folgende Eigenschaften wichtig und als Grenzwerte zu beachten: Das Wasser sollte neutral sein (pH-Wert 7 bis 7,6); der Eisengehalt sollte 0,15 mg/l und der Mangangehalt 0,1 mg/l nicht übersteigen; freie Kohlensäure, aber auch Chloride, Nitrate, Ammonium dürfen bestimmte Grenzen nicht überschreiten. In diesen Punkten sind die Bedingungen der Wärmepumpenhersteller zu beachten.

Schon vor etwa 10 Jahren, als diese Technik noch nicht erprobt war, wagte sich das Rheinisch-Westfälische Elektrizitätswerk (RWE) an die erste Großanlage heran. Die 1968 erbaute Zentralstelle für die Prüfung und Eichung von Stromzählern und Meßgeräten in Kettwig an der Ruhr erhielt aufgrund eines Wirtschaftlichkeitsvergleiches zwischen der Ölheizung und der strombetriebenen Grundwasser-Wärmepumpe dieses System. Schon bei den damaligen Ölpreisen von nur 10 Pfennig je Liter und bei den damals geltenden Strompreisen war diese Wärmepumpe wirtschaftlich. Das Risiko lag vor einem Jahrzehnt, erst recht bei einer Großanlage, auf anwendungstechnischem Gebiet. Niemand konnte zuverlässige Angaben über die Lebensdauer machen. Gerade dieser Umstand bewog das RWE, frühzeitig Erfahrungen zu sammeln. Nach nunmehr fast 10 Jahren kann zu dieser Anlage gesagt werden, daß alle Komponenten die Lebensdauererwartungen übertroffen haben und daß die Wirtschaftlichkeit wegen der inzwischen stark gestiegenen Ölpreise und wegen der vergleichsweise geringfügig gestiegenen Strompreise sozusagen „unschlagbar" ist.

Die Grundwasserwärmepumpe in Kettwig entzieht dem Uferfiltrat, das von dem Flußwasser der Ruhr gespeist wird, Wärmeenergie und leitet die um Zehntel Grade bis maximal 1,5 Grad abgekühlten Wassermengen direkt in den Fluß zurück. Das ist ein Sonderfall, der jedoch bei Genehmigung durch die Wasserwirtschaftsbehörden und durch die zuständigen Wasserämter in manchen Fällen zur Anwendung kommen könnte. Damit zeigt sich die neben der regional so unterschiedlichen Verfügbarkeit des Grundwassers die zweite Grenze für diesen Idealfall: Das ist die Genehmigungspflicht der jeweils zuständigen Behörden.

Vereinfacht und etwas scherzhaft könnte man sagen, so unterschiedlich wie die Verhältnisse der Grundwasserstände in den verschiedenen Landesteilen sind, so unterschiedlich sind auch die Genehmigungsverfahren zur Inbetriebnahme von Grundwasser-Wärmepumpen. Früher hieß es noch „wer viel fragt, bekommt viel Antwort", weshalb manche Anlagen überhaupt nicht gemeldet wurden. Heute ist von diesem pragmatischen Vorgehen abzuraten. Jede dieser Anlagen bedarf der Genehmigung der zuständigen Wasserbehörde. Die Grundforderung ist eine in Qualität und Menge unveränderte Rückführung des geförderten Wassers in den Schluckbrunnen. Die in der Anfangszeit vereinzelt genehmigten Ableitungen in den Regenwasser- oder Abwasserkanal dürften heute nicht mehr möglich sein. Der entnommene Wasserstrom ist anzugeben und überprüfbar einzuhalten, die geförderten Wassermengen sind nachzuweisen. In Grundwasser-Schutzgebieten der Schutzzonen I und II wird in der Regel keine Genehmigung erteilt.

Ein Musterprozeß wurde bereits zugunsten der Grundwasser-Wärmepumpe entschieden. Ein Städtisches Wasserwerk wollte den Betreiber einer solchen Wärmepumpenanlage zwingen, sich dem für die Wasserversorgung bestehenden Benutzungszwang zu unterwerfen und das Wasser für den Wärmepumpenbetrieb aus der Wasserleitung zu entnehmen. Der Bauherr wollte Grundwasser einem eigenen Brunnen entnehmen und es zwar abgekühlt, aber unverschmutzt dem Untergrund wieder zuleiten. Das Verwaltungsgericht Braunschweig (IV. Kammer Lüneburg), Aktenzeichen IV A 506/75, stellte den Bauherrn vom Benutzungszwang der öffentlichen Wasserversorgung für diesen Fall frei. Als Urteilsbegründung wird nicht nur die wirtschaftliche Unzumutbarkeit des Wasserbezuges angegeben, sondern auch die Förderungswürdigkeit von Wärmepumpen als Einrichtungen zur Energieeinsparung, ihre Umweltfreundlichkeit sowie die Tatsache, daß der Fall hygienische Gesichtspunkte der öffentlichen Wasserversorgung oder andere öffentlich Interessen nicht berühre.

Schwierigkeiten bei der Genehmigung könnten zu Recht dann auftreten, wenn die Wärmepumpenanlage im Sommer dazu verwendet wird, um in Verbindung mit einer Klimaanlage überschüssige Wärme aus dem Gebäude in das Grundwasser zu führen. Letzteres wird dann als Kühlmedium benutzt. In manchen Fällen ist das eine sehr zweckmäßige Methode, jedenfalls weitaus sinnvoller als die leider noch immer anzutreffende Verwendung von Trinkwasser als Kühlmittel. Es muß also geprüft werden, ob der örtliche Grundwasserleiter die Wärmeaufnahme im Sommer in gewissen Grenzen übernehmen kann.

Im El Dorado der Grundwasser-Wärmepumpen, im Münsterland, haben die Vereinigten Elektrizitätswerke Westfalen (VEW), dort für die Stromversorgung zuständig und besonders aktiv bei der Kundenberatung für solche Anlagen, 70 in Betrieb befindliche Grundwasser-Wärmepumpen in Ein- und Zweifamilienhäusern hinsichtlich ihrer Investitions- und Betriebskosten ausgewertet. Bezogen auf die beheizte Wohnfläche dieser Häuser ergaben sich Durchschnittswerte von 50 DM/m^2 für die komplette Wärmepumpenanlage, 15 DM/m^2 für den Förder- und Schluckbrunnen und 35 DM/m^2 für das Wärmeverteilungssystem. Bei einer beheizten Fläche von z.B. 180 m^2 hätten sich mit diesen – für den Preisstand von 1975 geltenden – Durchschnittswerten für die einzelnen Positionen Beträge von 9000 DM, 2700 DM und 6300 DM, also insgesamt 18000 DM, ergeben. Eine Ölheizung mit Wärmeverteilungssystem und Baunebenkosten wäre für das angenommene Beispiel kaum billiger gewesen. Für die Betriebskosten bei den dort üblichen Strompreisregelungen ergaben sich Durchschnittswerte von 6,50 DM je m^2 für die Energiekosten und von 0,50 DM je m^2 für die Wartungskosten. Diese Kosten liegen also eindeutig unter den bei Ölheizung auftretenden Erfahrungswerten.

Besonders interessant ist die Arbeitszahl dieser untersuchten Grundwasser-Wärmepumpen. Die Arbeitszahl stellt das Verhältnis der in einer Heizperiode erzeugten Wärmeenergie zur aufgewandten elektrischen Energie während dieser Zeit dar. Für die Arbeitszahl erhielt die VEW einen Durchschnittswert von 3,6 oder anders ausgedrückt: Für eine kWh elektrische Energie lieferten die Wärmepumpen durchschnittlich 3,6 kWh Wärmeenergie. Das bedeutet, daß bei einem Strompreis von z.B. 14,4 Pf/kWh die Wärmeenergie nur den 3,6. Teil, nämlich 4 Pf/$kWh_{thermisch}$ kostete. Bei einem Ölpreis von 30 Pf/l und einem sicher nicht zu niedrig angenommenen Jahresnutzungsgrad der Ölheizung von 60% ergibt sich für Heizöl ein Wärmepreis von 5 Pf/$kWh_{thermisch}$.

Wenn jemand in einem Gebiet, wo bisher noch keine Anlagen dieser Art betrieben werden und keine genauen Kenntnisse über die Höhe des Grundwasserspiegels und über die Wasserführung vorliegen, an die Installation einer

Grundwasser-Wärmepumpe denkt, so empfiehlt sich zunächst eine Probebohrung. Spezialfirmen und Festpreise gibt es hierfür schon. Erst wenn die Wassermengen und die Wassertemperaturen bekannt sind, sollte die Anlage geplant werden.

Im Gegensatz zur Erdreich-Wärmepumpe werden für die Wärmetauscher der Grundwasser-Wärmepumpe keine Flächen benötigt. Der Solekreislauf der Erdreich-Wärmepumpe entfällt ebenfalls, weil das Grundwasser direkt über den Verdampfer der Wärmepumpe geleitet wird. Mit Sicherheit wird der Sonnenenergieträger Grundwasser in Zukunft wegen der höheren Arbeitszahl dieses Wärmepumpensystems zur Erzeugung von Heizwärme genutzt werden. Außerdem ist der Primärenergiebedarf gegenüber klassischer Brennstoffheizung wesentlich geringer. Am Ort der Heizwärmeerzeugung entstehen überhaupt keine Schadstoffe.

Vielleicht ist eines Jahres in den Niederlanden, wo viele Städte und Gemeinden buchstäblich im Grundwasser erbaut wurden, diese Art der Wärmepumpe das wirtschaftlichste Heizsystem und die beste Methode, Sonnenenergie indirekt zur Heizwärmeerzeugung zu nutzen und wertvolles holländisches Erdgas nicht einfach zu verheizen, sondern als Rohstoff zu verwenden. Die holländische Regierung wäre gut beraten, wenn sie schon jetzt Fördermaßnahmen für Grundwasserwärmepumpen im Umfang einer nationalen Kampagne gewährte. Das holländische Weltunternehmen Philips ist besonders aktiv auf dem Gebiet der direkten Nutzung von Sonnenenergie. Es sollte sich parallel hierzu noch mehr als schon bisher für die indirekte Nutzung durch Wärmepumpen einsetzen.

Wie man es auch dreht und wendet, für die Bundesrepublik Deutschland bleibt die Grundwasserwärmepumpe wohl immer ein Idealfall, der – wo immer möglich genutzt – doch in vielen Regionen wegen des tiefliegenden Grundwasserspiegels ausscheidet.

II. 14 Laufwasser-Wärmepumpen, Heizung für Großobjekte an Flüssen

Vom Grundwasser zum Laufwasser, das ist ein naheliegender Gedanke. Es muß schon seine Gründe haben, wenn heute Hunderte von Grundwasser-Wärmepumpen mit gutem Ergebnis in Einfamilienhäusern betrieben werden und noch keine zehn Laufwasser-Wärmepumpen in solchen Häusern bekanntgeworden sind.

Zwei wesentliche Unterschiede zwischen beiden Sonnenenergieträgern sind sofort einleuchtend: Das Laufwasser steht in den Bächen, Flüssen und Strömen ständig mit der Umgebungsluft in Verbindung. Je nach Wassermenge, Wassertiefe und Fließgeschwindigkeit kann das Laufwasser deshalb in strengen Wintern soweit abgekühlt werden, daß es gefriert. Ein Wärmepumpensystem, das aus dem Energieinhalt des Laufwassers Wärme bezieht, wäre dann „schachmatt gesetzt". Der zweite wesentliche Unterschied zum Grundwasser besteht darin, daß mit dem Laufwasser eine Menge Schmutzpartikel als Schwebstoffe mitgeführt werden und daß dadurch die Wärmetauscher allmählich verstopft oder, noch schlimmer, durch Korrosion zerstört werden könnten. Die Wasserentnahme aus Flüssen erfordert entsprechende Bauwerke, die Wärmetauscher besonderes Material, die Vorsorge für sehr strenge Winter entweder eine Wasserentnahme aus größeren Tiefen oder eine Kombination mit Brennstoffzusatzheizung.

Diese Tatsachen führen logischerweise zur Wärmeversorgung von Großobjekten; denn unter wirtschaftlichen Gesichtspunkten läßt sich die Heizwärme für ein Einfamilienhaus nicht durch Flußwasser erzeugen. Längst bevor man sich an Erdreich-, Grundwasser- oder Umgebungsluft-Wärmepumpen heranwagte, entstanden die ersten Laufwasser-Wärmepumpenanlagen. Heute ist dies schon fast in Vergessenheit geraten. Doch wenn das Wort „Wärmepumpe" fällt, dann nennen ältere und interessierte, technisch bewanderte Gesprächspartner noch regelmäßig das Stichwort „Limmat".

Vor 40 Jahren ging die erste Laufwasser-Wärmepumpe der Welt in Betrieb. Die Heizwärmeversorgung für das Züricher Rathaus (siehe Bild 44) wurde 1938 von Kohleheizung auf Wärmepumpenheizung durch die Schweizer Firma Escher Wyss umgestellt. Aus dem Fluß Limmat wurde über einen Wärmetauscherkreislauf mit dem noch heute in Wärmepumpen üblichen und als R 12 bezeichneten Kältemittel eine Heizleistung von rd. 200 kW erzeugt. Schon ein Jahr später ging die nächste Wärmepumpenanlage im Hallenbad Zürich in Betrieb. Hier wurden – welche Pioniertat – Flußwasser, Abwasser und Abluft als Wärmequellen genutzt, aus denen über einen Ammoniak-Kreislauf 1450 kW Heizleistung geliefert werden konnten.

Noch etwas ist mehr und mehr in Vergessenheit geraten: Diese Pionieranlagen von damals entstanden unter ähnlichen Einwirkungen wie sie seit der Ölkrise im

Oktober 1973 weltweit ins Bewußtsein dringen. Die nicht vorhersehbare Ölschwemme nach dem 2. Weltkrieg, die friedliche Nutzbarmachung der Kernenergie legten solche Initiativen von damals vorübergehend lahm. Die Heizanlage des Rathauses von Zürich wurde ein Vierteljahrhundert später auf Ölheizung umgestellt. Wann wird die Wärmepumpe zum zweitenmal Einzug in das ehrwürdige Rathaus nehmen?

Nachdem es jahrzehntelang still geworden war um die Laufwasser-Wärmepumpe, erhielt sie plötzlich in den 60er Jahren eine Außenseiterrolle. Erst mit Staunen selbst von Fachleuten wahrgenommen, dann aber wegen der besonderen Logik des einfachen Gedankens schnell akzeptiert, entstanden die ersten Laufwasser-Wärmepumpen für die Beheizung von öffentlichen Freischwimmbädern, die ja früher zumeist an Bächen oder Flüssen gebaut wurden. Jedem Freibad seine Heizung. Nach dieser Devise wurden bundesweit nach und nach alle Freischwimmbäder mit Ölheizungen ausgestattet. Einige Stromversorgungsunternehmen sahen hier eine Chance, mit dem Öl zu konkurrieren.

Da ein Freibad naturgegeben nur im Sommer geöffnet ist, entfällt das Problem der zugefrorenen Flüsse. Weil für das Badewasser ohnehin Filteranlagen vorhanden sind, entfällt das Problem der Verschmutzung, Verschlammung, Verstopfung, Zerstörung der Wärmetauscher. Weil die Arbeitszahl der Wärmepumpen umso günstiger ist, je geringer die Temperaturdifferenz zwischen Wärmequelle und Heizwasser ist, war dieses Gerät für die Beheizung von Freischwimmbädern geradezu prädestiniert.

Bild 44: Die erste Laufwasser-Wärmepumpe wurde 1938 im Rathaus in Zürich in Betrieb genommen. Sie entzog der Limmat Energie für die Heizwärmeversorgung des Gebäudes.

Bild 45: Im Wohnkomplex Schelztorstraße in Eßlingen wird seit 1976 der Heizwärmebedarf von einer am vorbeifließenden Neckarseitenkanal errichteten Laufwasser-Wärmepumpenanlage geliefert

Zum letztgenannten Vorteil ein überzeugendes Beispiel: Wenn mit Laufwasser im Winter geheizt werden soll, so werden der Wärmepumpe nicht selten Wassertemperaturen von nur noch + 5 °C angeboten, während Heizwasser von 55 °C erzeugt werden muß. Die zu überbrückende Temperaturdifferenz beträgt demnach 50 Grad. Für das Freischwimmbad wird eine Wassertemperatur von z.B. 25 °C gewünscht, während die Wärmequelle, das Flußwasser, im Sommer eine Temperatur von 15 °C oder darüber annehmen kann. Die Temperaturdifferenz beträgt hier nur noch 10 Grad, ein Fünftel gegenüber Heizbetrieb im Winter. Für Wärmepumpen-Fachleute ist das ein geradezu märchenhafter Anwendungsfall.

So ist es kein Wunder, daß zu einer Zeit der Ölpreise von 10 Pf/l dennoch viele Freischwimmbäder Laufwasser-Wärmepumpen erhielten. Heute sind in der Bundesrepublik über 300 Anlagen dieser Art in Betrieb. Seit 1967 hatten vor allem das Badenwerk, für die Stromversorgung großer Teile des Schwarzwaldes und der Oberrheinischen Tiefebene zuständig, und das RWE Vorarbeiten mit kleineren Anlagen geleistet. 1969 ging dann die erste Großanlage in der Rhein-Badeanstalt Wesel am Niederrhein in Betrieb. Das 1200 m² große Mehrzweckbecken wird mit einer 115-kW-Wärmepumpe beheizt. Durch die günstige Leistungszahl kann sie bis zu 550 kW Wärmeleistung liefern.

An die schwierige Aufgabe der Winterheizwärme durch Laufwasser-Wärmepumpen wagte man sich erst nach der Ölkrise „als das Wasser bis zum Halse stand“. Volker Hauff, Parlamentarischer Staatssekretär im Bundesforschungsministerium, gleichzeitig Bundestagsabgeordneter des Wahlkreises Eßlingen, setzte sich dafür ein, daß die Mittel für ein risikoreiches, im nachhinein betrachtet wohl gelungenes Entwicklungsvorhaben bewilligt wurden, nämlich für eine große Laufwasser-Wärmepumpenzentrale zur Beheizung eines Wohnkomplexes in Eßlingen am Neckar (siehe Bild 45).

Wenige Kilometer unterhalb des 400-Megawatt-Wärmekraftwerkes Altbach b. Eßlingen befindet sich ein Neckarseitenkanal, an dem der Wohnkomplex mit 192 Wohneinheiten (15400 m² Wohnfläche) und mit 12 gewerblichen Einrichtungen (6200 m² Nutzfläche) erbaut wurde. Seit 1976 liefert eine 765-kW-Wärmepumpenzentrale die Heizwärme für dieses Großobjekt. Die Zentrale besteht aus 4 Wärmepumpen, die durch eine zweckmäßige Schaltung je nach Flußwassertemperatur und Heizwärmebedarf in bestimmten Betriebszuständen gehalten werden. Sie liefern nicht nur die Heizenergie für die Raumheizung, sondern auch für das Brauchwasser. Nur an wenigen sehr kalten Tagen geht eine Ölzusatzheizung in Betrieb. Die Messungen der ersten Heizperiode 1976/77 zeigten, daß über 90% der sonst erforderlichen Ölmenge eingespart wurden.

Jede Wärmepumpe dieser Anlage entzieht die Flußwasserwärme einem Becken mit Plattenwärmetauschern aus verzinktem Stahlblech. Diese Wärmetauscher werden vom Neckarwasser umspült, das mit Tauchpumpen gefördert wird. Sehr interessant ist das im vergangenen Winter erzielte Ergebnis, wonach die Wärmepumpen bis zu einer Flußwassertemperatur von +2 °C in Betrieb bleiben konnten. Das geschah im Winter 1976/77 nur an 8 Tagen, obwohl die Neckartemperaturen jenes Winters die niedrigsten seit 25 Jahren waren. Somit ist auch diese Entwicklungsarbeit ein Beispiel dafür, daß nur durch praktische Versuche wesentliche Fortschritte erzielt und noch mehr Erkenntnisse gesammelt werden können. Das Beschreiben von Papier, die Abfassung sogenannter Systemanalysen, die Diskussion globaler Modelle – auch als Szenarios bezeichnet – mögen den Überblick erleichtern. Ein Weiterkommen jedoch läßt sich – zumeist in vielen Einzelschritten – nur erreichen durch vernünftig angelegte, sorgfältig vorbereitete, fachmännisch errichtete und gut gewartete Versuchsvorhaben.

Die meisten Flüsse unseres Landes transportieren eine große Wärmelast zum Meer. Zu dem natürlichen, aus Sonnenenergie herrührenden Energieinhalt kommen Wärmemengen aus Kläranlagen und Industrieabwässern, auch durch die Kühlkreisläufe von Kraftwerken hinzu. So gesehen sind Flüsse kostenlose Fernwärme-Transportleitungen, wobei hier im Vergleich zur klassischen Fernwärme der Wassertransport zwar ohne Pumpenergie, aber nur in eine Richtung erfolgt und wobei das Temperaturniveau des Flußwassers nur durch Wärmepumpenbetrieb für Heizzwecke nutzbar gemacht werden kann. Deshalb spricht man in diesem Fall auch gelegentlich von der „kalten Fernwärme". Im Gegensatz zur selbst in Fachkreisen noch immer vorherrschenden Meinung benötigt die kalte Fernwärme trotz Wärmepumpeneinsatz sogar etwas weniger Primärenergie als die so häufig diskutierte Heizkraftkopplung, d.h. die kombinierte Strom- und Fernwärmeerzeugung in Kraftwerken.

Die Flüsse stellen ein großes, noch unbenutztes Wärmereservoir dar. Unter Berücksichtigung der ausnutzbaren Temperaturdifferenzen der Wasserführung bestimmter Flußstrecken, der Sonneneinstrahlungsdaten, der Kläranlagen-, Industrie-, Abwasser- und Kraftwerksabwärme sowie anderer Einflußgrößen ergibt sich bei grober Abschätzung ein Wärmeinhalt, der zur Deckung des überwiegenden Wärmebedarfs der meisten an diesen Flüssen liegenden Ortschaften oder Stadtgebieten ausreichte. Noch mehr Wärme könnte nutzbar gemacht werden, würde das Wasser nicht direkt dem Fluß, sondern in Ufernähe dem Boden entnommen. Die Verfügbarkeit ist also mengen- und leistungsmäßig sehr hoch. Noch stehen vor allem technologische Probleme einer breiteren Anwendung im Wege. Interessant und für viele vermutlich neu ist jedoch die Feststellung, daß hier ein bisher nicht benutztes, großes Energiereservoir für die Erzeugung von Niedertemperaturwärme im eigenen Land zur Verfügung steht.

Das Rheinisch-Westfälische Elektrizitätswerk (RWE) hat Vorstellungen entwickelt, die es schrittweise in den nächsten Jahren in die Praxis umsetzen möchte. Gelänge die Entwicklung standardisierter Laufwasser-Wärmepumpenzentralen, so könnte an vielen Flüssen Wasser entnommen, in nahegelegene kleine Zentralen gepumpt, dort geringfügig abgekühlt und wieder zurückgeleitet werden. Solche Wärmepumpenzentralen würden Nahwärme in Siedlungen, Verwaltungszentren, Krankenhäuser, Fabrikgebäude, Schulen, Einkaufszentren, Gewerbebetriebe usw. liefern, die in wenigen Kilometern Umkreis in Flußnähe liegen. Bei Ölpreisen um 50 Pf/l könnte die Nahwärme zu konkurrenzfähigen Preisen abgeboten werden. Die Umwelt bliebe frei von Schadstoffbelastungen durch Brennstoffheizungen. Der Primärenergiebedarf für die Stromerzeugung zum Antrieb solcher Wärmepumpen wäre vergleichsweise viel niedriger, ein großer Teil der an Flüssen gelegenen Stadtgebiete oder Ortschaften könnte mit Wärme versorgt werden, die Wärmelast der Flüsse würde im

Sommer geringfügig, im Winter deutlich verringert, der Sauerstoffgehalt erhöht. Rückwirkungen auf die Ökologie wären nicht zu erwarten. Die Auflagen der Wasserämter erfordern eine nach Menge und Zusammensetzung unveränderte Rückführung des Wassers, was jederzeit möglich wäre.

Um diese Pläne zu verwirklichen, hat die RWE-Studiengesellschaft Energietechnik (ETS) mit Beteiligung des Bundesministeriums für Forschung und Technologie (BMFT) Voruntersuchungen am Beispiel der Erft abgeschlossen. Dieser kleine, durch das Braunkohlenrevier fließende und bei Neuß in den Rhein mündende Fluß könnte noch bei einer Außentemperatur von – 15° C rd. 1 Mio kW Heizleistung liefern. Bei einer Leistungszahl der Wärmepumpen von 3,5 stehen den Wärmeverbrauchern somit 1,4 Mio kW Heizleistung zur Verfügung. Dieses geradezu unwahrscheinliche Ergebnis ist jedoch kein typischer Fall, weil die Erft in besonderem Maß durch Abwärme von Kraftwerken und durch die teilweise etwas warmen „Sumpfwässer", die zur Trockenhaltung der Braunkohlen-Tagebaugruben ständig aus großer Tiefe abgepumpt und in die Erft geleitet werden, eine besonders hohe Wärmelast mit sich führt.

Eine ebenfalls durchgeführte Abschätzung der Wärmeabnehmer an der Erft auf ca. 50 km Länge gelangte zu einem Wärmebedarf von 2,8 Mio kW. Dabei wurde ein jeweils 5 km breiter Uferstreifen links und rechts der Erft betrachtet. Es wurden sowohl bestehende Siedlungsgebiete als auch zukünftige Industrie- und Wohngebiete einbezogen (siehe Bild 46).

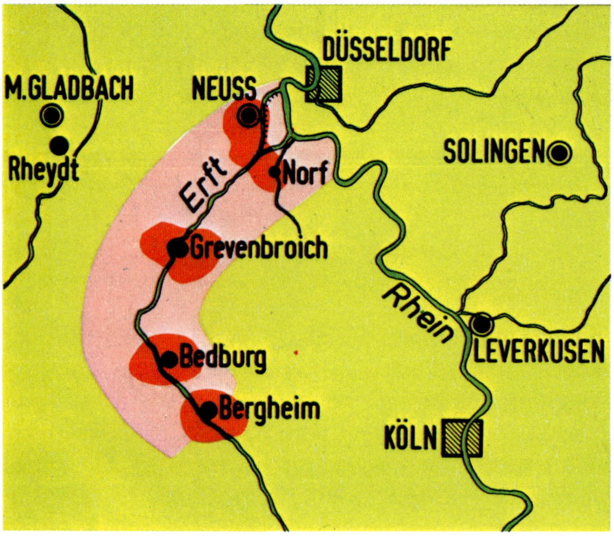

Bild 46: Laufwasser-Wärmepumpen könnten den Wärmeinhalt der durch das Braunkohlerevier bei Köln fließenden Erft für die Heizwärmeversorgung mehrerer Städte nutzen

Damit die bestehenden Heizsysteme in den Häusern nicht umgestellt werden müssen, was zur Unwirtschaftlichkeit des gesamten Projektes führte, müssen die Wärmepumpenzentralen entweder heißes Wasser liefern oder für die sehr kalten Tage mit einer Ölheizzentrale kombiniert werden. Ersteres könnte durch die Entwicklung des Wankel-Kompressors (siehe Kapitel II. 11) erreicht werden, letzteres böte sich vor allem deshalb an, weil viele bestehende Häuser über eine solche Ölheizung verfügen.

Nach dem positiven Ausgang der ersten Studie ist bereits der nächste Schritt in Bearbeitung, die systematische Erfassung der wichtigsten Fließgewässer der Bundesrepublik mit den wesentlichen Daten, wie z.B. Temperaturgang, Wasserstände, deren Zeitgang, Art und Umfang der Verschmutzung, Lage und Art versorgungswürdiger Objekte. Parallel dazu wird ein Konzept für baureife Kompaktanlagen entwickelt. Dabei stellt der mit Flußwasser beaufschlagte Verdampfer der Wärmepumpe besondere entwicklungstechnische Probleme. Zur Lösung dieser beiden Hauptaufgaben bildete das RWE Anfang 1977 eine Projektgruppe, die aus planenden Ingenieuren, Apparatebauern, Werkstoffherstellern und einem Hochschulinstitut besteht. Die Erfahrungen aus z.Zt. betriebenen Anlagen und die Erkenntnisse der Entwicklungsarbeiten fließen zusammen und werden bei den ersten, schon in Planung befindlichen Vorhaben jeweils berücksichtigt. Nach dem erfolgreichen Betrieb der hier erwähnten Eßlinger Großanlage sind in Bergheim an der Erft und in Saarlouis weitere Anlagen in konkreter Planung. In Bergheim soll die Wärmeversorgung einer Wohnsiedlung, in Saarlouis die Wärmeversorgung eines Schulzentrums (umbauter Raum 4500 m^3) mit Laufwasser-Wärmepumpen erfolgen.

Die Geburtsstunde der Wärmeversorgung aus Flüssen, der „kalten Fernwärme", hat geschlagen.

II. 15 Bivalente Wärmepumpenheizung, „Vernunftehe zwischen Öl und Strom“

Zusammengenommen gibt es schon einige tausend Wärmepumpenanlagen, mit denen Heizwärme für die Raumheizung erzeugt wird. Doch was sind einige tausend Anlagen, setzt man sie ins Verhältnis zu etwa 22 Millionen beheizter Haushalte, zu Zehntausenden großer Heizungsanlagen in gewerblichen und industriellen Gebäuden. Da etwa 40% des gesamten End-Energiebedarfs der Bundesrepublik allein auf Niedertemperaturwärme für Raumheizzwecke entfallen, würden selbst 10 000 Wärmepumpenanlagen wenig nützen. Es geht in Zukunft darum, auf Dauer eine nachhaltige und mengenmäßig bedeutende Möglichkeit aufzutun, um einen komfortablen, wirtschaftlichen, umweltfreundlichen Ersatz zu finden für noch bestehende Kohlenheizungen, vor allem für Millionen Ölheizungen, in fernerer Zukunft – vielleicht noch in diesem Jahrhundert – auch für Erdgasheizungen. Wie kann diese Aufgabe im großen Stil gelöst werden?

Die drei vorhergehenden Kapitel zeigten, daß Erdreich-Wärmepumpen oder Grundwasser-Wärmepumpen oder in Zukunft vor allem auch Laufwasser-Wärmepumpen nur einen begrenzten Beitrag zu dieser unausweichlichen Aufgabenstellung leisten werden. Die regionalen Einschränkungen, wie Erdbodenflächen und -beschaffenheit, Grundwasserspiegel, Lage an geeigneten Flüssen und andere Faktoren geben selbst bei noch so optimistischen Annahmen einer breiten Anwendung wenig Raum. Die Kombination von Solardächern mit größeren Speichern und Wärmepumpen im internen Heizkreislauf ist nur in Neubauten – und hier auf lange Sicht aus Kostengründen auch relativ begrenzt – oder in radikal zu modernisierenden Altbauten vorstellbar. Bei aller Wertschätzung der direkten Nutzung von Sonnenenergie, ein wesentlicher Beitrag zur Umstellung bestehender Heizsysteme kann hiervon nicht erwartet werden.

Als einziges Medium, das als Sonnenenergieträger kostenlos und in beliebiger Menge überall vorhanden ist, gilt die Umgebungsluft. Wärmepumpen, die den Energieinhalt der Außenluft nutzen, könnten – auf den ersten Blick gesehen – den Ausweg aus diesem Dilemma bringen. Bei genauerer Betrachtung macht uns die Thermodynamik einen Strich durch die Rechnung. Die Arbeitszahl der Wärmepumpe, das ist – um es nochmals zu wiederholen – das Verhältnis von gelieferter Wärmeenergie zu aufgewandter Antriebsenergie z.B. durch Strom, ist umso günstiger, je geringer die Temperaturdifferenz zwischen dem aufzuwärmenden Medium, z.B. Heizwasser, und dem abzukühlenden Medium, z.B. Außenluft, ist. Im Sommer und in der Übergangszeit läßt sich mit der Wärmepumpe aus der Außenluft gut heizen. Bei einer Außenlufttemperatur von 15°C und einer dann ausreichenden Heizwassertemperatur von 45°C erhält man die Leistungszahl von etwa 3,4, während dieser Wert nur etwa halb so groß ist, wenn die Außenluft –10°C kalt ist und eine Heizwassertemperatur von 55°C erzielt werden soll.

Man könnte sich noch damit trösten, daß an den sehr kalten Tagen eben doppelt so viel Strom für den Antrieb der Wärmepumpe geliefert und damit auch bezahlt werden müsse, weil es sich dabei nur um drei bis vier Wochen des Jahres handele. Es müßte jedoch nicht nur doppelt soviel Strom aufgewandt werden, diese elektrische Energie müßte auch etwa doppelt soviel kosten. Das führt schon zu dem Faktor vier. Gerade in der kalten Jahreszeit treten aber die Jahreshöchstbelastungen in den Stromversorgungsnetzen auf. Bei der Suche nach einem allgemein anwendbaren Ersatzsystem sollen später einmal Millionen von Heizanlagen umgestellt werden können. Das bedeutet, daß bei dem enormen Anteil der Raumheizung am Gesamtenergiebedarf des Landes zusätzliche und beträchtliche Kraftwerks- und Netzkapazitäten errichtet werden müßten, gingen Wärmepumpenheizungen dieser Art in Betrieb.

Um an dem nicht zu unterschätzenden Problem der Spitzenleistung vorbeizukommen, haben findige Stromkunden vorgeschlagen, die Umgebungsluft-Wärmepumpe mit einem Wasserspeicher zu koppeln und das Prinzip der Speicherheizung hierauf anzuwenden. Nur nachts sollte die Wärmepumpe den Speicher aufladen, also Schwachlast – soweit sie überhaupt noch zur Verfügung steht – nutzen. Dieser einleuchtende Vorschlag wird gleich durch drei Hindernisse zunichte gemacht: Erstens muß die Wärmepumpe doppelt so groß werden. Zweitens schafft die Wärmepumpe heutiger Technik nur maximal 55 °C Heizwassertemperatur; aus verschiedenen Gründen sind höhere Temperaturen nur in teuren Sonderfällen zu verwirklichen. Drittens ist es in den Winternächten um mehrere °C kälter als am Tage. Hätte man eine Warmwasser-Fußbodenheizung, die auch an sehr kalten Tagen mit 40 °C noch ausreichend Raumheizwärme liefern kann, dann blieben für die ausnutzbare Temperaturdifferenz 55–40 = 15 °C. Bei klassischer Warmwasserspeicherheizung wird der Speicher dagegen auf 95 °C aufgeladen, woraus sich eine Differenz von 95–40 = 55 °C, also fast das Vierfache ergibt. Der Vorschlag zur Kombination der Wärmepumpe mit einem Warmwasserspeicher scheitert also nicht nur an der schlechten Leistungszahl während kalter Winternächte, sondern auch an dem großen und damit teuren Speichervolumen, das hierfür notwendig wäre.

Wer sich noch immer nicht geschlagen gibt, einen großen Speicher bauen und entsprechend mehr Strom bezahlen möchte, nur um allein mit einer Umgebungsluft-Wärmepumpe sein Haus zu beheizen, der hätte eine weitere Hürde zu überwinden. Bei Abkühlung von Luft schlägt sich der in ihr enthaltene Wasserdampf an kälteren Flächen als Wasser oder sogar als Reif oder Eis nieder (Beispiel: Rauhreifbildung an Autoscheiben parkender Wagen während der kalten Jahreszeit). Dieser Effekt tritt leider auch an dem kalten Wärmetauscher der Wärmepumpe, dem Verdampfer, auf. Er vereist bei Außenlufttemperaturen zwischen + 2 °C und – 5 °C. Der Wärmeübergang wird schlechter, die Wärmepumpe leistet kaum noch etwas. Also muß der Verdampfer enteist werden, was z.B. mit einer elektrischen Zusatzheizung möglich ist. Doch genau das ist nicht Sinn der Sache. Man nutzt die Wärmepumpe, um elektrische Energie einzusparen und nicht, um sie mit elektrischer Energie enteisen zu müssen, damit sie an den kritischen Tagen überhaupt funktioniert.

An dieser Stelle muß nun gesagt werden, daß es günstigere Enteisungseinrichtungen gibt und daß sogenannte „Mehrstufen-Wärmepumpen“ mit nacheinandergeschalteten Kreisläufen auch bei tiefen Außentemperaturen noch funktionsfähig sind. Erhebliche Entwicklungsarbeit wird hierfür geleistet. Einige Versuchsanlagen sind in Betrieb. Alle Experten sind sich darüber im klaren, daß diese nur mit Elektrizität betriebenen, deshalb „monovalent“ genannten Wärmepumpen etwa die dreifache Leistung und eine weitaus kompliziertere Technik benötigen, als die mit Brennstoff-Zusatzheizung kombinierten Wärmepumpen. Deshalb werden den monovalenten Wärmepumpen nur geringe Aussichten eingeräumt.

Verläßt man den Weg des „alles oder nichts“, versucht man einen Kompromiß zwischen bestehender Heiztechnik und sinnvoller Energieanwendung durch indirekte Nutzung der Sonnenenergie zu finden, so führen viele Überlegungen zu einer Kombination der Wärmepumpe mit der Ölheizung, zu einer „Vernunftehe zwischen Öl und Strom“. Der Verfasser hat sie vor nunmehr etwa 3 Jahren vorgeschlagen und „bivalente Heizung“ genannt. Seither wurden intensive Entwicklungsarbeiten vorangetrieben und etwa 70 Versuchsanlagen im Bundesgebiet errichtet, davon allein beim RWE 50 Anlagen. Dieses Unternehmen führte auch eine Sonderpreisregelung mit günstigem Strompreis ein, auf den es außerdem noch einen „Pionierrabatt“ von 20% für die Dauer von 10 Jahren gewährt; allerdings nur für die ersten tausend Kunden. Mehrere Herstellerfirmen haben erhebliche personelle und finanzielle Mittel investiert, um – die Zeichen der Zeit erkennend – vom Start weg dabei zu sein, Erfahrungen zu sammeln, die Serienfertigung und den Vertrieb vorzubereiten. Auch andere Stromversorgungsunternehmen, wie z.B. die Main-Kraftwerke Frankfurt (MKW), die Vereinigte Saar-Elektrizitäts-AG Saarbrücken (VSE), die Hessischen Elektrizitäts-AG Darmstadt (HEAG) und andere Stromversorgungsunternehmen erproben und fördern dieses Heizsystem durch Versuchsanlagen und günstige Strompreisregelungen.

Welche Vorteile hat die bivalente Wärmepumpenheizung?

Um das Ergebnis gleich vorwegzunehmen: Vorteile hat der Betreiber der Anlage, Vorteile haben die Industrie und das Installationsgewerbe, Vorteile haben die Energielieferanten, Vorteile hat der Staat oder die Energiepolitik. Wenn also alle Vorteile haben, dann muß sich – so sollte man annehmen – die Sache auch durchsetzen. Worin bestehen die Vorteile für die einzelnen Gruppen? Der Betreiber einer bivalenten Wärmepumpenheizung besitzt eine Anlage, die sowohl die gesamte Heizleistung allein mit Öl bewältigen als auch die Hälfte der Heizleistung, das entspricht im Normalwinter ⅔ der Heizenergiemenge, mit der Wärmepumpe decken kann. Bei einer Leistungszahl von rd. 3 werden demnach 45% der Heizenergiemenge aus kostenloser Sonnenenergie über die Umgebungsluft bezogen, nur noch 33% aus Heizöl für die sehr kalten Tage und nur 22% aus Strom für den Antrieb der Wärmepumpe. Die reinen Heizenergiekosten sind günstiger als bei der Ölheizung, was noch im einzelnen mit den Bildern 51 und 52 erläutert werden wird.

Die Industrie und das Installationsgewerbe erhalten neue Impulse, Fertigungsmöglichkeiten und Aufträge zur Lieferung und Installation solcher Anlagen. Ein großer Umstellungsprozeß deutet sich an. Es geht vor allem um die vielen vorhandenen Gebäude. Auch Ölheizungen haben eine Lebensdauer. Entweder werden die Ölkessel oder es werden die Öltanks defekt. Da Anlagenteile ausgewechselt werden, Handwerker ins Haus kommen müssen, bietet sich die Kombination mit der eigens hierfür entwickelten bivalenten Wärmepumpe geradezu an. Nicht Aufträge für Neubauten, sondern gerade diese bestehenden erneuerungsbedürftigen Anlagen stellen den „großen Kuchen" dar.

Die Energielieferanten, darunter sind hier die Stromversorgungsunternehmen und die Ölfirmen zu verstehen, haben natürlich unterschiedliche Interessen. Den Elektrizitätswerken geht es darum, neben der Speicherheizung weitere Heizungskunden versorgen zu können, ohne daß hierfür besondere Erzeugungs- und Verteilungskapazitäten errichtet werden müssen. Da bei bivalenter Heizung die Wärmepumpe bei Unterschreiten einer Außenlufttemperatur von + 3°C außer Betrieb geht, wird nur zu Zeiten Strom hierfür benötigt, an denen noch Kraftwerks- und Netzreserven vorhanden sind. Etwa 1,5 Millionen Wohnungen im Bundesgebiet könnten mit bivalenter Heizung ausgestattet werden und ohne Zubau von Kraftwerksleistung und ohne nennenswerte Netzverstärkung aus dem Niederspannungsnetz beliefert werden. Außerdem wäre der Strombezug solcher Heizanlagen in milden Wintern relativ und sogar absolut höher als in strengen Wintern. Weil es sich also bei der bivalenten Wärmepumpenheizung um eine besondere Art der Stromlieferung (Fachbegriff: mit unterbrechbarer Leistung) handelt, kann ein günstiger Strompreis vorgeschlagen werden. Daraus zieht wiederum der Betreiber der Anlage seinen Nutzen.

Die Ölfirmen haben große Schwierigkeiten zu überwinden. Leichtes Heizöl ist ohnehin kein besonderes Geschäft mehr. Wenn es in geringer Menge, dafür aber als speicherfähige Spitzenenergie für bivalente Wärmepumpenheizung Verwendung fände, so wäre dies ein sinnvoller Beitrag zur Reduzierung des Ölverbrauchs für die Raumheizung.

Jedem leuchtet ein, daß der Raubbau an diesem wertvollen Rohstoff zwar unaufhaltsam betrieben wird, sich aber mehr und mehr auf die Verwendung für Hochtemperaturwärme, Treibstoffe, chemische Produkte usw. konzentrieren sollte. Der Heizölpreis wird in den nächsten Jahren weiter ansteigen. Die zusätzlichen Belastungen für die Raumheizung werden dadurch ein Maß erreichen, das nicht mehr so ohne weiteres hingenommen werden kann. Deshalb ist ein geringerer Verbrauch von Heizöl für die Raumheizung nur zu begrüßen. Doch braucht man hierfür einen Ersatz. Eine neue Technik benötigt einige Jahre bis zur Serienreife. Vielleicht ist man eines Tages froh darüber, so frühzeitig mit der Förderung des Systems der bivalenten Heizung begonnen zu haben. Die Ölkonzerne Shell, Esso und BP stehen diesem System jedenfalls aufgeschlossen gegenüber.

Der Staat schließlich, die Energiepolitik, muß einerseits davon ausgehen, daß Elektrizität nur im unbedingt notwendigen Umfang verwendet werden soll, damit der weitere Ausbau von Kraftwerken, seien es nun Steinkohlen- oder Kernkraftwerke, nur auf die wirklich erforderlichen Einheiten beschränkt bleibt. Ein Heizsystem, das einerseits rd. 70% des bisherigen Heizöls einspart, dadurch die Importabhängigkeit verringert und zum Umweltschutz wesentlich

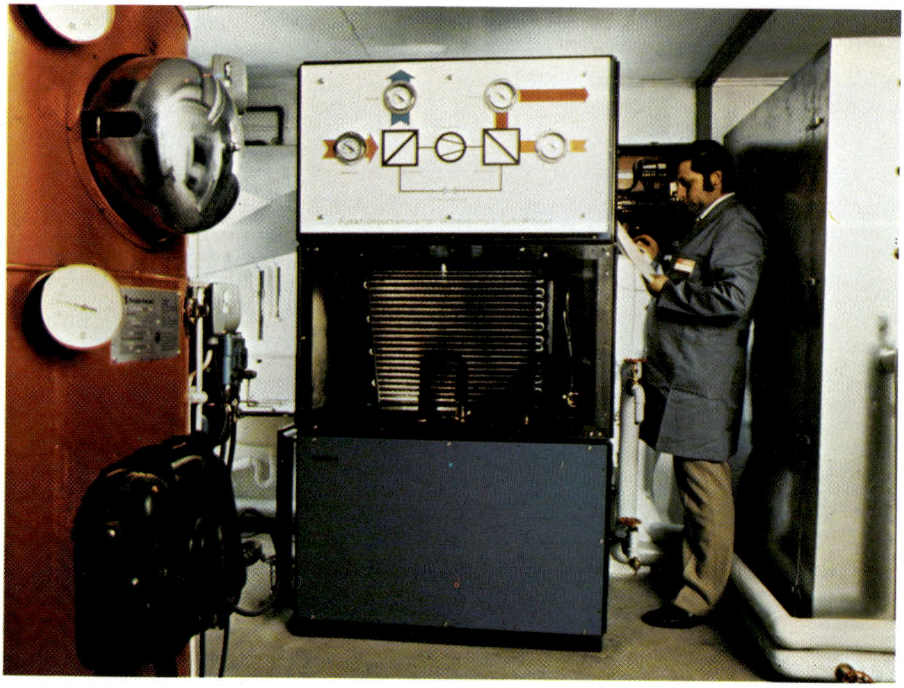

Bild 47: Wärmepumpen-Versuchsanlage (System Siemens) der Main-Kraftwerke Frankfurt als Kompaktgerät für die Aufstellung im Gebäude

Bild 48: Wärmepumpen-Kompaktanlage (System Vestfrost) mit Ölheizkessel, Brauchwarmwasserspeicher mit separater Wärmepumpe, Wärmepumpe mit Wärmetauscher (Kondensator) für den Heizkreislauf, Außenluft-Wärmetauscher (Verdampfer)

Bild 50: Schematische Darstellung einer Umgebungsluft-Heizwasser-Wärmepumpe, die mit hohem Nutzungsgrad Umgebungsluft für die Raumheizung verwendet (geringfügige Vorwärmung der kalten Winterluft durch Wärmeverluste der Hausfassade, Vorwärmung bei Sonneneinstrahlung durch Ziegeldach, Nutzung des Energieinhaltes der Luft).
Anlagenteile der Wärmepumpe: 1 Kältemittelleitung, 2 Wärmetauscher (Verdampfer), 3 Kompressor (Verdichter) mit Elektroantrieb, 4 Wärmetauscher (Verflüssiger oder Kondensator), 5 Drosselventil (Entspannung des Kältemittels). Größenverhältnisse: 2 etwa so groß wie Küchenspüle; 3, 4, 5 Kompakteinheit etwa so groß wie Gefrierschrank

Bild 49: Wärmepumpen-Versuchsanlage (System Happel) der RWE-Anwendungstechnik als Kompaktgerät für die Aufstellung im Freien (in Bildmitte hinter den Büschen, unauffällig neben dem Haus installiert)

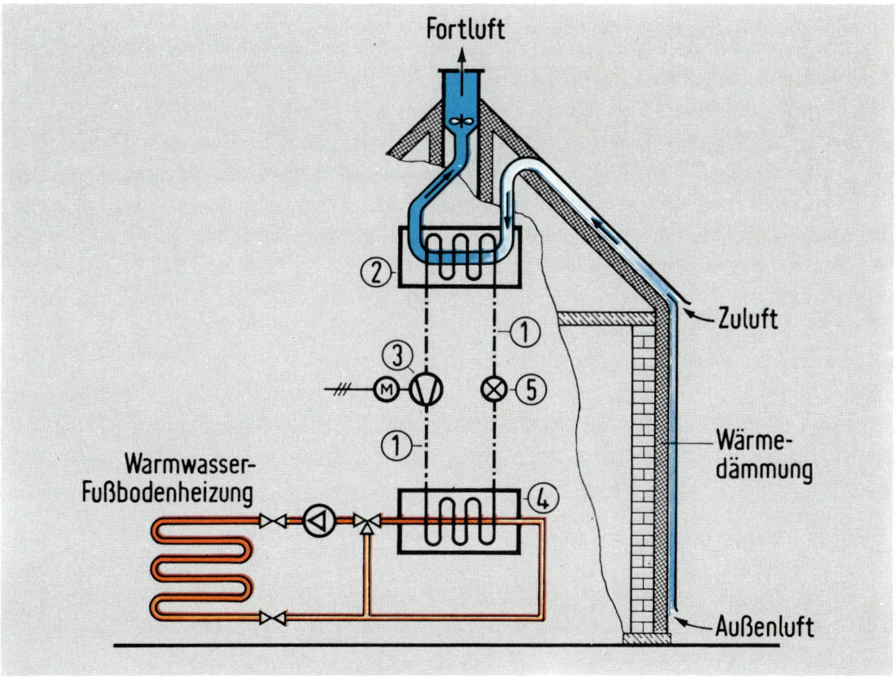

beiträgt, andererseits über Jahre hinaus ohne zusätzliche Kraftwerksleistung auskommt, ist geradezu ein Idealfall. Bedauernswert ist, daß eine Fürsprache gerade für dieses Heizsystem bisher von keiner staatlichen Stelle, von keinem Ministerium, von keiner Behörde ausdrücklich erfolgte. In den schwierigen Anfängen, 1974 und 1975, übersah man es völlig, selbst in großangelegten Systemanalysen für die zukünftige Energiebedarfsdeckung unseres Landes. Und doch könnte hierdurch mehr Öl substituiert werden als durch jeden anderen bisher diskutierten Vorschlag.

Allmählich schenkt man der Wärmepumpe ganz allgemein mehr Aufmerksamkeit. Das bivalente System stößt aber nach wie vor auf zurückhaltende Skepsis. Diese Einstellung der Behörden ist insofern verständlich, als selbst Energiewirtschaftler und Heizungsfachleute sich noch immer nicht vorstellen können, daß ein solches, nach ihrer Meinung kompliziertes System marktreif gemacht werden könne.

Handelt es sich nun wirklich um ein kompliziertes System bei dieser „Vernunftehe zwischen Öl und Strom“? Käme man ins Philosophieren, so ließe sich wohl darauf hinweisen, daß Vernunftehen manchmal komplizierter sind, dafür aber länger halten. Doch zurück zur Technik. Ist die Ölheizung, die Verbrennung von Kohlenwasserstoffen im Haus, nicht auch kompliziert, ohne daß wir es feststellen? Ist nicht auch eine elektrische Waschmaschine ein technisch sogar höchst kompliziertes Gerät? Warum soll die Wärmepumpe, im Prinzip in jedem Kühlschrank und in jedem Gefriergerät verwirklicht, nicht auch in Verbindung mit der Ölheizung als Kompaktanlage Eingang in viele Häuser finden? Den Betreiber einer Anlage interessiert nicht, wie kompliziert sie ist. Ihn interessiert in erster Linie, ob sie wirtschaftlich ist, eine hohe Lebensdauer und niedrige Wartungskosten besitzt.

Wie funktioniert eine bivalente Wärmepumpenheizung? An einem Beispiel läßt es sich einfach erklären. Ein Einfamilienhaus benötige am kältesten Wintertag eine Heizleistung von 17200 kcal/h oder, was dasselbe ist, von 20 kW. Für diesen Höchstwärmebedarf wird die Ölheizung ausgelegt. Ein Heizkessel mit einer Leistung von 20000 kcal/h würde gewählt. Die Wärmepumpe dagegen soll nur an Tagen mit einer durchschnittlichen Außentemperatur von + 3 °C und darüber betrieben werden. Das bedeutet, daß sie nur die halbe Heizleistung erbringen muß; denn von der gewünschten Raumtemperatur von z.B. 21 °C bis zu + 3 °C besteht eine Temperaturdifferenz von 18 Grad und von + 3 °C bis zu – 15 °C, dem kältesten angenommenen Tag, ergibt sich ebenfalls eine Differenz von 18 Grad. Die halbe Heizleistung bedeutet in diesem Beispiel 10 kW. Da die Wärmepumpe aber nur einen Bruchteil dieser abzugebenden Heizleistung als elektrische Antriebsleistung benötigt, errechnet sich mit einer Leistungszahl von z.B. 2,7 eine elektrische Anschlußleistung dieser Wärmepumpe von 10 : 2,7 oder rd. 3,5 kW.

Wärmepumpen dieser Leistung sind bereits als Seriengerät zu haben, so man wünscht, auch gleich in Kombination mit einer Ölheizung. Bild 47 zeigt eine Wärmepumpenversuchsanlage dieser Art. Die daraus entwickelte Serienanlage hat noch kleinere Abmessungen. Wieweit die Serienfertigung schon vorbereitet ist, zeigt Bild 48. Wie zwei große Gefrierschränke sieht die Kompaktanlage aus.

Sie enthält den Ölheizkessel (unten links), den Brauchwarmwasserspeicher mit separater Wärmepumpe (oben links), die Wärmepumpe mit Wärmetauscher (Kondensator) für den Heizkreislauf (unten rechts) und den Außenluft-Wärmetauscher (Verdampfer) der Wärmepumpe (oben rechts). Die einzelnen „Bausteine“ können auch getrennt aufgestellt werden. Will man die Kompaktanlage nicht im Haus aufstellen, sondern dort nur den Ölheizkessel und die Batterietanks belassen, dann kann die Wärmepumpe komplett auch im Garten installiert werden (siehe Bild 49). Selbst auf dem Dachboden sind solche Kompaktgeräte schon in Betrieb.

Viele praktische Erkenntnisse wurden gesammelt, die Anlagen verbessert, die Geräuschfrage gelöst. Eine Anlage zum Beispiel wird auf einem Dachboden direkt über dem Schlafzimmer betrieben, ohne daß sie zu hören ist. In diesem Fall wird die Umgebungsluft wegen der zweischaligen Bauweise des Gebäudes durch die Hohlräume zwischen Vormauerstein und Wärmedämmung angesaugt (siehe Bild 50). Diese Umgebungsluft enthält dann auch einen Teil der Wärmeverluste des Hauses, die über die Wärmepumpe wieder nutzbar gemacht werden können. Auch ein Hohlraum unter der dunkelfarbigen Dacheindeckung ist denkbar, so daß hierdurch auch wieder indirekt Sonnenenergie genutzt werden kann.

Doch zurück zu dem Beispiel des Einfamilienhauses, für das sich eine elektrische Anschlußleistung der Wärmepumpe von 3,5 kW bei einer Heizleistung von 10 kW ergab. Hätte dieses Haus eine elektrische Direktheizung erhalten, so wäre 20 kW Heizleistung erforderlich gewesen. Bei Speicherheizungen hätte sich wegen der Vorhaltung der Heizwärme und der auf die Nacht beschränkten Aufladezeit eine elektrische Anschlußleistung von 38 kW ergeben. Das Ergebnis ist für Elektrizitätswirtschaftler faszinierend. (Obwohl es dort nur bei wenigen Unternehmen bisher Auswirkungen zeigte): Die bivalente Wärmepumpe benötigt nur den sechsten Teil der Anschlußleistung gegenüber elektrischer Direktheizung und den elften Teil der Anschlußleistung gegenüber Speicherheizung. Deshalb ist eine aktive Förderung der bivalenten Wärmepumpenheizung durch die Elektrizitätswirtschaft zu erwarten.

Die „sanfte Revolution“ in der Heiztechnik wird dann voll zur Auswirkung kommen, wenn die Ölpreise weiter steigen. Wenn bei einem System wie der bivalenten Wärmepumpenheizung 45% der gesamten Energiemenge jahraus jahrein kostenlos aus Sonnenenergie geliefert werden, so stellen sich außerordentlich schnell deutliche Verschiebungen bei steigenden Ölpreisen ein.

Überzeugender als durch viele Worte geht dies aus den Bildern 51 und 52 hervor. Im rechten Teil von Bild 51 können die Gesamtkosten der Ölheizung ermittelt werden. Sie setzen sich zusammen aus den Energiekosten, beeinflußt durch den Ölpreis, und den Festkosten, beeinflußt durch die Anschaffungskosten und den angenommenen Abschreibungssatz für Zinsen und Tilgung. Mit 30 Pf/l und 2100 DM jährlichen Festkosten erhält man 3600 DM Gesamtkosten. Für eine Wärmepumpenheizung als monovalente Anlage, d.h. ohne Zusatzbrennstoffheizung, müßten ein Strompreis von 20 Pf/kWh und Festkosten von 3150 DM angesetzt werden. Dies führt zu Gesamtkosten von 5500 DM.

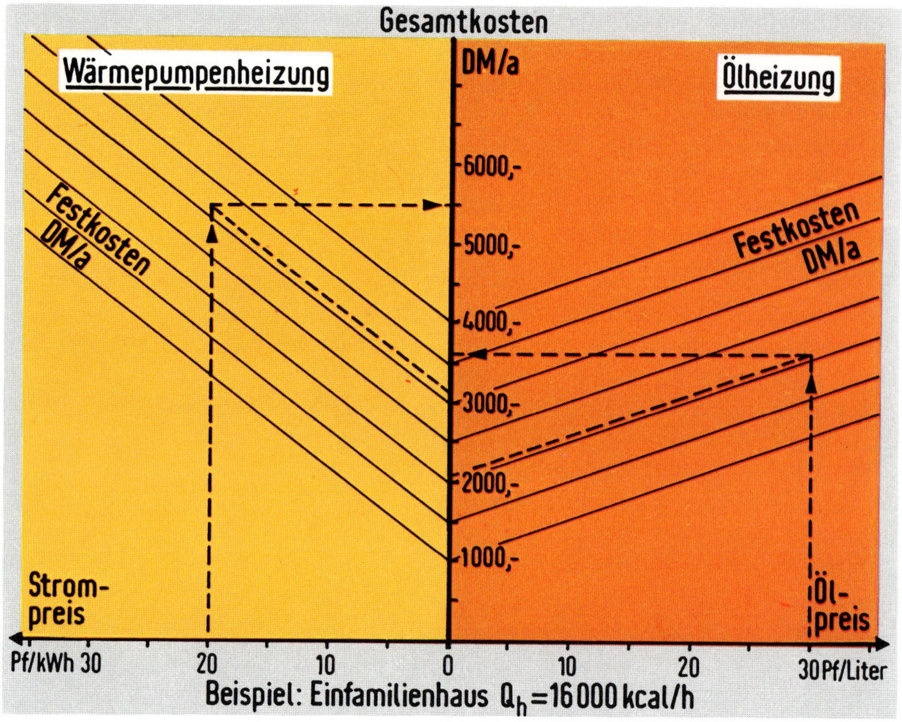
Gesamtkosten
DM/a
Wärmepumpenheizung
Ölheizung
6000,-
5000,-
4000,-
3000,-
2000,-
1000,-
Festkosten DM/a
Festkosten DM/a
Strom-
preis
Öl-
preis
Pf/kWh 30
20
10
0
10
20
30 Pf/Liter
Beispiel: Einfamilienhaus Q_h = 16000 kcal/h

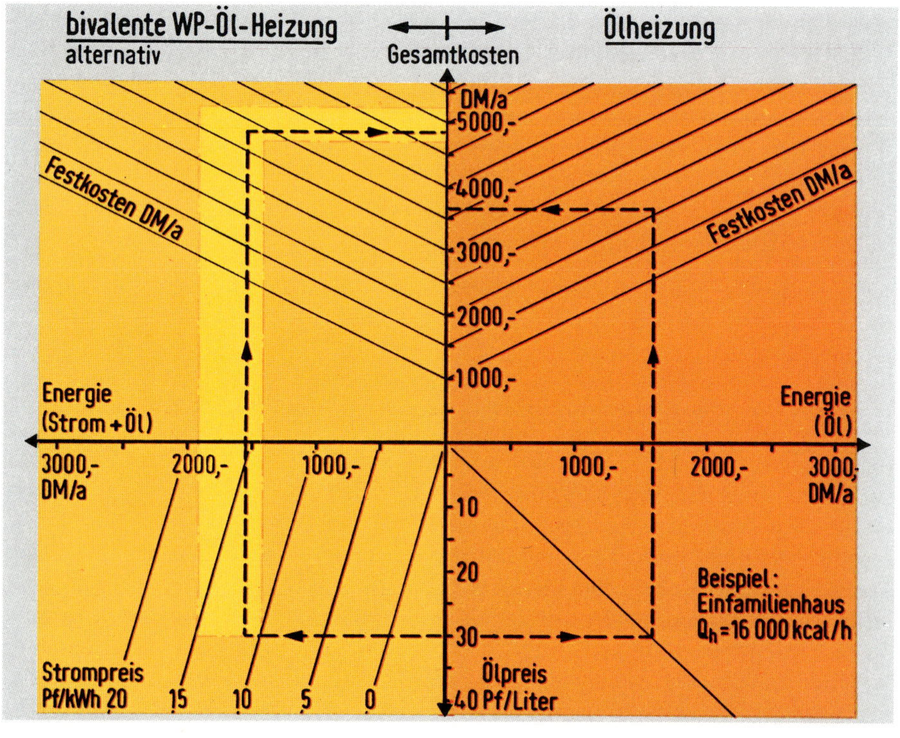
bivalente WP-Öl-Heizung
alternativ
Gesamtkosten
Ölheizung
DM/a
5000,-
4000,-
3000,-
2000,-
1000,-
Festkosten DM/a
Festkosten DM/a
Energie
(Strom + Öl)
Energie
(Öl)
3000,-
DM/a
2000,-
1000,-
1000,-
2000,-
3000,-
DM/a
10
20
30
Beispiel:
Einfamilienhaus
Qh = 16 000 kcal/h
Strompreis
Pf/kWh 20
15
10
5
0
Ölpreis
40 Pf/Liter

Um mit der monovalenten Wärmepumpe auf gleiche Gesamtkosten wie beim Öl zu kommen, müßten entweder die Festkosten auf rd. 1300 DM fallen oder der Strompreis auf 4 Pf/kWh sinken. Beides ist undenkbar.

Im Bild 52 wird die gleiche Ölheizung mit einer bivalenten Öl-/Wärmepumpenheizung verglichen. Wieder ergeben sich für Öl, ausgehend von 30 Pf/l, die erwähnten 3600 DM Gesamtkosten. Das eingezeichnete Beispiel bezieht sich auf einen Strompreis von 12 Pf/kWh und kommt damit zu Energiekosten (Strom plus Öl) von 1550 DM, die etwa genauso hoch sind wie bei der reinen Ölheizung. Mit Festkosten von 3300 DM erhält man bei der bivalenten Wärmepumpenheizung Gesamtkosten von 4850 DM. Sie lagen wegen der hohen Anschaffungskosten der Wärmepumpe zum Zeitpunkt der Erstellung dieses Bildes, im März 1976, deutlich über denen der Ölheizung von 3600 DM.

Die entscheidenden Aussagen aber sind die folgenden: Mit der heutigen RWE-Sonderpreisregelung abzüglich 20% Pionierrabatt beträgt der Strompreis 7,2 Pf/kWh. Voraussetzung ist hier der Alternativbetrieb, wobei entweder mit der Wärmepumpe oder mit der Ölheizung geheizt wird; eine parallele Fahrweise ist nicht gegeben. Um auf Gleichstand mit der Ölheizung zu kommen, dürfen die jährlichen Festkosten 2550 DM betragen, was inzwischen schon durch Senkung der Anschaffungskosten für Wärmepumpen erreichbar ist. Ein weiteres Sinken der Wärmepumpenpreise ist zu erwarten. Gehen wir nun für ein Beispiel des Jahres 1979 von 2300 DM Festkosten und einem Strompreis von 9 Pf/kWh bei bivalenter Wärmepumpenheizung aus und setzen die Ölheizung mit 40 Pf/l und 2250 DM Festkosten (höherer Wartungsaufwand durch Umweltschutzauflagen) hierzu ins Verhältnis, so spart man bei bivalenter Wärmepumpenheizung, bei der „Vernunftehe zwischen Öl und Strom", jährlich 600 DM an Energiekosten (Strom und Öl) und 550 DM an Gesamtkosten. Unschwer ist vorauszusagen, daß sich diese auseinanderlaufende Entwicklungstendenz fortsetzen wird. Der Abstand zwischen der klassischen Ölheizung und der bivalenten Wärmepumpenheizung wird zugunsten der letzteren von Jahr zu Jahr größer werden. Manche sprechen in diesem Zusammenhang von einer Sparkasse. Wer nämlich nicht mit dem Schuldzinssatz bei der Abschreibung rechnet, sondern Geldmittel in bar zur Verfügung hat, der könnte sie auf diese Weise bei seiner Heizung anlegen.

Die hier geschilderten Zusammenhänge mögen zu optimistisch erscheinen. Dennoch sind noch nicht alle Pluspunkte der bivalenten Wärmepumpenheizung erwähnt worden. Sehen wir von Kleinigkeiten ab, z.B. von der Tatsache, daß die Öltanks nur noch $\frac{1}{3}$ des bisherigen Volumens benötigen oder daß bei ihrer Beibehaltung Öl für drei Jahre auf Lager gehalten werden kann, so ist auf einen wichtigen Umstand noch hinzuweisen: Die mögliche Verbesserung der Technik der Wärmepumpe.

Bild 51: Betriebskostenvergleich (Anlagekosten + Heizenergiekosten) zwischen Ölheizung und Wärmepumpenheizung

Bild 52: Betriebskostenvergleich (Anlagekosten + Heizenergiekosten) zwischen Ölheizung und Bivalenter Wärmepumpenheizung

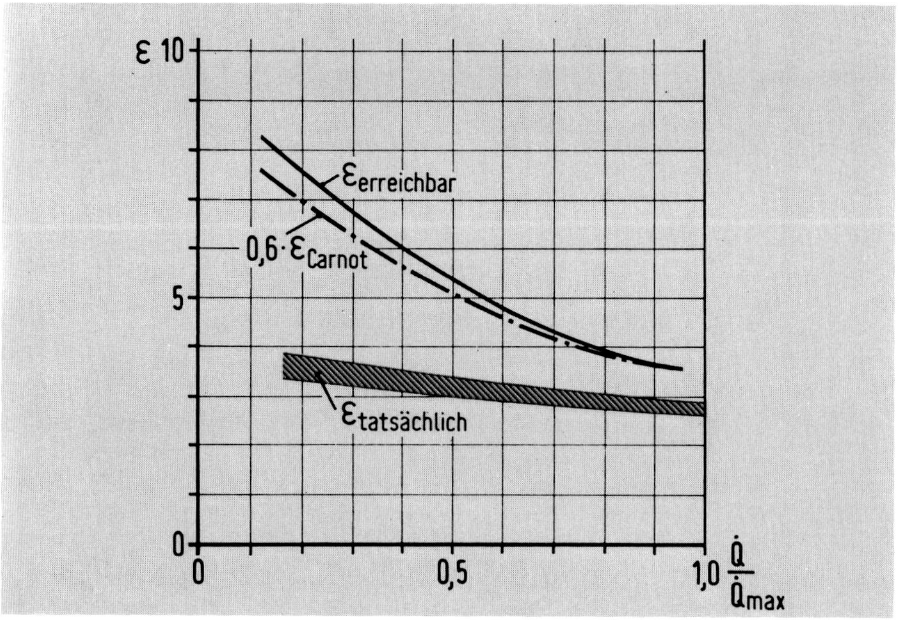

Bild 53: Gegenwärtige und zukünftig erreichbare praktische Leistungszahl von Umgebungsluft-Wärmepumpen

Die schon oft erwähnte Leistungszahl kann man auch in Abhängigkeit des Verhältnisses von abzugebender Heizleistung zur maximalen Heizleistung darstellen (siehe Bild 53). Sie liegt dann in der Praxis für ein bestimmtes Kältemittel im Bereich von 2,8 bis 3,6 (schraffierte Fläche). 60% der theoretisch möglichen Leistungszahl liegen in der Graphik im Bereich von 3,7 bis 7,6. Durch verschiedene Maßnahmen, die gegenwärtig von der RWE-Anwendungstechnik in Teilschritten zusammen mit mehreren darauf spezialisierten Unternehmen verfolgt werden, führen zu der Erkenntnis, daß im Laufe eines Jahrzehnts eine Leistungszahl im Bereich von 3,7 bis 8,2 praktisch erreichbar wäre. Diese Aussage beruht auf fundierten Grundlagen, was deshalb hinzugefügt werden muß, weil dieses Ergebnis noch ungeahnte Möglichkeiten eröffnet. Wenn eine Wärmepumpe im Sommer oder in der Übergangszeit günstige Außentemperaturverhältnisse vorfindet, so könnte die Warmwasserbereitung für Brauchwasser oder für Schwimmbäder mit einer Leistungszahl von 6 bis 7 erfolgen. Kostet dann eine Kilowattstunde z.B. 13 Pf/kWh, so würde die Wärmeenergie nur zu 13:6,5 = 2 Pf/$kWh_{thermisch}$ von der Wärmepumpe geliefert werden können.

Wer sich diese Aussichten vor Augen hält, der versteht, warum hier von einer sanften Revolution der Heiztechnik die Rede ist. Letzten Endes entscheiden doch in erster Linie betriebswirtschaftliche und nicht ökologische, energiepolitische oder volkswirtschaftliche Gesichtspunkte.

Das hohe Lied der Wärmepumpe ist dennoch nicht zu Ende gesungen. Zu den möglichen technischen Verbesserungen ist noch ein weiterer Lichtblick hinzuzufügen. Seit fast 2 Jahren arbeitet die RWE-Studiengesellschaft Energietechnik zusammen mit Borsig, Berlin, an der Entwicklung eines elektrisch angetriebenen Kreiskolben-Kompressors für Heizwärmepumpen (siehe Bild 54). Alle bisherigen Wärmepumpen, auch die Aggregate in Kühlschränken und Gefriergeräten, verwenden Hubkolben-Kompressoren. Das Kreiskolben-Prinzip als Wankelmotor, im RO 80 seit Jahren erfolgreich in einem Kraftfahrzeug verwirklicht, eignet sich auch für getriebene Maschinen. Die Wärmepumpe ist eine getriebene Maschine, angetrieben durch einen Elektromotor. Der Kompressor, zu deutsch „Verdichter", würde günstigere Eigenschaften besitzen, wenn sein Hubkolben nicht stets die Auf- und Abwärtsbewegung zur Verdichtung des Kältemittels vollziehen müßte, sondern wenn statt des Hubkolbens ein Kreiskolben, ein Wankel-Verdichter, angetrieben würde. Das Kältemittel würde in Kammern angesaugt, verdichtet und ausgestoßen. Das Druck- und Volumenverhältnis eines solchen Kreiskolben-Kompressors läßt die Wahl eines anderen Kältemittels zu. Kleinere Abmessungen, größere Laufruhe, höhere Arbeitszahl bei Verwendung des bisherigen Kältemittels bzw. eine geringere Arbeitszahl bei anderem Kältemittel, dafür aber eine höhere Vorlauftemperatur des Heizwassers von nicht mehr 55 °C, sondern von bis zu 95 °C wären möglich. Über diese Entwicklung würde hier nicht geschrieben, hätte sie nicht Aussicht auf praktische Verwirklichung.

Bild 54: Von der Borsig AG und der RWE-Studiengesellschaft Energietechnik entwickelter Wankel-Verdichter für Heizwärmepumpen. Die Größe des im Bild gezeigten Verdichters (vgl. Streichholzschachtel), der nach dem Kreiskolbenprinzip arbeitet, reicht für die bivalente Heizung eines normalen Einfamilienhauses. Wärmepumpen mit diesem Verdichter sollten 1978 als Seriengeräte auf den Markt kommen.

II. 16 Klarheit durch Energieflußbilder

Welche Heizsysteme benötigen wieviel Energie, sei es nun Kohle, Öl, Gas oder Strom? Diese Frage wird seit der Ölkrise häufig gestellt, leider selten richtig beantwortet. Meist beruhen die falschen Antworten nicht einmal auf Schönfärberei oder Schwarzmalerei, sondern sie werden aus Unkenntnis gegeben.

Der Energiewirtschaftler würde zunächst fragen: Was ist unter Energie zu verstehen, Primärenergie oder Sekundärenergie oder Nutzenergie? Er würde dann weiter fragen, ob zwischen importierter Energie oder heimischer Energie zu unterscheiden sei.

Primärenergie ist Ausgangsenergie, die aufbereitet werden muß, bevor sie als Sekundärenergie für bestimmte Verwendungszwecke eingesetzt werden kann. Im Hafen von Rotterdam lagerndes Rohöl, in der Zeche geförderte Steinkohle, in den Ferngas-Pipelines strömendes Erdgas, das sind Primärenergien. Aus Braunkohle erzeugte Elektrizität, in der Raffinerie aufbereitetes leichtes Heizöl, für Kochzwecke verwendetes Erdgas, das sind Sekundärenergien. An sich braucht man Primär- oder Sekundärenergie nur dazu, um sie in Nutzenergie umzuwandeln. Lichtenergie (Glühlampe, Leuchtstofflampe), Schallenergie (Radio), mechanische Energie (Benzin-, Diesel-, Elektromotor), Wärmeenergie (Raumheizgerät, Warmwasserbereiter, Schmelzofen) und chemische Energie (Batterie, Elektrolyse), diese fünf Energiearten bezeichnet man als Nutzenergie.

Zur Beantwortung der Frage, welches Heizsystem wieviel Energie benötige, muß man also zwischen den drei Begriffen Primär-, Sekundär- und Nutzenergie unterscheiden. Es gibt zum Beispiel Heizsysteme, die zur Erzeugung der Nutzenergie – in diesem Fall Heizwärme – wesentlich mehr Sekundärenergie benötigen. Die Herstellung dieser Sekundärenergie aber erfordert nur wenig mehr an Primärenergie.

Die Ölheizung ist ein solches Beispiel. Und es gibt Heizsysteme, die für die gleiche Menge Nutzenergie nur einen Bruchteil an Sekundärenergie aufwenden

Bild 55: Energieflußbilder für die Jahresenergiebilanz verschiedener Heizsysteme. Links oben: Zentralheizung mit leichtem Heizöl, Erdgas oder Kohle/Koks; rechts oben: Zentralheizung mit stromversorgter Grundwasser- oder Erdreich-Wärmepumpe; Mitte links: Zentralheizung mit bivalenter Heizung (Winterspitze und sonnenarme Tage mit stromversorgtem Wochenspeicher, übrige Tage mit Kollektoren); Mitte rechts: Zentralheizung mit bivalenter Heizung (Winterspitze mit Öl- oder Flüssiggasheizung, übrige Tage mit stromversorgter Umgebungsluft-Wärmepumpe); unten links: Zentralheizung mit bivalenter Heizung (Winterspitze und sonnenarme Tage mit Öl- oder Flüssiggasheizung, übrige Tage mit Kollektoren); unten rechts: Zentralheizung mit erdgasversorgter Umgebungsluft-Wärmepumpe

a) Zentralheizung mit leichtem Heizöl, Erdgas oder Kohle/Koks

b) Zentralheizung mit stromversorgter Grundwasser- oder Erdreich-Wärmepumpe

c) Zentralheizung mit bivalenter Heizung (Winterspitze und sonnenarme Tage mit stromversorgtem Wochenspeicher, übrige Tage mit Kollektoren)

d) Zentralheizung mit bivalenter Heizung (Winterspitze mit Öl- oder Flüssiggasheizung, übrige Tage mit stromversorgter Umgebungsluft-Wärmepumpe)

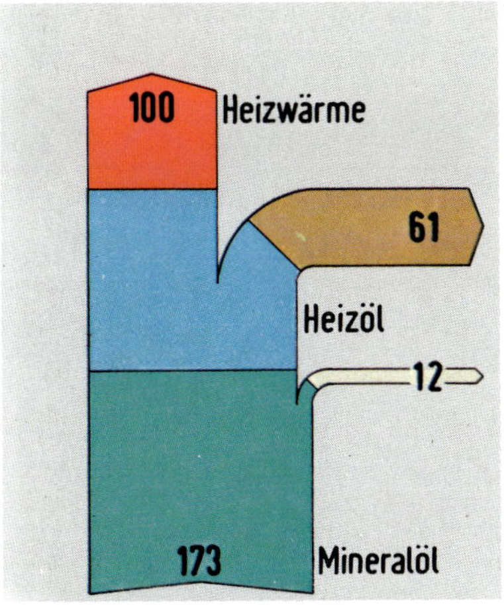

a)

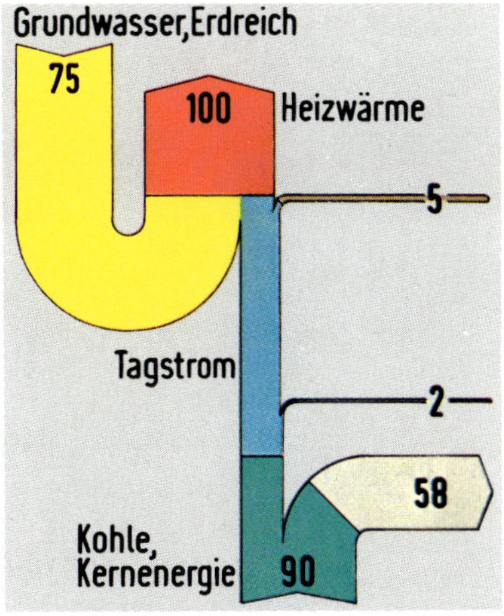

b)

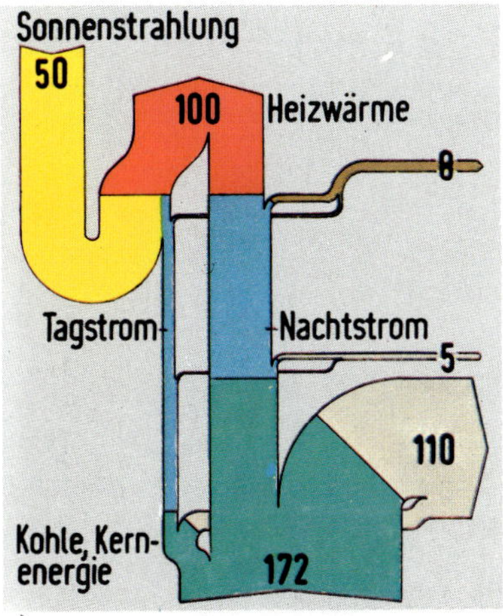

c)

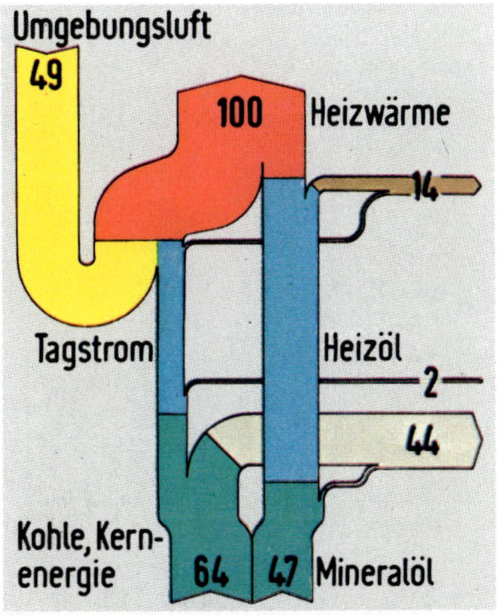

d)

Sonnenenergie

Nutzenergie

Umwandlungsverluste am Verbrauchsort

Sekundärenergie = Endenergie

Umwandlungsverluste der Energiebereitstellung

Primärenergie

e) Zentralheizung mit bivalenter Heizung (Winterspitze und sonnenarme Tage mit Öl- oder Flüssiggasheizung, übrige Tage mit Kollektoren und WP)

f) Zentralheizung mit erdgasversorgter Umgebungsluft-Wärmepumpe

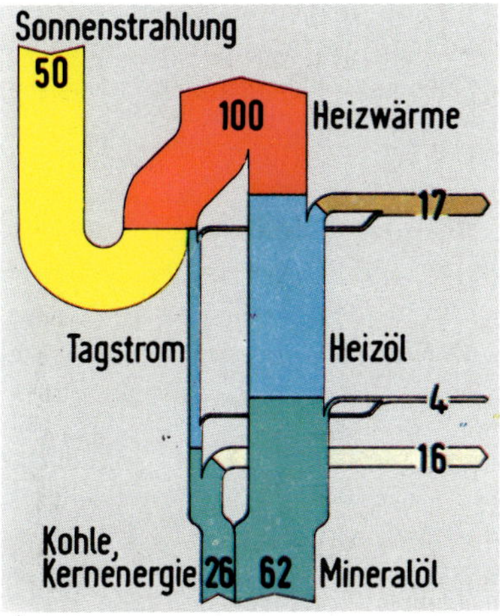

e)

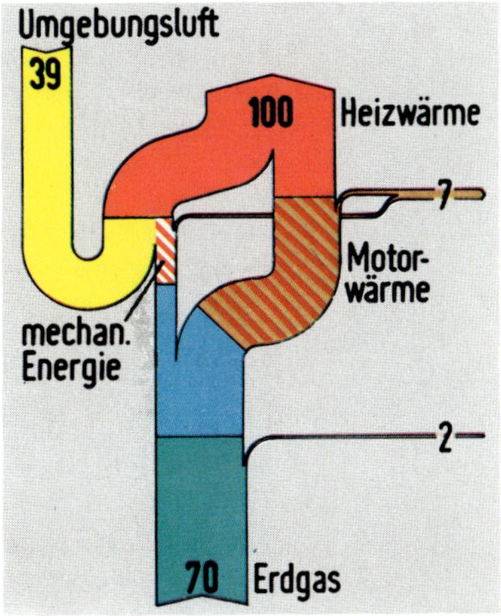

f)

müssen. Für die Sekundärenergie aber brauchen sie das Dreifache an Primärenergie. Die elektrisch angetriebene Wärmepumpe liefert dafür das typische Beispiel.

Um zu der umstrittenen Frage, welches Heizsystem denn nun mehr Energie benötige, eine für alle drei Energiebegriffe zuverlässige Antwort geben und verschiedene Systeme miteinander vergleichen zu können, sind deren Energiebilanzen in sog. Energieflußbildern in Bild 55 dargestellt (Ausgangsdaten siehe Anhang). Sechs verschiedene Systeme werden miteinander verglichen.

Links oben im Bild ist das Energieflußbild der Ölzentralheizung gezeigt. Der Heizwärmebedarf (rotes Feld), z.B. eines Wohnhauses, ist gleich 100 gesetzt. Diese Energiemenge ist gleichbedeutend mit der Nutzenergie, die hier in Form von Heizwärme zur Aufrechterhaltung des gewünschten Raumklimas während eines Jahres benötigt wird. Um diese Nutzenergie erzeugen zu können – physikalisch richtiger gesagt, aus der Energie des Heizöles in Wärmeenergie umwandeln zu können – muß etwa die 1,6fache Energiemenge am Ort der Energieumwandlung, hier im Wohnhaus, aufgewandt werden. Denn über das Jahr gesehen betragen die Umwandlungsverluste am Verbrauchsort (braunes Feld) knapp 40%. Anders ausgedrückt: 161 Teile Heizöl werden verbrannt, um 100 Teile nutzbare Heizwärme zu erhalten. Diese Energie wird als Sekundärenergie oder Endenergie (blaues Feld) bezeichnet. Das Heizöl wiederum wird aus Mineralöl durch einen Raffinerieprozeß hergestellt. Auch hierbei müssen Verluste von insgesamt 7% in Kauf genommen werden. Anders ausgedrückt: Von 173 Teilen Mineralöl bleiben 12 Teile als Umwandlungsverluste der Energiebereitstellung (graues Feld) ungenutzt. Die insgesamt benötigte Energiemenge bezeichnet man als Primärenergie (grünes Feld).

Bei der Ölheizung muß somit am Ort der Energiebereitstellung rd. die 1,7fache Energiemenge und am Ort des Energieverbrauchs – genauer der Umwandlung in Heizwärme – rd. die 1,6fache Energiemenge im Verhältnis zur tatsächlich benötigten Nutzenergie aufgewandt werden.

Bei Erdgas sind die Umwandlungsverluste etwas geringer, bei Kohle oder Koks etwas höher.

Komplizierter würden diese Betrachtungen, wenn auch noch die Folgeketten, z.B. Energiebedarf für den Transport der Ölmengen zur Raffinerie und von dort zu den Heizölkunden, einbezogen würden.

Vergleicht man nun die Umwandlungskette bei Verwendung einer Erdreich-Wärmepumpe oder einer Grundwasser-Wärmepumpe mit derjenigen der Ölheizung, so ergeben sich einige überraschende Tatsachen. Rechts oben in Bild 55 ist der Energiefluß für diesen Fall nach dem gleichen Schema dargestellt.

Wieder ist, um einen wirklichen Vergleich zu ermöglichen, der Heizwärmebedarf (rotes Feld) gleich 100 angesetzt. Am Ort des Energiebedarfs, hier im Wohnhaus, werden bei der für solche Wärmepumpen geltenden Leistungszahl 75 Teile aus Sonnenenergie (gelbes Feld) indirekt über den Zwischenspeicher Erdreich oder Grundwasser und 25 Teile vom Antrieb der Wärmepumpe geliefert. Doch auch bei diesem System treten über das Jahr gesehen gewisse

Umwandlungsverluste, z.B. durch die Heizwärmeverteilung im Haus, auf (braunes Feld), so daß 30 Teile Sekundärenergie oder Endenergie (blaues Feld) am Verbrauchsort in Form elektrischer Energie für den Antrieb der Wärmepumpe benötigt werden.

Die Gesamtverluste durch den Stromtransport vom Kraftwerk bis zur Wärmepumpe liegen bei etwa 7% (graues Feld). Am Kraftwerk müssen demnach 32 Teile in das Versorgungsnetz eingespeist werden. Zu den Umwandlungsverlusten durch Stromtransport kommen die Verluste bei der Stromerzeugung (ebenfalls graues Feld), so daß 90 Teile als Primärenergie (grünes Feld) aufgebracht werden müssen; in der Bundesrepublik zumeist in Form von Kohle und in Zukunft mehr und mehr von Kernenergie.

Wie aus dem Vergleich der beiden oberen Energieflußbilder ersichtlich, ergibt sich ein Verhältnis von Primärenergieaufwand bei Brennstoffheizungen zu Primärenergieaufwand bei Erdreich- oder Grundwasser- oder Laufwasser-Wärmepumpen von rd. 2:1. Trotz des ungünstigen Kraftwerkwirkungsgrades wird also bei der Ölheizung noch doppelt so viel Primärenergie, hier zu importierendes, politisch abhängiges Rohöl, benötigt. Am Verbrauchsort ergibt sich bei dem Vergleich dieser beiden Systeme sogar ein Verhältnis von 5:1.

Es ist also einfach nicht wahr, wenn gesagt wird, daß die Wärmepumpe mindestens eine Arbeitszahl von 3 haben müsse, damit sie nicht mehr Primärenergie verbrauche als die Ölheizung. Tatsächlich würde bei dieser Wärmepumpen-Arbeitszahl knapp die Hälfte und bei einer Arbeitszahl von 3,5 rd. die Hälfte der Primärenergiemenge einer Ölheizung benötigt.

Demnach hat der Wärmepumpeneinsatz aus volkswirtschaftlicher Sicht drei wesentliche Vorteile:

1) Es wird nur etwa die Hälfte an Primärenergie benötigt.

2) Die eingesetzte Primärenergie unterliegt politischen Abhängigkeiten bei weitem nicht in dem Maße wie das Rohöl.

3) Die Schadstoffbelastung am Verbrauchsort, bei der Ölheizung ein besonderer Nachteil, ist gleich Null und am Kraftwerk – in der Großanlage – leichter beherrschbar.

Für die Kombination des Solarkollektors mit elektrischer Energie ist, wie schon mehrmals betont, nicht denkbar, daß die Elektrizitätswirtschaft die „Lückenbüßerrolle" übernimmt und immer dann Strom für Heizzwecke liefert, wenn der Kollektor nicht ausreichend Heizenergie erzeugen kann. Nur der Fall der Wochenspeicherung wäre wirtschaftlich machbar. Das Energieflußbild dieses Systems ist im Bild 55 in der Mitte links dargestellt. Bei genügend großem Warmwasserspeicher und ausreichender Versorgungsmöglichkeit für die hohe Wochenend-Nacherhitzung könnte mit sehr preisgünstigem Wochenendstrom beispielsweise von 13.00 Uhr am Samstagmittag bis 5.00 Uhr am Montagmorgen während dieser ausgesprochen lastschwachen 40 Stunden elektrische Energie in Wärme umgewandelt werden. Die im Großspeicher vorgehaltene Wärme würde für solche Tage der darauffolgenden Woche benötigt, an denen die Kollektoren kaum Sonnenenergie nutzbar machen können. Von den Heizenergiekosten – nicht von den Anlagekosten – her gesehen wäre das eine besonders wirtschaftliche Lösung. Der Primärenergiebedarf würde genauso hoch wie bei der Ölheizung ausfallen, allerdings nicht derart importabhängig sein. Immerhin würde die Hälfte der Heizwärme aus Sonnenenergie bereitgestellt, und am Ort des Heizwärmebedarfs wäre die Schadstoffbelastung gleich Null.

Ebensoviel Sonnenenergie macht auch die bivalente Heizung, die Kombination der Umgebungsluft-Wärmepumpe mit der Ölheizung, nutzbar. Der Primärenergiebedarf ist mit 111 Einheiten wesentlich geringer als bei dem eben behandelten System mit Solarkollektor und Wochenspeicher. Der Energiefluß der bivalenten Heizung ist im Bild in der Mitte rechts gezeigt.

Der wieder gleich 100 gesetzte Heizwärmebedarf des Hauses (rotes Feld) wird über das Jahr betrachtet zu einem Drittel mit Heizöl und zu zwei Dritteln mit der Wärmepumpe gedeckt. Beim Heizöl ergibt sich entsprechend der Darstellung links oben die Verlustkette bis zum Primärenergiebedarf und bei der Wärmepumpe entsprechend der Darstellung rechts oben die Unterscheidung zwischen indirekter Sonnenenergienutzung – hier mit 49 Teilen – und Strombedarf für den Antrieb der Wärmepumpe. Auch bei diesem System wird wesentlich weniger Primärenergie benötigt – nur etwa 65% – als bei der klassischen Ölheizung. Und der Energiebedarf am Verbrauchsort beträgt nur 40%. Ausschlaggebend für dieses günstige Ergebnis ist u.a. auch die Tatsache, daß die schlechten Wirkungsgrade der Ölheizung bei Teillastbetrieb, z.B. während der langen Übergangszeiten, sich nicht auswirken können, weil gerade in jener Zeit die Ölheizung abgeschaltet und die Wärmepumpe in Betrieb ist.

Kombiniert man die Ölheizung nicht mit einer Wärmepumpe, sondern mit einem Solarkollektor (im Bild 55 links unten), so kann hierbei erstaunlicherweise – zumindest bei vernünftiger Anlagenkonzeption – auch nicht mehr Sonnenenergie nutzbar gemacht werden als bei der Kombination mit der Wärmepumpe. Der Primärenergiebedarf ist hierbei noch niedriger als bei bivalenter Heizung. Dieses System wäre also recht brauchbar, wenn nur die Anschaffungs- und Installationskosten für die hier benötigte große Kollektorfläche nicht so hoch wären. Bei der Primärenergie handelte es sich allerdings ausschließlich um importierte Energie.

Schließlich ist noch das Energieflußbild einer mit Erdgasmotor angetriebenen Umgebungsluft-Wärmepumpe im Bild rechts unten dargestellt. Dieses System macht jetzt viel von sich reden. Es benötigt überhaupt keine elektrische Energie – außer für einige Steuer- und Regelkreise –, weil der Verdichter der Wärmepumpe durch einen Gasmotor angetrieben wird. Die Motorabwärme dient der Heizung, und mit Hilfe der mechanischen Antriebsenergie wird über den Wärmepumpenprozeß indirekt Sonnenenergie nutzbar gemacht. Deshalb hat dieses System den geringsten Primärenergiebedarf, wenngleich es sich bei dieser Primärenergie um teilweise importabhängiges Erdgas und um einen wertvollen Rohstoff handelt. Aber zwischen konventioneller Erdgasheizung und der mit Erdgas angetriebenen Wärmepumpe ist aus energiewirtschaftlicher Sicht der Vorzug eindeutig dem letztgenannten System zu geben. Seine Entwicklung wird vom Bundesministerium für Forschung und Technologie (BMFT) stark unterstützt, bei Ruhrgas und VW vorangetrieben. Vier Großanlagen sind bisher im Versuch. Eher für größere, weniger für kleinere Anlagen in Wohnhäusern ist die Gaswärmepumpe eine vielversprechende Lösung zur Nutzung des Energieinhaltes der Umgebungsluft. Hauptprobleme sind hier noch die Lebensdauer, die Instandsetzung und die Geräuschentwicklung.

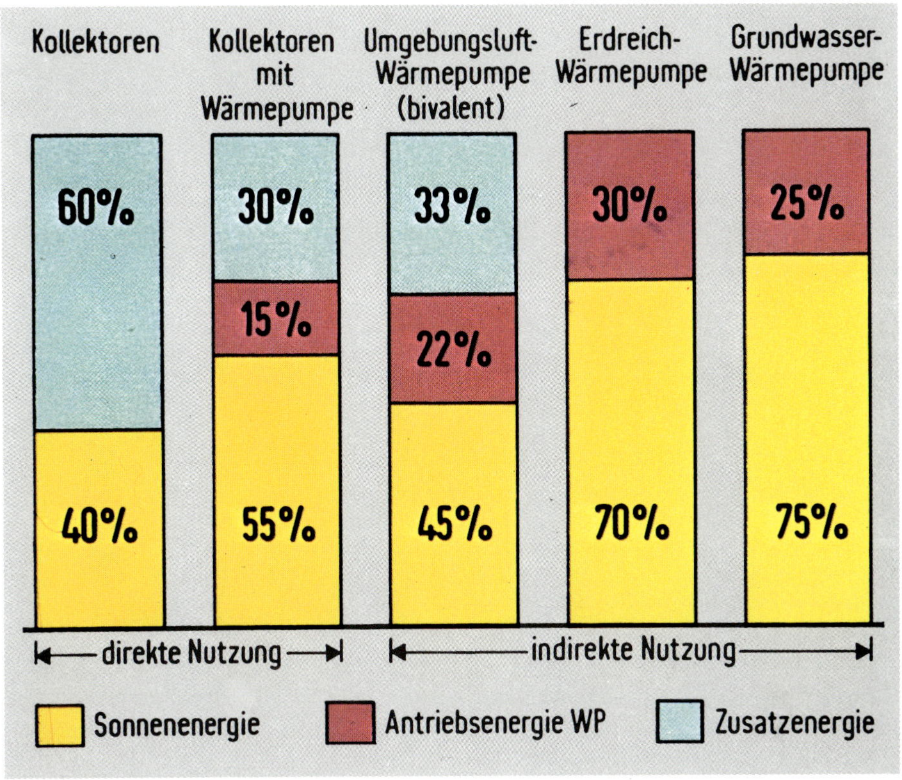

Bild 56: Wärmebedarfsdeckung bei verschiedenen Heizsystemen zur direkten oder indirekten Sonnenenergienutzung

Bild 56 zeigt schließlich eine Gegenüberstellung, in der nur die Nutzenergiemengen für 5 verschiedene Systeme aufgrund von Meßergebnissen gegenübergestellt wurden. Die linke Säule entspricht dem in Bild 55 links unten gezeigten Energiefluß, wobei der Heizölbedarf etwas größer ist. Die zweite Säule in Bild 56 ist nicht als Energieflußbild vorher dargestellt worden, entspricht aber dem Lastverlauf in Bild 30 des Solarhauses in Essen. Hierbei handelt es sich um eine recht aufwendige Investition für die Anlagensysteme. Die dritte Säule ist mit dem in Bild 55 Mitte rechts gezeigten Energiefluß vergleichbar. Die vierte und die fünfte Säule entsprechen dem rechts oben gezeigten Energiefluß in Bild 55.

Auffallend und immer wieder zu betonen ist, daß mit Wärmepumpen im Prinzip genauso viel, im Sonderfall sogar noch mehr Sonnenenergie nutzbar gemacht wird als mit Kollektoren. Es sind bei unseren meteorologischen Verhältnissen das Speicherproblem und die dadurch erforderliche Zusatzheizung, die dem Solarkollektor dieses ungünstige Ergebnis bescheren. Alle in Bild 56 gezeigten Systeme aber sind typisch dafür, daß sie einige zig % weniger Sekundärenergie in Form von Strom oder Brennstoff benötigen als die konventionelle Brennstoffheizung. Energieflußbilder verschaffen Klarheit; die Wärmepumpe hat eine große Zukunft.

Teil III
Elektrizität, Prozeßwärme und Wasserstoff aus Sonnenenergie

III. 1 Laufwasser und Gletschereis, heimische Sonnenenergieträger für die Stromerzeugung

Seit Jahrtausenden nutzt der Mensch die Bewegungsenergie des Wassers. Mit Wasserrädern, Schöpfrädern, Schaufelrädern, mit Übersetzungs- oder Untersetzungsgetrieben, mit Transmissionen zur Kraftübertragung auf gleichzeitig mehrere Werkzeuge oder Maschinen erleichterte er sich die schwere körperliche Arbeit. Das ist Ersatz von Muskelkraft durch Energie, letztlich durch Sonnenenergie.

Mit der Erfindung des Dynamos, der Lichtmaschine, des Generators konnte die Wasserkraft zur Stromerzeugung Verwendung finden. Ihr Anteil war im ersten Viertel dieses Jahrhunderts bedeutend. Obwohl an nahezu allen Flüssen, die sich hierfür eigneten, Wasserkraftwerke errichtet wurden, ging der Anteil der Stromerzeugung aus Laufwasser wegen der zunehmenden Bedeutung großer Wärmekraftwerke ständig zurück. 1938 erzeugten alle Wärmekraftwerke des Deutschen Reiches (öffentliche Versorgung, Industrie, Reichsbahn) 24,6 Milliarden kWh und alle Wasserkraftwerke 6,8 Milliarden kWh, also 27,5% der Gesamtstromerzeugung. 1975 dagegen betrug die Stromerzeugung aller Wärmekraftwerke in der Bundesrepublik rd. 320 Milliarden kWh und aller Wasserkraftwerke nur rd. 14 Milliarden kWh, d.h. nur noch 4,5% der Gesamtstromerzeugung.

Dieser Trend wird sich fortsetzen. Aus gegenwärtig laufenden Untersuchungen, wieweit und zu welchen wirtschaftlichen Bedingungen weitere Laufwasserkraftwerke gebaut werden könnten, läßt sich abschätzen, daß ihr absoluter Anteil nur unwesentlich ansteigen dürfte. Der relative Anteil wird in Zukunft weiter sinken. Neue Laufwasserkraftwerke können in der Bundesrepublik kaum noch errichtet werden, da die Schiffahrtswege hierdurch nachhaltig beeinträchtigt würden und die übrigen Möglichkeiten in kleineren Flüssen weitgehend erschöpft sind. Die großen ungenutzten Möglichkeiten, vornehmlich in den Entwicklungsländern, eröffnen jedoch für die Bundesrepublik ein umfangreiches Feld für den Technologieexport.

Der indirekten Nutzung der Sonnenenergie zur Stromerzeugung aus Laufwasser sind also natürliche Grenzen gesetzt. Mit der Schiffbarmachung der Mosel Ende der fünfziger Jahre bot sich nochmals eine Chance. Die Moselstaustufen wurden mit einer weiterentwickelten Technik ausgerüstet. Durch den Einsatz sog. Rohrturbinen wurde der Wirkungsgrad noch etwas erhöht, und die Bauhöhe der Wasserkraftwerke zum Vorteil des Landschaftsbildes verringert.

Ein Zufall in der Geschichte der Technik: Wenige Kilometer von der 1976 in Wiehl errichteten größten Solarversuchsanlage Europas entfernt (siehe Bild 32) wurde 1956 die erste Rohrturbine in einem kleinen Laufwasser-Kraftwerk in Osberghausen an der Agger (Oberbergisches Land bei Köln) mit einer Generatorleistung von nur 400 kW erprobt. Wenige Jahre danach erhielten alle Moselkraftwerke solche Rohrturbinen. Damit hat die Stromerzeugung in Laufwasser-Kraftwerken einen technischen Stand erreicht, der wohl kaum noch bedeutende Verbesserungen erwarten läßt.

Die Stromerzeugung aus Wasserkraft ist in bestehenden Anlagen wegen ihrer hohen Lebensdauer und ihrer geringen Personalkosten besonders wirtschaftlich. Aus diesen Gründen wird sich die Wirtschaftlichkeit der bestehenden Wasserkraftwerke im Verhältnis zu anderen Stromerzeugungsarten in zunehmendem Maße relativ erhöhen. Bei neu zu errichtenden Wasserkraftanlagen fallen dagegen die Anlagekosten viel stärker ins Gewicht.

Der Wirkungsgrad der Stromerzeugung in Wasserkraftwerken ist ungewöhnlich hoch. Er beträgt im Jahresmittel rd. 85%. Auch ist die Nutzung des Energieträgers Laufwasser vollkommen schadstoffrei. Geringfügige ökologische Probleme, wie das für manche Fischarten notwendige Aufwärtswandern in unseren Flüssen, wurden durch Fischleitern gelöst.

Die Verfügbarkeit von Laufwasserkraftwerken unterliegt den jahreszeitlichen Witterungseinflüssen, wie Regen- oder Trockenperioden, Schmelzwasser usw.. Im Hinblick auf die Jahresganglinie des Strombedarfs ist diese schwankende Verfügbarkeit recht ungünstig.

Immer wieder ist auf die Wertigkeit von Energie hinzuweisen. Das Laufwasser ist in dieser Hinsicht ein besonders wertvoller Energieträger. Ein wesentlicher Unterschied zu anderen solaren Energieträgern, wie Erdboden, Grundwasser oder Umgebungsluft besteht darin, daß mit der Bewegungsenergie des Laufwassers Elektrizität – eine hochwertige Sekundärenergie –, aus den anderen Energieträgern dagegen nur Wärme – eine niederwertige Nutzenergie – erzeugt wird. Daß außerdem auch die niederwertige Wärmeenergie des fließenden Wassers durch Wärmepumpen für die Raumheizung verfügbar ist, kam im Zusammenhang mit der Laufwasser-Wärmepumpe bereits zum Ausdruck (siehe Kapitel II. 14).

Auch das Gletschereis der Hochgebirge und Polkappen dieser Erde ist ein gigantischer Sonnenenergiespeicher. Was die Umweltfreundlichkeit und die relative Bedeutung der Alpenkraftwerke angeht, so gilt im wesentlichen das gleiche, was für Laufwasserkraftwerke schon gesagt wurde. Die sogenannten Speicherkraftwerke der Alpen haben jedoch für die Sicherheit der Stromversorgung eine weit größere Bedeutung. Das in großen Speicherbecken gesammelte Gletscherwasser stellt eine Energiereserve dar, die zu bestimmten Engpaßzeiten des Jahres oder auch nur an wenigen Stunden zur Stromerzeugung benutzt wird. Innerhalb von Sekunden können solche Kraftwerke in Betrieb gehen. Für das europäische Stromverbundnetz sind sie ein großer Sicherheitsfaktor. Seit Jahrzehnten besteht zwischen verschiedenen europäischen Stromversorgungsunternehmen eine vorbildliche, pragmatische, unbürokratische Zusammenarbeit, die bis heute von politischen Instanzen im europäischen Raum auch nicht annähernd erreicht wurde.

Der weiteren Nutzung der Alpengletscher stehen Landschaftsschutzgründe entgegen. Außerdem werden die Alpenländer, wie Österreich, Schweiz, Italien und Frankreich zusätzlich erzeugbare Strommengen selbst verbrauchen und nicht in die Bundesrepublik exportieren wollen.

Seit einigen Jahren taucht in der Presse oder bei Energiedebatten in der Öffentlichkeit immer wieder die Frage auf, ob die riesigen Schmelzwassermengen grönländischer Gletscher zur Stromerzeugung genutzt werden könnten. Manche meinen sogar, eine Alternative zu Kernkraftwerken entdeckt zu haben.

In Südgrönland schmilzt in jedem Sommer auf vielen tausend Quadratkilometern eine ein bis zwei Meter dicke Schicht Eis. Das Schmelzwasser entsteht in Höhen bis zu 2000 Metern. Man muß es „nur" in großen Staubecken sammeln und durch Wasserkraftwerke ins Meer strömen lassen.

Zunächst zu den technischen Möglichkeiten: Für Grönland werden Systeme vorgeschlagen, das Schmelzwasser in künstlich angelegten Becken zu sammeln und das Potential der Fallwasser für die Stromerzeugung, diese wiederum für die Herstellung von Wasserstoff (siehe Kapitel III. 8) zu nutzen (siehe Bild 57).

Würde schon der Bau von Staumauern und Druckstollen in dieser Polarregion große Schwierigkeiten aufwerfen, so erforderte die Verwendung der erzeugten elektrischen Energie zur Herstellung von Wasserstoff nach dem Elektrolysever-

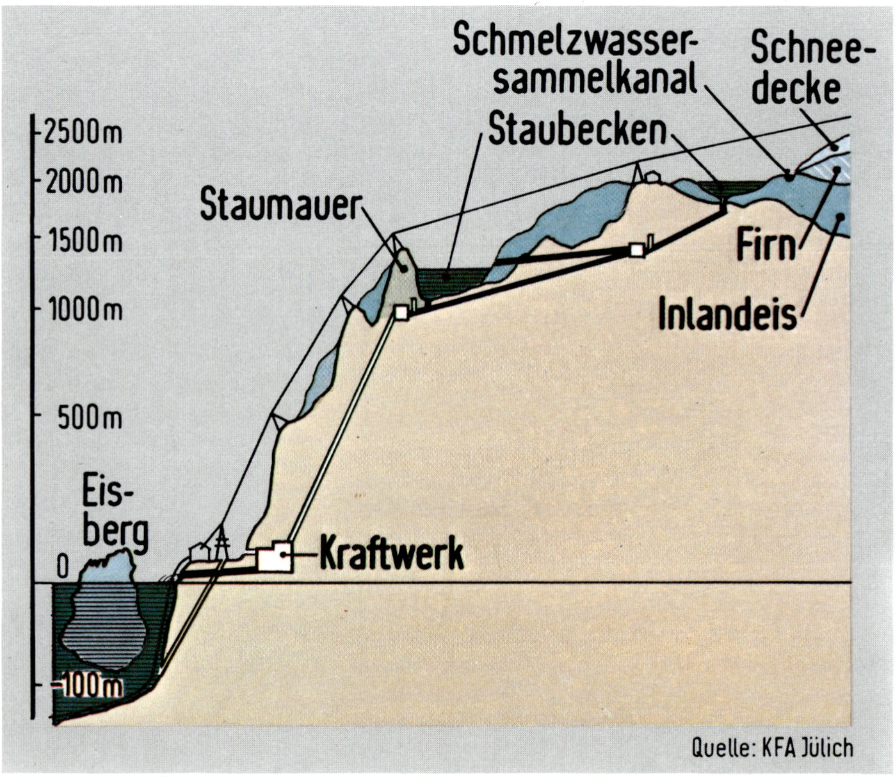

Bild 57: Vorschlag für die Anlage eines grönländischen Gletscherkraftwerkes zur Stromerzeugung

fahren ebenfalls hohe Investitionskosten. Um den Wasserstoff von Grönland z.B. nach Westeuropa zu transportieren, müßte er mit entsprechendem Energieaufwand gekühlt und als flüssiger Wasserstoff in Tankschiffen mit entsprechenden aufwendigen Einrichtungen transportiert werden.

So ergibt sich bei näherer Betrachtung, daß der Nutzung grönländischer Schmelzwasser aus technischer Sicht im Prinzip keine unüberwindlichen Hindernisse entgegenstehen. Es sind wirtschaftliche Gründe, die noch auf lange Sicht, vielleicht für immer, ein Anzapfen dieses Solarenergiepeichers aussichtslos erscheinen lassen. Außerdem kommen beim Grönlandeis energiepolitische Gesichtspunkte hinzu. Von heimischer Energie kann zwar nicht mehr die Rede sein, doch würde durch die dänischen Hoheitsrechte auf Grönland wenigstens ein Mitglied der Europäischen Gemeinschaft und nicht Kanada oder Australien, ein arabischer Staat oder gar ein Ostblockland als Partner auftreten. Wie gering oder wie hoch solche Abhängigkeiten bewertet werden, in jedem Fall scheiterte die Nutzung des grönländischen Gletscherwassers bisher an den damit verbundenen Kosten.

III. 2 Das Meerwasser, ein exotischer Sonnenenergieträger

Die Weltmeere sind gewaltige Sonnenkollektoren. Die Sonne erwärmt tagtäglich die oberen Schichten des Meerwassers. In der Tiefe, selbst in den Äquatorzonen, schon unterhalb 500 m, liegt die Wassertemperatur nur wenige Grade über dem Gefrierpunkt. Besonders in den tropischen Ozeanen also herrscht ein deutliches Temperaturgefälle zwischen etwa 25 °C an der Oberfläche und 5 °C in einigen hundert Metern Tiefe. Temperaturgefälle aber braucht man, wenn Wärme Arbeit leisten soll.

Der französische Physiker Jean d'Arsonval hatte schon 1881 die Idee, die Temperaturdifferenzen in tropischen Ozeanen durch eine Wärmekraftmaschine zur Stromerzeugung auszunutzen. Tatsächlich kam dieser im wahrsten Sinne exotisch anmutende Gedanke fast ein halbes Jahrhundert später zur praktischen Verwirklichung.

Der erfindungsreiche und ungemein risikofreudige Belgier Georges Claude ließ sich auch durch mehrere Rückschläge nicht entmutigen. Er investierte mehr als 1 Mio US-Dollar aus seinem Privatvermögen. 1929 ging das erste Unterwasserkraftwerk in der Bucht von Matanzas an der Nordseite der Insel Kuba in Betrieb. Claude bewies damit, daß die Wärmeschichtung des Meeres zur Energieerzeugung ausgenutzt werden kann. Wenngleich seine Pilotanlage aufgrund unvorhersehbarer Schwierigkeiten bei der Montage des Saugrohres schließlich nur 22 kW elektrische Leistung anstelle der geplanten 500 kW erzeugte, würden weiterentwickelte Anlagen theoretisch das Zehntausendfache je Einheit, d.h. einige hundert Megawatt erzeugen können.

Wo eine neue Technik entsteht, da gibt es schnell auch einen neuen Fachbegriff. OTEC, so heißt das Zauberwort. Und OTEC bedeutet „Ocean Thermal Energy Conversion".

Bild 58 zeigt sowohl ein Prinzipschaltbild wie auch das mögliche Aussehen eines Unterwasserkraftwerkes. Durch eine Pumpe wird das nahe der Wasseroberfläche 25 °C warme Meereswasser angesaugt. In einem Verdampfer wird ihm durch eine bei dieser niedrigen Temperatur siedende Flüssigkeit Wärme entzogen, indem diese Flüssigkeit verdampft. Als Arbeitsmittel kommen hierfür z.B. Freon, Frigen, Ammoniak oder Propan in Frage. Das dampfförmige Arbeitsmittel expandiert in einer Turbine und verliert dadurch einen Teil des aus dem Meerwasser aufgenommenen Energieinhaltes. Dieser dient zum Turbinenantrieb eines Generators, d.h. zur Stromerzeugung. Das Arbeitsmittel hat nach Austritt aus der Turbine eine Temperatur von etwa 7 °C. In einem Kondensator wird es ausschließlich durch das 5 °C kalte Meerwasser abgekühlt, wobei sich das Arbeitsmittel wieder verflüssigt. Bei Ausnützung eines Temperaturgefälles von etwa 20 K (Temperaturdifferenz in Grad Kelvin gleichbedeutend mit Grad Celsius) beträgt der Wirkungsgrad dieses Kraftwerkes nur etwa 3%.

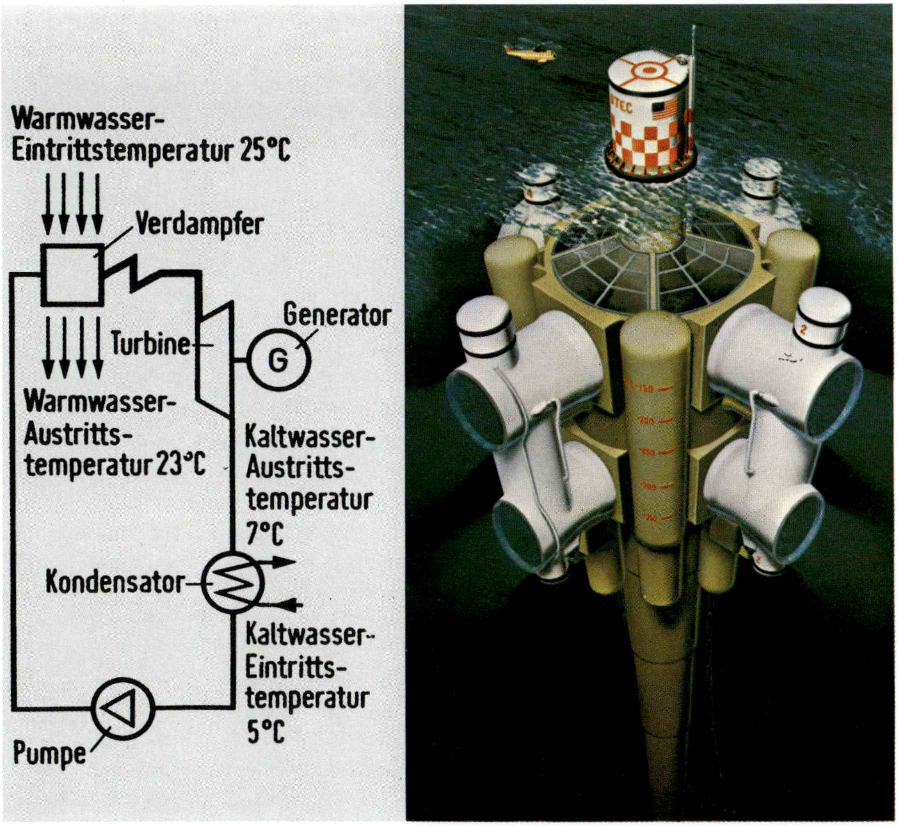

Bild 58: Prinzipschaltbild (links) und zeichnerische Darstellung (rechts) eines Kaltdampf-Unterwasser-Kraftwerkes zur Nutzung der geringen vertikalen Temperaturunterschiede tropischen Meerwassers für die Stromerzeugung

Die auf die tropischen Meere eingestrahlten Sonnenenergiemengen sind zwar so groß, daß selbst bei diesem schlechten Wirkungsgrad theoretisch große Strommengen erzeugt werden könnten, praktisch scheitert jedoch die Verwirklichung an der geringen Energiedichte bei Ausnutzung der Meereswärme.

Die Zahl der zu errichtenden „Kraftwerksinseln" müßte so groß sein, die Investitionskosten wären so unverhältnismäßig hoch und die Entfernungen zu den Verbrauchsschwerpunkten derart weit, daß die Wirtschaftlichkeit nicht gegeben wäre. Technologische Probleme stellten sich durch große Abmessungen, Korrosionsgefahren, Verankerung, Energietransport. Ökologische Probleme entstünden durch den Austausch von Wasserschichten mit unterschiedlichem Nährstoffgehalt, die Abkühlung der Meeresoberfläche und die Erwärmung der tiefen Meeresschichten. Letzteres würde bei dem schlechten Gesamtwirkungsgrad solcher Anlagen Störungen des Wärmegleichgewichts im Meer selbst und zwischen Meer und Atmosphäre zur Folge haben.

Dennoch sehen die OTEC-Entwickler mit Optimismus in die Zukunft. Zwei US-

Konzerne haben jeweils Pläne für ein großes Unterwasserkraftwerk ausgearbeitet. In dem einen Fall ist es ein Generator in Form eines 17-stöckigen Betonzylinders von 110 m Durchmesser. Unter einer großen Plattform, die über die Wasseroberfläche ragt, birgt er vier Kreislaufsysteme mit einer Gesamtleistung von 100 Megawatt. Eine Fiberglasröhre von 15 m Durchmesser wird 1300 m tief hinabgelassen und fördert kaltes Tiefenwasser zu den Kondensatoren. Als Arbeitsflüssigkeit soll Ammoniak dienen. Nachdem das Wasser die Wärmeaustauscher durchflossen hat, wird es durch besondere Düsen ausgestoßen und dient gleichzeitig als Treibmittel, um die Anlage in die vorgesehene Position zu bringen und dort gegen eine Strömung zu halten.

In dem anderen Fall soll die OTEC-Anlage von einem Ankersystem aus Stahltrossen am Platz gehalten werden. Sie soll 160 Megawatt leisten, ebenfalls 4 Kreisläufe mit Ammoniak enthalten und das Kühlwasserrohr, das hier aus Beton besteht, 500 m tief hinabrecken. Um den Transport zu erleichtern, ist das Rohr teleskopartig aufgebaut. Eingedenk der Erfahrungen Georges Claudes' mit schwerer See verzichtet dieses Unternehmen auf eine große Plattform und läßt nur ein Türmchen über die Oberfläche ragen. Diese Konstruktion ist besonders für die als Standort vorgesehenen, hurrikangefährdeten Gewässer des Golfs von Mexiko geeignet.

Bis einmal leistungsfähige OTEC-Anlagen gebaut werden, müssen noch einige Probleme gelöst werden. Eines davon ist die Wirkung des Seewassers auf die Anlage. Besonders die Rohre der Wärmeaustauscher sind gefährdet. Sie können durch Meerespflanzen oder Tiere verstopft werden oder durch das Seewasser oder durch Ausscheidungen von Meeresorganismen angegriffen werden. Dadurch sinkt nicht nur der Wirkungsgrad der Anlage, sondern es besteht auch die Gefahr, daß die Kreislaufflüssigkeit ins Meer läuft und es im weiten Umkreis vergiftet. Die Suche nach Material, das der Zersetzung am besten widersteht, zeigte günstige Ergebnisse für eine Kupfer-Nickel-Legierung und für Titan. Beides ist aber wahrscheinlich für eine Großanlage zu teuer.

Wie immer auch die Zukunftaussichten solcher Unterwasserkraftwerke eingeschätzt werden, in einem sind sich die Experten einig: Mit einem alternativen Energieträger ist in diesem Jahrhundert hierdurch nicht zu rechnen. Vielleicht wird man in 10 Jahren eine größere OTEC-Anlage betreiben. Doch was bedeutet schon eine einzige Anlage für die Stromversorgung der Vereinigten Staaten?

Das Problem des Stromtransportes könnte dadurch gelöst werden, daß Unterwasserkabel den Strom in das Versorgungsnetz der Küstenregion leiten. Viele OTEC-Anlagen müßten weiter draußen im Meer errichtet werden. Deshalb bietet sich an, mit dem Unterwasserkraftwerk eine Unterwasser-Elektrolyse zur Erzeugung von Wasserstoff zu verbinden. Durch Unterwasser-Pipelines könnte der so erzeugte Wasserstoff an Land gebracht werden.

Die Herstellung von Wasserstoff aus fernab von Verbrauchszentren erzeugtem Strom wurde schon einmal – bei den grönländischen Wasserkraftwerken – erwähnt. Hier Gletscher, dort tropische Meere. Immer steht man vor dem gleichen Problem: In manchen Regionen der Erde ließen sich zwar gespeicherte Sonnenenergie nutzen, doch wozu?

Die Stromversorgung bringt dann keine Lösung, wenn die Elektrizität nicht sofort genutzt werden kann. Denn Elektrizität läßt sich im großtechnischen Maßstab nicht speichern. Sie muß praktisch im gleichen Augenblick, in dem sie erzeugt wird, auch in Nutzenergie umgewandelt werden. Oder anders und sehr einfach ausgedrückt: Wer seinen Lichtschalter betätigt und Strom bezieht, der erhöht im gleichen Bruchteil dieser Sekunde die Belastung eines Kraftwerks. Für die Beleuchtung seines Zimmers muß „eine zusätzliche Schaufel Kohle" im Kraftwerkskessel verfeuert und etwas mehr Dampf zum Antrieb des stromerzeugenden Turbogenerators hergestellt werden.

Aus diesem Teufelskreis, mit gespeicherter Sonnenenergie in unbewohnten Regionen hochwertige aber speicherbare Sekundärenergie erzeugen zu müssen, kommt man nur heraus, wenn entweder Elektrizität nur als Zwischenprodukt, z.B. für die Herstellung von speicherfähigem, eher transportablem Wasserstoff verwendet oder wenn ohne den Umweg über die Elektrizität sogleich Wasserstoff hergestellt wird. Ersteres ist technisch gelöst, verschlechtert aber den Gesamtwirkungsgrad wegen der vielen Umwandlungsstufen beträchtlich. Letzteres ist noch nicht entwickelt und führt zu völlig anderen Verfahren, zur Wasserspaltung mit Sonnenlicht oder zur Photosynthese.

III. 3 Strom aus den Wellen des Meeres?

Wer schon im bewegten Meer badete, wer die Auswirkungen der zerstörerischen Kraft von Flutwellen sah, der kann sich vorstellen, welche Energie in jedem Wellenschlag gespeichert ist.

Wo bleibt die Energie, die eine auslaufende Welle offensichtlich zu verlieren scheint? Da Energie grundsätzlich nicht verlorengehen kann, muß sie an das Meer abgegeben worden sein. Auch in diesem Fall „stirbt die höherwertige Energie den Wärmetod“: Die Bewegungsenergie der Meereswellen wird im Meer in Wärme und am küstennahen Meeresboden bzw. an den Meeresstränden in Verformungsenergie umgewandelt.

Mehr noch als die Stärke von Ebbe und Flut hängt der Seegang vom Zufall ab. Das Energieangebot zwischen flacher Dünung und schwerer See kann um mehr als einen Faktor 100 schwanken. Die technische Nutzung der Energie der Wellen wird dadurch sehr erschwert.

Wie in vielen anderen Fällen auch: Wenn es um die Nutzung von Sonnenenergie geht, klaffen theoretische Überlegungen und praktische Gegebenheiten weit auseinander. Theoretisch nämlich eröffnet die Wellenenergie recht interessante Perspektiven. Für Großbritannien zum Beispiel könnte rein rechnerisch das Energiepotential der Wellen, die an Englands Küsten ausrollen, das Doppelte des heutigen Stromverbrauchs dieses Landes ausmachen.

Solche Vergleiche ohne erläuternde, kritische Kommentare sind unverantwortlich; das muß einmal gesagt werden. In Veröffentlichungen erwecken sie bei manchem unbefangenen Leser den Eindruck, als ob Versäumtes schnellstens nachzuholen sei, als ob der Bau von Wellenkraftwerken dem Land einen unermeßlichen „Stromsegen“ bescheren könne. Die theoretische Rechnung stimmt, weil sie das vorhandene Energiepotential aufsummiert; nichts weiter. Daß dieses Potential technisch kaum genutzt werden kann, nur unregelmäßig zur Verfügung steht, das wird dem Leser vorenthalten.

Dennoch, auch hier wird nichts unversucht gelassen. In Japan, Frankreich, Großbritannien, den USA und der Bundesrepublik, überall gibt es Initiativen zur Entwicklung von Wellenkraftwerken. Meist handelt es sich dabei um recht kleine Einheiten.

Bild 59 zeigt das Prinzip eines Wellenkraftwerkes zur Umwandlung der Brandungsenergie. Es besteht aus mehreren übereinander angeordneten Kammern. Durch die an der Schrägseite des Wellenbrechers auflaufenden Wellen strömt das Wasser beim Zurücklaufen der Welle durch Aufwerfen der Kammerverschlußklappen in die Kammern.

Die geringe Fallhöhe zwischen den Kammern und dem Meeresspiegel wird zur Stromerzeugung mit Hilfe von Wasserturbinen ausgenutzt.

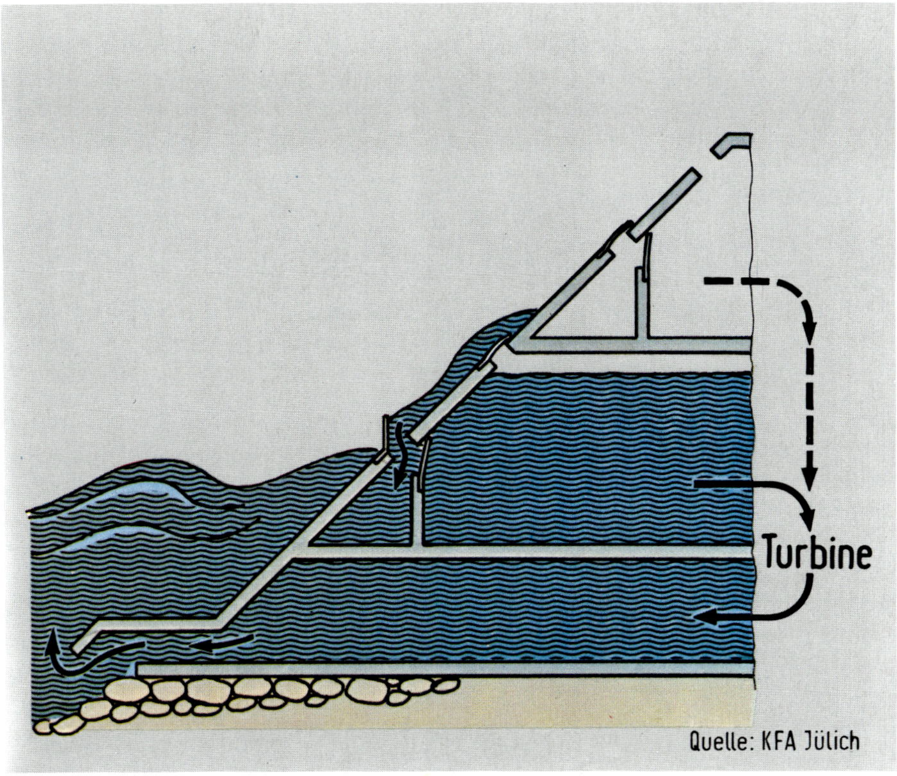

Bild 59: Schematische Darstellung des mechanischen Prinzips eines Wellenkraftwerkes zur Nutzung der Brandungsenergie für die Stromerzeugung

Entscheidend für den Wirkungsgrad von Wellenkraftwerken dieser Art oder auch anderer Konstruktionsprinzipien, wie z.B. der Nutzung der vertikalen Komponente der Wellenbewegung, ist die Wellenhöhe. Doch die Kraft der Welle wirkt nicht nur vertikal, d.h. von oben nach unten, sondern auch horizontal, d.h. in seitlicher Richtung.

Bei der Nutzung dieser horizontalen Komponente der Wellenbewegung würden zehn Bauwerke mit je 1 km Länge und bis zu 40 Schaufelrädern benötigt, um eine elektrische Leistung von insgesamt 500 Megawatt zu erzeugen. Für Nordsee-Verhältnisse wurde für diese Leistung eine Länge der Bauwerke von 34,7 km errechnet.

Solche großen Leistungen sind wiederum rein theoretisch. Was wird derzeit aber praktisch getan? Eine japanische Werft baut gegenwärtig ein großes Schwimmelement in der Bucht von Tokio. Der Schiffskörper ist 80 m lang, 12 m breit, 5 m hoch und wiegt 750 Tonnen. Die ersten Probeläufe sollen 1978 vor der Küste anlaufen. Ziel ist eine elektrische Leistungsabgabe von einem Megawatt bei Normalbetrieb. Die Anlage arbeitet nach dem im Bild beschriebenen Prinzip.

Ein schwerwiegender Nachteil des Systems ist, daß bei ruhiger See, aber auch bei Wellen von mehr als 4 m Höhe, das System nicht funktioniert. Allerdings, so meinte einer der beteiligten Wissenschaftler: „Wenn die Hauptkette, die das Schiff vor der Küste verankert, abreißt, läuft es automatisch voll Wasser und sinkt, so daß an der Küste kein Schaden entsteht“. Diese Feststellung zu der automatisch sinkenden Anlage könnte aus Kostengründen jedoch auch als Nachteil empfunden werden.

Wesentlich praxisnäher ist folgende Entwicklung: In Japan sind seit 1963 inzwischen rd. 400 Navigationsbojen gebaut worden, die sich durch die Wellenbewegungen selbst mit Energie versorgen. Aus dieser Entwicklung entstand ein 5 kW Prototyp eines neuartigen Wellenkraftwerkes, das in Japan seine Bewährungsprobe bestanden hat.

Dieser von der Mitsui Ingenieur- und Schiffbau-Unternehmung entwickelte Generator besteht aus einem senkrecht im Wasser schwimmenden röhrenförmigen Zylinder von 22 m Länge und 1,2 m Durchmesser, der 13,5 Tonnen wiegt. Dieser Zylinder schwingt im Meer im Rhythmus der Wellenbewegung auf und ab, jedoch können seine senkrechten Schwingungen die Wellenhöhe um das Drei- bis Zehnfache übersteigen. Die Schwingungsperiode des Zylinders kann durch Zufuhr oder Ablassen von Ballastwasser aus dem Meer reguliert, d.h. in Resonanz zur Wellenfrequenz gebracht werden. Die kinetische Energie der Bewegungen der Röhre im Wasser wird mit Hilfe einer Wasserturbine in Strom umgewandelt. Diese Turbine ist am Boden eines mit der Röhre verbundenen offenen Zylinders befestigt. Bei jeder Auf- und Abbewegung der Röhre werden die Turbinenschaufeln durch automatisch gesteuerte Verstellung durch das hindurchströmende Wasser in Rotation versetzt. Im Laufe dieses Jahres soll die Betriebszuverlässigkeit des Werkstoffs im Meerwasser erprobt werden.

Zur Zeit wird der Bau von 50- bis 100-kW-Wellenkraftwerken geplant. Beobachtungen am Prototyp und Modellversuche haben ergeben, daß bei einem Rohrdurchmesser von 5 m und einer Wellenhöhe von 1 m eine Nettoleistung von 50 kW erreicht werden kann. Bei 2 m Wellenhöhe steigt die Leistung auf 150 kW, und ebenso verdreifacht sich die Leistung bei Verdoppelung des Zylinderdurchmessers.

Wenn schon die Wellen nicht viel bringen, so bleibt die Frage, ob der Wind noch größere Energieschätze zu bieten hätte, ob aus der Kraft des Windes hochwertige elektrische Energie in großer Menge erzeugt werden könnte.

III. 4 Von der Sonne gespeiste Windenergie

Seit Jahrtausenden versteht es der Mensch, die Kraft des Windes als Antriebsenergie zu nutzen. Der herrliche Anblick von Segelschiffen läßt heute noch die Herzen höher schlagen. Windmühlen werden unter Denkmalschutz gestellt. Früher dienten sie – in manchen Ländern noch heute – zum Antrieb von Mahlwerken, Hammerwerken, Sägewerken, Wasserpumpen usw. Als die Dynamomaschine erfunden, die Stromerzeugung möglich war, stellte sich die Frage, ob die Windenergie auch hierbei helfen könne.

In der Geschichte der Stromerzeugung, so läßt sich heute sagen, gab es für die Windenergie nie einen ausgesprochenen Höhepunkt, wie z.B. für die Wasserkraft. In vielen Einzelfällen jedoch, in windreichen Gegenden dieser Erde, nutzte man die Energie des Windes zur Gewinnung von Elektrizität.

Noch vor dem zweiten Weltkrieg verfügte Dänemark über eine Gesamtleistung von 100 Megawatt zur Stromerzeugung aus Sonnenenergie. Vor nur 25 Jahren drehten sich noch im mittleren Westen der Vereinigten Staaten so viele Windmühlen zur Stromversorgung abgelegener Siedlungen, daß die gesamte Erzeugung 50 Megawatt betrug.

Mit dem Ausbau der Stromversorgung durch große Verbundnetze und weitverzweigte Überlandnetze, durch die hohe Verfügbarkeit und die viel größere Wirtschaftlichkeit der Wärmekraftwerke, durch die Versorgungssicherheit der öffentlichen Stromversorgung verschwanden die Windkraftwerke selbst dort, wo man sich auf die Windkraft zu $3/4$ des Jahres einigermaßen verlassen konnte.

Windenergie ist in Bewegungsenergie umgewandelte Sonnenenergie, kinetische Energie der Atmosphäre. Durch Sonne erwärmte Landstriche oder Wasserflächen und durch die sich daraus bildenden Temperaturunterschiede in den Luftschichten entstehen Luftströmungen, die als Windhauch, leichte Brise, frischer Wind, gefährliche Sturmbö, als alles mit sich reißender Wirbelsturm einen mehr oder weniger hohen Energieinhalt besitzen. Die sich allmählich erschöpfenden konventionellen Energieträger, der Widerstand gegen Kernkraftwerke in demokratischen Ländern freier Wirtschaftsordnung, die Begeisterung über alles, was direkt oder indirekt mit Sonnenenergie zu tun hat, gab der Windenergie großen Auftrieb – in des Wortes eigentlicher Bedeutung.

Die Grenzen der Windenergie sind den Fachleuten wohl bekannt. Aber eine neue Situation, in diesem Fall die Ölkrise, bringt neue Aufgabenstellungen mit sich, verlangt eine Überprüfung des bisherigen Standpunktes, regt dazu an, das auf anderen Gebieten – z.B. im Flugzeugbau – inzwischen erzielte Know How auch für ein althergebrachtes Verfahren nochmals unter die Lupe zu nehmen.

In diesem Sinn sollten alle Überlegungen, Studien, Forschungs- und Entwicklungsarbeiten zur Nutzung der Windenergie aufgefaßt werden. Man machte es sich zu leicht mit der Behauptung, dies alles sei Unsinn, Verschwendung von Zeit und Geld, ein aussichtsloses Unterfangen. Man sollte aber auch nicht zu große Hoffnungen wecken vor lauter Begeisterung und wider besseres Wissen Hochrechnungen verbreiten, die eine der „soft energy“ so aufgeschlossene Öffentlichkeit in den Glauben versetzt, daß mit Windenergie ein wichtiger Beitrag zur Stromerzeugung geleistet, auf Kernkraftwerke deshalb verzichtet werden könne.

Ob die Experten der Windenergie diese zu den „soften“ Energiearten rechnen würden, ist zu bezweifeln; denkt man nur an die am Windturm zerrenden, schiebenden, biegenden, drückenden, ziehenden, rüttelnden Kräfte. Aber unter „soft energy“ verstehen die Befürworter alle alternativen Energiequellen, solange es sich hierbei nicht um fossile oder nukleare Energieträger handelt.

„Wird es bald einen unübersehbaren Wald von Mini-Eiffeltürmen mit riesigen Propellern an Deutschlands Küsten geben?“ fragte „Die Welt“ und meinte, daß derzeit noch sehr viel Wind um die Windenergie gemacht würde. Befürworter wie Gegner der Windenergienutzung erhoffen sich nun genauere Aufschlüsse von der mit Mitteln des Bundesforschungsministeriums geplanten Großen Windkraft-Anlage (Abkürzung: Growian). Unter Federführung der Deutschen Forschungs- und Versuchsanstalt für Luft- und Raumfahrt (DFVLR) soll dieses Windkraftwerk eine elektrische Leistung von bis zu 3 Megawatt liefern. Der turmförmige Träger wird 72 m hoch werden und der Rotordurchmesser 113 m betragen. Man rechnet mit durchschnittlich 2300 Betriebsstunden pro Jahr (mittlere Windgeschwindigkeit 4,8 m/sec).

Die vorgenannten Abmessungen entsprechen den bisherigen Veröffentlichungen. Die Planungsfirma MAN hat inzwischen für die gleiche Leistung von 3 Megawatt eine Trägerhöhe von 130 m und einen Rotordurchmesser von 120 m vorgeschlagen. Die Flügelspitze des Growian erreicht hierbei etwa 185 m.

Die Windenergie hat drei Hürden zu nehmen, von denen sich zumindest eine als zu hoch erweisen könnte.

Die erste Hürde ist die Wirtschaftlichkeit. Mit den Anlagekosten für ein Windkraftwerk, wie z.B. Growian, ist noch keine mit klassischen Kraftwerken vergleichbare Stromerzeugung gewährleistet. Zusätzliche Spitzenkraftwerke oder Stauseen größten Ausmaßes oder Druckluftspeicher in ausgespülten Riesenhöhlen von Salzstöcken müßten errichtet und betrieben werden. Das macht die Wirtschaftlichkeit zunichte.

Was die zweite Hürde, die Verfügbarkeit angeht, so ist die Stromerzeugung in einem Wärmekraftwerk mit mehrfach höherer Verfügbarkeit ausgestattet. Wann der Wind aus welcher Richtung bläst, ist nur für manche Jahreszeiten ungefähr und im statistischen Mittel im voraus bekannt. Auf Tage oder gar Stunden bezogen ist man dem Zufall ausgeliefert. Wieder stellt sich das Problem der Spitzenlastdeckung oder der Speicherung.

Was die wirtschaftliche Bewertung der Kilowattstunde anbetrifft, so hieße es Äpfel mit Birnen zu vergleichen, wenn man die Kilowattstunde eines Windkraftwerkes derjenigen eines Wärmekraftwerkes gleichsetzte. Strom muß im gleichen Bruchteil einer Sekunde, in der er in Nutzenergie umgewandelt – man sagt „verbraucht“ – wird, im Kraftwerk erzeugt werden. Was soll ein Stromversorgungsunternehmen mit „Windkilowattstunden“ anfangen, von denen es nicht weiß, wann sie geliefert werden? Antwort: Es soll erstens sein Versorgungsnetz für die Einspeisung solcher Strommengen zur Verfügung stellen und zweitens Wärme- oder Wasserkraftwerke immer dann zurückfahren, wenn Windkilowattstunden erzeugt werden können. Beides ist technisch in Grenzen möglich. Nur führt beides zu noch größerer Unwirtschaftlichkeit der Windenergie.

Alle bisherigen Überlegungen gingen davon aus, daß eine sichere und preisgünstige Stromversorgung erhalten bleiben soll. Würden Zugeständnisse in dieser Richtung gemacht werden müssen, so käme dies einer Katastrophe gleich.

Die dritte Hürde, wohl zu hoch für die Windenergie, ist die Zerstörung des Landschaftsbildes. Niemand kann sich ein Bild davon machen, welchen Einfluß Windkraftwerke mit der Leistung eines einzigen konventionellen Kraftwerksblockes auf weite Teile des Landes in ästhetischer Hinsicht ausübten. Das Vorstellungsvermögen reicht hierfür nicht aus. Der Verfasser hat deshalb angeregt, in das Modell einer weiten Landschaft das Modell eines Kraftwerkes mit den höchsten, gegenwärtig üblichen Kühltürmen zu setzen und außerdem die entsprechende erforderliche Anzahl von Windturm-Modellen maßstabsgerecht einzufügen. Mit einer Spezialkamera müßte die Landschaft aus dem Blickpunkt des Betrachters und in verschiedenen Abständen aufgenommen werden. Vielleicht gehen dann einigen, vor allen denjenigen, die gegen moderne Kraftwerke und für die Windenergie, für den Landschaftsschutz streiten, die Augen auf: Gegen diese Massierung von Türmen ist ein übliches Kraftwerk gleicher Leistung die denkbar beste Maßnahme für den Landschaftsschutz.

Diese klaren Aussagen werden hier gemacht, weil Windenergie-Wissenschaftler in einer Studie des Bundesforschungsministeriums ein Foto mit der Bildunterschrift veröffentlichten „Windkonverter fügen sich filigranartig in die Landschaft ein“. Einige Leser hielten dies für einen Scherz. Ein Gespräch mit den Bearbeitern brachte die verblüffende Erkenntnis, daß manche vor lauter Fanatismus gegen die Kernenergie wirklich ihre Optik von Fall zu Fall zu ändern vermögen. Deshalb müssen diese klaren Worte fallen.

Wieviel Türme von welcher Höhe und mit welchem Abstand müßten für 1200 Megawatt, der Blockleistung eines Großkraftwerkes, „auf die Wiese“ gestellt werden?

Bei den jüngsten Planungen werden Windkraftwerkzentren mit je 100 Einzelanlagen von 3 Megawatt vorgeschlagen. Die hundert Türme der 300-Megawattanlage sollen in einer Doppelreihe auf einem Landstreifen von 10 km Länge und 1 km Breite stehen. Sie bedecken eine Fläche von 10 km^2, die jedoch zum größten Teil noch landwirtschaftlich nutzbar wäre. Diese Windkraftzentren müßten auf verschiedenen, möglichst weit voneinander entfernten Standorten errichtet werden, weil sich dann eine gewisse Durchmischung jeweils günstiger und ungünstiger Windverhältnisse ergäbe und dadurch eine Jahresbenutzungsdauer bis zu 3500 Stunden, bezogen auf die installierte Generatorleistung, erzielt werden könnte (Anmerkung: mit heutiger Windturbinentechnik wären 3500 Vollbetriebsstunden selbst bei dieser Durchmischung nicht erreichbar). Das klassische Großkraftwerk erreicht mindestens 7000 Stunden, wobei es Beispiele mit mehr als 8000 Benutzungsstunden gibt. Bei 7000 Vollaststunden und 1200

Megawatt erzeugt ein Kraftwerksblock 8,4 Milliarden Kilowattstunden. Die Zahl der Windkraftwerke ergibt sich hieraus zu

$$\frac{8400000000\ \text{kWh}}{3000\ \text{kW} \cdot 3500\ \text{h}} = 800\ \text{Einzelanlagen.}$$

Achthundert Windtürme, jeder 130 m hoch! Rechnet man die über den Turm hinausragende Rotorspitze hinzu, so haben diese Gebilde eine Höhe von 185 m. Acht Windkraftzentren mit einer Gesamtfläche von 80 km^2 für einen Kraftwerksblock! Dabei sind die erzeugten Kilowattstunden, wie schon ausgeführt, nicht vergleichbar mit den vom Großkraftwerk gelieferten, weil man sich auf letztere während 7000 Stunden des Jahres verlassen kann und mit ersteren nur an 3500 vorher nicht genau bekannten Stunden rechnen darf.

Wenn ein Kraftwerksblock, ein riesiges Ei (Reaktor) mit gewaltigem Trinkbecher (Kühlturm), „ein Dorn im Auge" ist, dann verwandeln 800 Growiane – aus der Ferne gesehen – die Landschaft in einen 80 km^2 großen, überdimensionalen Stacheligel mit rotierenden Flügeln an jeder Spitze; – sicher ein unvergeßlicher Anblick.

Im Sommer 1977 teilte der schwedische Energieminister anläßlich der Inbetriebnahme einer kleinen Windenergie-Versuchsstation mit, daß bereits Mitte der achtziger Jahre bis zu 40% des schwedischen Energiebedarfs – gemeint war vielleicht der Strombedarf – durch Windenergie gedeckt werden könnte. Eine Zeitungsente?

Im Juni 1977 veranstaltete die Deutsche Gesellschaft für Sonnenenergie e.V. (DGS) ihre erste Windenergietagung. Wenn man mehreren Pressemeldungen Glauben schenken darf, so teilte die DGS folgendes mit: Wenn der für die Zeit um 1985 befürchtete Engpaß in der Stromversorgung vermieden werden solle, müßten früher als erwartet große Windenergiekonverter zur Deckung des Strombedarfs herangezogen werden. Großwindkraftwerke kämen mit geeigneten Speichern vor allem zur Deckung von Spitzenstrom in Betracht. Unter Berücksichtigung aller technischen Randbedingungen könnten sie 60%, im gesamten europäischen Raum sogar das Sechsfache, also 600% des derzeitigen Strombedarfs erzeugen. Die Stromkosten würden nicht oder nicht wesentlich höher liegen als die Kosten für die Erzeugung von Spitzenstrom in herkömmlichen Kraftwerken. Die Speicherung der Windkraft erscheine weniger schwierig als bisher angenommen, da über das Stromversorgungsnetz die unterschiedlichen Windgeschwindigkeiten an verschiedenen Standorten ausgeglichen werden könnten. Ein Vorteil der Windenergie sei, daß das Angebot jahreszeitlich weitgehend dem Bedarf entspräche. Windkraftwerke belasteten die Umwelt in keiner Weise, wenn man von der optischen Erscheinung absähe. Eine leichte Abbremsung der Windgeschwindigkeit durch solche Kraftwerke würde als wünschenswerte Begleiterscheinung gewertet.

Der „Windenergiepapst" der Bundesrepublik, Ulrich Hütter, Professor an der Technischen Universität Stuttgart, wegen seiner wissenschaftlichen Leistungen eine hochangesehene Persönlichkeit, verglich 5000 Windtürme, die zur Deckung des Strombedarfs der Bundesländer Bremen, Hamburg, Schleswig-Holstein und Niedersachsen angeblich ausreichten, mit den in diesen Bundesländern stehenden Hochspannungsmasten gleicher Anzahl. Für einen Promotor der Windenergie sieht eben ein Hochspannungsmast wesentlich größer und ein Windturm wesentlich kleiner aus. Als Endziel nannte Hütter 30000 Anlagen mit je 3 MW Spitzenleistung, davon 12000 bis zum Jahr 2000 realisierbar.

Die Aussagen von Prof. Hütter haben auf technischem Gebiet Gewicht. 1977 erhielt er den Aachener und Münchener Preis für Technik und angewandte Naturwissenschaft. Zwei Arbeitsgebiete sind es, die seinen wissenschaftlichen Lebensweg geprägt und ihm hohe Anerkennung im In- und Ausland gebracht haben: Der konstruktive Leicht- und Flugzeugbau, wo er als Pionier für den konsequenten Einsatz faserverstärkter Werkstoffe gilt, und das Gebiet der Energiegewinnung aus Wind, auf dem er nach langjähriger weitvorausschauender wissenschaftlicher Tätigkeit gerade in jüngster Zeit zum wohl erfahrensten Fachmann in Fragen der Windenergie-Konversion geworden ist. 1973 wurde Hütter von der NASA gebeten, der amerikanischen Forschung und Industrie seine einzigartigen Erfahrungen auf dem Gebiet der Windenergie zu vermitteln und bei der Entwicklung von Großanlagen beratend mitzuwirken. Die von der NASA konzipierte 100-kW-Anlage folgt in allen wesentlichen Details den Merkmalen der Hütterschen Maschine mit glasfaserverstärktem Zweiblattrotor, aerodynamisch optimal gestalteten Rotorblättern, mit Ausgleichsteuerung für konstante Rotorumdrehung bei wechselndem Wind, mit den bisher höchsten Leistungsbeiwerten von Windkraftanlagen.

Werden die Aussagen Hütters auch auf energiewirtschaftlichem Gebiet Gewicht erhalten? Was ist nun wirklich technisch und wirtschaftlich machbar?

Ebenso intensiv wie mit der Stromerzeugung aus Wasserkraft, Brennstoff oder Kernspaltung hat sich die Elektrizitätswirtschaft zeitweise, vor allem in den 30er Jahren nach den Vorschlägen des damaligen Windkraftpioniers Hermann Honnef auch mit der Windkraft auseinandergesetzt. Es muß doch seine Gründe haben, wenn bisher kein Resultat erzielt werden konnte. Einige Überlegungen und Zahlen hierzu.

Die mittlere Bewegungsenergie der Luftströme der Erde ist etwa fünfzigmal größer als der gegenwärtige Gesamtstrombedarf aller Länder. Die Reibungsleistung der Luftströme beträgt mindestens 30000 Terawatt (Energieeinheiten siehe Anlage VI. 11), das sind 30 Mrd. Kilowatt. Auch bei weltweiter Nutzung der Windenergie zum Antrieb von Generatoren würden, so läßt sich aufgrund dieser Größenverhältnisse abschätzen, nur unerhebliche Eingriffe in das Klimageschehen erfolgen. Ob diese Eingriffe Anstoß zu größeren Veränderungen sein könnten, darüber gibt es noch keine Aussagen.

Das theoretische Potential des Windes beträgt – bezogen auf die eingestrahlte Sonnenenergie – etwa 2% und weltweit ungefähr $3 \cdot 10^7$ TWh pro Jahr oder $3 \cdot 10^{16}$ kWh pro Jahr. Tatsächlich ist dieses theoretische Potential nur bis in geringe Höhen nutzbar und kann auch nicht beliebig weit ausgebaut werden, da Windenergieanlagen stets einen bestimmten Abstand zueinander aufweisen müssen.

Welchen Anteil, am Modellfall Bundesrepublik – Rückwirkungen auf den Landschaftsschutz einmal ausgeklammert – könnten Windkraftwerke zur Stromerzeugung erbringen?

Ein Windkraftwerk bedarf – über das Jahr gesehen – einer relativ hohen mittleren Windgeschwindigkeit, so daß als Aufstellungsort nur küstennahe Gebiete in Frage kommen. Damit ist ein überregionales Windkraftverbundnetz quer durch Europa kaum möglich. Die Kombination von Windkraftwerken mit Pumpspeicherwerken führt dazu, daß das Problem der Verfügbarkeit zwar gelöst, und die aus Windenergie erzeugten Strommengen viel höher bewertet werden können, jedoch dieser Mehrertrag für „wertvolleren" Strom bei weitem nicht die sehr hohen Investitionskosten für Pumpspeicherwerke dieser Größenordnung decken kann, zumal es der Bundesrepublik an Steilküsten mit großen Höhenunterschieden mangelt. Daher muß man davon ausgehen, daß Windkraftwerke, die auf das vorhandene Verbundnetz arbeiten, kostengünstiger sind.

Nimmt man deshalb an, viele „Growiane" würden existieren, und ihre erzeugten Strommengen in das vorhandene Stromverbundnetz einspeisen, so ist dennoch nicht auszuschließen, daß z.B. in Sommernächten eine bundesweite Windstille eintreten kann. Der Ausfall des Gesamt-Windkraftsystems würde zwar nicht schlagartig eintreten, jedoch müßten Kraftwerksreserven vorgehalten werden. Sie werden auch gebraucht, wenn der Strombezug der Verbraucher nicht mit dem Windenergieangebot übereinstimmt. Fernseh-Lieblingsprogramme, für die zu manchen Zeiten 14 Mio Fernsehgeräte Strom beziehen (Gesamtleistung dieser Schwarzweiß- und Farbfernsehgeräte rd. 3000 Megawatt!) wollen auch zu windschwachen Zeiten gesehen werden. Bei dieser Art des Verbundbetriebs, der Zusammenarbeit mit Reservekraftwerken, könnten 90% der angebotenen Windenergie verwertet werden – wenn die Windkraftwerksleistung in einem gewissen Verhältnis zu der übrigen Kraftwerksleistung stünde. Auch die Spannungs- und Frequenzhaltung, die laut Vorschrift den höchsten Ansprüchen genügen muß, damit elektrische Anlagen und Geräte, vor allem Steuer- und Regelungseinrichtungen, störungsfrei arbeiten, erlaubt nur ein gewisses Verhältnis von Windkraftwerken zu übrigen Kraftwerken.

Berücksichtigt man diese technisch und wirtschaftlich unumgänglichen Bedingungen, so ergibt sich unter optimistischen Annahmen, daß die Leistung der Windkraftwerke maximal nur 6 bis 8% der in Betrieb befindlichen Leistung der übrigen Kraftwerke der öffentlichen Versorgung betragen darf. Immerhin führte dies zu einer Gesamtleistung der Windkraftwerke von 3600 bis 4800 Megawatt, – für das Jahr 1977 gerechnet –.

Dieses Beispiel zeigt eine technisch denkbare Grenze auf. Über Stromkosten aus Windenergie wurde bisher noch nicht gesprochen. Wegen der Erstellungskosten solcher Windkraftwerke einerseits und der geringen Strombewertbarkeit andererseits ist die Wirtschaftlichkeit nicht gegeben. Darüber hinaus bleiben wichtige Fragen offen, vor allem das Problem der Güte und der Gleichförmigkeit der erzeugten Energie.

Diese realistischen Betrachtungen sind nicht gerade ermutigend. Die Boulevardpresse macht es sich da einfach, wenn sie schreibt: „Gäbe es bereits Windkraftwerke, dann hätten sie im vergangenen Jahr in der Bundesrepublik 40 Milliarden Kilowattstunden erzeugt. Große Mengen Erdöl, Kohle, Erdgas, Kernenergie hätten somit eingespart werden können." Eine einfache Nachrechnung ergibt, daß die erträumten Strommengen aus Windkraft zur Einsparung von Erdöl, Kohle, Erdgas und Kernenergie selbst in diesem hochgeschraubten Beispiel ganze 2% des End-Energiebedarfs ausgemacht hätten.

III. 5 Solare Prozeßwärme für Sonderanwendungen

Odeillo, in der Solartechnik ist dieser kleine Ort in den französischen Pyrenäen zu einem großen Begriff geworden. Wem der Name dieses Gebirgsdorfes noch nichts sagt, der wird sich spätestens beim Anblick des Bildes vom Sonnenofen daran erinnern, dieses Bauwerk irgendwann im Fernsehen, in einer Zeitschrift, in einem Bildband schon gesehen zu haben.

Der gigantische Sonnenofen von Odeillo (siehe Bild 60), zu reinen Forschungszwecken von französischen Wissenschaftlern des Centre National des Recherches Scientifiques erdacht, erbaut und im Großversuch seit 1972 betrieben, erzeugt mit Sonnenenergie Temperaturen von über 3000°C, Prozeßwärme höchsten Reinheitsgrades.

Bei der Energieanwendung unterscheidet man zwischen Raumheizungswärme und Prozeßwärme. An sich müßte es Prozeßhitze heißen; denn zumindest in der

Bild 60: Der Welt größter Sonnenofen in Odeillo, französische Pyrenäen, mit einer Schmelzleistung von rd. 1000 kW im Brennpunkt des 39 m hohen Parabolspiegels. Im Vordergrund terrassenförmig angeordnete und nach Süden ausgerichtete Fangspiegel, die das Sonnenlicht auf den nach Norden ausgerichteten Parabolspiegel reflektieren. 18 Meter vor dem Parabolspiegel liegt der Brennpunkt (s. hochstehendes Gebäude vor dem Spiegel). In dieser Anlage wird das Sonnenlicht im Verhältnis 1 : 20000 konzentriert, wodurch Temperaturen bis 3000° C für Schmelzprozesse höchsten Reinheitsgrades zu erzielen sind.

Industrie gibt es viele Prozesse bei der Werkstoffbehandlung, wie schmelzen, schmieden, schweißen, löten, härten, walzen, formen, die Arbeitstemperaturen von einigen hundert bis zu einigen tausend Grad Celsius verlangen. Bei solch hohen Temperaturen denkt man an Glut, Asche, Ruß, Schlacke, Lichtbogen, Flamme oder Feuer.

Nichts von alledem ist im Sonnenofen von Odeillo zu sehen. Hochtemperaturwärme wird hier mit einem überdimensionalen Brennglas, einem Parabolspiegel mit einer Fläche von 2000 m², aus 9500 einzelnen Spiegelsegmenten bestehend, im Brennpunkt dieses Hohlspiegels erzeugt. Die Spiegelsegmente sind mit rückseitig versilberten Glasfazetten belegt und bündeln die eintreffenden Strahlen im Brennpunkt des riesigen 39 m hohen Parabolspiegels. Die Brennweite beträgt 18 m. Die Sonnenstrahlung wird nicht vom Parabolspiegel selbst eingefangen, sondern von Fangspiegeln auf den Parabolspiegel reflektiert. Die Achse des riesigen Parabolspiegels ist horizontal genau nach Norden gerichtet. Ihm stehen 63 in 8 Reihen an einem Hügelhang terrassenförmig nach Süden angeordnete und automatisch mit dem Sonnenstand bewegte Planspiegel von je 6 m x 7,5 m Fläche gegenüber. Sie werden der Sonne nachgeführt und sammeln mit einer Gesamtfläche von 2835 m² das einfallende Sonnenlicht. Jeder dieser Fangspiegel ist aus 180 Elementen zusammengesetzt. Alle Fangspiegel bestehen aus rückseitig versilbertem Fensterglas. Die komplette Anlage hat 25 Mio Frs. gekostet. Sie wird stundenweise vermietet, zum Beispiel für metallurgische Forschungen.

Welche Konzentration von Energie, auf die Fläche bezogen, ist mit solchen Spiegelsystemen möglich? Von einer relativ hohen Sonneneinstrahlung von 800 Watt pro m² ausgehend – in Odeillo liegt man zu manchen Stunden noch darüber – wird auf die 2835 m² große Fangspiegelfläche eine Solarleistung von insgesamt 2400 kW gestrahlt. Sie wird auf den Parabolspiegel reflektriert und in dessen Brennpunkt auf einer Fläche von wenigen Quadratdezimetern konzentriert. Die Leistung im Brennpunkt ist geringer, weil auch bei diesem Verfahren beträchtliche Leistungsanteile durch Streustrahlung, geringfügig auch durch Absorption, verlorengehen. Doch wird im Brennpunkt des Sonnenofens von Odeillo noch eine Leistung von 1000 kW gemessen. Die Fläche des Brennpunktes beträgt 625 cm². Damit ergibt sich eine Leistungsdichte von 16000 kW/m² oder von 16 Mio Watt je m². Während diese enorme Leistungsdichte im Brennpunkt entsteht, fällt auf die Fangspiegel das vergleichsweise milde Sonnenlicht von 800 Watt je m². Somit wurde das Licht im Brennpunkt um den Faktor 20000 konzentriert.

Zwar ist die französische Anlage die größte ihrer Art; dennoch liefert sie nicht die höchsten Temperaturen. Die US-Army betreibt in Natick/Massachusetts mehrere kleine Sonnenöfen mit Leistungen von 2,5 bis 75 kW, die zur Nachbildung der bei Atomexplosionen auftretenden Hitzestrahlung dienen. Hitzegrade von maximal 4000°C können mit diesen Sonnenöfen erzielt werden.

Die Idee des Sonnenofens ist uralt. Eines der berühmtesten, immer wieder zitierten Beispiele ist die Legende, nach der Archimedes die römische Kriegsflotte mit Sonnenspiegeln in Brand gesetzt haben soll. Um herauszubekommen, ob es sich um wahrheitsgetreue Überlieferung oder um eine Fabel gehandelt haben könnte, bewies ein Deutscher namens Kircher im 17. Jahrhundert und etwa hundert Jahre danach ein Franzose namens Georges Buffon, daß die Konzentration von Sonnenenergie in gewisser Entfernung möglich ist. Georges Buffon baute 1747 einen aus 147 kleinen Spiegeln bestehenden Sonnenofen, mit dem er Holz auf 60 m in Brand setzen und Blei auf 40 m sowie Silber auf 18 m Entfernung schmelzen konnte. Dieses Beispiel machte Schule. Noch im gleichen Jahrhundert stellte ein Optiker namens Villette aus Lyon einen Sonnenofen aus polierten Eisenspiegeln her. Diese solarbetriebenen Schmelztiegel, in denen Eisen, Kupfer und andere Metalle eingeschmolzen wurden, nutzte man in Frankreich, Dänemark und Persien.

Die Italiener Targione und Averone konstruierten schon 1695 ein großes Brennglas, mit dem sie Diamanten schneiden konnten. Und zur gleichen Zeit, Ende des 17. Jahrhunderts, machten Parker und Herschel in London sowie von Tschirnhaus in Dresden Schmelzversuche mit großen Brenngläsern.

Ende des 18. Jahrhunderts experimentierte der große französische Naturwissenschaftler Antoine Lavoisier, Begründer der modernen organischen Chemie, mit gewölbten Gläsern und erreichte damit eine Temperatur von 1750° C. Sie lag weit über den Temperaturen, die bis dahin jemals von Menschen künstlich erzeugt wurden. Mit seinem Sonnenofen schmolz Lavoisier Platin, machte Schmelzversuche im Vakuum und bei verschiedenen Drücken. Auch stellte er fest, daß „das gewöhnliche Feuer weniger rein zu sein schiene, als das Feuer der Sonne“. Während der französischen Revolution wurde Lavoisier 1794 auf der Guillotine hingerichtet, weil „die Republik keine Naturwissenschaftler brauche“.

Es ist überliefert, daß Lavoisier seine gewölbten Gläser von den großen französischen Werkstätten und Glasfabriken Saint Gobain bezog. Fast 200 Jahre später lieferte das gleiche Unternehmen die Kollektoren für eines der bekanntesten Solarhäuser, das amerikanische Solar-One-House in Delaware (siehe Kapitel II. 7). Auch war es die Firma Saint Gobain, welche die Spiegelsysteme für den größten Sonnenofen der Welt in Odeillo herstellte.

Obwohl die Solartechnik allgemein für ein junges Kind gehalten wird, zeigen die Beispiele der Sonnenöfen, daß diese Energieanwendung eine vielhundertjährige Tradition besitzt.

Auch ein anderes Verfahren zur Erzeugung solarer Prozeßwärme wird schon seit Jahrhunderten praktiziert. Früher in Salinen, in Zukunft eher in Solaranlagen zur Meerwasserentsalzung, wird mit Sonnenenergie Meerwasser verdampft. Da für die Verdampfung nur etwas mehr als 100° C erforderlich sind, brauchen auch keine konzentrierenden Kollektoren, sondern es können preisgünstigere Hochleistungs-Flachkollektoren Verwendung finden.

Die Salzproduktion in Salinen lieferte ein Abfallprodukt: Trinkwasser. Das Prinzip läßt sich umkehren. Salz wird zum Abfallprodukt, Trinkwasser nimmt die erste Stelle ein. Die erste Großanlage zur Meerwasserentsalzung mit Sonnenenergie baute der Amerikaner Charles Wilson 1871 in Las Salinas in Chile, um ein Bergwerk mit Trinkwasser zu versorgen. Das Salzwasser selbst diente Wilson als Solarkollektor. Diese Anlage war 40 Jahre in Betrieb, bis eine Frischwasser-

Pipeline aus den Anden die Trinkwasserversorgung dieses Wüstengebietes sicherstellte.

D.S. Halacy schreibt in seinem Buch „The coming age of solar energy“ (Das kommende Zeitalter der Sonnenenergie), das sich u.a. durch eine Fülle historischer Daten auszeichnet: „Es ist bemerkenswert, wie schnell Ideen in Vergessenheit geraten. Obwohl jetzt die Gegend von Las Salinas mit Trinkwasser versorgt wird, gibt es in den nördlichen Provinzen Chiles viele karge, wasserarme Gegenden. Deshalb ist erst kürzlich wieder das Interesse an der Nutzung der Sonnenenergie für die Trinkwassererzeugung in solchen Gegenden geweckt worden. Auch wurden Vorschläge für eine chilenische Anlage gemacht, die sowohl Trinkwasser als auch Elektrizität aus Sonnenenergie erzeugen kann. Diese Anlage soll in María Elena gebaut werden, die mit wolkenlosem Himmel gesegnet, aber durch stark salzhaltiges Wasser benachteiligt ist.

In konventionellen Wärmekraftwerken wird Wasserdampf erzeugt, um einen

Bild 61: Von dem deutschen Luft- und Raumfahrtunternehmen Dornier für Jordanien entwickelte und dort am Golf von Akaba betriebene Solar-Meerwasser-Entsalzungsanlage. Sie liefert täglich etwa 4000 Liter Trinkwasser.

Turbogenerator anzutreiben. Nach Austritt aus der Turbine wird der Dampf zu Wasser kondensiert und der Kreislauf beginnt von neuem. In solarbetriebenen Kraftwerken dagegen könnte zunächst Salzwasser mit Solarkollektoren verdampft und dabei das Salz ausgefällt werden. Der salzlose Wasserdampf wird über einen Dampfprozeß zur Stromerzeugung genutzt, nach seiner Kondensation zu Wasser nicht in den Kreislauf zurückgeführt, sondern als Trinkwasser abgezweigt. Der in konventionellen Kraftwerken geschlossene Dampfkreislauf wird also hier durch einen offenen ersetzt. Die Kombination von Strom- und Trinkwassererzeugung schlägt zwei Fliegen mit einer Klappe und hat deshalb größere Aussichten auf Wirtschaftlichkeit als die Anwendung der jeweils einzelnen Verfahren.

Bei den früheren Methoden zur Meerwasserentsalzung wurde das Meerwasser selbst als Kollektor benutzt. Entsprechend große Wasserflächen und Bauwerke waren vorzusehen. Die neueren Konzeptionen arbeiten deshalb mit Kollektorsystemen hoher Wirksamkeit. Sie erzeugen Temperaturen bis nahezu 200° C und verdampfen dadurch das Meerwasser auf sehr viel kleinerem Raum. Inzwischen gibt es auch mehrere Prinzipien, um den salzlosen Wasserdampf zu kondensieren und hierdurch Frischwasser zu erhalten. Bild 61 zeigt eine in Betrieb befindliche Meerwasserentsalzungsanlage, von dem deutschen Luft- und Raumfahrtunternehmen Dornier für Jordanien entwickelt und dort betrieben.

Streng genommen handelt es sich auch bei der Warmwasserbereitung mit Sonnenenergie um die Erzeugung von Prozeßwärme. Dies gilt erst recht, wenn warmes Brauchwasser nicht nur für Reinigungszwecke, sondern auch für Wasch- und Geschirrspülmaschinen eingesetzt wird. Wie schon in Kapitel II. 6 beschrieben, würden solche Maschinen den überwiegenden Teil ihres Strombedarfs durch Sonnenenergie ersetzen und elektrische Energie nur noch für Antriebs-, Regelungs- und Steuerungszwecke sowie für die Nacherhitzung auf die jeweils gewünschte Arbeitstemperatur des Wasch- oder Spülwassers verwenden.

Selbst solares Kochen wird in einigen Ländern praktiziert. Einige tausend „Sonnenkocher" gibt es in Japan, in Indien, auch in Kalifornien. Wie ein schalenförmiger Sessel sieht der Reflektor aus, der auf einem Ständer steht und eine Neigung von etwa 45° zur Sonne hat. Etwa einen halben Meter über diesem Reflektor ist eine zweite, viel kleinere Schale befestigt. Sie gleicht einem Teller und liegt etwa im Brennpunkt des Hohlspiegels. Sie wird also wie eine Kochplatte von unten durch die an ihrer Unterseite konzentrierte Sonnenenergie erhitzt. Die Leistung dieses Solarkochers beträgt bei wolkenlosem Sonnenschein etwa 500 Watt und reicht für viele Kochzwecke aus. Die bekannteste dieser einfachen, aber wirkungsvollen Konstruktionen ist vielleicht der „Umbroiler" (Zusammenfassung der Wörter „umbrella" und „boiler"), was soviel heißt wie Schirmkocher. Der Reflektor kann wie ein Schirm zusammengefaltet, deshalb leicht transportiert und bei Bedarf „sonnenschnell" in Betrieb genommen werden.

Solare Prozeßwärme ist vorläufig nur für Sonderanwendungen von Bedeutung. Von der solaren Vorwärmung des Waschmaschinenwassers bis zu Sonnenöfen mit höchsten Temperaturen von 4000° C reicht die Palette; – wieder ein Beispiel für die Vielfalt der Wunschenergie Sonne.

III. 6 Solarkraftwerke, Hoffnung für Entwicklungsländer

Die meisten Entwicklungsländer haben zu viel Sonne und zu wenig Energie. Elektrizität fehlt hier vor allem. In einigen Teilen der Erde bietet die Wasserkraft noch gewisse Möglichkeiten zur Stromerzeugung. Doch Sonne ist überall, und der Stromtransport über Höchstspannungsnetze, bei großen Wasserkraftzentralen unumgänglich, könnte bei dezentralen Solarkraftwerken weitgehend entfallen.

Jede Ölpreissteigerung hat stärkere Rückwirkungen auf die Entwicklungsländer als auf die industrialisierten Länder. Deshalb befürchtet man katastrophale Folgen für die Entwicklungsländer, sollte das Öl im nächsten Jahrzehnt knapper werden und sollte als direkte Folge hiervon der Ölpreis stark ansteigen. Der Ersatz von Öl durch Kernenergie ist für Entwicklungsländer noch mehr in Frage gestellt als für die Industrienationen. Aus alledem folgt, daß die einzige, die große Hoffnung für Entwicklungsländer nur die Sonnenenergie sein kann. Viele Probleme könnte die Nutzung dieser Wunschenergie lösen: die Frischhaltung von Nahrungsmitteln und Medikamenten (siehe Kapitel II. 10), die Produktion von Nahrungsmitteln (siehe Kapitel III. 9) und auch die Stromerzeugung in Solarkraftwerken.

Es gibt zwei ganz verschiedene Wege – neben etlichen anderen, aber nicht so aussichtsreichen Methoden –, um mit Hilfe der Sonnenenergie Strom zu erzeugen: die solarthermischen und die solarelektrischen Verfahren.

Bei der solarthermischen Stromerzeugung werden, wie schon die Bezeichnung zum Ausdruck bringt, hohe Temperaturen erzeugt, um dadurch nach dem klassischen Prinzip der Wärmekraftwerke Dampf zum Antrieb von Turbinen oder von Dampfmaschinen zur Verfügung zu haben. Auch Gasturbinen stehen zur Diskussion. Die erforderlichen Temperaturen zwischen 200 und 800°C werden mit Spiegelsystemen zur Konzentration der Sonnenenergie erreicht.

In der englischsprachigen Literatur unterscheidet man bei der solarthermischen Stromerzeugung zwischen Solarfarmsystemen (Distributed-Collector- oder Solar-Farm-Systems) und Solarturmsystemen (Central-Receiver- oder Solar-Tower-Systems). Die Bezeichnung „Farm" ist wohl darauf zurückzuführen, daß Sonnenenergie über Heißwasser oder Dampf flächig verteilt „geerntet" wird. Nach neueren Untersuchungen der Deutschen Forschungs- und Versuchsanstalt für Luft- und Raumfahrt (DFVLR Köln) sind bis zu einer erzeugten elektrischen Leistung von 500 kW die Farmsysteme, d.h. der Einsatz von kleinen Stromerzeugungsanlagen vor allem für dezentrale Nutzung in Entwicklungsländern kostengünstiger als Solarturmsysteme.

Grundsätzlich ist sowohl die flächige Umwandlung in Wärme möglich als auch die Konzentration der Sonnenstrahlung durch geeignete optische Systeme. Bei

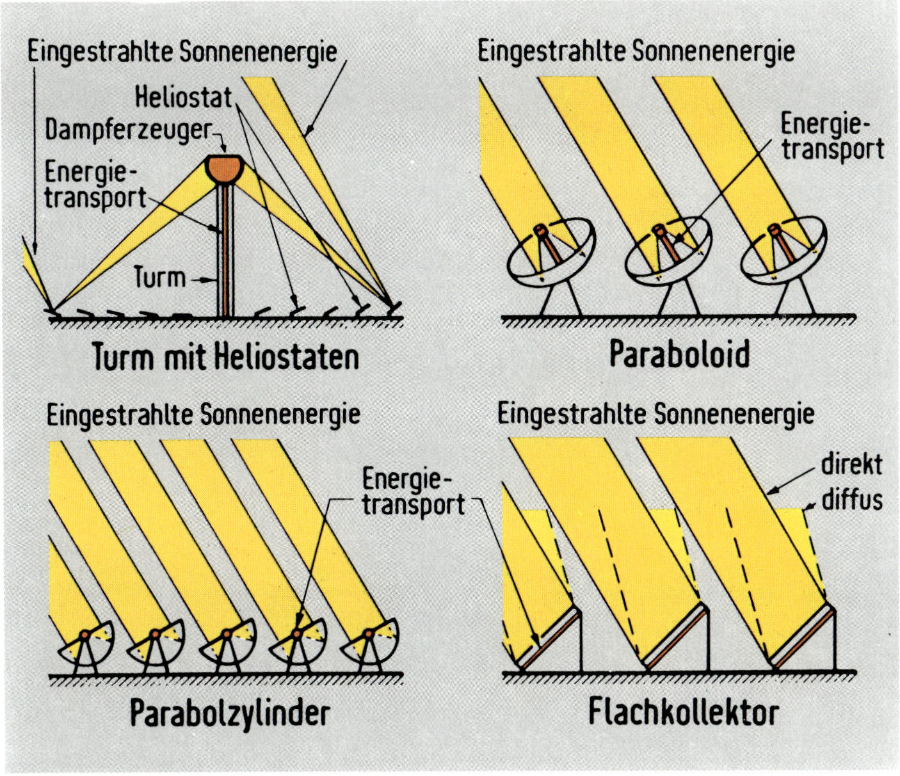

Bild 62: Kollektortypen oder -systeme für solarthermische Energieumwandlung

solarthermischen Kraftwerken werden zumeist konzentrierende Systeme bevorzugt, weil hiermit eine kleinere Absorberfläche mit höherer Intensität beaufschlagt werden kann. Nur auf diese Weise können Temperaturen von einigen hundert °C, in Sonderfällen bis zu 4000 °C erzielt werden. Derart konzentrierende Kollektoren können so gestaltet sein, daß sie die Sonnenstrahlung mehr oder weniger exakt auf eine Linie, also nur in einer Dimension, oder aber auch auf einen Punkt, d.h. in zwei Dimensionen, konzentrieren. Bild 62 zeigt einige Beispiele unterschiedlicher Ausführungsformen solcher Kollektorsysteme, deren Ziel es ist, durch die höhere Energiedichte auf der Absorberfläche eine höhere Temperatur zu erhalten. Aufgrund der kleineren Absorberfläche werden dabei gleichzeitig die thermischen Verluste relativ gering gehalten. Die erreichbaren Temperaturen hängen vom Grad der Konzentration, also im wesentlichen von der Qualität des optischen Systems, ab.

Bild 63a zeigt eine horizontale Anordnung von zylinderförmigen Parabolspiegeln. Sie sind auch vertikal zu montieren. Die ständige Nachstellung der Spiegel in die Richtung des einfallenden Sonnenlichtes erfolgt durch Stellmotoren, die von Strahlungsmeßgeräten gesteuert werden. Im Bild ist jeweils in der Brennpunkt-Achse oder Brennlinie dieser Parabolspiegel ein Stab zu erkennen. Durch dieses schwarz beschichtete Stahlrohr, auf das die reflektierte Sonnenenergie

Bild 63a: Horizontal angeordnete, zylinderförmige und nachstellbare Parabolspiegel für solarthermische Kleinkraftwerke, entwickelt von der Maschinenfabrik Augsburg-Nürnberg (MAN) zusammen mit der Deutschen Forschungs- und Versuchsanstalt für Luft- und Raumfahrt (DFVLR)

Bild 63b: Zeichnerische Darstellung einer 100-kW-Solarfarm zur solarthermischen Stromerzeugung im „Inselbetrieb" für die Versorgung von Wasserpumpen, Entsalzungsanlagen, Kühlhäusern, Arbeits- und Wohnanlagen

konzentriert wird, strömt das zu erhitzende Medium, z.B. Wasser. Bei einem Konzentrationsverhältnis von 20 : 1 wird eine Wassertemperatur von 200 bis 250 °C erreicht, weshalb das Wasser mit 120 oder mehr Atmosphären Druck durch die nur zwei cm starken Stahlrohre strömt. Das Kollektorsystem wird etwas überdimensioniert, so daß mehr Dampf erzeugt als benötigt wird. Dadurch kann während der Sonnenscheinstunden ein Energiepolster „angelegt" werden, denn der erzeugte Dampf wird in einen isolierten Speicher geleitet, aus dem nach Bedarf – z.B. nachts – die benötigte Dampfmenge zur Versorgung eines Dampfmotors entnommen wird. Der Dampfspeicher dient also einerseits als Energiereservoir, andererseits als Puffer zwischen Dampferzeuger und Dampfmotor.

Als Antriebsmaschine für den stromerzeugenden Generator sind zwei verschiedene Ausführungen in Erprobung: ein Hubkolben-Dampfmotor, wie er früher in dampfversorgten Anlagen üblich war, und ein Drehkolben-Dampfmotor nach dem Schraubenexpansionsprinzip.

Das besondere an der Dampferzeugung durch Sonnenenergie ist, daß die Abwärme der Dampfmotore entweder zur Kälteerzeugung oder zur Wärmeversorgung für Brauch- oder Brackwasseranlagen dienen kann. Die Kälteerzeugung durch Wärmezufuhr, ein vermeintlicher Widerspruch in sich selbst, wurde in Kapitel II. 10 beschrieben.

Wegen der großen Bedeutung von Meer- oder Brackwasser-Entsalzungsanlagen, insbesondere für die riesigen Wüsten- und Halbwüstengebiete der Erde, wird auch an eine Kombination von Stromerzeugung und Meerwasserentsalzung gedacht. In diesem Fall würde die Abwärme des Dampfmotors als Prozeßwärme für die Meerwasserentsalzung verwendet.

Die gegenwärtigen Entwicklungen in der Bundesrepublik konzentrieren sich zunächst auf solarthermische Kleinkraftwerke mit einer Leistung zwischen 15 kW bis zu 200 kW. Bild 63b zeigt die Skizze einer 100-kW-Solarfarm, die aus Sonnenenergie Elektrizität für die Versorgung von Wasserpumpen und einer Entsalzungsanlage zur Bewässerung eines Wüstengebietes erzeugt. Die dazugehörigen Arbeits- und Wohnanlagen sowie das Kühlhaus werden ebenfalls von diesem Kleinkraftwerk mit Strom versorgt. Weil die Stromerzeugungsanlage im „Inselbetrieb", d.h. ohne Anbindung an ein überregionales Stromversorgungsnetz betrieben werden muß, wird ein luftgekühlter Synchron-Generator robuster Bauart verwendet.

Während solche Vorhaben für Unternehmen der Bundesrepublik Zukunftsmusik sind, entsteht gegenwärtig in der afrikanischen Republik Mali, 200 km südlich von Timbuktu in der Stadt Diré am Ufer des Niger, ein von französischen Unternehmen entwickeltes Solarkraftwerk für Mehrfachnutzung. Mit einer Spiegelfläche von 3200 m^2 sollen 80 kW elektrische Leistung erzeugt werden. Die Kosten in Höhe von einer Million Dollar werden von der französischen Regierung getragen. Die Anlage ist für vier Aufgaben vorgesehen: Sie soll täglich 8500 m^3 Wasser 7 m vom Niger hochpumpen, um 15 Hektar Land zu bewässern. Mit Hilfe der Sonnenenergie sollen ferner pro Tag 600 m^3 Trinkwasser aus 18 m Tiefe zur Versorgung der 10000 Bewohner von Diré gepumpt werden. Außerdem sind die Kühlung eines Speicherraums einer landwirtschaftlichen Kooperative und die Stromversorgung dieser Kooperative sowie eines Touristenhotels mit Elektrizität eingeplant.

Der Gesamtwirkungsgrad dieser Art der Stromerzeugung ergibt sich aus dem Wirkungsgrad des Spiegelsystems (60%), der Umwandlung in dampfförmige Wärmeenergie (20%), des Kolbenmotors (63%) und des Synchron-Generators (80%). Daraus folgt ein Gesamtwirkungsgrad von nur 6%, den man durch optimierte Serienanlagen auf 8% zu erhöhen hofft. Wen diese niedrigen Zahlen erschrecken, dem müßte nochmals vorgetragen werden, daß die Sonnenenergie so oder so anfällt und daß die Wirtschaftlichkeit bei Solaranlagen nur durch die Kapitalkosten sowie die Kosten für Wartung und Wiederbeschaffung defekt gewordener Anlagenteile beeinflußt wird. Ein Beispiel hierzu wurde in Kapitel III. 8 ausführlich diskutiert. Nicht der Wirkungsgrad ist entscheidend, sondern die Stromerzeugungskosten. Natürlich werden diese durch den Wirkungsgrad besonders stark beeinflußt. Doch wenn es gelänge, mit einem Gesamtwirkungsgrad von nur 8% elektrische Energie in Entwicklungsländern mit einem Strompreis unter 25 Pf/kWh zu erzeugen, dann wäre ein großer Fortschritt erzielt worden.

Mit Förderung des Bundesforschungsministeriums werden deutsche Firmen ein 50-kW-Solarkraftwerk dieser Bauart, das nach dem Baukastenprinzip aus Parabolspiegeleinheiten zusammengesetzt ist, in Südspanien errichten. Nach dieser Vorstufe denkt die spanische Regierung an eine Zusammenarbeit bei noch größeren solarthermischen Kraftwerken. Sie sollen in Almería, einer der ärmsten Provinzen Spaniens, errichtet werden. Das spanische Industrieministerium, das Nationalinstitut für Raumfahrttechnik, das Zentrum für Energiestudien und der Oberste Rat für Wissenschaftliche Forschung haben ein Projekt mit einer Gesamtleistung von 1000 kW befürwortet.

Die für die Dampferzeugung erforderlichen Temperaturen können auch mit hochwirksamen Flachkollektoren erzielt werden. Bei dem in Bild 64a gezeigten Schema eines solchen 10-kW-Kleinkraftwerkes werden anstelle von Parabolspiegeln solche Flachkollektoren und anstelle einer Kolbendampfmaschine eine sog. Kaltdampf-Schraubenturbine verwendet. Diese Kombination ist auf den Einsatz eines anderen Energieträgers für den Antrieb der Turbine, in diesem Fall Kältemittel, zurückzuführen. Der Kältemitteldampf treibt die hochtourige Spezialturbine, an die ein Generator zur Stromerzeugung angekoppelt ist. Dieses Kleinkraftwerk der Entwicklungsfirma Dornier System Friedrichshafen, das bereits seinen Betrieb in Jordanien aufgenommen hat, wurde ebenfalls mit Forschungsmitteln des Bundes entwickelt. Gleiches gilt für das in Bild 64b gezeigte MBB-Kleinkraftwerk, das ebenfalls eine elektrische Leistung von 10 kW erzeugt und z.Z. in Ottobrunn bei München getestet wird.

Ein anderes solarthermisches Verfahren, wird z.Z. mit erheblichem Forschungsaufwand für die „Stromerzeugung im großen Stil" vorangetrieben. In englischsprachigen Ländern heißt es Solar-Tower-System. Ein riesiges, um einen Turm angeordnetes Spiegelfeld konzentriert die eingestrahlte Sonnenenergie auf einen Empfänger an der Spitze des „Sonnenturmes", in dem der Dampf zentral erzeugt wird. Mit diesen Sonnenturm-Kraftwerken, in Wüstengebieten mit bis zu 4000

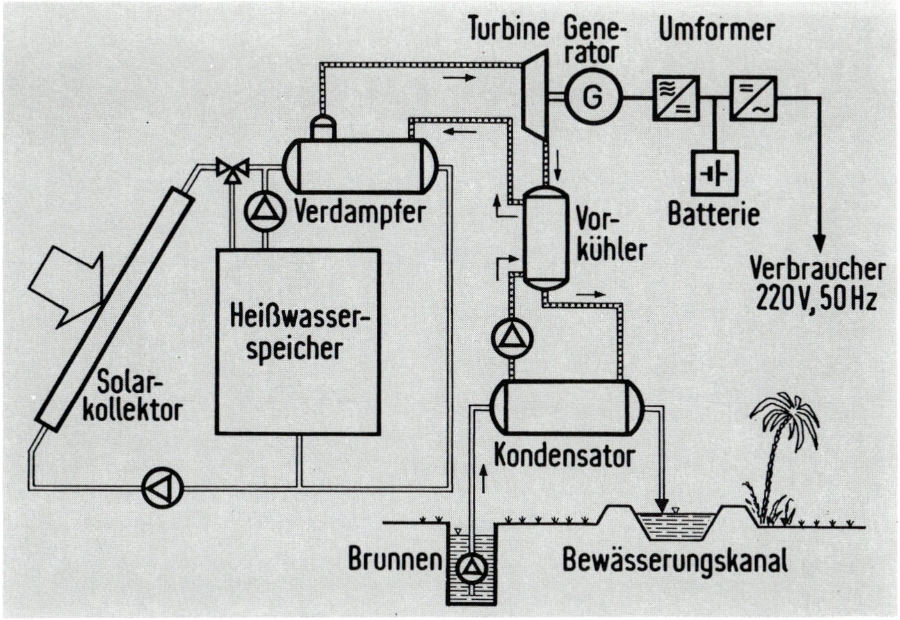

Bild 64a: Schema eines solarthermischen Kleinkraftwerkes mit Flachkollektoren und einer elektrischen Leistung von 10 kW, entwickelt und inzwischen im Vorderen Orient in Betrieb genommen von Dornier, Friedrichshafen

Bild 64b: Kollektorfeld und Teil des Maschinenhauses des von Messerschmitt-Bölkow-Blohm (MBB) in Ottobrunn bei München entwickelten und betriebenen, solaren 10-kW-Versuchskraftwerkes

Bild 65: Grafische Darstellung eines bei den Unternehmen MBB, München und ANSALDO, Turin in Entwicklung befindlichen 1000-kW-Sonnenturm-Versuchskraftwerkes, das voraussichtlich in Süditalien errichtet werden soll

Stunden jährlicher Sonnenscheindauer gruppenweise zu errichten, könnten elektrische Leistungen von insgesamt einigen Millionen Kilowatt (das sind mehrere tausend Megawatt) erzeugt werden. Bild 65 vermittelt die Vision des Sonnenturm-Kraftwerkes, für das im Auftrag der Europäischen Gemeinschaft die Vorstudien durch die Unternehmen Messerschmidt-Bölkow-Blohm (MBB) und ASALDO Turin bereits abgeschlossen sind. Dieses mit einer elektrischen Leistung von 1000 kW (1 Megawatt) geplante Sonnenturm-Kraftwerk soll voraussichtlich in Süditalien errichtet werden.

Für eine maximale Leistung von 100000 kW (das sind 100 Megawatt) wäre für ein Sonnenturm-Kraftwerk eine Spiegelfläche von rd. einem halben km² erforderlich. Während der Vormittags- und Nachmittagsstunden würde die maximale Leistung jedoch nicht erreicht. Die in der Turmspitze konzentrierte Wärmeenergie würde auf einen Dampf- oder Gaskreislauf übertragen und dann – wie bei klassischen Wärmekraftwerken – über einen Turbogenerator in Strom umgewandelt. Für den Wärmekreislauf zwischen Turm und Maschinenhaus könnte Wasser bis zu einer Temperatur von 600 °C oder Helium bis zu einer Temperatur von 800 °C dienen. Auch flüssiges Natrium oder Salzgemische sind im Gespräch.

Der Gesamtwirkungsgrad von Sonnenturm-Kraftwerken liegt mit 25 bis 30% deutlich höher als bei den – für kleinere Leistungen – mit geringerem Aufwand zu erstellenden Parabol- oder Flachkollektor-Systemen, die zunächst beschrieben wurden. Die Spiegelsysteme des Sonnenturm-Kraftwerkes sowie der Empfänger haben jeweils einen Wirkungsgrad von 84%, die Umwandlung der Hochtemperaturwärme in Elektrizität erfolgt mit einem durchschnittlichen Wirkungsgrad von 39%. Multipliziert man die drei Wirkungsgrade, so ergeben sich 27,5% für den Gesamtwirkungsgrad. In anderen Studien ist dagegen von einem Gesamtwirkungsgrad von nur 14 bis 21% die Rede, weil der Wirkungsgrad auch eine Frage des getroffenen technischen Aufwandes ist.

Für Elektrizitätswirtschaftler ist sicher wissenswert, daß gründliche Hochrechnungen zu folgenden Anlagekosten für Solarkraftwerke kommen: Für kleinere Kraftwerke mit nicht- oder nur geringkonzentrierenden Kollektoren ergeben sich für die elektrische Leistung von 10 kW Anlagekosten von 7000 DM/kW, für 100 kW sinken diese Anlagekosten auf 3500 DM/kW und beim Bau solcher Solarkraftwerke in Modulbauweise für 1000 kW entstehen Anlagekosten von nur noch 1900 DM/kW. Für mittlere Anlagen ab etwa 100000 kW sind Sonnenturm-Kraftwerke wirtschaftlicher. Hierfür ergeben sich Anlagekosten von 1200 DM/kW und für sehr große, aber vorläufig rein theoretische Projekte mit einer Leistung von einer Million kW (das sind 1000 MW oder 1 GW) nur noch Anlagekosten von 970 DM/kW. Auch die Stromgestehungskosten wurden hierfür angegeben. Doch sollten diese noch nicht weitergegeben werden, weil sie nach Meinung des Verfassers die Probleme der Verfügbarkeit solcher Solarkraftwerke und des Verbundbetriebes mit klassischen Wärmekraftwerken nicht ausreichend bewerten.

Durch die Internationale Energieagentur (IEA) in Paris wurde eine internationale Ausschreibung für die Errichtung von zwei 500-kW-Solarkraftwerken auf dem Versuchsgelände in Almeria in Südspanien veranlaßt. Der Baubeginn ist für 1978, die Inbetriebnahme für 1980 geplant. Eines dieser Kraftwerke soll als Solarfarm-, das andere als Solarturm-Kraftwerk errichtet werden. Dies mag auch der Grund dafür sein, daß eine Leistung von 500 kW gewählt wurde, weil hier der Kostenschnittpunkt beider Systeme liegt. Die erwähnte DFVLR Köln ist der Koordinator, der Operating Agent für dieses Projekt.

Das französische Projekt THEM (siehe Bild 66), für das im Jahr 1977 bereits die Vorarbeiten eingeleitet wurden, ist zu den weltweit größten Solarturm-Kraftwerken zu rechnen. Mit der ersten Baustufe soll 1980 eine elektrische Leistung von 3000 kW und mit einer späteren Baustufe eine solche von bis zu 10000 kW erzeugt werden. Für die erste Stufe sind 525 Heliostate – so nennt man die Spiegel zur Reflexion des Sonnenlichtes auf den Empfänger im Solarturm – mit einer Glasfläche von 42 m^2 je Heliostat vorgesehen. Die Dampferzeugung erfolgt bei einem Druck von 180 Atmosphären und die Energiespeicherung in einem Latentspeicher aus Salznitraten bei einer Temperatur von 350° C. Das Speichervermögen entspricht der Strommenge eines halben Tages, kann also nur kurzfristige Sonnenenergielücken ausgleichen und dient mehr zur Angleichung der Stromerzeugung an die Belastungskurve.

Das Glas der Heliostaten besteht aus gewöhnlichem Flachglas, das mit einem

Bild 66: Gemälde des französischen Projektes THEM, das als Sonnenturm-Kraftwerk 1980 mit einer elektrischen Leistung von 3000 kW und später mit 10000 kW betrieben werden soll

Silberfilm überzogen, d.h. verspiegelt ist. Die Heliostate werden der Sonneneinstrahlung elektronisch nachgeführt. Die gesamte Heliostatfläche umfaßt bei dem französischen Projekt 200 m x 400 m und liegt auf einem nach Süden geneigten Gelände (s. Bild 66). Bei Sonneneinstrahlungsbedingungen von 800 W je m^2 empfangen die Spiegel eine Leistung von 64000 kW. Bei einem Gesamtwirkungsgrad von rd. 28% folgt hieraus eine elektrische Leistung von 18000 kW (18 Megawatt). In welcher Gegend Südfrankreichs das Solarkraftwerk THEM erbaut werden soll, ist noch nicht entschieden (Stand: August 1977).

Nicht mit Heliostaten aus Glas, sondern aus Kunststoff soll ein solarthermisches Kraftwerk in der UdSSR östlich des Kaspischen Meeres bei Aschchabad in der Karakum Wüste errichtet werden. Seine für ein Versuchskraftwerk erstaunlich hohe Leistung von 100000 kW (100 Megawatt) würde angeblich mit der Hälfte der Baukosten eines an jener Stelle zu betreibenden Wärmekraftwerkes erreicht. Solche Angaben sind mit Zurückhaltung entgegenzunehmen. In Aschchabad befindet sich ein russisches Forschungszentrum, das schon solare Destillations- und Kühlanlagen sowie Sonnenöfen entwickelte.

Die Durchführung von zwei solarthermischen Kraftwerken ist in den USA bereits entschieden. Tausende von Wissenschaftlern ersinnen und erproben dort zwischen Ost- und Westküste neue Verfahren, um die Sonnenenergie kostengünstig in den Griff zu bekommen. Viele Fäden der amerikanischen Sonnenenergieforschung laufen bei Albuquerque, der Hauptstadt von New Mexiko, auf dem Gelände eines US-Luftwaffen-Stützpunktes zusammen. Dort entsteht mit einem Kostenaufwand von rd. 20 Mio. Dollar ein 5000-kW-(5-Megawatt-)Solarkraftwerk. Diese Anlage dient nur zu Experimentierzwecken. Der erzeugte Dampf wird noch keine Turbine antreiben.

Obwohl das erste Kraftwerk dieser Art erst im Bau ist und lediglich zu Versuchszwecken dient, ist schon das nächst größere beschlossen. Es soll mit einer elektrischen Leistung von 10000 kW (10 Megawatt) in Barstow, östlich von Los Angeles in Kalifornien gebaut werden. Hiervon wollen zwei große kalifornische Elektrizitätswerke 20 Mio. Dollar und die amerikanische Energieforschungs- und Entwicklungsbehörde ERDA zusätzlich 80 Mio. Dollar bereitstellen. Ein Sprecher dieser mit erheblichen Mitteln ausgestatteten Behörde hat bereits Anfang 1977 mitgeteilt, daß Vorstudien zur Errichtung weiterer Sonnenturm-Kraftwerke mit einer Leistung von bis zu 500000 kW (500 Megawatt) in den 80er Jahren in Bearbeitung seien. Dennoch zeigen Hochrechnungen, daß trotz aller Anstrengungen im Jahr 2000 voraussichtlich nur 2 bis 3% des gesamten Elektrizitätsbedarfs der Vereinigten Staaten aus Sonnenenergie gedeckt werden könnten.

Der vor uns liegende Zeitraum für solche Prognosen ist zu lang, die Möglichkeiten der Sonnenenergienutzung in einem Land, das in manchen Wüstengebieten über 4000 Sonnenscheinstunden pro Jahr verfügt, sind zu groß, als daß heute schon Prozentzahlen für das Jahr 2000 genannt werden sollten. Die weitere Entwicklung der Stromerzeugung durch Solarkraftwerke auf der Erde hängt auch stark von den zu erwartenden Fortschritten in der Solarzellentechnik ab. Neben der solarthermischen Umwandlung eröffnet die solarelektrische Umwandlung weitere Möglichkeiten zur Nutzung der Sonnenenergie, die hier abschließend erläutert werden.

Der direkten Umwandlung von Sonnenenergie in Elektrizität – ohne den Umweg über die Wärmekraftmaschine mit solarthermischen Verfahren gehen zu müssen – galt stets das besondere Augenmerk der Physiker. Durch die Anforderungen in der Raumfahrt konnten verschiedene Methoden dieser Energiedirektumwandlung erprobt und weiterentwickelt werden. Dabei hat sich das solarelektrische Verfahren, inzwischen in der Fachsprache der Solartechnik als photovoltaische Umwandlung bezeichnet, besonders bewährt.

Solarzellen, die einen Teil des auftreffenden Sonnenlichtes in elektrischen Gleichstrom umwandeln, gehören inzwischen zur Standardausrüstung von Satelliten. Der Bereich „Raumfahrttechnik und neue Technologien“ des AEG-Telefunken-Konzerns arbeitet seit mehr als 10 Jahren intensiv an der Weiterentwicklung dieser Energietechnik. Beispiel hierfür ist die erfolgreiche Beteiligung an bisher 14 Raumfahrtprogrammen, wie dem deutschen Satelliten „AZUR“, mehreren Wetter-, Forschungs- und Nachrichtensatelliten (siehe auch Bild 69a) und dem kanadischen Nachrichtensatelliten CTS (siehe Bild 70), für den der erste flexible, ausklappbare Solargenerator entwickelt und gebaut wurde oder die Mitarbeit bei dem im Bau befindlichen Weltraum-Laboratorium (SPACE LAB). Der hohe technologische Stand zeigte sich auch bei der spektakulären Mission der Sonnensonde HELIOS (siehe Bild 69b), die im Dezember 1974 gestartet wurde. In ihrem sonnennächsten Punkt ist diese Sonde bei einer Sonnenintensität von 11 Solarkonstanten, das sind rd. 15 kW/m², Temperaturen bis zu 180°C ausgesetzt. Einen Teststand für Solarzellen zeigt Bild 67. Er wird von der Institutsgemeinschaft für Sonnenenergie an der Technischen Universität Stuttgart betrieben.

Bild 67: Von einer Institutsgemeinschaft der Technischen Universität Stuttgart betriebener Teststand für Solarzellen

1839 entdeckte der französische Physiker Alexandre Edmont Becquerel den photoelektrischen Effekt, die Umwandlung von Licht in Elektrizität. Dieser Effekt besteht darin, daß bestimmte Materialien bei der Absorption des Lichtes Elektronen freisetzen. Diese Elektronen können durch ein vorhandenes Spannungsgefälle zu einem gerichteten Fluß veranlaßt werden. Der gerichtete Fluß von elektrischen Ladungen ist gleichbedeutend mit einem elektrischen Strom. Bei Lichteinfall auf dieses Material fließt also ein Gleichstrom, der an einem äußeren Verbraucherwiderstand, z.B. einer Lampe, einen Spannungsabfall verursacht. Das Produkt aus Strom und Spannung ergibt die elektrische Leistung.

Als geeignetes Material für Solarzellen haben sich Halbleiter, z.B. Silizium, besonders bewährt. Wird das Sonnenlicht von diesem Material absorbiert, so werden durch die Energie der auftreffenden Photonen elektronische Bindungen zwischen den einzelnen Atomen des Halbleiters aufgebrochen. Wo etwas herausgebrochen wird, – in diesem Fall handelt es sich um Elektronen – da entsteht ein Loch. Beim Aufbrechen der atomaren Bindungen in einem Halbleiter ergeben sich dementsprechend Bindungslöcher. Sie können sich, wie die herausgebrochenen Elektronen, relativ frei bewegen. Während die Elektronen Träger einer negativen elektrischen Ladung sind, wirken die Bindungslöcher wie Träger von positiven Ladungen. Damit ein Strom fließt, müssen negative und positive Ladungen in entgegengesetzter Richtung wandern.

In der Solarzelle geschieht dies durch ein internes elektrisches Feld. Letzteres entsteht dadurch, daß zwei unterschiedliche, aneinandergrenzende Bereiche des Halbleitermaterials gebildet werden, indem das Material „geimpft" wird. Man spricht von einer Dotierung. Wo ein Überschuß an freien Elektronen bzw. ein Mangel an Bindungslöchern erzeugt werden soll, ist eine negative Dotierung (n-Dotierung) und wo ein Überschuß an Bindungslöchern bzw. ein Mangel an Elektronen entstehen soll, ist eine positive Dotierung (p-Dotierung) erforderlich.

Nur ein Teil der eingestrahlten Sonnenenergie kann von einer Solarzelle in Elektrizität umgewandelt werden. Dies hat seinen Grund darin, daß nur Licht oberhalb einer bestimmten Frequenz, d.h. einer bestimmten Photonenenergie, in der Lage ist, Elektronen aus den atomaren Bindungen im Halbleitermaterial herauszubrechen. Je höher die Frequenz, d.h. je kurzwelliger das Licht, desto energiereicher die Strahlung.

In Bild 7, Kapitel I.5, ist die Intensität des einfallenden Sonnenlichtes in Abhängigkeit von der Wellenlänge dargestellt. Langwelliges Licht, gleichbedeutend mit Wärmestrahlung, ist nicht energiereich genug, deshalb von geringerer Wertigkeit als das kurzwellige sichtbare Sonnenlicht. Auch die Überschußenergie von Photonen, die mehr Energie besitzen als zum Herausbrechen der Elektronen erforderlich wäre, kann nicht zur Umwandlung in Elektrizität beitragen. Sie wird, ebenso wie die Energie der zu „energieschwachen" Photonen, lediglich in Wärme umgewandelt. Deshalb ist der theoretisch höchstmögliche Wirkungsgrad der Stromerzeugung mit Solarzellen recht niedrig.

Einerseits versucht man also, Halbleitermaterialien zu finden, für die eine möglichst geringe Bindungsenergie der Elektronen typisch ist, – damit auch noch ein Teil des langwelligen Lichtes nutzbar wird – andererseits haben solche Halbleiter die Eigenschaft, daß die erzeugbare Photospannung sehr gering ist. Zwischen diesen beiden, entgegengesetzt wirkenden Einflüssen muß optimiert werden. So ergibt sich ein optimaler theoretischer Wirkungsgrad von etwa 28% für die Umwandlung von Sonnenenergie in elektrische Energie durch Solarzellen. Praktisch liegt der Wirkungsgrad der Silizium-Solarzellen – aufgrund verschiedener zusätzlicher Verluste – zwischen 8 und maximal 15%. Bis 1979 soll er einen Wert von 18% erreichen.

Interessant ist auch die Feststellung, daß – relativ zum einfallenden Sonnenlicht

– Solarzellen gegenüber dem Betrieb im Weltraum um etwa 3% höhere Wirkungsgrade am Erdboden besitzen. Die Erdatmosphäre filtert die blau-violetten Wellenlängen des sichtbaren Lichtes stärker als die übrigen, so daß am Boden mehr Energie im Infrarotbereich vorhanden ist. Gerade für diesen Bereich besitzen die normalen Siliziumzellen eine höhere Empfindlichkeit. Deshalb werden für die Raumfahrt die „violet cells" (2 cm x 2 cm) bevorzugt, die eine starke Empfindlichkeit im blauen Bereich aufweisen.

Die Auswahl verschiedener Arten der Silizium-Solarzellen richtet sich vor allem nach dem Leistungsgewicht, den Kosten je erzeugbarer elektrischer Leistung und dem Wirkungsgrad. Ein Vergleich der konventionellen Zellen mit dünnem Siliziumfilm ist sehr aufschlußreich: Die konventionelle Siliziumzelle hat ein Leistungsgewicht von ca. 150 W je kg, einen Wirkungsgrad von 15% und kostet ca. 250 DM je Watt. Der noch in Entwicklung befindliche Siliziumfilm hat ein nahezu 200fach höheres Leistungsgewicht von ca. 2700 Watt je kg, nur den halben Wirkungsgrad von 5 bis 10% und kostet nur den hundertsten Teil, ca. 2 DM je Watt. Es zeigt sich hieraus, daß u.U. schlechtere Wirkungsgrade in Kauf genommen werden, wenn das Leistungsgewicht so viel höher und die Kosten so viel niedriger sind.

Die physikalischen Gesetzmäßigkeiten, die für die Direktumwandlung von Sonnenenergie in Elektrizität gelten, führen auch dazu, daß dieses Verfahren für die Stromerzeugung auf breiter Basis aus wirtschaftlichen Gründen nur in dem Bereich zwischen dem 35. Breitengrad nördlicher und dem 35. Breitengrad südlicher Breite zur Anwendung kommen könnte. Dies ruft neue Probleme hervor, z.B. Energietransport zu anderen Gebieten der Erde, Störung des biologischen Gleichgewichts in der Umgebung der riesigen Solarzellen – Empfangsanlagen, regional anfallende große Abwärmebelastung, Energiespeicherung für Nacht- und Schlechtwetterzeiten.

Zwischen dem Preis für eine Solarzelle und dem Preis für einen kompletten Solargenerator besteht ein großer Unterschied. Komplette Solarzellen-Generatoren für die Stromversorgung in Satelliten kosten heute zwischen 500 bis 1000 DM je Watt. Zum Vergleich: Die Kosten für ein Kernkraftwerk einschließlich des Entsorgungsanteiles liegen heute bei rd. 2 DM je Watt.

Eine erste Verbilligung hat man dadurch erzielt, daß man für Anwendungen auf der Erde runde Solarzellen mit größerer Fläche (∅ 5 bis 7,5 cm) und mit einer bestimmten Schaltungsart verwendet. Deshalb konnte der Preis für solche Solarzellen-Generatoren auf 100 bis 150 DM je Watt gesenkt werden. Strom aus einem Silizium-Solarzellen-Kraftwerk wäre dann immer noch mindestens hundertmal teurer als Strom aus konventionellen Kraftwerken.

Um die Kosten für Solarzellen um den Faktor 100 zu senken und dabei trotzdem die bisherigen Wirkungsgrade wenigstens ungefähr beizubehalten, werden weltweit größte Anstrengungen unternommen. 1976 ist es dem schon erwähnten Bereich des Unternehmens AEG-Telefunken in Zusammenarbeit mit dem deutschen Siliziumproduzenten Wacker-Chemitronic gelungen, große Solarzellen (10 cm x 10 cm) aus sogenanntem polykristallinem Silizium, das sind Mehrkristall-Zellen, mit einem Wirkungsgrad von 10 bis 12,5% herzustellen

Bild 68: Von AEG-Telefunken und Wacker-Chemitronic entwickelte polykristalline Siliziumzellen (10 cm x 10 cm) zur Direktumwandlung von Sonnenenergie in elektrischen Gleichstrom (im Bild sind 8 Zellen zusammengeschaltet)

(siehe Bild 68). Bisherige Zellen waren Einkristall-Zellen, deren Herstellung mehrere Produktionsschritte und besondere Vorkehrungen erforderte. Die japanisch-amerikanische Firmengruppe Solar Energy Co. entwickelte die Herstellung von dünnen, einkristallinen Bändern, weil hierdurch ein kontinuierlicher Herstellungsprozeß möglich ist. Von einer Verbilligung um den Faktor 100 ist man jedoch in beiden Fällen noch weit entfernt.

Die Siliziumzelle, 1954 in den Bell Laboratories, USA, entdeckt, ist am weitesten entwickelt. Sie stellt jedoch nicht die einzige Möglichkeit für Halbleitermaterial mit diesen Eigenschaften dar. Die schon erwähnte Institutsgemeinschaft an der Universität Stuttgart, auch das Batelle-Institut Frankfurt arbeiten intensiv an Entwicklungen für polykristalline Dünnschichtzellen aus Cadmiumsulfid und Kupfersulfid. Bei einer Zellengröße von 7 cm x 7 cm besitzen diese Solarzellen einen Wirkungsgrad von max. 5 bis 8%. Als Durchschnittswert für viele Zellen ergaben sich bisher zwar nur 4% Wirkungsgrad, jedoch dürften später 10% erzielt werden können. Diese Solarzellen sind sehr viel billiger herzustellen, erfordern aber noch umfangreiche Entwicklungsarbeit.

Oder könnte die im Juli 1977 von dem amerikanischen Erfindergenie Stanford Robert Ovshinsky mitgeteilte Erfindung den Preis der Solarzellen um den Faktor 200 senken? Anläßlich der „Siebten Internationalen Konferenz über amorphe und flüssige Halbleiter" beschrieb Ovshinsky seine neueste Erfindung als eine ungeordnete (amorphe) Mischung aus Elementen wie Sauerstoff, Schwefel, Selen, Tellur, Polonium, Bor, Kohlenstoff und Silizium. Die wie flüssiges Glas zu Scheiben gegossene oder als extrem dünner Film aufgedampfte Mixtur leitet oder sperrt, je nach Bedarf, den Stromfluß – wie Siliziumkristalle. Sie verhält sich wie ein Halbleiter. Die chemischen Bindungen zwischen den einzelnen Atomen gehorchen den gleichen Gesetzmäßigkeiten wie in Kristallen; nur die Winkel zwischen den Bindungen sind etwas verschoben.

Seine Glashalbleiter taufte Ovshinsky in Anlehnung an seinen Namen Ovonics. Ihren Wirkungsgrad für die Stromerzeugung aus Sonnenlicht gibt Ovshinsky mit 6% an und meint, einen Wirkungsgrad von 10% erreichen zu können. Die Ovonics können in großen Mengen gemischt, erhitzt, ausgegossen oder aufgedampft werden, weshalb ihr Preis nur 25 bis 40 Pf/W (250 bis 400 DM/kW) betragen müsse. Es bleibt abzuwarten, ob nichtgenannte oder nicht bekannte Faktoren den Traum billiger Solarkraftwerke wieder zunichte machen können, oder ob mit den Ovonics eine bahnbrechende Erfindung gemacht wurde.

In jedem Fall überstiege die Flächenbelegung mit Solarzellen bei einem Großkraftwerk alle bisherigen Dimensionen. Für eine Leistung von 1000 Megawatt – was einem großen Kernkraftwerksblock entspräche – müßte selbst in der sonnenreichen Sahara eine Fläche von etwa 4 km x 4 km mit Solarzellen belegt werden. In Mitteleuropa wäre die Fläche – bei Auslegung für Sommerbetrieb – doppelt so groß.

Die Einsatzbereiche für auf der Erde betriebene Solargeneratoren beschränken sich z.Z. aber hauptsächlich auf kleinste Leistungen zwischen 10 Watt und einem Kilowatt, z.B. für Meßstationen, nachrichten- oder verkehrstechnische Anlagen.

Im mittleren Leistungsbereich zwischen 1 und 10 kW sind solche Solarzellen – Kleinkraftwerke für Richtfunkanlagen, dezentrale Kleinsender, Leuchttürme, Flughafenbefeuerung und Radaranlagen in Betrieb.

Die großtechnische Anwendung zeigt sich für terrestrische Zwecke, d.h. hauptsächlich in Entwicklungsländern, noch nicht. Sie wird nur theoretisch untersucht. Die in diesem Kapitel eingangs beschriebenen, solarthermischen Verfahren sind aus heutiger Sicht überlegen.

Neben den Spezialanwendungen innerhalb der erwähnten Leistungsbereiche ist im nächsten Schritt die Stromerzeugung aus Sonnenenergie in Entwicklungsländern ein besonderes Ziel. Ob zur Stromversorgung von Dorfgemeinschaftsanlagen, von Wasserwerken und Wasserbereitungsanlagen sowie von Gemeinschaftsempfangsstationen vorwiegend solarthermische oder solarelektrische Verfahren zur Anwendung kommen werden, ist nicht vorherzusehen. Die solarthermischen Verfahren sind z.Z. bei weitem wirtschaftlicher.

Solarzellen dagegen haben und behalten einen anderen Schwerpunkt: Die Stromerzeugung im Weltall bietet Möglichkeiten in kaum vorstellbaren Größenordnungen.

III. 7 Stromerzeugung im Weltraum

Wernher von Braun hat sich wiederholt zur Sonnenenergie geäußert. Sein viel zitierter Ausspruch „Die Menschheit befindet sich an der Schwelle eines neuen Zeitalters, das man das Zeitalter der Sonne nennen könnte“ weist der Sonnenenergie die Schlüsselrolle für die Energiebedarfsdeckung der Menschheit zu.

Vielleicht konnte Wernher von Braun solche Gedanken äußern, weil ihm die Auseinandersetzung mit den Anforderungen der Raumfahrt eine Einschätzung der Möglichkeiten dieser Energienutzung erlaubte. Er verließ nie den Boden der Wirklichkeit, besaß aber die Phantasie, seiner Zeit weit vorauszueilen.

Zwischen Sonnenenergie auf der Erde und Sonnenenergie außerhalb der Erdatmosphäre bestehen große Unterschiede. Weil die Stromerzeugung im All bisher – von wenigen Ausnahmen abgesehen – in den Bereich der Utopie

Bild 69a: Europäischer Forschungssatellit ESRO IV, ausgestattet mit Solarzellen, die zu einem 65 Watt Solargenerator von AEG-Telefunken zusammengeschaltet sind

Bild 69b: Deutsche Sonnensonde HELIOS mit Sonnenzellen von AEG-Telefunken, ein Generator-Paneel mit einer Gesamtleistung von 250 Watt bildend

verwiesen oder als ein Spezialgebiet der Raumfahrt betrachtet wurde, sind diese Unterschiede allgemein auch kaum bekannt.

Im Weltraum weht kein Wind, weil es dort keine Atmosphäre und auch keine Temperaturunterschiede gibt. Das ändert vollkommen die Probleme der Wärmeableitung an Solarzellen. Außerdem erhalten Solarzellen im Weltraum allein durch ihre Ausrichtung senkrecht zur Sonne deren Maximum an Einstrahlung über 24 Stunden täglich, ganz im Gegensatz zu den auf der Erde montierten Kollektoren, die während der Sonnenscheindauer unter immer wieder anderen Winkeln getroffen werden und – sollten sie dem Sonnenstand nachgefahren werden – selbst in Wüstengebieten nur knapp die Hälfte aller Stunden des Jahres von der Sonne beschienen werden. Die Streu- und Absorptionsverluste innerhalb der Erdatmosphäre von rd. 50% der jährlich eingestrahlten Sonnenenergie (siehe Kapitel I. 3) können im Weltraum nicht entstehen. Auch die Solarleistung, die ein Kollektor im Weltraum empfängt, liegt um etwa 40% über der maximal eingestrahlten Leistung, die er bei günstigsten Verhältnissen auf der Erde empfinge.

Auf eine senkrecht zur Sonne ausgerichtete Fläche wird im Weltraum – außerhalb der Erdatmosphäre, aber in Erdnähe – eine Solarleistung von rd. 1,4 kW/m^2 eingestrahlt.

Wird die im Weltraum umgewandelte Sonnenenergie über Mikrowellen zur Erde gesandt, so würde von der Atmosphäre nur 1% abgeschirmt, in einem 60° Winkel nur 2,5%, bei vollkommener Bewölkung 2% und bei starkem Regen 3%. Über diesen Vorschlag zur Mikrowellen-Energieversorgung der Erde wird hier im Schlußteil berichtet.

Alles zusammengenommen wird zur Erzeugung einer bestimmten elektrischen Energiemenge im Weltraum nur $\frac{1}{8}$ der Fläche benötigt im Vergleich zu entsprechenden Systemen auf der Erdoberfläche.

Dagegen stellt der Weltraum in mancher Hinsicht ganz andere, teilweise viel härtere Anforderungen an das Material, an die Steuerung und andere Einrichtungen. Der Beschuß mit harter, energiereicher Strahlung, die von der Atmosphäre zum größten Teil abgeschirmt wird, die mögliche Zerstörung durch Massepartikel, wie kosmischer Staub, Meteoritenteile usw., die Schwerelosigkeit, die extrem niedrigen Umgebungstemperaturen – um einige wesentliche Beispiele zu nennen – wirken sich auf die Lebensdauer von extraterrestrischen Solaranlagen aus.

Die Daten- und Nachrichtenübertragung über Satelliten, auch die Einrichtungen von Raumflugkörpern, benötigen elektrische Energie. Nur in sehr begrenztem Umfang könnte in Spezialbatterien gespeicherte Elektrizität mit in den Weltraum transportiert werden; wegen des hohen Batteriegewichtes und der begrenzten Batterielebensdauer. In bestimmten und begrenzten Fällen helfen Radioisotopenbatterien. Der in ihnen stattfindende atomare Zerfall führt zur Wärmeentwicklung, mit deren Hilfe über den thermoelektrischen Effekt Strom erzeugt wird. Doch nur die Stromerzeugung vor Ort, d.h. am Satellit, die direkte Umwandlung der Energie der Sonne in Elektrizität, kann auf Dauer weiterhelfen.

Mit der Weltraumrakete Vanguard I, die am 17. März 1958 einen Satellit von der Größe einer Grapefruit in eine elliptische Bahn um die Erde brachte, begann die Stromerzeugung im Weltall; in einer Entfernung zwischen rd. 650 km und fast 4000 km von der Erde. Der kleine Satellit trug Silizium-Solarzellen mit einer Ausgangsleistung von insgesamt nur 0,1 Watt. Sie dienten zur Stromversorgung eines Meßgebers.

Der Bedarf an Solarzellen für die Raumfahrt wuchs in ungeahnte Größenordnungen. Allein die NASA bezog schon 1965 fast eine Million Solarzellen. Heute werden für die Raumfahrt Zellen mit Standardmaßen von 2 cm x 2 cm und 2 cm x 4 cm bei 0,1 bis 0,5 mm Dicke verwendet. Ein hierauf spezialisiertes AEG-Entwicklungszentrum in Hamburg stellte in der Zeit von 1966 bis 1975 rd. 300000 Solarzellen her. Dies entspricht einer Fläche von 150 m^2 und einer elektrischen Gesamtleistung von ungefähr 20 kW. Der erste deutsche Satellit „AZUR“ wurde ebenfalls mit diesen Solarzellen bestückt.

Solarzellen, zu ganzen Solarbatterien oder „Solarpaddeln“ zusammengeschaltet (siehe Bilder 70 und 71), erhielten auch eine wichtige Aufgabe für die Wetter- und Forschungssatelliten. Ein Traum der Astronomen und Physiker ging in Erfüllung: das Weltraumlaboratorium. Das erste unbemannte Labor, „Orbeting Astronomical Observatory“ genannt, war mit zwei Solarpaddeln ausgestattet, die eine elektrische Leistung von 250 Watt erzeugten. Jahre später konnten drei

Bild 70: Kanadischer Nachrichtensatellit HERMES, bis Anfang der 80er der größte seiner Art. Auch hierfür lieferte AEG-Telefunken den Solargenerator mit einer Gesamtleistung von 1300 Watt

Astronauten in dem 28 t schweren SKYLAB (amerikanische Abkürzung für Himmelslaboratorium) mehrere Wochen im Weltraum verbringen. Die teleskopartig ausfahrbaren Sonnenpaddel lieferten rd. 11 kW elektrische Leistung.

Nicht nur als Kraftquelle, als Sonnenenergiewandler zur Stromerzeugung, dienten Solarzellen, auch für die Nachrichtenübertragung zwischen verschiedenen, um Erdteile auseinanderliegenden Punkten unseres Planeten. Für ein erdumspannendes Nachrichtennetz wurden sie zum wesentlichen Stützpfeiler.

Der Nachrichtensatellit ist eine Übertragungseinrichtung, die Signale von der Erdoberfläche empfängt, mit Hilfe der von den Solarzellen gelieferten Energie verstärkt und zu einem anderen Empfangsort weitersendet. Um Fernsehbilder, in Bildpunkte aufgelöst und in Signale verschlüsselt, auf die dem Satellit abgewandte Seite der Erde zu senden, müssen mehrere Nachrichtensatelliten zusammenarbeiten und die Signale jeweils vom einen zum anderen weitergeben. Bild 70 zeigt eine Skizze des kanadischen Nachrichtensatelliten HERMES, der seit Januar 1976 im Weltraum arbeitet und bis zu Anfang der 80er Jahre der größte Nachrichtensatellit sein wird.

Der Transport von Nachrichtensatelliten durch Trägerraketen und der Bau der Satelliten selbst erfordern derart hohe Kosten, daß eine große Lebensdauer des Satelliten angestrebt wird. Und kein Wartungspersonal steht im Weltraum zur Verfügung. Es gibt deshalb nur einen Weg, die Verfügbarkeit zu erhöhen: Sonnenenergie. Allein schon wegen der ununterbrochenen Nachrichtenübermittlung über die ganze Erde verdient die Solarzelle höchste Wertschätzung.

Ein ganz anderer Gesichtspunkt bei der Sonnenenergienutzung in der Satellitentechnik, der manchem zunächst abwegig erscheinen wird, verdient große Beachtung und Wertschätzung. Es handelt sich um die „Abfallprodukte der Raumfahrt“ für eine zukunftsweisende, energiesparende Haustechnik. Beim Satellitenbau ist die Technologie des Wärmehaushaltes besonders hoch entwikkelt. Das spezifische know how, das die Unternehmen der Luft- und Raumfahrt auf diesem Gebiet sammeln, läßt sich zum Teil auch für unsere Wohnbedürfnisse nutzbringend verwerten. Die Vielzahl der Verfahren oder Produkte aufzuzählen, die allein auf diesem Sektor übernommen wurden oder gegenwärtig in der Entwicklung oder Anpassungsphase für eine moderne Haustechnik sind, würde vielleicht langweilen. Deshalb ist stellvertretend für solche Forschungen in Bild 71 der ERNO-Teststand für das thermische Modell des Nachrichtensatelliten MAROTS wiedergegeben. Auch die ERNO-Raumfahrttechnik in Bremen, ein VFW-Fokker-Unternehmen, überträgt, wie die Luft- und Raumfahrtunternehmen Dornier System in Friedrichshafen und Messerschmidt-Bölkow-Blohm (MBB) in Ottobrunn bei München, die bei der Energieversorgung von Flugkörpern gewonnenen Erkenntnisse auf die Energieversorgung von Gebäuden oder sogar auf die Energieerzeugung und Energieumwandlung in stationären Anlagen, z.B. Kraftwerken oder Übertragungsanlagen.

Auf den später mit einem Solarzellen-Generator ausgestatteten Nachrichtensatellit MAROTS zurückkommend: Ab 1979 wird auch für die Nachrichtenübermittlung in der Handelsschiffahrt das Motto gelten: „Via Satellit“. Der Einsatz von MAROTS soll die Kommunikation zwischen Land und See verbessern und schnellere Nachrichtenverbindungen mit der von Satellitenübertragungen gewohnten Präzision und Störungsfreiheit schaffen. Auch die automatische Sprech- und Telexübertragung wird mit diesem Satellit möglich werden. Eine zusätzliche Aufgabe, die von dem Handelsschiffsatelliten ab 1979 übernommen wird, ist die Navigation, die Positionsbestimmung per Funk.

Bild 71: Thermisches Modell des Nachrichtensatelliten MAROTS, der 1978 gestartet und mit amerikanischen Satelliten eine globale Abdeckung für die Nachrichtenübermittlung wie auch für die Navigation in der Schiffahrt gewährleisten soll. Dieser Satellit wird z.Z. von der ERNO-Raumfahrttechnik Bremen entwickelt.

Im Weltraum blieb es nicht bei Beobachtungs-, Nachrichten- und Wettersatelliten oder Himmelslaboratorien, auch die Raumschiffe, die zum Mond und zu anderen Planeten flogen, verband als „Nabelschnur mit der Erde" das Nachrichtenband, durch solare Stromerzeugung aufrechterhalten. Die Raumfähre „Pioneer V" wurde speziell dafür entwickelt, in die Tiefe des Weltraums vorzustoßen. Sie sandte Daten aus einer Entfernung von mehr als 35 Mio km. „Mariner Venus" brachte es später auf 58 Mio km. Die auf der Erde in Mars-Fotografien umgesetzten Impulse hatten mehr als 60 Mio km zurückgelegt.

Auch für die Art der Nachrichtenübertragung wurden verschiedene Systeme entwickelt. Zur besseren Kommunikation, z.B. von Raumfahrzeugen im Weltraum, wurde ein elektrooptisches Verfahren erfunden. Lichtblitze können Botschaften über Entfernungen von mehr als 20 Mio km durch den Weltraum tragen. Weil hier mit der Wellenlänge des sichtbaren Lichtes gearbeitet wird, nannte man dieses System SOCOM, was eine Abkürzung für SOLAR und COMMUNICATION ist. Es hängt von der Entfernung, von der Sende- und Empfangsanlage, von Sicherheitsaspekten usw. ab, ob für die Übermittlung von Botschaften im Weltraum Nachrichtenfrequenzen oder ob das sichtbare Licht vorgezogen wird.

Solange nur geringe elektrische Leistungen benötigt wurden, waren Solarzellen aus verschiedenen Gründen zwar sehr teuer, aber gewichts- und platzsparend sowie für Weltraumbedingungen besonders geeignet. Als es um größere Leistungen ging, wurden ganz andere Lösungen untersucht. Konzentrierende Spiegel oder Fresnellinsen würden Hochtemperaturwärme erzeugen. Wie bei der klassischen Stromerzeugung könnte Wärmeenergie, nur mit anderen, für den Weltraum eher geeigneten Maschinen und Arbeitsmedien, in Bewegungsenergie und diese in Elektrizität umgewandelt werden. Der Gesamtwirkungsgrad, das ist das Verhältnis von gewonnener elektrischer Energie zur eingestrahlten Sonnenenergie, könnte bei 20% liegen, also noch höher als bei gegenwärtigen Solarzellen. Die Kollektoren wären sogar weitaus kostengünstiger als Solarzellen. Die übrigen Bauelemente bestünden aus einem Helium- oder Wasserstoff-Kreislauf zwischen Kollektorsystem und dem Antrieb des Generators, einer Stirling-Maschine. Bisher sind solche Vorschläge nicht verwirklicht worden. Vielleicht werden sie es nie, weil einerseits die Verbilligung von Solarzellen gute Fortschritte macht, andererseits noch weitergehende Ideen der Lösung harren.

Der Gedanke, die Sonnenenergie selbst als Antriebskraft für Raumfahrzeuge zu verwenden, war ein beliebtes Thema in Science-Fiction-Romanen. Wird auch dieser Gedanke bald Wirklichkeit? Für den Energiebedarf von Raumfahrzeugen, solange sie die Anziehungskraft der Erde überwinden bzw. bei ihrer Rückkehr gegen die Anziehung der Erde abgebremst werden müssen, kommt zwar keine Sonnenenergie in Frage, weil ihre Energiedichte zu gering ist. Hier helfen nur chemische Energiespeicher mit extrem hoher Energiedichte. Aber für weite Reisen im Weltraum muß Energie mitgeschleppt werden. Welcher Gedanke, die Energie zur Fortbewegung direkt von der Sonne zu beziehen! Abermals wird Sonnenenergie zur Wunschenergie.

Theoretische Überlegungen kommen zu phantastischen Ergebnissen, wenn der Reisetreibstoff nicht mit in den Weltraum geschossen und dort für etliche Zeit mitgeschleppt werden müßte, sondern wenn statt dessen nur ein Energiewandler mitzutransportieren wäre, der sich die Antriebsenergie in der gewünschten Menge und zu jeder Zeit aus Sonnenenergie „besorgen“ könnte.

Schon 1956 schlug der in USA lebende deutsche Raketenspezialist Krafft D. Ehricke vor, die beiden Energieträger Solarstrahlung und flüssigen Wasserstoff miteinander zu kombinieren. Das Mischungsverhältnis von Wasserstoff und Sauerstoff beträgt bei konventionellen Raketenantrieben 1 : 5. Ehricke ersetzte den Sauerstoff durch Sonnenenergie. Nur $\frac{1}{50}$ des Sauerstoffgewichtes würde hierbei für das Gewicht der Solarkollektoren benötigt.

Diese Methoden verblassen gemessen an der Idee des „Sonnensegelns“. Halacy nennt das Sonnensegeln in seinem Buch „The coming age of solar energy“ die aufreizendste Nutzung des Sonnenscheins, die jemals vorgeschlagen wurde. Schon 1951 wurde die Tatsache, daß die Solarstrahlung einen gewissen Druck ausübt, als mögliche Antriebsquelle für Raumfahrzeuge genannt.

Das Sonnensegeln läßt sich mit dem Segeln eines Schiffes oder eines Strandwagens vergleichen. Im luftleeren Weltraum muß man sich im übertragenen Sinn vorstellen, daß die Photonen des Lichts das Sonnensegel des Raumschiffs antreiben und dabei einen Teil ihrer Energie an das Sonnensegel des Raumschiffes abgeben. Allerdings ist der abgegebene Energiebetrag so gering, daß sich der Vergleich mit dem Blitzlicht anbietet, das eine Billardkugel bewegen soll. Die Fläche eines Sonnensegels, das aus Kunststoff oder Aluminium bestehen könnte, muß also sehr groß sein, damit ein Raumschiff genügend Antriebsenergie erhält. Platz und Sonnenenergie im Planetensystem des Fixsterns Sonne sind überall ausreichend vorhanden. Die Gewichtsersparnis ist entscheidend.

Hierfür gibt es den Vergleich, daß die Beförderung einer Tonne Nutzlast zum Mars mit konventionellen Raketen mehr als 80 t Antriebsenergie erfordere, während das für den Antrieb benötigte Sonnensegel nur eine halbe Tonne für die gleiche Nutzlast wiege und wesentlich kostengünstiger sei. Mit dem bisher üblichen Antrieb brauchte das Raumschiff 260 Tage, um von der Erde zum Mars zu fliegen, mit dem Sonnensegel nur 120 Tage trotz anfänglich langsamerem Start. Außerdem würde sich das Sonnensegel wegen seiner großen Fläche von 200000 m^2 als Antenne für die Kommunikation über große Entfernungen besonders gut eignen. Auch der photoelektrische Effekt in entsprechend ausgebildeten Werkstoffen des Sonnensegels könnte möglicherweise zusätzlich für die Stromversorgung des Raumschiffes genutzt werden.

Ein Riesensegel zum Antrieb und zur Stromerzeugung gleichermaßen? Noch viele Probleme sind für den Photonen-Antrieb von Flugkörpern im Weltraum zu lösen. Zu den schwierigsten zählt die Wärmebelastbarkeit der Sonnensegel und damit ihre Lebensdauer. Noch steht diese Entwicklung ganz am Anfang, im Stadium theoretischer Studien.

Ist es nicht bemerkenswert, wie schnell zur Sonnenenergienutzung im All sehr anschauliche Wortschöpfungen der deutschen Sprache entstanden sind? An ihnen kann man sogar die zeitliche Reihenfolge der Entwicklungsstufen erkennen: Sonnenzelle, Sonnenpaddel, Sonnensegel . . . Die Gedankenpunkte können schon mit einem weiteren Begriff gefüllt werden; er heißt „Sonnenfarm“.

William Cherry, Leon Gaucher und vor allem Peter Glaser, diese Namen amerikanischer Wissenschaftler sind mit dem Begriff der Weltraum-Solarfarm eng verbunden. Mit ihr könnte die Stromerzeugung außerhalb der Erdatmosphäre erfolgen. Aus Sonnnenergie erzeugte Elektrizität müßte mit Mikrowellen zur Erde gesandt und dort in Empfangsstationen zur Weiterleitung durch die vorhandenen Stromnetze in die entsprechende Stromart umgewandelt werden.

Als vor etwa 15 Jahren zum erstenmal dieser Gedanke mit seriösem Hintergrund in den USA vorgetragen wurde, stieß er nicht nur auf Ablehnung sondern zumeist auf Kopfschütteln, wenn nicht auf andere Kommentare .... In Westeuropa drangen diese Überlegungen erst vor kurzem durch fundiert aufbereitete Presse- und Fernsehberichte in das Bewußtsein der Öffentlichkeit. Inzwischen wird dieser Vorschlag nicht nur in den USA, sondern auch in einigen anderen Ländern durch theoretische Studien vertieft. Natürlich wäre es vermessen, Aussagen über die praktische Durchführung dieses Vorhabens zu machen. Viele Fragezeichen sind noch zu setzen. Da dieser Vorschlag jedoch nicht so einfach von der Hand zu weisen ist, seien einige Überlegungen zitiert.

1965 veröffentlichte Peter Glaser, einer der Direktoren der Entwicklungsfirma Arthur D. Little Inc. und Präsident der amerikanischen Solar Energy Society, seine Ausarbeitungen über die SSPS. Das ist die Satellite Solar Power Station.

Glaser schlug zwei unterschiedliche Systeme für die Energiesammler außerhalb der Erdatmosphäre vor: entweder Silizium-Solarzellen (siehe Kapitel III. 6) oder organische Sonnenzellen. Letztere hätten einen wesentlich höheren Wirkungsgrad, sind aber bis heute noch nicht ausreichend entwickelt. Mit diesen Zellen errechnete er, damals unter extrem optimistischen Annahmen, für den Strombedarf des Nordostens der USA (1966) eine Solarzellenfläche im Weltraum von „nur“ 5,3 km Durchmesser.

Wegen der jahrelangen Erfahrung mit Solarzellen bisheriger Bauart würden sich bei diesem statischen System vermutlich keine besonderen Wartungsprobleme stellen. Am Umfang des großflächigen Sammlers wären kleine Raketentriebwerke angebracht zur ständigen Nachsteuerung bei Abweichungen vom Sonnenstand und zum Ausgleich des Photonendrucks, der beim Sonnensegel als Antriebsquelle erhofft, hier im Gegenteil ausgeglichen werden muß. Eines der größten und bei Verwendung von Solarzellen typischen Probleme stellt sich durch die geringe Spannung, die an jeder Solarzelle entsteht und die nur durch Zusammenschaltung vieler Zellen erhöht werden kann. Fällt eine Zelle eines solchen Blocks aus, ist dieser ganze Teil nicht mehr funktionsfähig. Ein weiteres Problem, technisch schon weitgehend bekannt, sind supraleitende Kabelverbindungen innerhalb dieses Sammlersystems, das mit –260°C betrieben werden soll. Dies ist in der „Weltraumkälte“ zwar kein Energieproblem, obwohl dennoch Kühleinrichtungen geringer Leistung für die Konstanthaltung dieser Kabeltemperatur erforderlich wären. Weitgehend ungelöst ist aber die ständig erforderliche Lagereglung der riesigen Sonnenzellenfläche zu dem sich laufend ändernden Sonnenstand sowie die Regelung für die Ausrichtung der Sendeantenne, bei der nur winzige Richtungsabweichungen zulässig sind. Würde die Antenne nur um ein Grad auswandern, so entspräche das am Äquator einer Verschiebung um 620 km, in höheren Breiten wesentlich mehr.

Die erzeugte elektrische Energie würde zu einem Sender geleitet, wo sie zunächst in die Energieform der Mikrowelle, ähnlich den Wellenlängen des Radar, umgeformt werden müßte. Für diese drahtlose Energieübertragung mit einer Frequenz von 3 x 10^9 Hz (das sind 3 Milliarden Schwingungen in der Sekunde) verfügt man ebenfalls über jahrelange Erfahrungen. Es wird angestrebt, diese Umformung mit einem Wirkungsgrad von 90% vorzunehmen und die dabei entstehende Abwärme für andere Zwecke innerhalb des Systems im Weltraum zu nutzen.

Die Empfangsstation auf der Erde soll aus Mikrowellen-Stromrichtern mit einer Leistung von je 1000 kW bestehen. Für 10 Mio kW Empfangsleistung müßten 10000 solcher Anlagen aufgestellt werden. Sie würden eine Fläche von 65 km^2 bedecken. Über Dioden würde die Mikrowellenenergie in Gleichstrom umgewandelt.

Ein Antennenfeld aus einfachen Dipolantennen ist neben technischen Gründen auch deshalb vorzuziehen, weil sich im Gegensatz zu riesigen Parabolantennen keine Störungen des biologischen Gleichgewichts unter den Antennen ergäben. Bei dem angenommenen Modellfall von 10 Mio kW in das Verbundnetz abzugebender elektrischer Leistung würde ein mehrere zig km^2 großes Antennenfeld gebraucht, dessen Fläche sich bei Dipolantennen sogar teilweise noch anderweitg nutzen ließe bzw. eine spärliche Vegetation ermöglichte.

Wenn schon die technischen Aufgabenstellungen derzeit nur teilweise lösbar, im Gegensatz zur Kernfusion aber zumindest praktizierbar erscheinen, stellt sich doch sofort die Frage, ob aus diesen Mikrowellen Gefahren durch Mißbrauch bei der Steuerung des gewaltigen Energiestrahls aus dem Weltall drohen könnten. Die NASA sagt hierzu, daß die Leistungsdichte etwa 1 Watt je cm^2 sei (10 kW je m^2) und daß der Feldgradient in den oberen Schichten der Atmosphäre weniger als 100 Volt je Zentimeter betrage. Deshalb dürfte keine Ionisation der Atmosphäre erfolgen. Aber die Leistungsdichte auf der Erde wäre zehnmal größer als diejenige von Sonnenenergie. Sie könnte Organismen und Materie beschädigen. Größere Zerstörungen, wie das Inbrandsetzen von Häusern oder die Zerstörung von Flugzeugen, die sich verflogen haben könnten, wären nicht denkbar. Der Einfluß auf die Flugzeugelektronik bei durch den Mikrowellenstrahl hindurchfliegenden Flugzeugen ist noch nicht restlos geklärt. Die Insassen werden jedoch auf keinen Fall gefährdet, da die Mikrowellen von der Metallaußenhaut reflektiert werden. Der Einfluß auf Vögel muß noch experimentell untersucht werden, insbesondere auch die Frage, ob Vögel durch den wärmenden Effekt der Mikrowellen angezogen werden. Die biologischen Effekte der nichtionisierten Strahlung werden gegenwärtig in den USA untersucht.

Die Ausrichtung der Sendeantenne kann von der Erde aus überwacht und korrigiert werden. Aufgrund des Rückkopplungssystems ist ein unbeabsichtigtes Auswandern des konzentrierten Mikrowellenstrahls ausgeschlossen. Dies gilt weitgehend auch für beabsichtigte Auslenkungen, die nur mit hohem Aufwand möglich sind. Für die Bewohner des Gebietes außerhalb des Sicherheitsareals besteht also keine Gefahr gesundheitlicher Schädigungen.

Seit 1972 arbeitet der amerikanische Boeing-Konzern an Entwürfen für Welt-

Bild 72: Modellvorstellung der Boeing-Werke, USA, für ein solares Weltraum-Wärmekraftwerk mit einer auf der Erde verfügbaren elektrischen Leistung von 10000 Megawatt

raum-Kraftwerke. Wegen der geringen Wirkungsgrade von Solarzellen und wegen ihrer hohen Kosten entwickelte Boeing neben ähnlichen wie in Bild 73b gezeigten Modellen auch ein extraterrestrisches Wärme-Großkraftwerk für eine auf der Erde verfügbare elektrische Leistung von 10 Mio kW (gleichbedeutend mit 10000 Megawatt).

Die in Bild 72 gezeigte Modellvorstellung besteht aus vier Parabolspiegeln von rd. 5,6 Kilometer Durchmesser, deren Folge fast 24 Kilometer lang wäre. Jeder Hohlspiegel soll aus tausend steuerbaren, extrem dünnen Kunststoff-Reflektoren bestehen. Sie werfen die einfallende Sonnenstrahlung in eine Absorber-Kuppel. Dort werden Gase erhitzt, um Turbogeneratoren anzutreiben, die rings um die Kuppel angeordnet sind. An beiden Enden dieses überdimensionalen Gebildes befinden sich Schüsselantennen mit einem Durchmesser von etwa 1 Kilometer, welche die erzeugte elektrische Energie in Form von Mikrowellen zur Erde senden. Die Gesamtmasse dieses Supersatelliten beträgt rd. 100000 Tonnen.

Dieses Weltraumkraftwerk setzt die Entwicklung neuartiger Großtransportraketen voraus. Sie hätten nicht nur Satellitenteile und Steuertriebwerke, sondern auch Montagemannschaften, ihre Ausrüstung, Unterkünfte und Versorgungsgüter zu transportieren. Während der Montagephase wären etwa

900000 Tonnen, zum Teil in Salvenstarts, in die Umlaufbahn zu befördern, aus diesen Gründen tendieren viele andere Vorstudien zu den nachfolgend beschriebenen Solarzellen-Großkraftwerken, weil sich bei dieser Art der Energiedirektumwandlung in Verbindung mit einer Modulbauweise der immer gleichen Einzelelemente keine derart schwierigen Transportprobleme ergäben.

Nach alledem ist auch zu überlegen, ob die Stromerzeugung auf der Erde nicht doch solchen Konzeptionen vorzuziehen sei. Hierzu verweist Glaser zunächst auf den viel größeren Sonnenenergiegewinn außerhalb der Atmosphäre. Zwar werden die großflächigen, zur Sonne ausgerichteten Energiesammler theoretisch 24 Stunden pro Tag von der Sonne beschienen, doch geraten sie praktisch zu bestimmten Zeiten in den Erdschatten. Aufgrund der Entfernung zwischen Sonne und Erde sowie der Größenverhältnisse zwischen diesem Fixstern und seinem Planet beträgt der Winkel des Erdschattens 17°. Diese Dunkelzone würde der Solarkraftwerk-Satellit für ungefär eine Stunde täglich während 25 Tagen vor und nach der astronomischen Tag- und Nachtgleiche passieren. Deshalb wurde vorgeschlagen, mehrere Solarfarmen zu betreiben, die nacheinander erdweit Empfangsstationen nach einem genauen Zeitplan versorgten. Bei diesem System würde eine Solarfarm von einer zur anderen Bodenstation geschaltet, wobei auch dem Strombedarf Rechnung getragen werden könnte. Dies allerdings ließe nur die Zusammenarbeit politisch gleichgesinnter Länder zu, wie heute auch beim west- und osteuropäischen Stromverbundnetz üblich.

Satelliten-Kraftwerke würden wohl noch größere internationale Probleme aufwerfen: Sie müßten in der geostationären Umlaufbahn über dem Äquator betrieben werden, damit eine feste Zuordnung zum Empfangsort gewährleistet ist. Dort tummelt sich bereits heute eine große Zahl von Satelliten. Platzprobleme und die mögliche gegenseitige Beeinflussung von Satelliten könnten Schwierigkeiten bereiten.

1972 legte eine Studiengruppe unter Leitung von Peter Glaser dem Komitee für Naturwissenschaft und Astronomie des US-Repräsentantenhauses die Planung für eine Solarfarm mit 10 Mio kW elektrischer Leistung vor (1976 betrug die Kraftwerksleistung der Bundesrepublik etwa das Achtfache). Die Energiesammler im Weltraum würden eine Fläche von 16 km^2 benötigen, die Sendeantenne eine Fläche von 1 km^2 und die Empfangsanlagen auf der Erde eine Fläche mit einem Durchmesser von 7 km.

Die Investitionskosten wurden recht optimistisch angegeben, weil die kostensenkenden Effekte einer Großserienfertigung der Solarzellen zu Recht und die energiesparenden Effekte durch höhere Wirkungsgrade wohl nur teilweise begründbar eingerechnet wurden. Damit ergaben sich Investitionskosten von insgesamt 1400 bis 2600 Dollar je kW. Der obere Wert entspricht ungefähr dem vier- bis fünffachen Betrag heutiger Baukosten für Großkraftwerke. Zwar wären für die aus Sonnenenergie erzeugte elektrische Energie keine Brennstoffkosten anzusetzen, doch wie hoch könnten die Wartungskosten eines Weltraum-Solarkraftwerkes werden? Wie hoch seine Lebensdauer?

Die Beantwortung solcher Fragen kann heute natürlich noch nicht gegeben werden. Durch verschiedene Studien sind jedoch die Vorschläge von P. Glaser in mehreren Ländern nach den verschiedensten Gesichtspunkten untersucht worden. In den USA werden gegenwärtig sogar Großversuche zur Weiterentwicklung einzelner Anlagenkomponenten durchgeführt. Soweit Einblicke in diese Ausarbeitungen und Diskussionen mit Experten möglich waren, läßt sich das Ergebnis solch kritischer Betrachtungen wie folgt zusammenfassen:

Je intensiver man sich mit der Stromerzeugung im erdnahen Weltraum auseinandersetzt, desto mehr rückt diese anfänglich für utopisch gehaltene Konzeption in den Bereich eines zwar gigantischen, extrem aufwendigen, in vielen Einzelheiten noch nicht überschaubaren, aber dennoch denkbaren Vorhabens.

Während bei der Vertiefung vieler anderer, der Zeit weit vorauseilender Ideen früher oder später immer größere technische oder wirtschaftliche Grenzen, ökologische Rückwirkungen, politische Abhängigkeiten sichtbar wurden und der anfänglich für durchführbar gehaltene Vorschlag wieder begraben werden mußte, scheint es hier umgekehrt zu sein; ein für undurchführbar gehaltener Gedanke erweist sich bei näherer Betrachtung als gar nicht so „aus der Welt liegend".

Manche sagen, daß die Forschungen zur Stromerzeugung mit Hilfe der Kernfusion ähnlich hohe finanzielle Mittel erforderten wie Satelliten-Kraftwerke, daß aber die Aussichten auf Erfolg bei der Kernfusion – so könnte es im übertragenen Sinn gesagt werden – mehr in den Sternen stünde als die Stromerzeugung bei den Sternen. Die Technologie der Kernfusion beinhalte noch sehr viel Neuland, die Technologie der Solarkraftwerke im erdnahen Weltall stütze sich dagegen weitgehend auf bekannte, nur speziell hierfür weiterzuentwickelnde Verfahren.

Zur Beurteilung der Wirtschaftlichkeit bei der Energienutzbarmachung im Weltraum müssen Vergleiche zu herkömmlichen Methoden für den Zeitpunkt der Verwendbarkeit neuer Verfahren gezogen werden. Ist es schon enorm schwierig, den Zeitpunkt der Verwendbarkeit abzuschätzen, so stellt die Auswahl der für einen solchen Vergleich zu bewertenden Faktoren noch größere Probleme. Einige Gesichtspunkte sollen hier in sehr kurzgefaßter Form erwähnt werden.

Bei der Umwandlung von Sonnenenergie im Weltraum und bei der Energieübertragung durch Mikrowellen auf die Erde treten weder Probleme der Speicherung auf noch der Abwärmebelastung unserer Atmosphäre, noch des Transports großer Energiemengen auf der Erde, wie es bei Solarkraftwerken in sonnenreichen Ländern mit Energietransport zu sonnenarmen, aber hochindustrialisierten Ländern erforderlich wäre. In den Empfangsanlagen für Satelliten-Kraftwerke würden übrigens nur etwa 15% der erzeugten elektrischen Energie als Abwärme entstehen. Bei konventionellen Kraftwerken sind es dagegen rd. 65%. Allerdings stammt der in Satelliten-Kraftwerken erzeugte Strom zum größten Teil aus Sonnenenergie, die nicht die Erde erreicht hätte. So gesehen ist in bezug auf die Wärmebelastung unserer Atmosphäre das irdische Solar-Kraftwerk demjenigen im Weltall überlegen. Die theoretische Untersuchung aller nur denkbaren Arten der Energiedirektumwandlung in Satelliten-Kraftwerken nach den verschiedensten Kriterien ergab, daß Solarzellen die größten

Vorteile bieten. Hinsichtlich des hohen technischen Entwicklungsstandes, der noch sinkenden Herstellungskosten, des Verhältnisses von erzeugter elektrischer Leistung zum Gewicht und zum Platzbedarf sind Solarzellen anderen Umwandlungssystemen überlegen. Einen großen Nachteil der Solarzellen, ihre Empfindlichkeit gegenüber Schädigungen durch energiereiche Strahlung außerhalb der Erdatmosphäre (kosmische Strahlung, Sonneneruptionen), glaubt man durch zwei Methoden beheben zu können: Durch das Aufbringen von Schutzschichten z.B. aus Quarz oder Saphir und durch „Einpflanzen" bestimmter Elemente in die Solarzellen, wodurch diese selbstheilende Eigenschaften gegen energiereiche Strahlenschäden erhalten. Inzwischen ist nachgewiesen, daß Silizium-Solarzellen, die mit Lithium „geimpft" werden, eine fünfzigmal höhere Strahlungsbeständigkeit aufweisen als konventionelle Siliziumzellen.

Eine Untersuchung der einzelnen Wirkungsgrade für die verschiedenen Energieumwandlungen ergab, daß für die Umwandlung von Sonnenenergie in Gleichstrom durch die Solarzellen ein Wirkungsgrad von 15 bis 18% realistisch ist. Mit organischen Solarzellen könnten Wirkungsgrade von 50% bis 80% erreicht werden. Doch das ist „eine Trumpfkarte", die heute noch nicht, aber mit gewisser Wahrscheinlichkeit vielleicht noch in diesem Jahrhundert gezogen werden kann. Der Wirkungsgrad der Umwandlung von Gleichstrom in Mikrowellenenergie kann auf 85 bis 90% gesteigert werden. Der gleiche Wirkungsgradbereich wird auch für die Mikrowellenübertragung zur Erde angenommen, wobei Bündelungsverluste und die beschriebenen Verluste in der Atmosphäre auftreten können. Der Wirkungsgrad des Empfängers und die Umwandlung in elektrischen Strom wird mit 85% angenommen. Multipliziert man alle Wirkungsgrade, so ergibt sich ein Gesamtwirkungsgrad von höchstens 10% für das Verhältnis von eingestrahlter Sonnenenergie zu abgegebener elektrischer Energie in das Stromversorgungsnetz. Bei organischen Solarzellen mit einem Wirkungsgrad von bis zu 80% würde sich der Gesamtwirkungsgrad auf beträchtliche 55% erhöhen.

Nur um möglichen Mißverständnissen vorzubeugen, sei nochmals darauf hingewiesen, daß bei einem Gesamtwirkungsgrad von 10% etwa 88% der eingestrahlten Sonnenenergie im Weltraum als Abwärme auftreten würden und daß nur etwa 2% der im Weltraum auf die Empfangsanlage eingestrahlten Sonnenenergie auf der Erdoberfläche als Abwärme freigesetzt würden, was etwa 15% der empfangenen Mikrowellen-Energiemenge entspräche oder, auf die abgegebene elektrische Energie bezogen, etwa 17,5% der erzeugten Strommenge.

Der Materialtransport in den Weltraum wurde früher als unüberwindliches Hindernis angesehen. Am 11. August 1977 gelang das „Unternehmen Enterprise": Von einem Jumbo-Jet startete ein Weltraumtransporter (Space Shuttle), glitt zur Erde und landete auf der dafür vorbereiteten Piste eines Testgeländes. Die Wiederverwendbarkeit von Raumschleppern wurde Wirklichkeit. Der Materialtransport zur Errichtung eines Weltraum-Kraftwerkes in 36000 km Höhe ist im Prinzip keine technische Frage mehr, sondern „nur noch" im wesentlichen eine wirtschaftliche.

Untersucht man nun die Zahl der erforderlichen Starts für den Materialtrans-

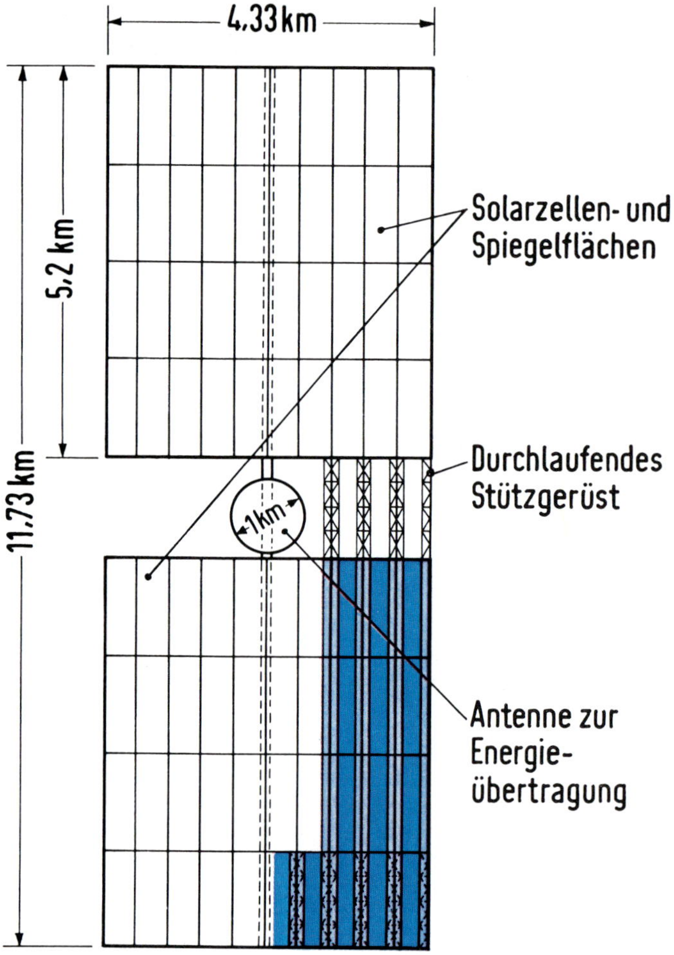

Bild 73a: Detailzeichnung zur Darstellung der Modulbauweise für die Stützgerüste, Solarzellen und Zubehörteile des Glaser-Entwurfes, der seit einigen Jahren von amerikanischen Firmen weiterentwickelt wird, auch von den deutschen Partnern AEG-Telefunken Hamburg, Dornier System Friedrichshafen und Institut für Luft- und Raumfahrt der Technischen Universität Berlin im Auftrag des Bundesministeriums für Forschung und Technologie (BMFT)

Bild 73b: Von Dr. Peter Glaser, Arthur D. Little Inc., USA, Pionier der Entwicklungen für Weltraumkraftwerke, weiterentwickelter Vorschlag für ein Sonnenzellen-Großkraftwerk im erdnahen Weltraum. Die Dimensionen auch dieses Kraftwerkes führen zu einer auf der Erde verfügbaren elektrischen Leistung von 10000 Megawatt (Grafik: J. Gareiss, Essen)

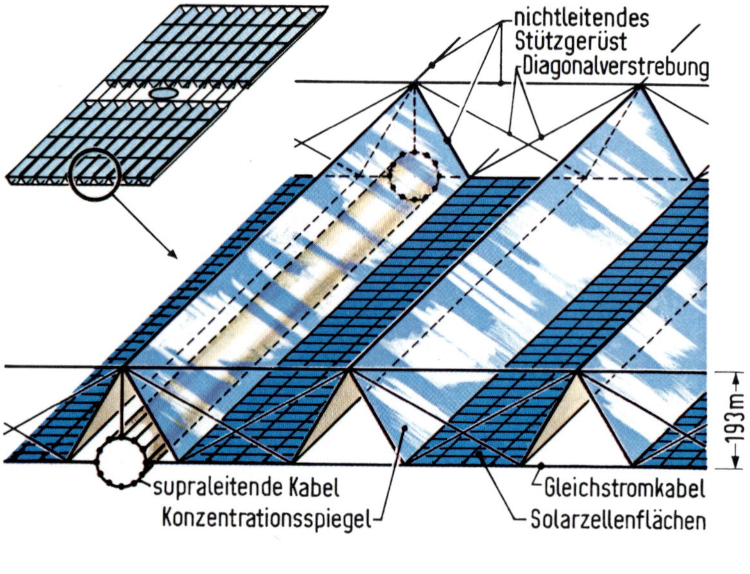

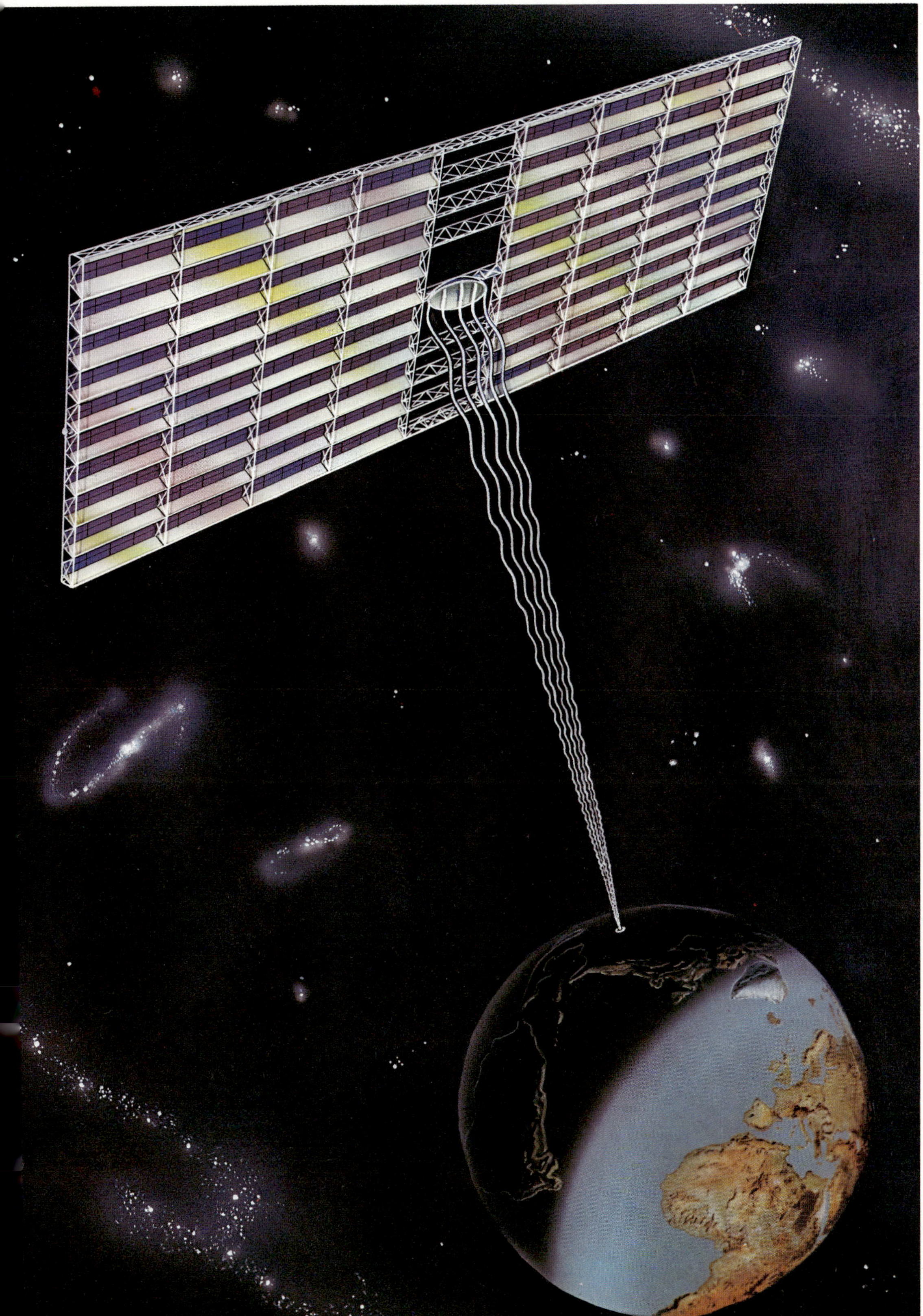

port, so zeigt sich, daß anorganische Solarzellen, wozu auch die Siliziumzellen gehören, wegen ihres größeren Flächenbedarfs zu schwer sind und daß nur Solarzellen auf organischer Basis, die – wie schon erwähnt – noch nicht hinreichend entwickelt sind, Verwendung finden könnten. Wegen der wesentlich höheren Wirkungsgrade dieser Solarzellen und des daraus resultierenden geringeren Transportgewichtes würden sich je nach den Annahmen zu verwendbaren Solarzellentypen 250 bis 750 Starts für die Raumtransporter ergeben. Setzt man voraus, daß jeden Tag ein Space Shuttle starten würde, so folgte hieraus eine Transportzeit zwischen einem dreiviertel Jahr und zwei Jahren. Während dieser Zeit könnte das Weltraum-Solarkraftwerk auch zusammengebaut werden. Die Transportkosten werden auf 20 bis 200 DM pro kW im Weltraum installierter elektrischer Leistung geschätzt. Solche Zahlenangaben darf man jedoch, wie alle vorläufigen Kostenschätzungen zu solchen Projekten, nur als sehr grobe Richtwerte auffassen.

Ein Satelliten-Kraftwerk besteht aus der riesigen Solarzellenfläche, die einem oder mehreren Sonnensegeln gleicht, und aus der Sendeantenne. Letztere muß in jedem Fall in einen Abstand von 36000 km gebracht werden, weil sie dann – relativ zur Erdoberfläche betrachtet – stillsteht. Würde das Sonnensegel viel näher bei der Erde stationiert – z.B. in eine 500 km-Bahn gehoben – dann verminderten sich die Transportkosten beträchtlich. Allerdings würde das Sonnensegel täglich mehrfach in den Erdschatten eintauchen, weshalb zwei Solarzellenflächen dieser Art errichtet werden müßten, die ihre Nutzleistung durch Laserstrahlen oder Mikrowellen zur Sendeantenne strahlen, von wo aus sie – wie beschrieben – durch Mikrowellen zur zugehörigen Empfangsstation auf der Erde übertragen würden. Gegenwärtig wird untersucht, ob alle Bauteile eines erdnahen Solarkraftwerkes zusammen in der 36000 km-Bahn stationiert werden sollten oder ob nur die Antenne in diesen Abstand und die Sonnensegel in die viel nähere 500 km-Bahn gebracht werden sollten.

An der Weiterentwicklung der SSPS (amerikanische Kurzbezeichnung für Satellite Solar Power Station) wird intensiv gearbeitet. Das in Bild 73b gezeigte Weltraum-Solarkraftwerk entspricht schon nicht mehr dem vielfach veröffentlichten und in einer Schemaskizze gezeigten ursprünglichen Vorschlag von P. Glaser, sondern einer von ihm fortentwickelten Konstruktion. Die Probleme des schnellen Zusammenbaus der Solarzellenflächen, der Verbindung von Reflektoren mit jeder Solarzelle – im Gegensatz zu den Überlegungen für Großflächen-Reflektoren (siehe Bild 72) –, der Biegesteifigkeit der Trägergerüste, der Schubmechanismen zum Ausgleich des Photonendruckes auf das Sonnensegel, der Einbeziehung des Menschen in den gesamten Bau- und Betriebsablauf haben inzwischen zu weitergehenden Entwicklungsschritten geführt. Bild 73b veranschaulicht die 1974 von der NASA veröffentlichte Ausführungsart, d.h. ein neueres Konzept. Man kann sich aber leicht vorstellen, daß inzwischen weitere Entwicklungsstufen in Bearbeitung sind, z.B. für die in Bild 73a skizzierte Modulbauweise für die Stützgerüste und die Solarzellenflächen mit ihren Zubehörteilen.

In der Bundesrepublik Deutschland befassen sich das Institut für Luft- und Raumfahrt der Technischen Universität Berlin und die Unternehmen AEG-

Telefunken, Hamburg sowie Dornier System, Friedrichshafen im Auftrag des Bundesministeriums für Forschung und Technologie mit einzelnen Entwicklungsschritten zur Stromerzeugung im erdnahen Weltall.

Zusammenfassend kann gesagt werden, daß unter Berücksichtigung der zu erwartenden technischen Weiterentwicklung keine unlösbaren Probleme bei der Errichtung von Weltraum-Solar-Kraftwerken auftreten dürften. Diese Satellitenkraftwerke könnten kontinuierlich bis zu 24 Stunden am Tag Elektrizität liefern; sie würden - nicht nur im All, erst recht auf der Erde - einen geringeren Flächenbedarf erfordern, als jedes auf der Erde errichtete Solarkraftwerk gleicher Leistung.

Die Stromerzeugung im Weltraum ist eine von der Menschheit angenommene Herausforderung. Für die Versorgung von Forschungs-, Wetter- und Nachrichtensatelliten, von Weltraum-Laboratorien und Raumflugkörpern, Landefähren und Raumfahrzeugen ist die direkte Umwandlung von Sonnenenergie in Elektrizität eine conditio sine qua no, eine nicht mehr wegzudenkende Bedingung. Zu dem futuristischen Vorhaben der Übertragung von im Weltall erzeugter Elektrizität meinen die Befürworter, daß dieses Projekt weniger technologische Ungewißheiten enthielte als die Apollo-Mondlandung. Präsident Kennedy habe bei der Inbetriebnahme dieses Mondlandeunternehmens einen Zeitraum von 10 Jahren bis zur Verwirklichung vorgegeben. Die SSPS dagegen, die Satellite Solar Power Station, beinhalte ein geringeres Risiko als die Landung des Menschen auf dem Mond.

III. 8 Wasserstoff aus Sonnenenergie, Hoffnung für das nächste Jahrhundert

Hinter den Kulissen, fast unbemerkt von der Öffentlichkeit, wird schon seit Jahren daran gearbeitet, Wasserstoff direkt aus Sonnenenergie herzustellen. Immer häufiger werden Stimmen laut, die eine größere Unterstützung, vor allem durch staatliche Mittel, für solche Grundlagenforschung empfehlen. Denn erhebliche finanzielle Mittel für aufwendige Laborausrüstungen in den Forschungseinrichtungen großer Institute oder weltbekannter Firmen wären nötig, um hochqualifizierten Wissenschaftlern ein noch tieferes Eindringen in schwierigste physikalische und chemische Zusammenhänge zu ermöglichen.

Wie bei der künstlichen Kernspaltung, die 1938 erstmals gelang, wird die künstliche Erzeugung von Wasserstoff aus Sonnenenergie der Menschheit auch nicht aus „heiterem Himmel" in den Schoß fallen. Jahrzehnte intensiver, zweckfreier Forschung gehen solchen „weltbewegenden" Entdeckungen voraus.

Warum ist Wasserstoff so begehrt? Wofür wird er bisher verwendet und wozu könnte Wasserstoff in Zukunft dienen?

Wasserstoff, ein gasförmiges Nichtmetall, farblos, geruchlos, geschmacklos, ist ein nahezu idealer Brennstoff. Ohne umweltbelastende Schadstoffe – bis auf die weniger gefährlichen Stickoxide – brennt Wasserstoff, indem er sich mit dem Sauerstoff der Luft zu Wasser verbindet und dabei große Energiemengen freisetzt. Gasförmiger Wasserstoff hat allerdings den geringsten Energieinhalt von allen Brenngasen. Er beträgt rd. 2500 kcal je Normkubikmeter Wasserstoff.

Wasserstoff wird zu vielen technischen Prozessen verwendet. Wie z.B. zur Herstellung organischer Verbindungen, zur Gewinnung synthetischen Treibstoffs, als Reduktionsmittel bei der Herstellung von Metallen, zur Füllung von Luftballons und in flüssigem Zustand als Raketentreibstoff.

Dieser Einblick in die Vielfalt der Anwendungsmöglichkeiten läßt aber noch nicht erkennen, daß Wasserstoff, könnte man ihn auf billige und energiesparende Weise herstellen, auch Steinkohle, Braunkohle, Erdöl, Erdgas, ja selbst elektrische Energie bei vielen Anwendungen ersetzte. Wasserstoff könnte in Zukunft als Heizwärme im Haushalt, in gewerblichen Anlagen, in der Industrie, zum Kochen, Heizen, Schmelzen usw. oder im Verkehr für den Antrieb von Schiffen, Fahrzeugen, Flugzeugen verwendet werden. Außerdem ließe sich Wasserstoff mit hierfür geeigneten, speziellen Leitungs- und Pumpensystemen wirtschaftlich über große Entfernungen in Rohrleitungen transportieren. Das derzeitige Erdgasnetz könnte mit entsprechenden Umbaumaßnahmen auf Wasserstoff umgestellt werden.

Wasserstoff ist das leichteste aller Gase, weshalb er auch stark flüchtig ist und nur in dichten Rohrleitungen transportiert werden darf. Dies ist sicher ein Nachteil, der bei der Umstellung vorhandener Gasversorgungsnetze auf Wasserstoffbetrieb an mancher Stelle Probleme hervorriefe. Das größte Problem bei der vielfältigen Anwendung des Wasserstoffs könnte das „Hindenburg Syndrom" sein (Explosion des mit Wasserstoff gefüllten Zeppelin-Luftschiffes namens Hindenburg). Mit anderen Worten, die Explosions- und Feuergefahr von Wasserstoff erfordert größte Vorsicht bei dem Umgang mit diesem Gas wegen der geringen Entzündungsenergie. Schon elektrostatische Funkenentladungen können die Explosion auslösen. Dennoch, in der chemischen Industrie, auch für Raketenantriebe, werden seit Jahren große Mengen von Wasserstoff verbraucht, ohne daß Unfälle größeren Ausmaßes bekannt wurden. Zum Beispiel wird seit vielen Jahren Wasserstoff problemlos in einer Fernleitung von Marl-Hüls nach Köln transportiert.

Bei −253 °C und normalem Atmosphärendruck wird der gasförmige Wasserstoff flüssig. Entzieht man dem gasförmigen Wasserstoff soviel Energie, um ihn auf diese sehr niedrige Temperatur abzukühlen, so erhält man flüssigen Wasserstoff. Bezogen auf den Heizwert des Wasserstoffs nimmt der gasförmige 1270 mal mehr Volumen in Anspruch als der flüssige Wasserstoff. Deshalb denkt man daran, für die Speicherung in Großbehältern oder für den Transport über das Meer nicht gasförmigen Wasserstoff, der normalerweise unter Druck in Stahlflaschen oder -behältern transportiert wird, sondern flüssigen Wasserstoff raumsparend zu befördern.

Aus diesen Eigenschaften des Wasserstoffs ergibt sich die Vision, ihn in sonnenreichen, menschenleeren Regionen, zum Beispiel der Sahara, mit Sonnenlicht und Meerwasser künstlich zu erzeugen, mit sonnenenergiebetriebenen Kältemaschinen zu verflüssigen, mit wasserstoffgetriebenen Supertankern in Ballungsgebieten, z.B. nach Mitteleuropa, zu transportieren, dort als Brennstoff für Heizungen und industrielle Prozesse, als Rohstoff für die Chemie, als Kraftstoff für den Verkehr, als Treibstoff für Flugzeuge, als Primärenergie für die Stromerzeugung zu verwenden.

Skeptiker oder Pessimisten wenden ein, daß solche Überlegungen niemals praktisch verwirklicht würden, weil der Gesamtwirkungsgrad nur einige wenige Prozent betrüge. Warum? Nimmt man an, daß die Herstellung von gasförmigem Wasserstoff direkt aus Sonnenenergie mit einem Wirkungsgrad von 20% möglich wäre und daß der flüssige Wasserstoff mit einem Wirkungsgrad von ... Ja, hier scheiden sich schon die Geister. Verwendet man nämlich für den Betrieb der Kältemaschine den vor Ort gewonnenen gasförmigen Wasserstoff, dann geht dadurch ein Teil der zu liefernden Menge verloren. Treibt man die Kältemaschine aber mit Strom, der vor Ort aus Sonnenenergie erzeugt würde, dann verbleibt zwar mehr Wasserstoff zur Verflüssigung, aber die Stromerzeugungsanlage muß zusätzlich finanziert werden. Der Antrieb des Tankers erfordert wiederum einen Teil des transportierten Wasserstoffs, doch dieser Anteil fällt, bezogen auf die transportierte Wasserstoffmenge, kaum ins Gewicht. Mehr technische und energetische Vorkehrungen erfordert dagegen die ständige Kühlhaltung des flüssigen Wasserstoffs während des Transports und während der Lagerung, weil der Wasserstoff nur in extremer Kälte flüssig bleibt. Als Ergebnis dürften sich tatsächlich nur wenige Prozent Gesamtwirkungsgrad aus dem Verhältnis des Energieinhaltes der gelieferten Wasserstoffmenge zu der dafür genutzten Sonnenenergie ergeben.

Was mit diesen Betrachtungen aber veranschaulicht werden soll, ist die notwendige Änderung der bisherigen Betrachtungsweisen, des „bisherigen Wirkungsgraddenkens". Wenn Energie kostenlos jahraus, jahrein zur Verfügung steht, – wie bei der Sonnenenergie –, wenn ihre verschwenderische Nutzung nicht einmal Abwärme- oder Schadstoffprobleme mit sich bringt, dann ist der Gesamtwirkungsgrad bei der Energieumwandlung nicht mehr von dieser Bedeutung. Allein die Anlage- und Personalkosten sowie die Folgekosten durch Wartung und Erneuerung der Anlage fallen ins Gewicht.

Um diese geradezu triviale, aber in den gegenwärtigen Diskussionen oft vernachlässigte Feststellung etwas zu untermauern, überzeugt vielleicht das folgende, sehr einfache Beispiel: Eine Anlage für 10 Mio DM erzeuge mit Hilfe der kostenlosen Sonnenenergie und einem Wirkungsgrad von 40% die Wasserstoffmenge X. Eine andere Technik erreiche zur Erzeugung der gleichen Wasserstoffmenge X nur einen Wirkungsgrad von 10%, koste aber einschließlich der Flächenbelegung durch Solaranlagen etwas weniger, z.B. 8 Mio DM. Wenn nun für beide Anlagen die gleiche Lebensdauer, d.h. die gleiche Abschreibung sowie gleiche Personal-, Wartungs- und Hilfsenergiekosten gelten würden, dann wäre die Antwort von vornherein klar. Die Anlage mit dem viel schlechteren Wirkungsgrad ist wirtschaftlicher, eben weil die zur Wasserstoffherstellung erforderliche Energie in beiden Fällen nichts kostet.

Deshalb muß mit allem Nachdruck gesagt werden, daß die üblichen, im klassischen Wirkungsgraddenken verhafteten Einwände keine Bedeutung haben. Immer wieder ist hervorzuheben, daß mit Solaranlagen Energie durch Kapital ersetzt wird, daß es nur darauf ankommt, mit welcher Höhe die Kapitalkosten und die Unterhaltungskosten die erzeugte Sekundärenergie, z.B. den vor Ort benötigten Wasserstoff, belasten.

Wie unterscheidet sich die Wasserstofferzeugung mit Hilfe der Solarstrahlung von anderen bekannten Methoden zur Herstellung dieses Gases?

Im Zusammenhang mit der Stromerzeugung in grönländischen Gletscherkraftwerken und in tropischen Unterwasserkraftwerken war schon einmal von Wasserstoff die Rede. Hierbei ging es um die indirekte Nutzung der Sonnenenergie; denn über folgende energie- und kostenaufwendige Umwandlungsketten könnte Wasserstoff hergestellt werden: Sonnenstrahlung → Schmelzung von Gletschereis bzw. Erwärmung von Meereswasser → Stromerzeugung unterhalb der Gletscher bzw. der Meeresoberfläche → Elektrolyse direkt am Kraftwerk zur Herstellung von Wasserstoff → Abtransport des Wasserstoffs in Tankern (nach vorheriger Verflüssigung des Wasserstoffs) bzw. durch Pipelines in die Verbraucherschwerpunkte.

Bei solchen Verfahren ist Strom nur eine Zwischenstufe, weil sein Transport z.B. mit Gleichstrom über große Entfernungen noch aufwendiger wäre als die Herstellung von flüssigem Wasserstoff. Die hierfür vorgeschlagenen Verfahren zur Wasserstofferzeugung sind altbekannt und vielgenutzt. Für die großtechnische Herstellung gibt es zwei verschiedene Wege: Das Elektrolyseverfahren, bei dem Wasser als Ausgangsstoff und Elektrizität als Energieträger dient, und das thermochemische Verfahren, bei dem Kohlenwasserstoffe (Erdöl, Erdgas) gleichzeitig Ausgangsstoff und Energieträger sind. Beide Verfahren haben einen sehr hohen Eigenbedarf an Energie, d.h. um den Heizwert von 1 kcal aus Wasserstoff zu erhalten, müssen fast 1,5 kcal durch elektrische Energie oder durch Brennstoff eingesetzt werden.

Sofort wird klar, daß auf diese Weise erzeugter Wasserstoff nur für Sonderanwendungen, wo er unersetzlich ist, zur Anwendung kommt und nicht als Heizenergie oder als Kraftstoff. Ganz anders sähe die Rechnung aber aus, erzeugte man Wasserstoff nicht aus kostbarem Strom, Erdöl oder Erdgas, sondern direkt aus kostenloser Sonnenenergie. Ob zwei, fünf oder acht kcal als Solarstrahlung für 1 kcal Wasserstoff erforderlich wären, das beeinflußte nur die Größe der Anlage und damit die Investitionskosten. Der Raubbau an wertvollen Energieträgern, die Schadstoffbelastung der Umwelt und die Energiekosten von Wasserstoff – und das sind auf Dauer die entscheidenden Faktoren – wären ein für allemal behoben.

Welche Verfahren zur direkten Herstellung von Wasserstoff aus Sonnenenergie werden diskutiert, haben Aussichten auf Erfolg?

Man unterscheidet zwischen photothermischen, photochemischen und photobiologischen Verfahren. Das letztere vollzieht sich in der Natur seit vielen Millionen Jahren auf sehr ertragreiche Weise in den Pflanzen.

Bei den photothermischen und photochemischen Verfahren versucht man im Prinzip, Sonnenenergie dadurch zu speichern, indem durch konzentrierende Spiegelsysteme sehr hohe Temperaturen im Brennpunkt der Spiegel erzeugt werden. Mit dieser konzentrierten Lichtenergie können durch chemische Zerlegung z.B. aus Ammoniak die beiden Elemente Wasserstoff und Stickstoff voneinander getrennt und gespeichert werden. Auch Treibstoffkomponenten (Hydrazinhydrat und Wasserstoffperoxid) können auf diese Weise behandelt werden. Bringt man die getrennten Stoffe z.B. Stickstoff und Wasserstoff in einer Synthetisieranlage zusammen, so verbinden sie sich wieder zu Ammoniak unter Freisetzung von Wärmeenergie. Diese kann zum Betrieb eines Kraftwerkes verwendet werden, während das Ammoniak zum Brennpunkt des Spiegelsystems zurückgeleitet wird und der Prozeß von neuem beginnt.

Bei diesem Verfahren geschieht also nichts anderes, als daß die Energie des Sonnenlichtes zur Auftrennung einer chemischen Verbindung dient, deren Komponenten die vorher hineingesteckte Energie dann freisetzen, wenn sie wieder zusammengebracht werden. Auf dem Umweg über den Wasserstoff oder über Wasserstoffverbindungen wird Sonnenenergie chemisch gespeichert. Das Forschungsinstitut für Physik der Australischen Nationaluniversität errichtet z.Zt. nach vierjähriger theoretischer und experimenteller Arbeit eine Testanlage dieser Art. Die Hoffnung auf positive Ergebnisse ist groß.

Ein noch viel größerer Traum, an dessen Verwirklichung manche Wissenschaftler arbeiten, ist die künstliche Photosynthese. Noch warten einige Geheimnisse dieses photobiologischen Verfahrens auf ihre Entdeckung.

Bei der natürlichen Photosynthese produziert die Pflanze aus dem Kohlendioxidgehalt der Luft und aus Wasser, das sie über ihr Wurzelsystem aufnimmt, mit Hilfe der Sonnenstrahlung Sauerstoff und energiereiche Kohlehydrate, d.h. organische Substanz. Kannte man früher nur den Anfang und das Ende dieses Prozesses, so sind inzwischen schon erhebliche Fortschritte durch die Entwicklung verschiedener Zwischenstufen erzielt worden. Zwei wesentliche Abschnitte sind dabei zu unterscheiden: Die erste Stufe, die als Lichtreaktion und die zweite Stufe, die als Dunkelreaktion bezeichnet wird. Damit sich die erste Stufe überhaupt in Gang setzen kann, werden in den Zellen grüner Blätter eingelagerte Begleitstoffe aktiv, u.a. Chlorophyll.

In der ersten Stufe, der Lichtreaktion, werden durch Absorption von Licht bestimmter Wellenlängen energiereiche Elektronen aus dem Chlorophyll abgegeben. Es handelt sich sozusagen um einen „Rauswurf der Elektronen durch Lichtquanten“. Hierdurch entstehen andere Moleküle, die später, bei der Dunkelreaktion zur Bildung von Kohlehydraten, z.B. Glucose, führen; denn die „rausgeworfenen“ Elektronen betreiben „Partnertausch“. Das wesentliche an der Lichtreaktion ist aber, daß durch den Elektronenverlust des Chlorophylls „Ersatzelektronen“ gesucht und gefunden werden.

Und genau an dieser Stelle steht das große Fragezeichen. Wie das sogenannte Redoxsystem, nämlich das Suchen der Ersatzelektronen und ihr Wegholen von anderer Stelle funktioniert, weiß man noch nicht bis in alle Einzelheiten. Auf jeden Fall ist das Ergebnis dieser Zwischenstufe bekannt: Einem Molekül Wasser (genauer gesagt seinem Hydroxylion) werden zwei Elektronen entzogen und an das Chlorophyll zurückgegeben. Das Wasser wird dadurch, vereinfacht gesprochen, in Sauerstoff und Wasserstoff aufgespalten. Der Sauerstoff wird von der Pflanze an die Atmosphäre als Gas abgegeben.

Der Wasserstoff stellt nur ein Zwischenprodukt dar. Er hat in diesem Prozeß eine kurze Lebensdauer und verbindet sich sofort wieder mit anderen Molekülen. Genau diese Kettenreaktion vom „Elektronenrauswurf bis zur Elektronenwiederbeschaffung“ zwecks Bildung von Wasserstoff möchte der Mensch künstlich nachvollziehen. Am Hahn-Meitner-Institut in Berlin hat man diese Reaktion im Labor schon nachbilden können; vielleicht wird ein anderes „Wiederbeschaffungssystem“, ein anderes Redoxsystem hierfür benutzt. Auf jeden Fall besteht der schwierigste Schritt darin, den flüchtigen Wasserstoff „festzuhalten“, zu isolieren, als hochwertige Energie zu speichern.

Den hier sehr vereinfacht dargestellten Vorgang, diesen letzten Teilschritt während der Lichtreaktion der Photosynthese, nennt man die Photolyse des Wassers oder, anders ausgedrückt, die lichtangeregte Zersetzung des Wassers. Wird dieser Prozeß nachvollzogen, gelingt die Übertragung von den kleinsten Maßstäben im atomaren oder sogar subatomaren Bereich auf die großtechnische Nutzung, dann könnte mit Sonnenenergie künstlich Wasserstoff durch die Photolyse des Wassers erzeugt werden, ist unter Einwirkung des Sonnenlichtes speicherfähige, hochwertige Energie entstanden.

Nun fragt sich, ob für die Photolyse, diese photobiologische Wasserspaltung, in jedem Fall Chlorophyll verwendet werden muß, ob es irgenwelche synthetischen

Farbstoffe hierfür gibt. Obwohl sich die Wissenschaftler zunächst an den natürlichen Prozeß halten, scheint so etwas möglich. Vielleicht könnte hierdurch sogar eine höhere Wasserstoffausbeute erzielt werden; denn die Natur hat ihren Prozeß nach anderen Regeln, vor allem nach der Gewinnung von Kohlenwasserstoffen optimal ausgelegt, während wir „nur" ein Zwischenprodukt, den Wasserstoff, gewinnen möchten. Die Energieausbeute der natürlichen Photosynthese liegt bei maximal 10%.

Denkt man etwas weiter, so drängt sich die Vorstellung von großflächigen Industrieanlagen zur Wasserstoffgewinnung auf. Beeinflußt von so viel „Antitechnik-Kampagnen" fehlt wohl die positive Vorstellungskraft, um sich auch vernünftige Lösungen für die umweltfreundliche Energiegewinnung ausmalen zu können. Bei einer mittleren jährlichen Einstrahlung von 1000 kWh/m^2 Bodenfläche, einem Gesamtwirkungsgrad von 10% bei der Wasserstofferzeugung und bei einer zunehmenden Entkopplung von Wirtschaftswachstum und Energiemehrverbrauch genügten wenige Prozent der Fläche der Bundesrepublik zur Wasserstoffherstellung für ein Drittel des Energiebedarfs. Vielleicht würde der Wasserstoff auch in sonnenreichen Ländern produziert und in die Bundesrepublik importiert. Andererseits könnten bei weiter zunehmender Intensivproduktion in der Landwirtschaft einige Prozent der sonst bewirtschafteten Fläche frei werden für die photobiologische Energieerzeugung. Es müßte sich dabei nicht um Industrieanlagen im herkömmlichen Sinne handeln, sondern um eine energiewirtschaftliche Nutzung der Felder. Man erntete nicht nur Kartoffeln, Rüben und Getreide, sondern auch Wasserstoff. Noch in diesem oder erst im nächsten Jahrhundert?

III. 9 Nahrung und Kleidung aus Sonnenenergie?

Energie ist ein Rohstoff besonderer Art. Worin besteht der Unterschied zwischen dem Rohstoff Kupfer und dem Rohstoff Energie? Unter Aufwand von Energie läßt sich Kupfer gewinnen, aber nicht umgekehrt. Es ist immer nur eine Frage des Aufwandes, letztlich eine Frage des Preises, ob ein bestimmtes Verfahren zur Gewinnung eines Rohstoffs angewendet wird. Ob Kupfer aus Gestein oder aus Meeresablagerungen oder aus Müllhalden gewonnen wird, den Ausschlag gibt die Konzentration des Rohstoffs sowie der Aufwand für die Abscheidung. In allen Fällen wird Energie, in diesem Fall viel Energie, benötigt.

Selbst wenn Rohstoffreserven zur Neige gehen, wenn z.B. die Kupferminen abgebaut, die Aufwendungen für die Kupfergewinnung in anderen Ablagerungen zu groß sein würden, so könnte ein anderer Rohstoff, ein anderes Ausgangsmaterial als Kupferersatz gefunden werden, z.B. Kunststoff. Auch zur Herstellung des Kunststoffes wird Energie benötigt. Mit anderen Worten: Auf bestimmte Rohstoffe kann man verzichten, auf Energie dagegen nicht.

Die Abhängigkeit der Menschheit von Energie ist ihre ureigentliche Abhängigkeit. Zu den wichtigsten Bedürfnissen des Menschen zählen Nahrung – gleichbedeutend mit Zuführung von Energie – und Kleidung – gleichbedeutend mit Schutz gegen Abführung von Energie. Die Entstehung der Nahrung, sei es nun pflanzliche oder tierische, basiert auf Sonnenenergie, die Herstellung der Kleidung, sei es tierisches Ausgangsmaterial, wie Fell, Wolle, Leder oder künstliches, wie synthetische Textilfasern, läßt sich ebenfalls letzten Endes auf Sonnenenergie zurückführen. Für eine noch immer wachsende Menschheit mit ständig zunehmenden Ansprüchen ist von lebenswichtiger Bedeutung, daß die Produktion von Nahrung und Kleidung durch direkte Nutzung der Sonnenenergie beschleunigt wird.

Dabei muß die Nahrungsmittelproduktion nicht nur in der Menge, sondern auch in der Qualität, z.B. zugunsten von hochwertigen, eiweißhaltigen Nahrungsmitteln, gesteigert werden. Auch die nach der Produktion folgenden Vertriebs- und Verbraucherketten müssen wirtschaftlicher gestaltet werden. Studien über den tatsächlichen Verbrauch an hochwertigen pflanzlichen Produkten ergaben bei Gemüse, daß beim Endverbraucher nur 23% des Aufkommens auf dem Felde genutzt werden. Der Verlust von 77% entsteht beim Abernten, Verteilen, Verkaufen und als Abfall.

Das California Institute of Technology untersucht eine natürliche biologische Energiequelle, den Riesenseetang (Macrocystis tyriofera). Diese Pflanze wächst in günstigen Umgebungsbedingungen, erwärmtem Seewasser und regelmäßiger Sonneneinstrahlung pro Tag bis zu 60 cm und wird dabei bis zu 60 m lang. Das Gewächs gehört zu den am schnellsten wachsenden Pflanzen der Erde. 3000 Seetang-Setzlinge wurden vor der kalifornischen Küste in 12 m Wassertiefe an

Kunststoffnetzen verankert. Aus Riesenseetang könnten petroleumähnliche Stoffe zur Herstellung von Nahrungsmitteln und Treibstoffen gewonnen werden. Seetang ist in den USA schon jetzt ein Rohstoff für Farben, Pasten, Arzneimittel und Gewürze. Laborversuche zeigten, daß der geerntete Seetang durch Mikroben teilweise in Erdgas (Methan) umgewandelt wird. Im nächsten Schritt wollen die Forscher riesige Gärtanks über den Tangwäldern im Ozean verankern.

Die Seetang-Plantagen dienen in erster Linie der Erzeugung petrochemischer Produkte, wie Methanol, Aethanol, Schmiermittel, Wachse und Kunstharze. Auch Tierfuttermittel können aus dieser Biomasse hergestellt werden. Biomasse ist die Gesamtmasse der in einem Lebensraum vorkommenden Lebewesen. Besonders die Meere sind reich an Biomassen. Die natürliche, jährliche Nettoproduktion an Biomasse in den Weltmeeren wird auf 20 Milliarden Tonnen geschätzt.

So gesehen ist es durchaus sinnvoll, die Biomasse verstärkt zur Nahrungs- und Futtermittelproduktion heranzuziehen. Das Ziel ist vor allem eine Ertragssteigerung, aber auch eine qualitative Verbesserung durch höheren Eiweißgehalt. In besonders günstig gelegenen Produktionszonen – zu Wasser und zu Land – können Intensivkulturen angelegt werden. Man nennt sie Energiefarmen.

An erster Stelle könnte die Biomasse als Nahrungsmittellieferant genutzt werden. An zweiter Stelle als Quelle für chemische Rohstoffe. Erst an dritter Stelle steht, aus heutiger Sicht, die Funktion der Biomasse als Energieträger. Neben dieser Nutzung der natürlichen Biomasse erhalten die Überlegungen zur Erzeugung von Wasserstoff in isolierten Chloroplasten zunehmende Bedeutung. Dies wäre nichts anderes als der in Kapitel III. 8 beschriebene Vorgang der Photolyse.

Melvin Calvin, Professor an der Berkely Universität in Kalifornien, der einen Zwischenschritt der Photosynthese entdeckte, erhielt für den nach ihm benannten Calvin-Zyklus vor wenigen Jahren den Nobelpreis. Dieser Zyklus ist ein Teil der Photosynthese. Zum Stand dieser Forschung meint er: „Im Argon National Laboratory hat man bereits ein künstliches Blatt entdeckt, bei dem zwei Kammern ähnlich wie eine Pflanzenzelle bei Lichteinfall arbeiten. Ein wesentliches Problem liegt dabei in der Konstruktion der Membranen, welche die Zellen trennen. Wir untersuchen die Möglichkeiten, den bei der Photolyse freiwerdenden Wasserstoff zu gewinnen. Würde uns dies in größerem Maßstab gelingen, dann könnten wir das Energieproblem in einem perfekten Kreislauf lösen."

Theoretisch liegt der Wirkungsgrad an natürlichen Photosynthesesystemen bei etwa 6%, in der Praxis weit niedriger; denn es gibt zahlreiche begrenzende Faktoren, z.B. ungenügende Lichteinstrahlung, ungünstige Temperaturverhältnisse, ungeeignete Bodenstrukturen, Wassermangel. Die Aufgabe besteht deshalb darin, für jeden spezifischen Lebensraum (Biotop) einer Pflanzengruppe optimale Bedingungen zu schaffen. Bei Zuckerrohr ist es gelungen, bis zu 4% Nutzungsgrad zu erzielen.

Neben der rein pflanzlichen Biomasse zeigt die Algenzucht z.B. in Israel erstaunliche Erfolge. Dort erforscht Ginsburg, Professor an der Universität von

Jerusalem, die Grünalge Dunaliella. Aus der organischen Substanz dieser Alge bildet sich in stagnierenden Salzseen unter Sauerstoffabschluß Erdöl. Die Mindestfläche für Algenteiche, die im Jahre 1980 den Erdölbedarf Israels decken könnten, ist gewaltig. Sie müßte 1000 Quadratkilometer betragen. Andererseits sind solche Größenordnungen nicht utopisch. Es ist nur eine Frage des Ölpreises, d.h. der Ölverknappung, bis wann solche Hochrechnungen ernst genommen werden.

Ähnliche Versuche im Meer sind in den USA in Vorbereitung. Studien zeigen, daß ein Hektar, also nur 10000 Quadratmeter Fläche, einer Energiefarm genügten, um den Durchschnittsbedarf eines US-Bürgers hinsichtlich Nahrung, chemischer Produkte und Energie zu decken.

In Kalifornien existieren bereits 50 Quadratkilometer Algenteiche. Diese offenen Wasserbecken sind nur 20 bis 30 cm tief und werden mit organischen Abfällen gefüllt. Bei geeigneter Belüftung der Lagerteiche und genügend Sonne nutzen diese Biosysteme die Sonnenenergie bis zu 3% und sind die Quelle für die Dünger- und Methanproduktion. Die einfache Formel lautet also: Sonnenlicht + Abfall = Erdgas + Dünger. Das Gas kann fortgeleitet oder gespeichert werden. Es bringt nicht die Probleme mit sich, die dann entstehen, wenn aus der Biomasse erst Trockenmasse herzustellen ist.

Denn betrachtet man die Rohstoff- und Energiegewinnung aus Biomasse unter wirtschaftlichen Gesichtspunkten, so ergibt sich immer die Schwierigkeit, daß in der Regel nur die Trockenmasse nutzbar ist. Die Biomasse enthält bis zu 80% Wasser. Nur die Trockenmasse ist aber in der Regel für die Rohstoff- und Energiegewinnung nutzbar. Durch Abernten, Sammeln, Transport und Verarbeitung der Biomasse zu Trockenmasse ergeben sich relativ hohe Kosten. Deshalb dürften bei wirtschaftlicher Betrachtung in naher Zukunft nur dezentrale Anlagen Erfolgsaussichten haben, die aus Energiefarmen mit verarbeitender Industrie bestehen und in unmittelbarer Verbrauchernähe betrieben werden.

Als regenerativer, d.h. sich stets erneuernder Energieträger, könnte die Biomasse den Bedarf der chemischen Industrie an Naturgas und Rohöl decken. Einer wirtschaftlichen Nutzung steht derzeit der hohe Aufwand entgegen, der beim Sammeln, Abernten und Verarbeiten der Biomasse entsteht. Auch hier scheint das Konzept der Energiefarm aussichtsreich, vor allem bei Forstkulturen; denn die Produkte der Biomasse können theoretisch fast alle heute verwendeten Ausgangsstoffe der Petrochemie ersetzen. Interessant ist die Möglichkeit, mittels Algen Glycol herzustellen. In Israel werden täglich 40 Tonnen je Quadratkilometer dieses wertvollen chemischen Grundstoffs mit Hilfe von Sonnenenergie aus Biomasse erzeugt. In Mexiko wird mit einer anderen Algenart ein Teil der industriellen Nahrungs- und Futtermittelproduktion bereichert. Die Nutzungsgrade der Sonnenenergie bei Algensystemen liegen zwischen 1% und 10%.

Der weltweite Nahrungsbedarf pro Kopf der Bevölkerung beträgt – in Leistungseinheiten umgerechnet – etwa 110 Watt, der Energiebedarf jedoch 2700 Watt (Bedarf für Industrie, Handel, Gewerbe, Verkehr, Landwirtschaft, Haushalt insgesamt umgerechnet auf die Bevölkerungszahl). Deshalb ist der beschriebene, so bedeutende Versuch der Wasserstoffgewinnung über die Photosynthese ein Meilenstein für die menschliche Existenz.

Ein Ausweg könnte die Verwendung der Biomasse als Brennstoff für die Energiegewinnung sein. Aber das wäre ein schlechter Weg. Gemeint sind intensive Baumkulturen, deren Trockenmasse als Brennstoff zur Strom-, Gas- oder Wasserstofferzeugung dienen könnte. Die Verwendung dieser Brennstoffe würde unsere Atmosphäre zwar auch mit Kohlendioxid belasten, doch hätten solche Baumkulturen den erzeugten Kohlenstoff vorher der Atmosphäre bei dem Prozeß der Photosynthese entnommen.

Nein, die Biomasse als Endprodukt sollte der Nahrung und Kleidung vorbehalten bleiben. Für die Energieerzeugung dagegen ist der direkte Weg, die Herstellung von Wasserstoff nach dem Vorbild der Photosynthese die richtige, aber so ungemein schwierige Methode. Ihre Durchdringung, die künstliche Nachbildung dieses natürlichen Prozesses, seine Anwendung auf den großtechnischen Maßstab wird mit der friedlichen Nutzbarmachung der Kernenergie verglichen. Sieht man den Wasserstoff in seiner ganzen Anwendungsvielfalt und seinen Vorteilen für den Energiehaushalt der Erde, dann ist dieser Vergleich wohl nicht übertrieben.

Der bekannte Industriefilmproduzent und Drehbuchautor Herbert Meyer-Franck hat es so ausgedrückt: „Die Erfindung der künstlichen Photosynthese wäre so bedeutsam, daß wir sie zur Grundlage einer neuen Zeitrechnung machen könnten. Sie wäre ein großer Schritt auf das Ziel, den Wohlstand aller Menschen sicherzustellen."

Teil IV
Förderung und Aussichten der Sonnenenergie

IV. 1 Weltweiter Aufbruch zur Solartechnik

Ein alter Traum der Menschheit, Sonnenenergie direkt in Nutzenergie oder in „edle", weiterverwendbare Energieformen, wie Elektrizität, Methan oder reinen Wasserstoff umzuwandeln, es der Pflanze gleichzutun, scheint in Erfüllung zu gehen. Ein kurzes Aufflackern, zaghafte Versuche zur Verwirklichung dieses Traumes gab es schon etliche Male. Ein Beispiel hierzu zeigt Tafel 1 in Kapitel II. 7 mit der Bestandsaufnahme der seit 1938 bekanntgewordenen Solarhäuser. In den 50er Jahren gab es vor allem in den USA zahlreiche Impulse zur Entwicklung dieser Solartechnik. Doch billiges Erdöl und Erdgas verwiesen Solaranlagen in den Bereich der Utopie.

Einem anderen Anwendungsgebiet der Solartechnik konnten die klassischen Energieträger jedoch nichts anhaben. Diese Anwendung war konkurrenzlos. Nur die Solartechnik konnte hier weiter helfen; war der Preis auch noch so hoch: Bei ihrem Wettlauf um die Eroberung des Weltraums, wie es pathetisch hieß, waren die UdSSR und die USA auf die direkte Stromerzeugung aus Sonnenenergie angewiesen. Die Entwicklung von Solarzellen und Solarkraftwerken erhielt hierdurch in den 60er Jahren wesentlichen Auftrieb. Unschätzbare Erfahrungen fielen bei dem Vorstoß ins Weltall quasi als Abfallprodukt an.

Die Ölkrise im Oktober 1973 traf die Menschheit kurz aber nachhaltig. Kurz, weil vor allem die reicheren Länder Mittel und Wege fanden, sich der veränderten Situation anzupassen. Nachhaltig, weil manche durch diese Ölkrise angeregten Entwicklungen seither ihren Lauf nehmen. Oder wie es im Volksmund heißt: Der Zug ist abgefahren. Dazu gehört die Solartechnik. Schon wenige Jahre danach ist nicht mehr vorstellbar, daß diese Forschungs-, Entwicklungs-, Erprobungs- und Marketing-Lawine zur Nutzung der Sonnenenergie aufzuhalten wäre. Auch kann sich niemand vorstellen, welche Gründe es gegen die Nutzung der Sonnenenergie geben sollte. Der Wille zu ihrer Bekämpfung, zur Einstellung vieler Aktivitäten, zur Verdrängung durch andere Energiearten – wie etwa bei der friedlichen Nutzung der Kernenergie – kann sich hier nicht bilden.

Ein weltweiter Aufbruch zur Solartechnik hat begonnen. Ermutigende Erfolge wurden in erstaunlich kurzer Zeit erzielt. Denn mit voller Kraft wird erst seit 1974/75 für die Solartechnik gearbeitet. Noch 1974 wurden in der Bundesrepublik Versuchsvorhaben zur Nutzung der Sonnenenergie als technische Spielerei, als Tropfen auf den heißen Stein, als Modeerscheinung, als aussichtsloses Unterfangen, angesehen. In sonnenreichen, hochzivilisierten Ländern dagegen konnte man auf einem schon vorhandenen Kenntnisstand aufbauen, die Entwicklung schnell vorantreiben. Dennoch hat die Bundesrepublik dank der Initiative einiger Industriefirmen und dank der schnellen, gezielten und zum damaligen Zeitpunkt mutigen Förderung des Bundesforschungsministeriums in ganz wenigen Jahren – weltweit gesehen – einen hohen Entwicklungsstand erreicht. Sie kann und wird in zunehmendem Maß als international anerkannter Partner angesehen.

Wie gegensätzlich die Meinungen in der Anfangsphase aufeinanderprallten, soll an nur zwei Beispielen verdeutlicht werden. Schon 1973 äußerte P. Fornallaz, Vorsitzender der Schweizerischen Vereinigung für Sonnenenergie (SVS): „Die Sonnenenergie hat die biologischen Grundlagen der menschlichen Existenz geschaffen. Bei der Verwirklichung von alternativen Konzepten stellt die technische Nutzung der Sonnenenergie eine Herausforderung an den menschlichen Geist dar. Diese unerschöpfliche Energiequelle überzeugt auch durch ihren sozialen Aspekt: Sie steht allen Menschen zur Verfügung, und sie erfordert nicht gigantische Umwandlungsanlagen, denen die Möglichkeit des Machtmißbrauches innewohnt (Anmerkung: für die Stromerzeugung aus Sonnenenergie im Weltall gilt dies nicht), sondern sie regt jeden einzelnen zu Selbsthilfe und sparsamer Selbstversorgung an. Die sozialethische Reflexion der technisch möglichen Lösungen des Weltenergieproblems läßt erkennen, daß einzig die Nutzung der Sonnenenergie sowohl technisch, wirtschaftlich, ökologisch und politisch als auch gesellschaftlich zu befriedigen vermag“.

Dagegen äußerte sich noch 1974 der Herausgeber des „Weekly Energy Report“, Llevelly King, als Kenner der amerikanischen Energieszene, außerordentlich skeptisch: „Ich glaube, die Sonnenenergie wird im besten Falle eine bescheidene Rolle beim Heizen und Kühlen von Wohngebäuden spielen können. Und diese Rolle könnte durchaus einem Luxus nahekommen, zwingt sie uns doch mit doppelten Systemen – konventionelle Heizanlage und Sonnenheizanlage – zu arbeiten. Ich sehe keine ernsthafte Möglichkeit, daß Sonnenenergie in den kommenden 25 Jahren in irgendeiner Weise unsere zur Neige gehenden Öl- und Gasreserven substituieren könnte. Folglich zähle ich die Sonnenenergie zum Bereich jener technologischen Steckenpferde, in dem auch das Leichter-als-Luft-Schiff und jener berühmte Tunnel angesiedelt sind, der nun seit bald 100 Jahren zwischen England und Frankreich gebaut werden soll. Es ist z.B. eine Politik des Sinnlosen, Ruderboote zu bauen, die in der Folge die Aufgabe von Truppenschiffen erfüllen sollen. Aber genau diesen Fehltritt unternimmt die Nation mit Sonnenenergie, Windenergie und den Temperaturgradienten des Ozeans. Aller Voraussicht nach werden uns weder ausreichend Zeit, genügend Geld noch das erforderliche Talent zur Verfügung stehen, um jene Ziele zu verfolgen, welche in sich selbst begrenzt sind“.

Mit diesem Zitat wird manches in einen Topf geworfen. Einige der exotischen Energieträger sind und bleiben voraussichtlich noch lange Zeit oder auch für immer „exotisch“. Andere dagegen, die Energieinhalte von Erde, Wasser, Luft oder der Solarstrahlung haben große Zukunftsaussichten.

Die Verfechter der Grenzen des Wachstums, zumeist Befürworter der Sonnenenergie, haben neuerdings ein Schlagwort in die Öffentlichkeit getragen, das sich gut anhört, nachdenklich stimmt und noch von sich reden machen wird. Es heißt „small is beautiful“ (klein ist schön). Man wendet sich damit gegen Wolkenkratzer, gegen Supertanker, gegen Großkraftwerke, gegen Riesenflugzeuge, gegen Industriekomplexe, kurz gegen alle ins gigantische gesteigerte oder übersteigerte Technik. Man wünscht die Dezentralisation, die Rückkehr zu überschaubaren

Dimensionen, zu möglichst jedermann begreiflichen Prozessen. So weit, so gut. Doch die Zahl der Menschen ist zu groß, die Durchdringung komplexer Zusammenhänge für den Einzelnen unmöglich, die gegenseitigen Abhängigkeiten auf verschiedensten Gebieten zu verflochten, die politischen Einflüsse zu dominierend, als daß sich eine Volkswirtschaft der Verwirklichung dieser Konzeption im großen Stil verschreiben könnte.

„Small is beautiful" wird häufig auch mit der Nutzung der Sonnenenergie in Verbindung gebracht. Hier verkennen die Befürworter dieser Ideologie die physikalischen Grundlagen. Gerade weil die Leistungsdichte der Sonnenenergie – mit 110 W/m^2 über alle Stunden des Jahres z.B. für die Bundesrepublik gerechnet – so außerordentlich gering und in den sonnenreichen Ländern mit etwa dem dreifachen Wert noch immer niedrig ist, müssen die aus Sonnenenergie erzeugten Nutzenergiemengen auf riesigen Flächen „geerntet werden". Wenn nur Niedertemperaturwärme erzeugt werden soll, dann können die vor der Haustür vorhandenen Sonnenenergiespeicher Erde, Wasser oder vor allem auch Umgebungsluft verwendet werden. Dann liegt viel Wahrheit in dem Slogan. Wenn aber hochwertige Nutzenergie vonnöten ist, wenn die Solarstrahlung selbst als Energiespender dient, dann bleibt es bei der geringen Leistung je Flächeneinheit, d.h. bei riesigen Flächen zur Erzielung des gewünschten Ertrages. Zu Recht wird man einwenden, daß Flächen dann keine Rolle spielen, wenn unbewohnte Wüstengebiete mit Solaranlagen belegt, teilweise durch solarbetriebene Meerwasserentsalzungs- und Bewässerungsanlagen sogar fruchtbar gemacht werden können. Das trifft zu und ist eine große Hoffnung für die Zukunft. Aber mit „small is beautiful" hat dies nichts mehr zu tun.

Vielleicht liegen viele Mißverständnisse darin begründet, daß die Skeptiker der Sonnenenergienutzung nach dem Prinzip des „alles oder nichts" urteilen. Dagegen wird sich die Solartechnik zunächst in bestimmten Sonderfällen durchsetzen und von dort aus neues Terrain gewinnen. Die Raumfahrt ist ein solches Beispiel. Die Stromerzeugung in bestimmten Zonen dieser Erde und für begrenzte Anwendungsfälle wird ein weiteres Beispiel liefern. Die Warmwasserbereitung wird in manchen sonnenreichen Ländern schon überwiegend „solarversorgt". Und die Raumheizung ist, wie viele Beispiele der vorliegenden Ausarbeitung zeigten, auf dem besten Wege dazu.

Wo die Schwerpunkte liegen könnten, zeigt Bild 74. Es ist die wohl kürzest mögliche Darstellung der Aufteilung der Nutzenergie (Niedertemperaturwärme, Prozeßwärme, Licht und Kraft) in die Verbrauchssektoren (Haushalt und Kleinverbraucher, Industrie, Verkehr) sowie der jeweiligen Anteile am End-Energiebedarf. Auch diese Auswertung bezieht sich auf das Jahr 1975 und auf die Bundesrepublik Deutschland. Sie gilt, mit gewissen Abweichungen natürlich, im Prinzip auch für andere zivilisatorisch hochentwickelte Länder. Der Verbrauchssektor „Haushalt und Kleinverbraucher" umfaßt lt. Statistik den Energiebedarf der Haushalte, der Landwirtschaft, des Handels, des Gewerbes und der öffentlichen Einrichtungen.

Die Darstellung in Bild 74 enthält viele Einzelheiten, weshalb einige Erläuterungen gegeben werden müssen. Im rechten Teil sind die prozentualen Anteile am gesamten End-Energiebedarf angegeben. 42,7% entfallen auf Niedertemperaturwärme, auf minderwertige Energie. 30,4% beträgt der Anteil der Prozeßwärme. Das ist hochwertige Energie, ebenso wie der Anteil von 26,9% für Licht und Kraft. Setzt man diese prozentualen Anteile jeweils gleich 100, was im Bild geschehen ist, dann entfallen von der gesamten Niedertemperaturwärme rd. 90% auf die Haushalte und der Rest auf Industrie und Verkehr. Bei der Prozeßwärme fällt die Industrie mit rd. 95% natürlich am stärksten ins Gewicht. Bei Licht und Kraft ist der Verkehr mit fast 85% beteiligt.

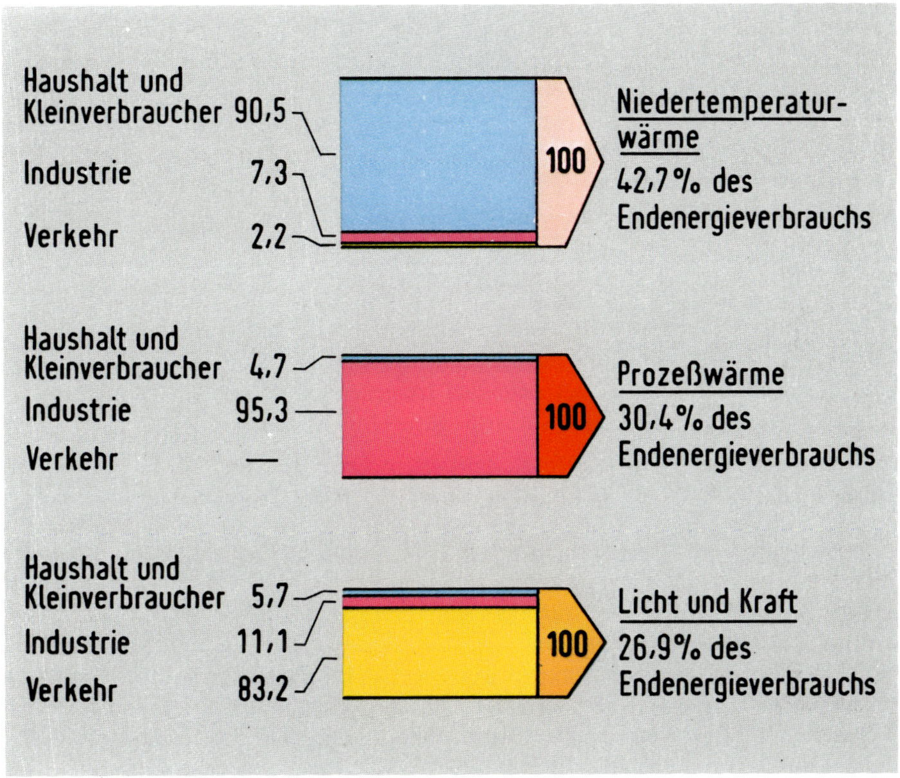

Bild 74: Prozentuale Anteile der Verbrauchssektoren Haushalt und Kleinverbraucher, Industrie, Verkehr an den Nutzenergien Niedertemperaturwärme, Prozeßwärme, Licht und Kraft (links im Bild); prozentuale Anteile dieser Nutzenergien am End-Energieverbrauch (rechts im Bild)

Aus dieser Darstellung ist auch zu ermitteln, welchen Anteil die drei Verbrauchssektoren am End-Energiebedarf beanspruchen. Für Haushalt und Kleinverbraucher ergeben sich 90,5% von 42,7% Niedertemperaturwärme, zuzüglich 4,7% von 30,4% Prozeßwärme, zuzüglich 5,7% von 26,9% Licht und Kraft, zusammengenommen 41,6%. Für die Industrie erhält man nach dieser Methode 35,1% und für den Verkehr 23,3% des End-Energiebedarfs.

Was folgt hieraus für die Nutzung der Sonnenenergie? In wenig sonnenreichen Ländern liegen die Chancen dieser Energiequelle, abgesehen vom Export der

Industrie in sonnenreiche Länder, bei der Erzeugung von Niedertemperaturwärme. Wie die Analyse für die Bundesrepublik überzeugend zeigt, entfallen hierauf rd. 43% des gesamten End-Energiebedarfs, davon rd. 90% allein auf Haushalte und Kleinverbraucher. Ein großer Teil – über einen Jahrzehnte währenden Umstellungsprozeß gesehen die Hälfte bis zwei Drittel – könnte aus Sonnenenergie bereitgestellt werden. Der Rest entfiele auf Hilfsenergie, wie Elektrizität oder Brennstoff.

In sonnenreichen Ländern ist der Bedarf an Niedertemperaturwärme wesentlich geringer, weil weniger Raumheizung benötigt wird und die hygienischen Verhältnisse weniger fortgeschritten sind. Hier könnte der heutige Anteil an Niedertemperaturwärme in Verbindung mit dem Zuwachs durch künftig verbesserte Hygiene zum größten Teil von Sonnenenergie übernommen werden. In naher Zukunft nur in Sonderfällen, vielleicht in ferner Zukunft in bedeutendem Umfang, könnte Sonnenenergie in jenen Ländern für Prozeßwärme, Licht und Kraft als Energiequelle dienen.

Dicht besiedelte, hochzivilisierte Länder, haben noch eine andere Chance. Da ihr Energiebedarf sehr hoch ist und da alle Energie nach ihrer Umwandlung oder Nutzung als Niedertemperaturwärme an die Umwelt (Erdboden, Grundwasser, Laufwasser, Umgebungsluft) abgegeben wird, ist die in diesen Ländern zusätzliche, durch menschlichen Energiebedarf freigesetzte Wärmebelastung der Umwelt sehr hoch. Man nennt sie anthropogene Umweltwärme (siehe auch Kapitel I. 2 und I. 3).

Diese Wärmelast beträgt in Ballungsgebieten schon heute etwa 20% der jährlich eingestrahlten Sonnenenergiemenge. Auf die gesamte Bundesrepublik bezogen liegt dieser Wert bei derzeit 2%, weltweit betrachtet bei nur 0,007%.

Mit Hilfe der Wärmepumpe kann ein Teil dieser zusätzlichen Wärmebelastung, die sich mit dem aus Sonnenenergie stammenden Energieinhalt der Umwelt vermischt, wieder nutzbar gemacht werden. Die RWE-Anwendungstechnik hat versucht, die regionale Verteilung dieser anthropogenen Umweltwärme für die Bundesrepublik zu bestimmen. Das bisher unveröffentlichte, sehr aufschlußreiche Ergebnis zeigt Bild 75. In den schwarz gekennzeichneten Ballungszentren wurden teilweise Höchstwerte bis zu 75000 t SKE/km^2 und Jahr errechnet, das entspricht rd. 500 Milliarden kcal/m^2 und Jahr. In dünn besiedelten Gegenden ist die Wärmebelastung der Umwelt etwa hundertmal geringer. Kein Wunder also, daß in Ballungsgebieten im Winter die Außentemperaturen an den kältesten Tagen 2 bis 4 Grad über den vergleichbaren Temperaturen freier Landschaften liegen.

Die Möglichkeiten der Nutzung anthropogener Umweltwärme haben nichts zu tun mit der Nutzung von Sonnenenergie. Sie werden hier erwähnt, weil Anlage oder Geräte zur Nutzung der Sonnenenergie, wie z.B. die Wärmepumpe, in der Lage sind, gleichzeitig auch diesen Energieinhalt teilweise wiederzuverwenden. Deshalb verdienen diese Anlagen oder Geräte besondere Förderung.

Wenn von einem weltweiten Aufbruch der Solartechnik die Rede ist, dann stellt sich die Frage, welche Schätzwerte für den Anteil der Sonnenenergie am Gesamtenergiebedarf aller Länder für wahrscheinlich gehalten werden. An sich

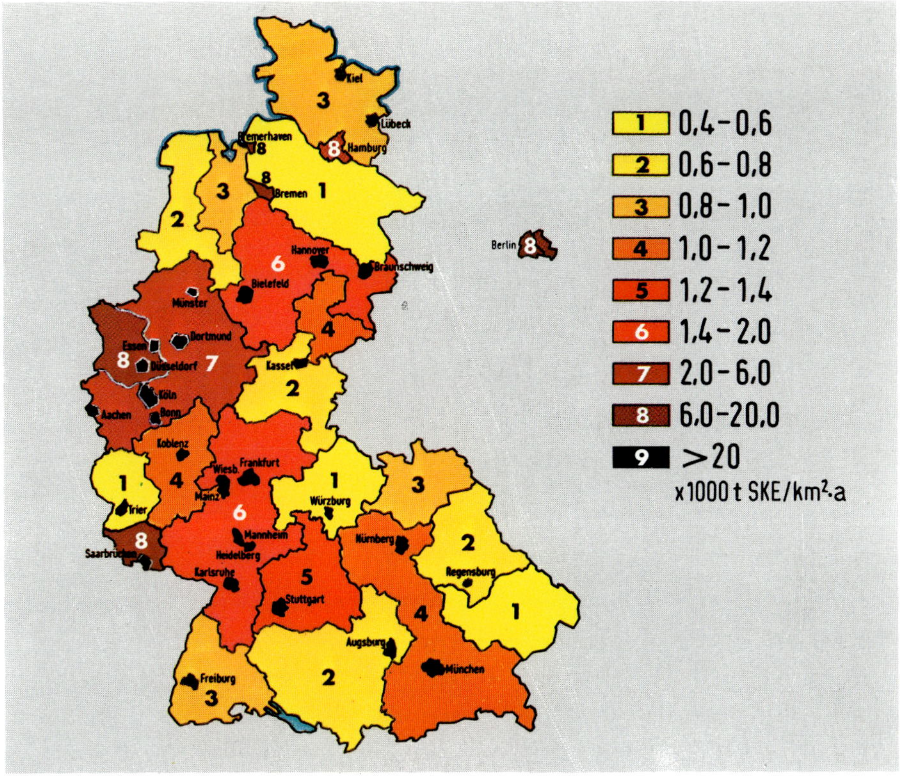

Bild 75: Regionale Verteilung der durch menschlichen Energiebedarf verursachten (anthropogenen) Umweltwärme in der Bundesrepublik Deutschland. Die Basiswerte für den Energiebedarf beziehen sich auf das Jahr 1975

sollten solche Voraussagen mit großer Zurückhaltung entgegengenommen werden. Wie sehr Prognosen schon nach wenigen Jahren daneben liegen können, hat sich oft genug erwiesen. Man sollte viel mehr Entwicklungstrends und deren Wahrscheinlichkeitsgehalt diskutieren, als über Zahlenwerte einer vor uns liegenden Epoche zu streiten. Deshalb wird hier kein Schätzwert genannt, sondern nur eine wiederholt veröffentlichte Prognose kommentiert. Die Quelle dieser nachfolgenden Darstellung ließ sich nicht ermitteln.

Bild 76 zeigt den Primärenergiebedarf der Erde von 1900 bis 1977 in realen Werten und bis zum Jahr 2020 in Schätzwerten. Der Maßstab für die rote Kurve, die ab 1977 gestrichelt gezeichnet ist, findet sich an der rechten Seite des Bildes. Sie stellt den Primärenergiebedarf der Welt in Mio t SKE dar (Umrechnungen von Energieeinheiten siehe Anhang V. 11). Von 1900 bis heute hat sich der Primärenergiebedarf etwa verzehnfacht.

Bis zum Jahre 2020 wird hier mit dem fünf- bis sechsfachen Bedarf gerechnet. Aus verschiedenen, schon mehrfach zum Ausdruck gebrachten Gründen, insbesondere wegen der zunehmenden Entkopplung von Wirtschaftswachstum

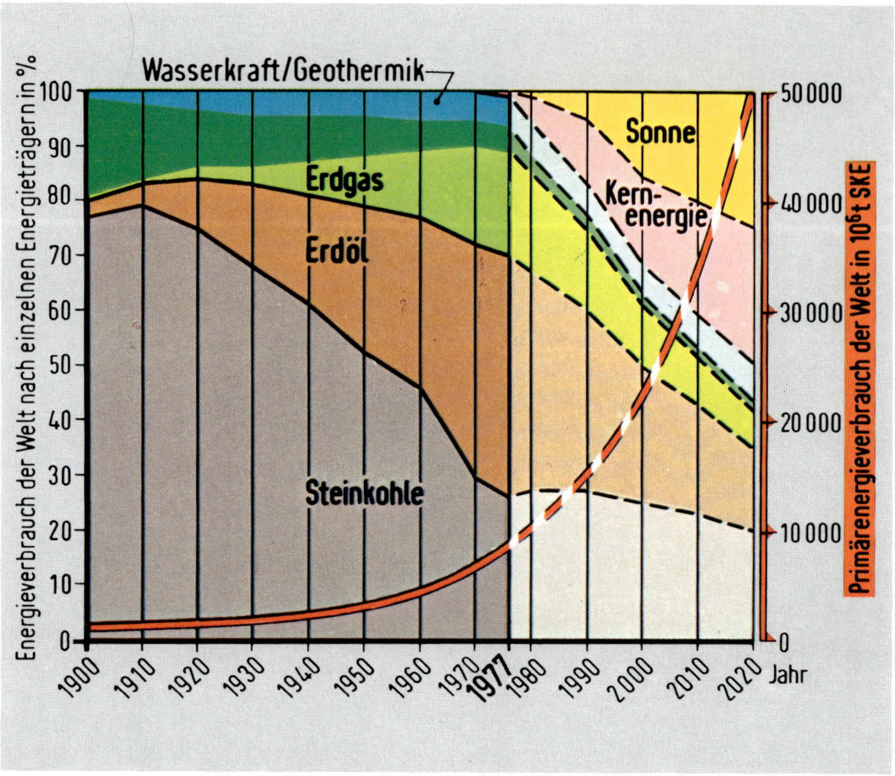

Bild 76: Schätzwerte für den Primärenergiebedarf der Erde

und Energiemehrverbrauch in hochentwickelten Ländern, wird ein derartig ausgeprägter weiterer Anstieg des Primärenergiebedarfs für unwahrscheinlich gehalten. Die zu erwartenden Preissteigerungen für klassische Energieträger, auch für die Kernenergie, und die Stagnation des Bevölkerungswachstums in einigen Ländern, werden ein übriges für die Einschränkung dieses Zuwachses tun. Doch selbst bei „nur" doppelt bis dreifach höherem Primärenergiebedarf müssen Jahr für Jahr enorme Primärenergiemengen zur Verfügung stehen. Auch ist zu berücksichtigen, daß gegenwärtig nur 10% der Weltbevölkerung 50% des Gesamtenergiebedarfs oder 20% der Weltbevölkerung 80% des Gesamtenergiebedarfs für sich beanspruchen. Die „energieschwachen Länder" werden – wenigstens in bescheidenem Umfang – ihren Bedarf erhöhen, die „energiestarken" allerdings mehr und mehr „entkoppeln".

Die mögliche Aufteilung der Primärenergiearten Steinkohle, Erdöl, Erdgas, Holz, Kernenergie und Sonnenenergie sind auf der linken Skala des Bildes 76 angegeben. 1910 entfielen noch fast 80% auf Steinkohle, heute rd. 25%. Gegenwärtig trägt das Erdöl den überwiegenden Teil, rd. 45%, zur Energiebedarfsdeckung der Welt bei. Die Kernenergie steht ganz am Anfang. Wenn man nun die zentrale Aufteilung für die nächsten Jahrzehnte betrachtet, so muß hierbei beachtet werden, daß diese Darstellung ein harmloses Bild vortäuscht. Es sind hier nur Prozentwerte eingetragen. Bei einer Verfünffachung oder Versechsfachung des Bedarfs enthält der Prozentwert des Jahres 2020 die fünffache oder sechsfache Energiemenge des Wertes von 1977. Die Wasserkraft z.B., die im Bild ihren Prozentwert nahezu beibehält, hätte 2020 die fünf- bis sechsfache Energiemenge zu liefern. Insofern täuscht auch der für Sonnenenergie eingezeichnete Beitrag. Der für 2020 geschätzte Anteil von rd. 25% würde bei einer Versechsfachung des gegenwärtigen Primärenergiebedarfs dem 1,5fachen Teil des heutigen gesamten Primärenergiebedarfs der Welt entsprechen!

Deshalb muß Bild 76 auf Energiewirtschaftler, hoffentlich auch auf Politiker, schockierend wirken. Wie soll in nur 43 Jahren das 1,5fache des gesamten heutigen Primärenergiebedarfs der Welt aus Sonnenenergie herrühren? Dieser Zeitraum ist vermutlich zu kurz, als daß solches technisch und wirtschaftlich machbar wäre. Viel eher ist anzunehmen, daß sich der Primärenergiebedarf nicht in dem Maße erhöhte und daß bei geringerem Anstieg die im Bild angegebenen Prozentwerte für die einzelnen Primärenergieträger erhalten blieben. Bei einer Verdoppelung oder Verdreifachung entfielen dann auf Sonnenenergie immer noch rd. 75% des heutigen Primärenergiebedarfs der Welt, eine kaum vorstellbare Menge.

Es bleibt nur die Schlußfolgerung, daß der weltweite Aufbruch zur Solartechnik eine absolute Notwendigkeit ist, weil allein mit den anderen Primärenergieträgern die Probleme nicht lösbar sein werden.

IV. 2 Nationale und internationale Aktivitäten

Das „Programm Energieforschung und Energietechnologien 1977–1980" des Bundesministeriums für Forschung und Technologie (BMFT) enthält einen großen Abschnitt mit der Bezeichnung „Neue Energiequellen". Drei Schwerpunkte sind hierunter u.a. aufgeführt: Kontrollierte Kernfusion, Sonnenenergie, andere nicht fossile, nicht nukleare Energiequellen. Zu letzteren werden hier Windenergie, geothermische Energie, Gezeitenenergie, Wellenenergie, Gradienten des Salzgehaltes und der Temperatur der Ozeane und Meeresströmungen gerechnet.

Für die Aufwendungen im genannten Zeitraum gelten folgende Planungen:

Aufwendungen in Mio DM	1977	1978	1979	1980
Kontrollierte Kernfusion	83	91	98	107
Sonnenenergie	26	31	33	37
Windenergie	6	5	6	6
Geothermische Energie	2	2	2	2
Sonstige Energiequellen	1	2	–	–

In Kapitel II. 1 wurde schon erwähnt, daß in der Anfangsphase der Solarentwicklung, in den Jahren 1974/1975 Kritik darüber laut wurde, daß überhaupt Geld für die Sonnenenergieforschung ausgegeben werden sollte. Kurze Zeit danach kritisierte man, daß die staatliche finanzielle Förderung im Vergleich zur Förderung der Kernenergie viel zu gering sei.

Das Ministerium vertritt hierzu folgende Meinung:
1) Doppel- oder Mehrfacharbeiten für ein und dasselbe Vorhaben sollten vermieden werden.
2) Vorhaben, die schon nach kurzer Zeit den Charakter der Serienreife erhalten und von der Industrie oder Energiewirtschaft in deren eigenem Interesse ohnehin weiter verfolgt werden, sollten keine weitere Förderung erhalten.

Diese Einstellung ist pragmatisch und hat bisher zu positiven Ergebnissen und zu schnellen Entwicklungsschritten geführt. Es wird nicht um der Forschung willen geforscht, es wird von Fall zu Fall die notwendige Entscheidung getroffen. Das Ministerium hört u.a. den Rat der für bestimmte Arbeitsgebiete einberufenen Sachverständigenkreise an.

Im Anhang ist unter V. 9 ein Auszug aus dem Jahresbericht 1976 des Rahmenprogrammes der Energieforschung der Bundesregierung für die Gebiete „Sonnenenergie, Windenergie, Wärmepumpe" wiedergegeben. Diese Zusammenfassung veranschaulicht in sicher überzeugender Weise, wie viele Einzelvorhaben allein auf diesen Gebieten gefördert wurden.

In der Presse werden immer wieder Vergleiche zwischen der staatlichen Förderung der Kernenergie und der Sonnenenergie angestellt und dabei die stark unterschiedlichen Förderbeträge bemängelt. Richtiger wäre der Hinweis, daß die Vorhaben zur großtechnischen Nutzung der Kernenergie ungleich aufwendiger sind und daß sie für die Energieversorgung der Bundesrepublik weit größere Bedeutung haben. Durch die Nutzung der Sonnenenergie zur Erzeugung von Niedertemperaturwärme können zwar auch positive und energiewirtschaftlich ins Gewicht fallende Ergebnisse erzielt werden, doch sind für diese einfache Technik auch nicht annähernd so hohe Mittel aufzubringen. Die Stromerzeugung aus Sonnenenergie basiert teilweise – ausgenommen im erdnahen Weltall – ebenfalls auf bekannter Technologie. Sie kann – wieder ausgenommen im All – keine nennenswerten Auswirkungen auf die Energiewirtschaft, aber auf den Export unseres Landes haben. Der einzige Schwerpunkt der Solarforschung, der evtl. noch vertieft werden könnte und noch größere Förderung verdiente, ist die Erzeugung von Wasserstoff aus Sonnenenergie (siehe Kapitel III. 8 und III. 9). Immerhin ist für die Solarforschung insgesamt, wie die geplanten Aufwendungen für 1977–1980 ausweisen, etwa ein Drittel der Summe in Ansatz gebracht worden, die für eine sehr aufwendige und höchstkomplizierte Technik, die kontrollierte Kernfusion, eingeplant ist.

Die im Forschungsprogramm gegebenen Erläuterungen zu den einzelnen Vorhaben der Forschung und Entwicklung zur Nutzung von Sonnenenergie werden hier auszugsweise wiedergegeben (für Forschung und Entwicklung gebraucht das Ministerium die Abkürzung F&E; unter „Konversion" sind „Energieumwandlungen" zu verstehen).

„Sonnenenergie kann technisch genutzt werden durch

- fotothermale Konversion zur Wärmeversorgung
- fotovoltaische oder fotothermale Konversion zur Elektrizitätserzeugung
- biologische und chemische Konversion zur Erzeugung von Kohlenwasserstoff
- fotolytische Konversion zur Wasserstofferzeugung."

Zur thermischen Nutzung heißt es im Forschungsprogramm u.a.:

„Zur Vorbereitung der Markteinführung solarer Heizsysteme muß eine technische und kostenmäßige Optimierung erfolgen. Hierzu gehört die Ermittlung der günstigsten Werkstoffe und Isolationsmaßnahmen, auch im Hinblick auf die Gewährleistung einer ausreichenden Lebensdauer der Anlagen. Darüberhinaus ist zur Leistungssteigerung von Kollektorsystemen eine verstärkte Forschung für selektive Kollektorbeschichtungen sowie Untersuchungen auf dem Gebiet des Systemverhaltens erforderlich.

F&E-Projekte auf dem Gebiet der Speicherung zielen auf die Bereitstellung möglichst kompakter, kostengünstiger und wartungsarmer Mittel- und Langzeitspeicher. Der Mangel an ausgereiften Speichern stellt das Hauptproblem bei der Nutzung der Sonnenenergie zur Raumheizung dar.

Für solare Hausheizungssysteme liegt das Schwergewicht der F&E-Aktivitäten in den Bereichen

- technische und wirtschaftliche Integration der entwickelten Speicher in das System „Hausheizung"
- Entwicklung und Optimierung von Hybridsystemen, bei denen ein Teil des Wärmebedarfs durch herkömmliche Heizungen gedeckt wird,
- Entwicklung von Heizungssystemen mit möglichst geringer Vorlauftemperatur.

Auf dem Gebiet der konzentrierenden Kollektoren (Spiegel, Linsen) zur Bereitstellung von Prozeßwärme mittlerer und hoher Temperatur wird weiterhin grundlegende Forschungsarbeit geleistet werden müssen. Die Aussichten für die Nutzung der Kollektoren, die anders als ebene Niedrigtemperatur-Kollektoren praktisch nicht auf diffuse Himmelsstrahlung ansprechen, sind angesichts der bei uns vorherrschenden meteorologischen Bedingungen ungünstig. Deshalb liegt der Schwerpunkt der angewandten Forschung mehr auf Technologien für den Einsatz in sonnenreichen Ländern der Erde, insbesondere auch in Entwicklungsländern."

Das Forschungsprogramm enthält auch besondere Erläuterungen zur elektrischen Nutzung der Sonnenenergie:

„Die F&E-Arbeiten zielen gegenwärtig hauptsächlich auf die Entwicklung kleinerer Anlagen, die in sonnenreichen Gebieten der Erde zur dezentralen Energieversorgung eingesetzt werden können.

Im europäischen und darüberhinausgehenden internationalen Rahmen kann langfristig jedoch an die Erstellung großer Sonnenkraftwerke (z.B. im Mittelmeerraum) gedacht werden, die durch die Erzeugung eines transportablen Sekundärenergieträgers (z.B. Wasserstoff) einen Teil des Energiebedarfs Europas decken können.

Die direkte Umwandlung von Sonnenstrahlung in elektrische Energie geschieht mit Hilfe von Fotozellen, die bisher nur für sehr spezielle Anwendungsgebiete, z.B. in der Raumfahrt, eingesetzt werden. Da die gegenwärtigen Marktpreise aller bisher bekannten Solarzellen um mehrere Größenordnungen über denen vergleichbarer Energieumwandlungssysteme liegen, ist vor allem die Entwicklung von neuen Basismaterialien und kostensparenden Produktionsverfahren von ausschlaggebender Bedeutung.

Die indirekte Umwandlung von Sonnenenergie in Elektrizität kann in solarthermischen Kraftwerken sowohl über Niedertemperatur- als auch über Hochtemperaturkollektoren erfolgen. Niedertemperaturkollektoren benötigen zwar keine konzentrierenden Elemente, müssen jedoch für den Antrieb der Turbine mit niedrig siedenden Flüssigkeiten arbeiten. Konzentrierende Kollektoren mit Nachführsystemen ermöglichen zwar die Anwendung herkömmlicher Wasserdampfprozesse oder der aus der Brutreaktorentwicklung bekannten Natriumtechnologie, lassen sich wirtschaftlich sinnvoll jedoch nur in Regionen mit relativ geringem Anteil an diffuser Himmelsstrahlung einsetzen. Die einzelnen Komponenten beider Umwandlungssysteme werden in der Bundesrepublik Deutschland entwickelt. Ihre Kombination zu Systemen, die zu Pumpzwecken bzw. zur Stromerzeugung eingesetzt werden können, soll danach unter Optimierung bezüglich der Herstellungskosten, des Wartungsbedarfs, der Lebensdauer und der Möglichkeit der Eigenproduktion in geeigneten Ländern durchgeführt werden."

Der Text zu dem Abschnitt „Biologische und chemische Nutzung" ist recht allgemein gehalten, obwohl dieses Gebiet größte Beachtung verdiente. Er lautet:

„Grundsätzlich ist eine Nutzung der Sonnenenergie mit Hilfe der Fotosynthese möglich. Durch Fermentierung, Pyrolyse, chemische Reduktionsverfahren oder durch einfache Verbrennung des biologischen Materials kann die über Fotosyntheseprozesse gebundene solare Strahlungsenergie zu einem geringen Teil wieder freigesetzt bzw. in Form von Wasserstoff oder Methan zur Verfügung gestellt werden. Der Wirkungsgrad der Fotosynthese liegt jedoch noch unter 1%. Für rein energetische Zwecke ist der Anbau von Pflanzen z.Zt. nicht sinnvoll. Neben Energieaspekten muß die Gewinnung von Nährstoffen und anderen Koppelprodukten berücksichtigt und in entsprechenden Forschungsvorhaben näher untersucht werden."

Im Schlußteil dieses Forschungsprogramms geht das Ministerium auf „übergreifende Maßnahmen" ein. Zu diesen ebenfalls sehr wichtigen Aufgaben werden folgende Aktivitäten gerechnet:

> „Um die Markteinführung der Solartechnologien zu erleichtern, ist eine Reihe ergänzender Maßnahmen erforderlich, vor allem die Erstellung von Installationsrichtlinien für Auswahl und Montage solarer Systeme, von entsprechenden Wärmedämmungsvorschriften und von Richtlinien baurechtlicher Art (Ausrichtung von Gebäuden, Dachneigung, Abschatten durch Neubauten usw.).
>
> Um alle Entwicklungs- und Demonstrationsvorhaben sinnvoll auswerten zu können, strebt die Bundesregierung den Ausbau eines Netzes von Meßstationen mit zentraler Erfassung und Auswertung von meteorologischen und technischen Daten an. Die stationären Meßstationen werden dabei von mobilen Einheiten unterstützt. Die F&E-Vorhaben werden von systemanalytischen Untersuchungen begleitet.
>
> Die internationale Zusammenarbeit bei der Nutzung der Sonnenenergie ist sowohl bilateral (Ägypten, Australien, Indien, Israel) als auch multilateral in vielfältiger Weise angelaufen. Sonnenenergie ist ein Teil des Energieforschungsprogramms der Europäischen Gemeinschaften."

Dieser alle Gebiete der Forschung und Entwicklung zur Nutzung von Sonnenenergie umfassende Förderkatalog der Bundesregierung schließt mit einem Hinweis auf das Energieforschungsprogramm der Europäischen Gemeinschaft. Hans Michaelis, bei der EG seit vielen Jahren im Bereich der Energiewirtschaft und der Energietechnik maßgebend tätig, hat im Rahmen einer kürzlich abgegebenen Stellungnahme über „Aktuelle Fragen der internationalen Energiepolitik" folgendes ausgeführt:

> „Ein Vergleich zwischen dem Energiebedarf während der nächsten 100 Jahre und den vermutlich technisch und mehr noch den nach heutigem Stand ökonomisch gewinnbaren Vorräten zeigt zweifelsfrei, daß der Energiebedarf der Welt nur noch während einer begrenzten Zeit durch Verfeuerung fossiler Brennstoffe gedeckt werden kann. Die Kohlenwasserstoffe, auf die 1975 61% des Weltverbrauchs entfielen, die aber nur rd. 40% der technisch und wirtschaftlich gewinnbaren Vorräte ausmachen, werden auch bei voller Nutzung der Ölschiefer und Teersande schon um die Jahrhundertwende knapp werden. Die Versorgungslücke könnte durch die Kohle gedeckt werden, deren technisch und vor allem wirtschaftlich gewinnbare Vorräte aber auch nicht lange reichen werden. Dabei ist natürlich auch zu fragen, ob unsere und die beiden folgenden Generationen befugt sind, die begrenzten Vorräte an günstig abbaubaren fossilen Brennstoffen zu einem wesentlichen Teil zu verbrennen.
>
> Aus allem folgt: die fossilen Brennstoffe sind auf lange Sicht keine Alternative zur Kern(spaltungs)energie. Allenfalls könnte eine neue Energie diese Rolle übernehmen, am ehesten wohl die Sonnenenergie oder die Kernfusionsenergie. Vom Erfolg gekrönte langfristige Forschungs- und Entwicklungsarbeiten wären hierfür die Voraussetzung. Ob, wann und wie dies gelingt, läßt sich indes heute noch nicht absehen."

Die zurückhaltende Formulierung des Schlußsatzes hat nicht nur fachliche, sondern auch organisatorische bzw. energiepolitische Gründe. In den vergangenen Monaten war vielen Meldungen zu entnehmen, welche außergewöhnlichen Schwierigkeiten bei der europäischen Zusammenarbeit zur Weiterentwicklung der Kernfusion bei dem geplanten JET-Vorhaben (Joint European Torus) zu überwinden sind. Die Solarforschung dagegen kennt innerhalb der Europäischen Gemeinschaft diese Schwierigkeiten einfach deshalb nicht, weil die finanzielle Förderung so gering ist und gegenüber den jeweils nationalen

Programmen eine derart untergeordnete Rolle spielt, daß Auseinandersetzungen der Mitgliedsländer nicht zu befürchten sind.

Seit seinem Amtsantritt hat das für Forschung zuständige Kommissionsmitglied, Guido Brunner, die Notwendigkeit alternativer Energiequellen betont. Das Forschungs- und Entwicklungsprogramm der Europäischen Gemeinschaften auf dem Gebiet der Sonnenenergie wurde Mitte 1975 beschlossen. In seiner vierjährigen Laufzeit sollen 17,5 Mio Rechnungseinheiten (= 63 Mio DM) für die Unterstützung von Vorhaben ausgegeben werden, die Sonne im Vergleich zu den „klassischen“ Energiequellen wettbewerbsfähig zu machen. Die verfügbaren Mittel der EG sind, auf alle Mitgliedsländer und einen Zeitraum von 4 Jahren bezogen, außergewöhnlich niedrig; weniger noch als ein Tropfen auf den heißen Stein. Das Programm dagegen ist „auf dem Papier“ groß angelegt und in die nachfolgend erläuterten sechs Schwerpunktbereiche unterteilt:

1. Heizung und Kühlung von Gebäuden

   Vor allem solche Arbeiten finden Unterstützung, die für alle Hersteller bzw. auf diesem Gebiet tätigen Forschungsstellen von gemeinsamen Nutzen sind, wie z.B. die computerprogrammierte Suche nach optimalen Arbeitsbedingungen von Sonnenheizanlagen oder die Entwicklung neuartiger Langzeitspeicher.

2. Thermische Solarkraftwerke

   Im Auftrag der EG hat eine europäische Firmengruppe die Definitionsstudie für ein 1-MW-Solar-Kraftwerk abgeschlossen. Es ist beabsichtigt, die Entwicklung der Komponenten für ein solches Kraftwerk unmittelbar in Angriff zu nehmen und danach – wahrscheinlich in Italien – mit dessen Bau zu beginnen.

3. Photoelektrische Umwandlung

   Etwa 30 Verträge mit namhaften Industriefirmen und Forschungslaboratorien der Europäischen Gemeinschaft sind zur Zeit in Vorbereitung oder bereits abgeschlossen. Sowohl die Weiterentwicklung der bekannten Verfahren unter Verwendung von Silizium und Cadmiumsulfid als auch völlig neue Wege mit speziellen Materialien und Techniken werden untersucht. Die EG verwendet nahezu die Hälfte der für die Sonnenenergieforschung vorgesehenen Haushaltmittel in diesem Bereich.

4. Photochemie

   Obwohl die zur Erforschung der Photosynthese notwendigen grundlegenden Untersuchungen wohl kaum kurzfristig zur Erschließung einer wichtigen Energiequelle führen dürften, hat die Europäische Gemeinschaft mit 19 in Europa auf diesem Gebiet sehr bekannten Instituten Verträge abgeschlossen, um die dort laufenden Forschungsarbeiten zu fördern, aufeinander abzustimmen und die dabei erworbenen Kenntnisse möglichst allen zugänglich zu machen.

5. Bio-Konversion

   Die Kommission unterstützt zur Zeit Arbeiten sowohl auf dem Gebiet der Züchtung und Auslese von besonders rasch wachsenden Baumarten (Pappeln etc.), die später die Beheizung von (bis jetzt mit Torf betriebenen) Elektrizitätswerken in Irland sicherstellen sollen. Auch die Verwendung von Stroh zur direkten Erzeugung von thermischer Energie ist Gegenstand von Untersuchungen in Deutschland, Frankreich und Dänemark, an denen sich die Kommission beteiligt. Diese Forschungen behandeln nicht nur die rein naturwissenschaftlichen Aspekte und die daraus resultierenden technischen Verfahren, sondern auch Fragen der Wirtschaftlichkeit und des Umweltschutzes.

6. Datensammlung

Für die optimale Ausnutzung der Sonnenenergie wird es in Zukunft auch erforderlich sein, über Intensität, Dauer und Art der Sonneneinstrahlung an den verschiedenen Orten Europas genauer Bescheid zu wissen und über verläßliche meteorologische Daten zu verfügen. Hierzu müssen u.a. die Meßverfahren und Meßgeräte vergleichbar gemacht und die diesbezüglichen Bedürfnisse der Solarindustrie, der Architekten und Benutzer ermittelt werden. Auch hier hat die Kommission mehrere Projekte in Vorbereitung.

Sonnenenergie-Forschung ist interdisziplinär. Physiker, Biologen, Ingenieure, Agronomen – um nur einige Fachrichtungen zu nennen – müssen dabei gemeinsam ihre Erfahrungen anwenden, um die Sonnenstrahlung in den Dienst des Menschen zu stellen. Die auszuführenden Arbeiten müssen ausgewählt, überwacht und aufeinander abgestimmt werden.

Hierzu bedient sich die Europäische Gemeinschaft sowohl der Mithilfe von Forschern aus den EG-eigenen Forschungszentren in Italien, Deutschland, Belgien und den Niederlanden als auch einer ganzen Reihe von Spezialisten aus den nationalen Forschungsinstituten, Universitäten und der Privatindustrie. Die Europäische Gemeinschaft ist mit nahezu hundert Forschungseinrichtungen in den 9 Mitgliedsländern durch Verträge verbunden. Ein von den Mitgliedsländern zusammengesteller beratender Programmausschuß sorgt für die ständige Anpassung des Programms an die neuesten Entwicklungen.
Die Konzeption dieser EG-Aktivitäten ist umfassend und fachlich fundiert, die dafür vorgesehenen finanziellen Mittel sind derart unzureichend, als wolle man – im Vergleich gesprochen – mit 250 DM eine Flugreise nach Rio de Janeiro buchen.

Europa entdeckt seine Liebe zur Sonnenenergie. Das Europäische Parlament darf nicht fehlen. Im Juli 1977 faßte das Parlament die folgende „Entschließung zu der Notwendigkeit, eine gemeinsame Politik für die Nutzung der Sonnenenergie zu verwirklichen“. Sie lautet:

Das Europäische Parlament,

– in Kenntnis des Berichtes des Ausschusses für Energie und Forschung (Dok. 120/77),

1. ist der Ansicht, daß für eine ordnungsgemäße Strategie zur Substitution des Erdöls alle alternativen Energieträger in Betracht gezogen werden müssen, damit sich durch ihre Heranziehung beachtliche Beiträge erzielen lassen;
2. empfiehlt, die enge Koordinierung zwischen gemeinschaftlichen Aktionen und nationalen Programmen in diesem Sektor beizubehalten;
3. ist der Ansicht, daß in den Mitgliedstaaten eine einwandfreie Sammlung von Daten über die Sonneneinstrahlung und der meteorologischen Daten, die für die Erfassung der Möglichkeiten einer Nutzung der Sonnenenergie erforderlich sind, sowie die Festlegung von Beziehungen zwischen den am häufigsten festgestellten meteorologischen Daten und den gleichzeitig ermittelten Daten über die Sonneneinstrahlung gewährleistet werden muß;
4. ist der Ansicht, daß zu allen Forschungsarbeiten über die Anwendung der Sonnenenergie für die Gebäudebeheizung Forschungsarbeiten und Programme zur Ermittlung der besten Methode für die Nutzung der wirtschaftlichen Vorteile sowohl einer

besseren Isolierung als auch der Investition im Bereich der Sonnenenergie hinzukommen müssen;

5. stellt fest, daß es auch beim gegenwärtigen Stand der Kenntnisse und Erfahrungen möglich ist, mittels Sonnenkollektoren Warmwasser für Haushaltszwecke zu wettbewerbsfähigen Preisen zu gewinnen; fordert die Kommission und die Mitgliedstaaten auf, diese Anwendung zu fördern;
6. wünscht, daß die Untersuchungen sowohl über die kurz- als auch über die langfristige Speicherung der erzeugten Wärme intensiviert werden;
7. empfiehlt mit dem Ziel, daß auch in diesem Sektor der Grad der praktischen Realisierbarkeit bestimmt wird, und in Erwartung einer akzeptablen Speicherung, daß die laufenden Versuche unter verschiedenen klimatischen Bedingungen der Gemeinschaft zur Raumbeheizung durch Sonnenkollektoren unter Verwendung zusätzlicher Wärmequellen rasch durchgeführt werden;
8. unterstreicht, daß die Anwendung der Sonnenenergie in der Landwirtschaft unter Einsatz einfacher und robuster Apparaturen im Hinblick auf das Interesse, das sie auch für die Entwicklungsländer haben können, ebenfalls eine aufmerksame Beachtung von seiten der Gemeinschaft erfordern;
9. betont die Wichtigkeit, der Sonnenkollektor-Industrie Produktionsprogramme zu gewährleisten, die umfangreich genug sind, um eine angemessene Senkung der entsprechenden Kosten zu ermöglichen;
10. ist der Ansicht, daß, obwohl die Produktion elektrischer Energie unter Nutzung der Sonnenenergie im Augenblick gegenüber den anderen bestehenden Möglichkeiten teurer erscheint, die Versuche sowohl mit dem Verfahren der Strahlenbündelung durch Spiegel als auch mit der fotoelektrischen Methode fortgesetzt werden müssen, um deren Anwendung auf mittlere und längere Frist zu erleichtern;
11. weist darauf hin, daß eine wirksame Verbreitung der Sonnenenergie auf mehreren Ebenen erfolgen muß: auf technologischer Ebene, auf der Ebene der Normenstandardisierung und mit einer Politik der Steuererleichterungen;
12. ist der Ansicht, daß die Sonnenenergie von den Mitgliedstaaten sinnvoll beim Bau öffentlicher Gebäude genutzt werden kann;
13. wünscht, daß sich jedes Mitgliedsland konkret am Programm der EG beteiligt;
14. ist der Ansicht, daß bei der Nutzung der Sonnenenergie die Zusammenarbeit zwischen Industrieländern und Entwicklungsländern unerläßlich ist;
15. ist jedoch der Ansicht, daß der notwendige Einsatz der durch Kernspaltung gewonnenen Energie kurz- oder mittelfristig weder durch die Entwicklung dieser alternativen Energiequelle noch durch die Entwicklung anderer Energieträger ersetzt werden kann;
16. beauftragt seinen Präsidenten, diese Entschließung und den Ausschußbericht dem Rat und der Kommission zu übermitteln.

Zum dritten und letzten Mal: Das fachliche Niveau europäischer Behörden ist unbestreitbar. Beschlüsse aber, zu deren Durchführung der finanzielle Rückhalt fehlt, sind wertloses Papier. Ganz anders organisiert, viel konsequenter vorbereitet, mit außergewöhnlich hohen Forschungsmitteln versehen, ist die Forschung und Entwicklung zur Nutzung der Sonnenenergie in den Vereinigten Staaten von Amerika. Am 20. April 1977 stellte Präsident Jimmy Carter in einer Rede vor beiden Häusern des Amerikanischen Kongresses seine neue Energiepolitik vor. Zur Sonnenenergie sagte Carter:

> „Unsere vierte Strategie ist die Entwicklung dauerhafter und zuverlässiger neuer Energiequellen. Am vielversprechendsten ist die Sonnenenergie, für die schon ein

> Großteil der Technologie zur Verfügung steht. Wassererwärmungsanlagen und Raumheizungen mit Sonnenenergie sind bereits in einem Stadium der kommerziellen Produktion. Alles was notwendig ist, sind einige Anreize für die Entwicklung eines großen Marktes.
>
> Ich schlage daher eine stufenweise abnehmende Steuerabschreibung von heute bis 1984 für all jene vor, die zugelassene Sonnenheizungsanlagen kaufen. Zunächst soll die Abschreibung 40% auf die ersten Tausend Dollar und 25% für die nächsten 6400 Dollar betragen, die investiert werden."

Die in der Konsequenz und den möglichen Folgen vielleicht weitreichendste energiepolitische Rede, die in diesem Jahrhundert bisher gehalten wurde, schließt mit den folgenden Ausführungen:

> „Vor zwei Tagen habe ich erklärt, daß die schweren Anstrengungen für das Energieprogramm unserer Nation das moralische Gewicht eines Krieges haben. Diese Anstrengungen werden, wenn sie erfolgreich sind, unsere Arbeitsplätze, unsere Umwelt, unsere nationale Unabhängigkeit, unseren Lebensstandard und unsere Zukunft schützen. Unsere Energiepolitik wird innovativ aber auch fair und vorhersehbar sein. Sie wird nicht leicht sein. Sie wird von uns allen das Beste fordern – unseren Weitblick, unsere Hingabe, unseren Mut und unser Gemeinsamkeitsgefühl. Es handelt sich um ein sorgfältig ausgewogenes Programm und hängt, wenn es fair sein soll, von all seinen wichtigen Einzelbestandteilen ab. Es wird ein Prüfstein für unsere grundlegende politische Stärke und Fähigkeit sein.
>
> Aber wir sind schon früher mit Herausforderungen fertig geworden, und unsere Nation ist immer noch stärker daraus hervorgegangen. Das ist die Aufgabe, vor der wir stehen – Sie hier im Kongreß, die Mitglieder meiner Administration und die gesamte Bevölkerung unseres Landes. Ich bin sicher, daß wir gemeinsam erfolgreich sein werden."

Im Sinne dieser Leitlinien zur amerikanischen Energiepolitik wird auch gehandelt werden. Der ERDA fällt hier die Schlüsselrolle zu. ERDA heißt „Energy Research and Development Administration (Behörde für Energieforschung und -entwicklung)".

In der ERDA gibt es bereits eine „Division of Solar Energy (Abteilung für Sonnenenergie)." Außerdem hat die ERDA in der Stadt Golden in Colorado ein nationales Sonnenenergie-Forschungsinstitut im Mai 1977 eingerichtet. Es soll die Anstrengungen zur Nutzung der Sonnenenergie in den USA koordinieren.

Für 1976 waren durch die amerikanischen Behörden für Energieforschung und -entwicklung 86 Mio Dollar, für 1977 sind 116 Mio Dollar und für 1978 mehr als 200 Mio Dollar für Sonnenenergievorhaben eingeplant. Etwa 20% dieser Mittel sind für die Entwicklung von Solarzellen vorgesehen.

Um wievieles günstiger die klimatischen Voraussetzungen zur Nutzung der Sonnenenergie in den USA sind, wurde an vielen Beispielen in Kapitel I. 5 beschrieben. Bei der schon eingeleiteten und noch in Aussicht gestellten staatlichen Förderung darf man aus den USA einiges erwarten. Der größte Anwendungsbereich ist in jenem Land bisher die Wärmeversorgung für Schwimmbäder. Im Bundesstaat Kalifornien ist sogar daran gedacht, die Beheizung von Swimmingpools mit Öl zu verbieten.

Doch das sind nur Randgebiete. Die Schwerpunkte der Entwicklung liegen bei der Stromerzeugung aus Sonnenenergie und bei der Anwendung zur Hausbeheizung sowie zum Betrieb von Kühlaggregaten. Amerikas Solarindustrie erwartet 1982 einen Jahresumsatz von einer Milliarde Dollar. 1976 lag der „Solarumsatz" bei 70 Mio Dollar. Er wurde hauptsächlich von Unternehmen der Raumfahrt und der Elektrotechnik erzielt. 1977 wird mit einem Umsatz von 150 Mio Dollar gerechnet. Dem Verband der Solarbranche, der Solar Energy Industries Association in New York gehören bereits 570 Firmen an (Stand Juli 1977).

Die deutsche Industrie muß sich anstrengen, um auf Dauer mithalten zu können. Sie hat weit ungünstigere Bedingungen im eigenen Land, und die Aktivitäten im Ausland können sich nicht nur auf einen sogenannten „Blaupausenexport" beschränken. Entwicklungszentren und Fertigungsstätten im eigenen Land sollten es ermöglichen, Produkte oder komplette Anlagen zu exportieren. Um diese Produkte besser an die klimatischen Verhältnisse in sonnenreichen Ländern anpassen zu können, richten deutsche Firmen gegenwärtig Testgelände in südeuropäischen oder in Ländern des Vorderen Orients ein. Weil die Sonnenscheindauer nicht importiert werden kann, müssen die einzelnen Schritte der Entwicklung und Erprobung unter wirklichkeitsnahen Bedingungen außer Landes vollzogen werden.

Wie stark das Interesse an der Solarenergie innerhalb von nur 3 Jahren zwischen 1974 und 1976 zugenommen hat, zeigt auch das Erscheinen von Solar-Fachzeitschriften und die Gründung von Behörden, Institutionen, Verbänden, Vereinigungen zur Förderung der Entwicklung und Anwendung von Solaranlagen. In Anlage V. 9 sind hierzu Anschriften für die europäischen Länder Bundesrepublik Deutschland, Frankreich, Großbritannien, Italien, Österreich, Spanien, Schweiz sowie für die Überseeländer Australien, Kanada und USA angegeben. Einige wenige dieser Anschriften sind schon seit vielen Jahren bekannt, der weitaus überwiegende Teil ist erst in den Jahren 1974 bis 1976 entstanden.

Auf zwei europäische Länder, die – außer Frankreich, England, Schweden, Österreich, Italien, Spanien und der Bundesrepublik – besondere Aktivitäten entwickeln, ist noch hinzuweisen. Es handelt sich um unser nördliches Nachbarland Dänemark und um unser südliches Nachbarland, die Schweiz. Beide sind in höchstem Maße vom Öl abhängig; ihren Öl- und Kohlenbedarf müssen sie zu fast 100% im Ausland einkaufen.

In Dänemark setzen Regierung und Folketing zunehmend auf die Energieeinsparung durch bessere Isolierung der Häuser und Mehrfachnutzung in Wärmetauschern und auf die Anwendung alternativer Energiequellen, wie Sonnenenergie, Windkraft und heißes Wasser aus geothermischen Reservoiren. Das jahrelange, emsige Suchen der Dänen nach Öl an Land hat sich buchstäblich als Schlag ins Wasser herausgestellt, zum Glück in heißes. Die große Anzahl der Bohrungen läßt den Schluß zu, daß besonders im Boden Jütlands sehr viel nutzbare Erdwärme steckt. Ursache sind u.a. die im Untergrund vorhandenen und gut Wärme leitenden Salzdome. Die Temperaturzunahme beträgt zwischen 20 bis 36 °C auf 1 km Bohrtiefe, was die Dänen auf eine wirtschaftliche Nutzung für die Raumheizung und für industrielle Prozeßwärme hoffen läßt. Man will das 70 bis 125 °C warme Wasser bzw. den Heißdampf im Kreislauf über Wärmetauscher bzw. in Wärmekraftwerken nutzen.

Auch der Windenergie wird naturgegeben in Dänemark viel Beachtung geschenkt. Ein Schulkollektiv baut zur Demonstration gegen Kernenergie die z.Zt.

noch größte Windmühle der Welt zur Stromerzeugung. Man rechnet mit einer Vollbetriebszeit von durchschnittlich 2100 Stunden pro Jahr und mit einer Nennleistung von 1700 kW. Ein über 50 m hohes Stahlbetonbauwerk mit drei 27 m langen glasfaserverstärkten Kunststoffflügeln entsteht durch den Fleiß von freiwilligen Autodidakten und Arbeitern, die aus ganz Dänemark anreisen und gegen Taschengeld und freie Kost Privatinitiative zum Ölsparen zeigen. Schon zwei Jahre arbeiten die Dänen an diesem Windkraftwerk, das wegen seiner geringen elektrischen Leistung wohl nur als Symbol aufzufassen ist, – wenn es in Betrieb gehen sollte. Ausgerechnet zwei Wissenschaftler des dänischen Kernforschungszentrums steuerten die aerodynamische Berechnung der Windmühlenflügel gratis als Freizeitarbeit bei. Vielleicht taten sie es mit der Absicht, daß durch solche konstruktive Arbeit und nicht – wie in unserem Land schon Brauch geworden – durch destruktive Demonstration auf Kraftwerksgeländen die begrenzten Aussichten der Windenergie und ihre Rückwirkungen auf das Landschaftsbild allen vor Augen geführt werden.

Viel größere und kurzfristig wirkungsvolle Auswirkungen werden die dänischen Aktivitäten auf dem Wärmepumpensektor haben. Sowohl die Umgebungsluft wie auch Erdreich oder Grundwasser werden in Dänemark als solare Energiespeicher benutzt. Da die meisten Häuser ölbeheizt sind, bietet sich auch in diesem Land die Kombination der Ölheizung mit der Wärmepumpe an. Daher kommt es nicht von ungefähr, daß ein dänisches Unternehmen mit der Entwicklung solcher Heizanlagen frühzeitig begann und besonders fortgeschritten ist; denn die in Bild 48 gezeigte Kompaktanlage ist ein dänisches Fabrikat, das bereits von deutschen Firmen vertrieben wird.

In der Schweiz ist die Vereinigung für Sonnenenergie besonders aktiv. Sie verbreitete vor einigen Jahren wohl etwas zuviel Optimismus und Enthusiasmus. Seit 1977 könnte man ihre Darstellungen als „zurückhaltend zuversichtlich" bezeichnen. Sie gab wesentliche Impulse zur Errichtung vieler solarer Heizanlagen in der Schweiz. Bis 1985 rechnet die Vereinigung inzwischen nur noch mit einem Energieanteil von 0,5% der in der Schweiz benötigten Heizwärme und bis zum Jahr 2000 mit 3%. Da die Schweizerische Vereinigung für Sonnenenergie ihre Arbeiten zumindest in der Entstehungsphase auf der Gegnerschaft zur Kernenergie begründete, fällt es ihr offenbar schwer, die Wärmepumpe mit aller Konsequenz in ihr Programm einzubeziehen. Viele Mitglieder dachten – denken wahrscheinlich noch immer – Sonnenenergieanlagen nur durch Umwandlung von Solarstrahlung zu betreiben, anstatt das Sonnenenergiereservoir der Umgebungsluft mit Hilfe der Elektrizität zu benutzen.

Dazu könnte man folgende Prognose stellen: Gleichgültig, ob in der ölbeheizten Schweiz an diesem Konzept festgehalten wird oder nicht, die Wärmepumpenanwendung wird von den Nachbarländern in die Schweiz getragen werden. Auch die schweizerischen Stromversorgungsunternehmen stehen dieser Art der Sonnenenergienutzung aufgeschlossen gegenüber. Zahlreiche Versuchsvorhaben sind im Betrieb und in der Planung.

Die neutrale Schweiz ist in der Frage der Sonnenenergie nicht frei von Emotionen. Doch die Diskussion wird sachlich geführt. Ein international beachtetes Sprachrohr ist die „Neue Zürcher Zeitung", die sich durch besonders fundierte, allgemeinverständliche und der Zeit vorauseilende Artikel auszeichnet.

IV. 3 Die Bedeutung der Kernenergie für die Nutzung der Sonnenenergie

Meist interessiert nur die Zukunft; Vergangenheit wird allzu schnell abgeschrieben. Vergangenheit kann aber dann Faszination erhalten, wenn man sie in Relation zur Gegenwart und ihren Zukunftserwartungen setzt.

Erinnert sei in diesem Zusammenhang an einen kleinen Kosmos-Band, veröffentlicht 1931, mit folgendem Titel „In hundert Jahren – die künftige Energieversorgung der Welt; allgemeinverständlich dargestellt von Hanns Günther" (Pseudonym von Wonder Johannes de Haas, niederländischer Physiker, 1878–1960, 1915 Entdeckung des Einstein-de-Haas-Effektes, 1930 Entdeckung des De-Haas-van-Alpen-Effektes). Hinter dieser Ausarbeitung stand ein hohes technisches Niveau. Dennoch stellt der Verfasser im Einführungskapitel fest: „Keine Kohle mehr heißt also letzten Endes Verschwinden der Zivilisation". Erdöl, erst recht Erdgas, erscheinen vor nur 45 Jahren in Energiestatistiken nur am Rande. So sind in diesem Bericht zum Rohöl nur zwei Sätze zu finden: „Heute werden die 32 Millionen Kraftfahrzeuge, die es nach der letzten Statistik auf der Erde gibt, aus den Petroleumquellen gespeist. In absehbarer Zeit aber wird man andere Energiequellen hierfür finden müssen, denn die Petroleumquellen werden aller Voraussicht nur noch zwei bis drei Jahrzehnte ertragsfähig sein".

Danach folgen die Kapitel: Pläne ums Mittelmeer; Wird es einst Wellenkraftwerke geben?; Ebbe und Flut im Dienst; Gefesselte Zyklone (Windenergie); Die tropischen Meere als Wärmequelle; Kraft aus der arktischen Kälte; Geothermische Energie.

Das Schlußkapitel heißt „Das letzte Ziel". Es nennt die Thermoelektrizität, das Brennstoffelement, die Umwandlung der Sonnenstrahlung in Elektrizität; und die letzten Sätze, veröffentlicht vor nur 45 Jahren, lauten zusammengefaßt: „Noch weniger läßt sich vom Standpunkt des 'Heute' die Nutzbarmachung der inneratomaren Energie durch künstliche Zertrümmerung der Atome überblikken. Ob darüber Jahre vergehen werden oder Generationen, kann heute niemand sagen. Eines Tages aber wird die Menschheit sicher auch an diesem Ziele stehen".

Schon nach weniger als einem halben Jahrhundert ist die großtechnische Nutzung der Kernenergie Wirklichkeit geworden. Erstaunlich hieran ist nicht nur die Tatsache, daß es gelungen ist, diese Energienutzung in so kurzer Zeit zu beherrschen. Erstaunlich ist auch folgende Tatsache: Obwohl die Kohle ziemlich unerwartet einen gewaltigen Konkurrenten durch Erdöl erhielt und in naher Zukunft durch Erdgas erhalten wird, obwohl also Energie reichlich und bis Ende 1973 auch besonders preisgünstig vorhanden war, konnte sich die komplizierte und mit vielen Sicherheitsauflagen versehene Technik der Kernspaltung zum Konkurrenten von Erdöl und Erdgas entwickeln.

Und hier stellt sich nun folgende Frage: ist es richtig zu sagen: „Obwohl Energie reichlich vorhanden war, konnte sich die Kernenergie entwickeln"? Müßte es nicht heißen: „Weil Energie reichlich vorhanden war, konnte sich die Kernenergie entwickeln"?

An die Gegner der Kernenergie gerichtet, folgt daraus: Sollte die Kernenergie nicht wenigstens vorübergehend, für einige Jahrzehnte, als Hilfsenergie der Weiterentwicklung unserer Zivilisation dienen können, so würden andere Möglichkeiten, auch die direkte oder indirekte Nutzung der Sonnenenergie, nicht in dem notwendigen Umfang durchführbar sein.

Der hin und wieder geäußerte Vorschlag, die Kernenergienutzung einfach zu überspringen und sich bis auf weiteres mit klassischen Energiequellen zu behelfen, ist unrealistisch. Für Westeuropa, mit seiner Ölimportabhängigkeit von nahezu 70%, beinhaltet dieser Vorschlag ein Sicherheitsrisiko größten Ausmaßes. Um Mißverständnisse zu vermeiden: es wird hier – wie vorhin für die Kohle zitiert – nicht gesagt, daß ohne Kernenergie unsere Zivilisation verschwinden würde; es wird hier gesagt, daß erst die Technik der friedlichen Nutzung der Kernenergie und ihre Wirtschaftlichkeit bei der Strom- und später Prozeßwärmeerzeugung uns in die Lage versetzt, darauf aufbauend neue Verfahren der Energieumwandlung und der Energieanwendung zu finden und zur Praxisreife zu bringen.

Zum Zeitpunkt der Abfassung dieser Ausarbeitung im August 1977 war kein Moratorium über Kernkraftwerke verhängt worden; es wurde aber immer häufiger auch von regierungsamtlicher Seite darüber gesprochen. Es bleibt zu hoffen, daß die friedliche Nutzung der Kernenergie fortgesetzt werden kann, daß die Vernunft die Oberhand behält.

Eine Entscheidung gegen die friedliche Nutzung der Kernenergie wäre eine unmenschliche Entscheidung; denn diese Entscheidung richtete sich

gegen die Wirtschaftskraft des Landes
gegen die Arbeitsplätze vieler Menschen
gegen die Erweiterung des Wissensstandes
gegen die Aufrechterhaltung günstiger Energiepreise
gegen die Standortwahl wichtiger Grundstoffindustrien im Inland
gegen die Wettbewerbsfähigkeit der deutschen Industrie im Ausland
gegen die Einsparung wertvoller Kohlenwasserstoffe, insbesondere
gegen die Substitution von Rohöl
gegen die Verringerung der energiepolitischen Abhängigkeiten
gegen die Überlebenschancen vieler Menschen in Entwicklungsländern
gegen die Verminderung der Schadstoffbelastung der Atmosphäre
ja, auch gegen die Nutzung der Sonnenenergie.

Zu der letzten Feststellung ist eine Begründung hinzuzufügen: Schon mehrmals wurde gesagt, daß in Zukunft Energie zunehmend durch Kapitel ersetzt werden wird. Wärmedämmung, Wärmerückgewinnung, vor allem Sonnenenergienutzung sind Beispiele dafür. Mit mehr Kapitaleinsatz wird weniger Energie als bisher benötigt. Es wurde auch gesagt, daß sich die friedliche Nutzung der Kernenergie entwickeln konnte, nicht obwohl Energie in Form von Kohle, Gas,

Öl, reichlich vorhanden war, sondern weil Energie reichlich zur Verfügung stand.

Wie im Privatleben, wie in Unternehmen, wie in Staaten in aller Regel zu beobachten, läßt sich – schließt man Diebstahl, Betrug oder kriegerische Auseinandersetzungen aus – der nächste Schritt immer nur dann tun, wenn die Substanz hierfür vorhanden ist. Eine Verhinderung der Nutzung der Kernenergie verringert die Substanz aus vielerlei Gründen, schafft Abhängigkeiten, ist der Keim für Unruhen, die Wurzel fehlender Substanz.

Viele, die sich gegen die Kernenergie wenden, rufen lautstark nach besseren, angeblich schon greifbaren Ersatzlösungen und machen sich doch nicht klar, daß erstens noch Jahre bis zur wirtschaftlichen Anwendung von Ersatzenergie vergehen werden und daß zweitens die Sonnenenergie keine ausschließliche Ersatzenergie darstellt, sondern daß ihre Nutzung nur mit Hilfe der Elektrizität in unserem Land möglich sein wird. Wir müssen deshalb dem Katastrophengerede entgegenwirken, um eine wirkliche Katastrophe zu verhindern.

Die logische, vielleicht für manche schockierende Schlußfolgerung ist: Zur Nutzung der Sonnenenergie gehört Reichtum; – oder wenn das Wort „reich“ stören sollte – gehört eine gewisse Substanz.

Ohne Kernenergie ist die Substanz in Frage gestellt, wird der nächste Schritt vor dem ersten getan, entsteht ein Vakuum, könnte nicht nur der Lebensstandard, sondern viel mehr auf dem Spiel stehen.

Diese Zusammenhänge sind im Ostblock schon seit Jahren klar erkannt. Natürlich sind die Ostblockländer an der Anti-Kernkraft-Welle nur teilweise beteiligt. Ihre Beteiligung aber wird inzwischen zugegeben. Sie wird sogar ideologisch begründet. Das Handelsblatt fand hierfür den treffenden Kommentar: „Nur rote Kernkraft ist gut“.

Warum wird nicht deutlicher gesagt, daß weitaus verantwortungsloser als der Bau von Kernkraftwerken der Raubbau an den letzten Ölreserven ist. Und daß es ebenso verantwortungslos sei, kommenden Generationen das viel größere Problem der Energieversorgung aufzuhalsen? Warum wird nicht klar bestätigt, daß bei noch so extremen Energiesparmaßnahmen, bei Ersatz konventioneller Brennstoffe dennoch zusätzlich Elektrizität benötigt wird, weil sich die erstgenannten Maßnahmen nicht ohne Stromeinsatz verwirklichen lassen? Warum wird nicht immer wieder darauf hingewiesen, daß zwar so wenig wie möglich Kernkraftwerkleistung gebaut, aber soviel wie eben nötig errichtet werden muß?

Verhinderung der Kernenergie heißt Verhinderung der Wirtschaftskraft, Verlust an Substanz, weniger Entwicklungsmöglichkeiten für Sonnenenergie, geringere Hoffnung für Entwicklungsländer. Da zwischen Wohlstand eines Landes und Bevölkerungszuwachs bzw. -stagnation ein nachgewiesener Zusammenhang besteht, wird das Bevölkerungswachstum bei Energiemangel – so paradox es klingen mag – weniger gebremst. Dieser an sich recht komplexe, hier auf einen einfachen Nenner gebrachte Zusammenhang müßte doch auch bei Umweltschützern ins Gewicht fallen. Auf Dauer wird die Natur durch eine verarmte, daher zahlreiche menschliche Gesellschaft stärker ruiniert als durch eine in

Wohlstand lebende Menschheit. Letztere begrenzt ihren Zuwachs aus Egoismus oder aus Einsicht oder wie immer man es nennen mag. Sie findet aber auch Zeit und Muße, sie besitzt die Substanz, um sich stärker für den Umweltschutz einzusetzen.

Edward Teller, Grand Old Man der modernen Kerntechnik, unterstrich in einer Rede im Mai 1977, daß ausreichende Energie einer der Stützpfeiler sei, auf denen das Gebäude der freien Welt ruhe. Werde es gefällt, stürze zwar das Gebäude noch nicht ein, aber der Entwicklungsabstand von West nach Ost werde zwangsläufig geringer. Da sich die Menschen nicht so wesentlich unterschieden, müßte es doch eigentlich auch im Osten Widerstände gegen die Nutzung von Kernenergie zur Stromerzeugung geben. Auf einer internationalen Tagung habe er einen sowjetischen Vertreter gefragt: „Wie ist bei Ihnen denn die Volksmeinung dazu?" Die Antwort sei eine Gegenfrage gewesen: „Volksmeinung? Können Sie bitte das Wort ins Russische übersetzen?"

Für Edward Teller gehört die Nutzung der Sonnenenergie und die Kernfusion für die nächsten 20 Jahre in den Bereich der Forschung, nicht aber der Energieversorgung.

IV. 4 Schätzwerte für 1990

Im Oktober 1973 stellte die Bundesregierung ein Energieprogramm vor. Es stützte sich auf eine durch mehrere Gutachten bestätigte Prognose, wonach für 1985 ein Primärenergiebedarf von 610 Mio t SKE (Umrechnungstabelle für Energieeinheiten siehe Anhang V. 11) zu erwarten war. Der Zufall wollte es, daß etwa zur gleichen Zeit die Ölförderländer ihr Ölpreiskartell verkündeten und die Ölkrise ausbrach.

Genau ein Jahr danach veröffentlichte die Bundesregierung die 1. Fortschreibung ihres Energieprogramms. Darin kam sie für 1985 nur noch auf 555 Mio t SKE. Wieder zweieinhalb Jahre später, im März 1977, stand die vorläufige 2. Fortschreibung des Energieprogramms der Bundesregierung zur Diskussion. Die dritte Prognose für das gleiche Jahr 1985 lag bei 496 Mio t SKE, rd. 20% unter dem 1973 genannten Schätzwert.

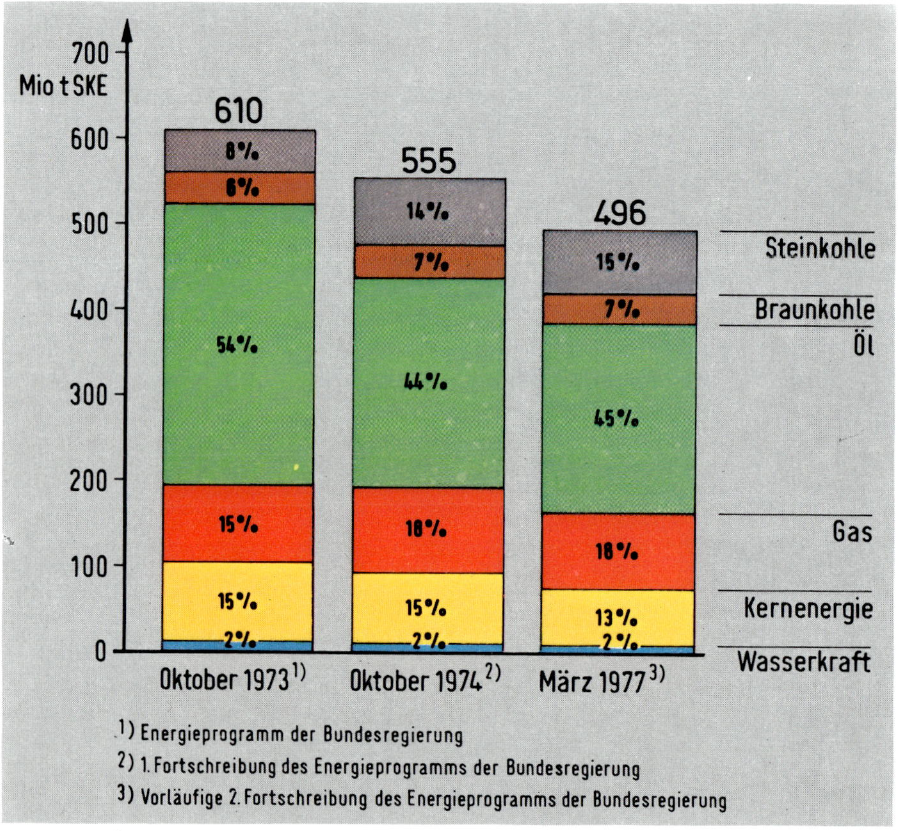

Bild 77: Energieprognosen der Bundesregierung, die innerhalb von dreieinhalb Jahren zweimal nach unten korrigiert werden mußten (Prognose jeweils für 1985)

Diese drei Prognosen, innerhalb von nur dreieinhalb Jahren zweimal nach unten korrigiert, sind in Bild 76 gegenübergestellt. Einmal mehr zeigt sich, auf welch schwachen Füßen selbst Kurzfristprognosen stehen. Der Verfasser hält es für sehr wahrscheinlich, daß der Planungsrahmen abermals korrigiert werden muß und nochmals um einige Prozent, vielleicht sogar um mehr als zehn Prozent, vermindert werden kann.

Die prozentuale Aufteilung für die verschiedenen Primärenergieträger Steinkohle, Braunkohle, Öl, Gas, Kernenergie und Wasserkraft könnte nach der in Bild 77 gezeigten letzten Darstellung dennoch zutreffen. Allerdings sind Prognosen hierzu mit noch mehr Fragezeichen zu versehen, weil die möglichen Ölpreissteigerungen und die Entscheidungen zum weiteren Ausbau der Kernenergie hierauf großen Einfluß nehmen können. Für die Kernenergie mit Bauzeiten der Kraftwerksblöcke von 6–8 Jahren kann sich für 1985 am Ergebnis nur dann noch etwas ändern, wenn entweder auch in Planung und im Bau befindliche Anlagen weiteren Verzögerungen unterliegen – eine Verringerung des geschätzten Anteils wäre die Folge – oder wenn eine heftige Ölkrise schon in diesem Zeitraum einträte – eine Erhöhung des geschätzten Anteils in vorhandenen Kernkraftwerken würde wegen des weiteren Rückgangs des Ölkonsums zwangsläufig eintreten –.

Da niemand die Zukunft vorhersagen kann, bleibt nur der Weg, sich aufgrund möglichst vielfältiger Analysen unter Einbeziehung unterschiedlicher Einflußfaktoren Jahr für Jahr einen neuen Überblick zu verschaffen und von Fall zu Fall die Schätzwerte der neuen Situation anzupassen.

Dies vorausgeschickt sei mit allen Vorbehalten eine Voraussage für das Jahr 1990 hinsichtlich des möglichen Anteils der Sonnenenergie am gesamten End-Energiebedarf (Bezugswert ist das Jahr 1975) gewagt.

Die Schätzwerte für verschiedene Sonnenenergieträger sind im Anhang unter V. 10 erläutert und in Bild 78 dargestellt. Sie sind ohne Veränderung einer 1972/73, also vor der Ölkrise vom Verfasser vorgestellten und im Anhang erwähnten Arbeit, übernommen. Erfreulicherweise bestand kein Anlaß, diese damals für 1990 ermittelten Schätzwerte zu korrigieren, weil die getroffenen Annahmen nach wie vor zu vertreten sind. Allerdings wurde schon damals eine zunehmende Entkopplung von Wirtschaftswachstum und Energiemehrverbrauch angenommen.

Das in Bild 78 zusammengefaßte Ergebnis der Nutzungsmöglichkeiten von Sonnenenergie für das Jahr 1990 ist an sich enttäuschend. Obwohl optimistische Annahmen getroffen wurden, kann hiernach die Sonnenenergie nur mit 3 bis 5% zum End-Energiebedarf – bezogen auf das Jahr 1975 – beitragen. Wenn 1990 der End-Energiebedarf noch gegenüber 1975 gestiegen sein sollte, – was anzunehmen ist –, so wird sich der Prozentwert für den Sonnenenergiebeitrag noch vermindern.

Außerdem wird zur Nutzung der Sonnenenergieträger Erde, Grundwasser, Laufwasser, Umgebungsluft und Strahlung Hilfsenergie in Form von elektrischer Energie benötigt. 1990 würde es sich dabei um 13 bis max. 30 Milliarden kWh/Jahr handeln (zum Vergleich: 1975 betrug die Gesamtstromerzeugung der

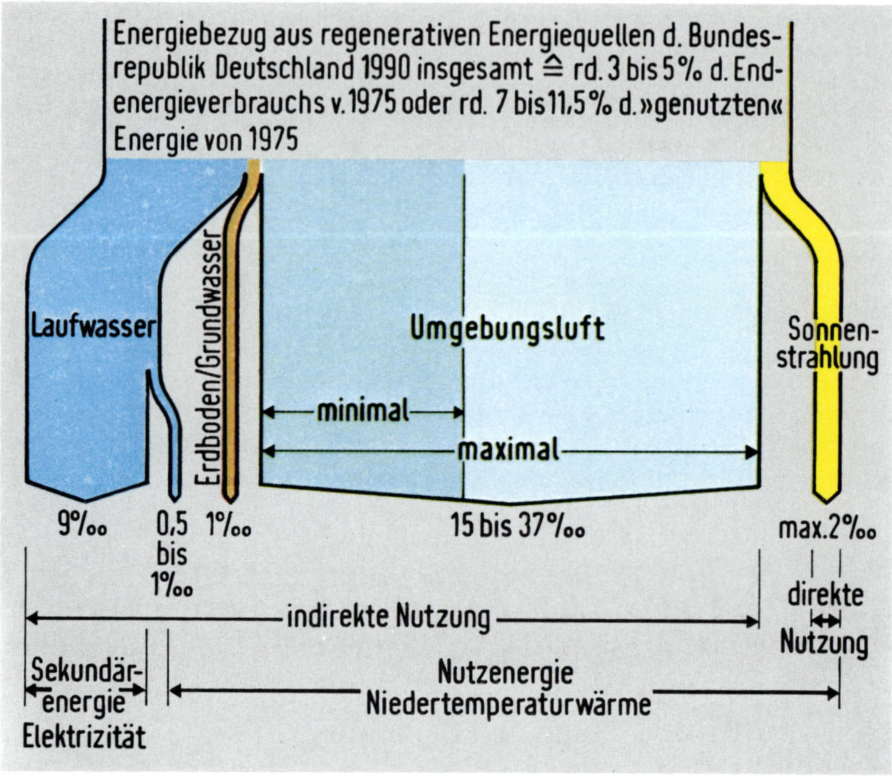

Bild 78: Möglichkeiten der direkten und indirekten Nutzung von Sonnenenergie (Schätzwerte für 1990) in der Bundesrepublik Deutschland

öffentlichen Versorgung, der Industrie und Bundesbahnkraftwerke rd. 300 Milliarden kWh).

Die Fortschreibung des Energieprogramms der Bundesregierung sieht den weiteren Ausbau von Kernkraftwerken zur Substitution des Mineralöls vor. Bis 1985 sollten möglichst 30 Mio t Öl, das sind 11% der 1973 importierten Menge, durch Kernenergie substituiert werden. Da bis zu diesem Zeitpunkt Kernenergie noch nicht als nukleare Prozeßwärme in statistisch nennenswertem Umfang zur Anwendung kommen wird, kann mit diesem Substitutionsprozeß nur der Ersatz von Öl durch Strom gemeint sein. Da die Sekundärenergie Elektrizität nicht wie Öl als Rohstoff für die Herstellung z.B. von Kunststoffen, Arzneimitteln, Textilien, Wärmedämmstoffen, Düngemitteln usw. verwendbar ist, bleiben die Bereiche der Energieanwendung und hier vor allem der Raumheizungssektor.

Er bietet tatsächlich große Substitutionsmöglichkeiten. Allein die für Haushalt und Kleinverbraucher benötigte Heizmenge hatte 1975 einen Energieinhalt, der mehr als das Doppelte des Energieinhaltes der Gesamtstromerzeugung der öffentlichen Versorgung betrug. Dieses Verhältnis zeigt aber auch, daß die Elektrizitätswirtschaft wegen leitungsgebundener Energielieferung und der wirtschaftlich nicht möglichen Speicherung von elektrischer Energie nicht in der Lage sein wird, Heizöl einfach durch Strom zu ersetzen. Einerseits sind die klimatischen Abhängigkeiten bei der Stromlieferung für die Raumheizung, andererseits die enormen, hierfür benötigten Energiemengen ein zunächst unüberwindliches Hindernis für den Ersatz von Öl durch Strom. Die einzige Lösung, die im großen Stil in der Praxis durchführbar ist, stellt die Verbindung der Ölzentralheizung mit der Umgebungsluft-Wärmepumpe im Wechselbetrieb (bivalent alternativ) dar. Nur mit diesem System ist sowohl das Leistungsproblem (⅓ an Öl und ¼ an Strom bezogen auf die bisher benötigte Heizenergiemenge) zu bewältigen.

Diese Konzeption kann jedoch nur dann verwirklicht werden, wenn ihr finanziell schwieriger Beginn durch weitere staatliche Förderung z.B. bei der Installation von Wärmepumpen oder Kollektoren erleichtert und dadurch für den Verbraucher wirtschaftlich besonders interessant würde.

Alle privatwirtschaftlichen Bereiche wie auch behördlichen Stellen sollten sich für eine konsequente Weiterverfolgung dieser Konzeption und für ihre Verwirklichung einsetzen.

Die sehr berechtigte Frage, warum diese anscheinend praktikable Lösung erst jetzt zur Diskussion stünde, wo doch das Prinzip der Wärmepumpe seit Jahrzehnten bekannt sei, läßt sich vielleicht so beantworten: Wahrscheinlich ist dem bisher vergessenen Energieträger „Umgebungsluft" die Aschenbrödelrolle zugefallen, weil solche Überlegungen aus der Sicht der Energieerzeugung und nicht aus der Sicht der Energieanwendung verfolgt wurden. Oder anders ausgedrückt: Man hat immer darüber nachgedacht, wie man Energiequellen und Energieträger für Primär- oder Sekundärenergie erschließen kann und nicht so sehr, wie man in der Umgebung vorhandene Energiemengen unter Einsatz von hochwertiger Hilfsenergie direkt für die Nutzenergie verwenden könnte.

Wie wenig mengenmäßig betrachtet letztlich doch in dem Zeitraum bis 1990 zu erreichen sein wird, zeigt auch die Gegenüberstellung in den Bildern 79 und 80. Das Jahr 1974 wurde als Vergleichsjahr gewählt, weil hier noch kein Sonnenenergieanteil in nennenswertem Umfang zu verzeichnen war. Die Verbrauchergruppe Haushalt und Kleinverbraucher umfaßt statistisch die Haushalte, die Landwirtschaft, das Gewerbe, den Handel und die öffentlichen Einrichtungen. In den beiden restlichen Verbrauchergruppen der Industrie und dem Verkehr kann Sonnenenergie in diesem Zeitraum keinen Anteil erringen.

Wie Bild 79 zeigt, versorgten im Jahr 1974 den großen Verbrauchssektor „Haushalt und Kleinverbraucher" die Energieträger Kohle, Gas und Strom mit jeweils rd. 13%, während das Öl erstmals seit etwa 15 Jahren unter die 60%-Marke sank.

Bei der ganz optimistischen, an sich praxisfernen Annahme einer Ergänzung von 50% aller Ölheizungen durch bivalente Systeme oder andere Wärmepumpenanlagen würde das Öl zwar einen beträchtlichen Anteil von insgesamt 20% zum Vorteil von Gas, Strom und Fernwärme verlieren und die Kohle im End-Energieverbrauch nahezu ganz verschwinden, doch hätte die direkte oder indirekte Nutzung der Sonnenenergie hierzu erst mit knapp 10% beigetragen.

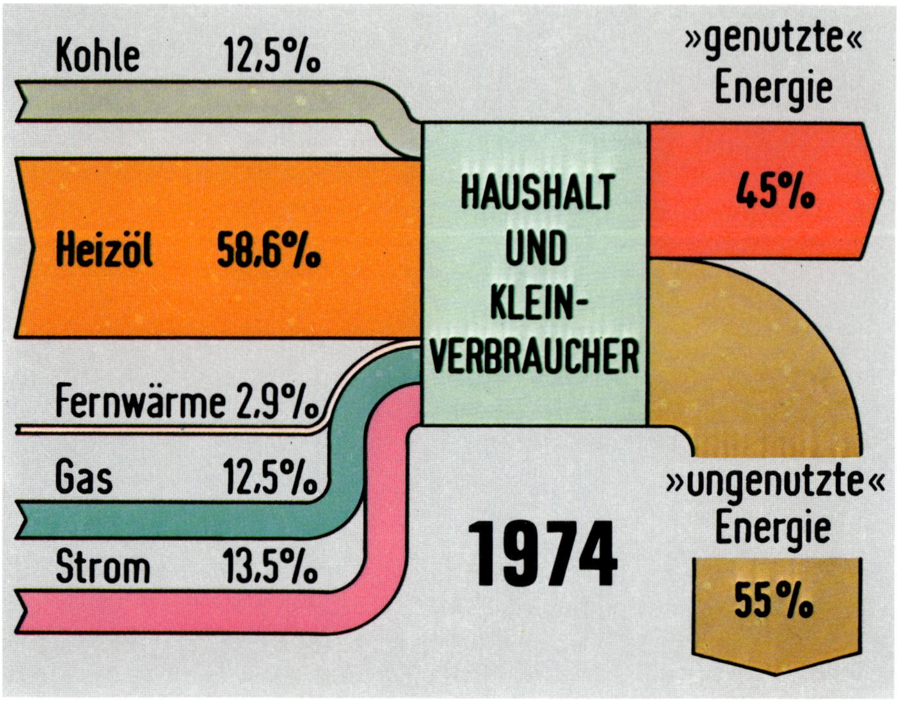
Kohle 12,5%
Heizöl 58,6%
Fernwärme 2,9%
Gas 12,5%
Strom 13,5%
HAUSHALT UND KLEIN-VERBRAUCHER
»genutzte« Energie
45%
»ungenutzte« Energie
55%
1974

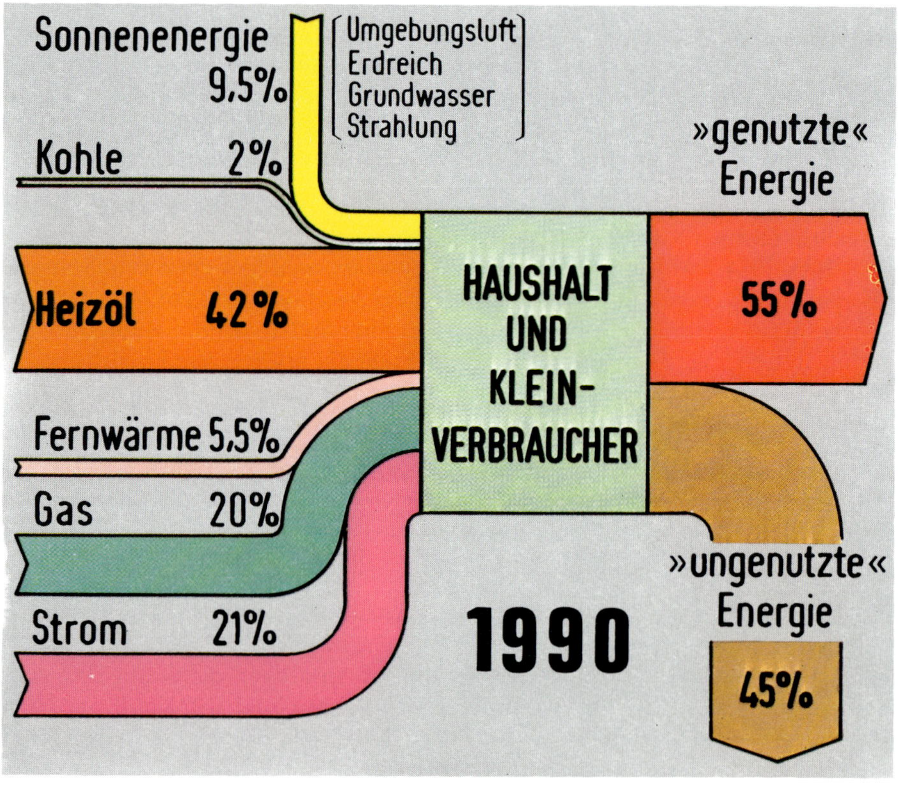
Sonnenenergie 9,5%
Umgebungsluft
Erdreich
Grundwasser
Strahlung
Kohle 2%
Heizöl 42%
Fernwärme 5,5%
Gas 20%
Strom 21%
HAUSHALT UND KLEIN-VERBRAUCHER
»genutzte« Energie
55%
»ungenutzte« Energie
45%
1990

Da der Verbrauchssektor Haushalt und Kleinverbraucher nur einen Anteil von rd. 40% am gesamten End-Energiebedarf hat, kann der Sonnenenergie mit diesen Schätzwerten nur ein Anteil von knapp 4% am gesamten End-Energiebedarf zufallen. Auf Primärenergie – und nicht auf End-Energie – bezogen wird dieser Prozentsatz geringer, weil zur Nutzung der Sonnenenergie vor allem Elektrizität als Hilfsenergie eingesetzt werden muß, die mit dem Kraftwerks- und Übertragungswirkungsgrad von insgesamt rd. 30% entsprechende Primärenergiemengen erfordern, sei es nun Steinkohle, Braunkohle oder Uran.

Um es nochmals zu betonen: Die getroffenen Annahmen sind optimistisch. Das Ergebnis für die Sonnenenergie dennoch recht mager. Ob bei der Hälfte der bis 1990 umgestellten oder ergänzten Ölheizungen – einer geradezu kühnen Annahme – sich die Anteile von Kollektor- oder Absorbersystemen, von bivalenten oder monovalenten Wärmepumpen untereinander verschieben, das hat keine große Bedeutung auf den sich daraus insgesamt ergebenden Anteil der Sonnenenergie.

Wer der Ansicht ist, daß mehr durch Sonnenenergie zu holen sei, der soll dies im einzelnen oegrdnden. allgemeine Äußerungen und Vermutungen, die weit höhere Anteile für wahrscheinlich halten, sind nur Augenwischerei.

Bild 79: End-Energiebedarf und Energienutzung (statistische Werte für 1974) in den Sektoren Haushalt und Kleinverbraucher

Bild 80: End-Energiebedarf und Energienutzung (Schätzwerte bei besonders optimistischen Annahmen für 1990) in den Sektoren Haushalt und Kleinverbraucher. Auffallend ist der starke Rückgang von Heizöl bei relativ geringem Anteil der Sonnenenergie und erheblicher Verbesserung des Verhältnisses von „genutzter“ zu „ungenutzter“ Energie als Folge der Erhöhung der Nutzungsgrade bei verschiedenen Prozessen der Energieumwandlung

IV. 5 Sonnenenergie ist kein Allheilmittel

Für den unbefangenen Leser ist die geballte Information über die Vielfalt der Nutzungsmöglichkeiten von Sonnenenergie überraschend und aufschlußreich. Hunderttausende von Hausbesitzern oder Bauinteressenten warten auf die Gelegenheit, ihre Heizungsanlage auf die Versorgung durch kostenlose, umweltfreundliche Sonnenenergie umzustellen oder darauf auszurichten.

Alle positiven Eigenschaften der Wunschenergie Sonne zu nennen, wäre eine Wiederholung. Alle aussichtsreichen Projekte aufzuzählen, die in vielen Ländern entwickelt, erprobt, für breite Anwendungsgebiete vorbereitet werden, überstiege die Möglichkeiten der Darstellung. Vom Kollektor für die Erwärmung des Schwimmbadwassers bis zum Sonnenofen für Temperaturen von 4000° C, von der Umgebungsluft-Wärmepumpe bis zu quadratkilometergroßen Sonnensegeln im Weltall reicht die Palette.

Das Kleinstkraftwerk mit Dampfmotor für eine hinterindische Dorfgemeinschaft oder das Sonnenturm-Kraftwerk in einer nordamerikanischen Wüste, die Trinkwassererzeugung durch solare Meerwasserentsalzung am Mittelmeer oder Laufwasser-Wärmepumpenzentralen an Rhein und Neckar, die Herstellung von Biomasse in israelischen Algenteichen oder die Nachbildung der Fotosynthese der Pflanzen in europäischen und amerikanischen Forschungsstätten, die solare Wärmeversorgung von Wohnhäusern, sei es in der Schweiz, sei es in Australien oder die Energieversorgung von Forschungslaboratorien im All, alles ist bereits Gegenwart, alles wird in immer größeren Zahlen oder in noch größerem Maßstab verwirklicht, alles hat Zukunft.

Der Eindruck könnte oder muß sogar entstehen, als ob Sonnenenergie der Weisheit letzter Schluß, „die Notbremse der Menschheit", das Allheilmittel für weltweite Energieprobleme sei. Warum schließt dies Buch mit der Behauptung, Sonnenenergie sei kein Allheilmittel?

Zwei Faktoren spielen mit, die nicht zu überwinden sind, die alle weiteren Schritte unweigerlich bestimmen: der Faktor Zeit und der Faktor geografische Lage.

Zum Faktor Zeit: Aus den Beschreibungen und Berichten über einzelne Solarprojekte, über wichtige Entwicklungsschritte, über große Vorhaben der Zukunft geht hervor, daß viele Jahre vergehen müssen, bis die einzelnen Stufen erklommen und mengenmäßig größere Beiträge zur Energiebedarfsdeckung geleistet sein werden. Es wurde nachgewiesen, daß bei sehr optimistischen, wahrscheinlich sogar praxisfremden Annahmen bis zum Jahr 1990 nur wenige Prozent des End-Energiebedarfs der Bundesrepublik Deutschland auf Sonnenenergie zurückzuführen sein werden. Wer anderer Meinung ist, der soll – um es nochmals zu wiederholen – sich nicht in wortreichen Vermutungen äußern oder wirklichkeitsfremde Annahmen treffen, sondern sich mit den möglichen Veränderungen gewachsener Strukturen und mit den unumstößlichen physikalischen wie auch energiewirtschaftlichen Fakten auseinandersetzen.

Zum Faktor geografische Lage: Die Hürde der Zeit haben alle Länder zu nehmen, die Hürde der geografischen Lage nur die sonnenarmen Länder, zum Beispiel die Bundesrepublik Deutschland. Ob für sie diese Hürde unüberwindlich sein wird, ob durch Energietransport aus sonnenreichen in sonnenarme Länder oder durch Energieübertragung aus dem Weltall diese Hürde zumindest teilweise beseitigt werden könnte, das ist noch nicht zu sagen. In Kapitel I. 4 „Sonnenenergielücke der Bundesrepublik Deutschland" wurde über eine Untersuchung berichtet, die nur zu einem nutzbaren Sonnenenergiepotential von 20% des Energiebedarfes führt. Einfach gesprochen: Nach diesen praxisbezogenen Annahmen ist zur Stillung unseres Energiehungers mehr Sonnenenergie „nun mal nicht drin". Solche Abschätzungen sind ganz neu, bisher noch nicht veröffentlicht. Sie bedürfen gründlicher Nachprüfung und besonderer Systemanalysen. Aber die Größenordnung von nur 20% – also von nur einem Fünftel – ist interessant, wo doch immer geschrieben wird, daß die Sonne rd. 15000mal mehr Energie einstrahle als die Menschheit gegenwärtig verbrauche. Dies gilt für den Planet Erde, aber nicht für die Region der Bundesrepublik Deutschland.

Alle Überlegungen zur Nutzung der Sonnenenergie in der Bundesrepublik gehen davon aus, daß in Zukunft nicht nur ausreichende, sondern auch preisgünstige Elektrizität zur Verfügung stehen wird. Mehrfach wurde betont, daß beide Voraussetzungen aus verschiedenen Gründen gegeben sein müßten, um die Anwendung der Sonnenenergie im Inland in großem Umfang zu ermöglichen, um die Volkswirtschaft und jeden einzelnen von importierter Heizenergie zu entlasten. Ein Nein zu den Aktivitäten der Elektrizitätswirtschaft, mit ihren bereits vorhandenen Kraftwerks- und Netzkapazitäten hunderttausende von Wärmepumpenanlagen zu versorgen, beinhaltet ein Nein zur wirtschaftlichen Nutzung der Sonnenenergie. Auch das wurde ausführlich begründet.

Ein Nein zum unbedingt notwendigen weiteren Ausbau der Stromversorgung mit dem Hinweis, daß durch diese Herausforderung die weitere Entwicklung alternativer Energiequellen besondere Impulse erhalten werde, wäre entweder eine Selbsttäuschung oder eine bewußt geförderte Einschränkung unserer Wettbewerbsfähigkeit, eine Änderung unserer Wirtschaftsordnung und eine Verringerung unseres Lebensstandards.

Für eine harte Konfrontation, für eine Beendigung der Augenwischerei, für eine Information der breiten Öffentlichkeit schlug die Düsseldorfer Werbeagentur interPRO den Slogan vor „Die Sonne bringt es an den Strom". Wenn man die hier geschilderten Zusammenhänge kennt, dann begreift man sofort den tieferen Sinn dieser Kurzformel: Eine Förderung der Sonnenenergienutzung zur Heizwärmeerzeugung bedeutet eine Förderung der Stromanwendung. „Die Sonne bringt es an den Strom", weil mit wenig Elektrizität und viel Sonnenenergie große Mengen von Heizöl zu ersetzen sind. Und umgekehrt gedacht: Ohne ausreichende und preisgünstige Stromversorgung wird „das Wasser bis zum Halse" stehen; für Forschungs- und Entwicklungsarbeiten zur Nutzung der Sonnenenergie fehlen dann die Voraussetzungen.

Die Konzeption „Sonne + Strom = neue Wärme“ ließe sich zunächst mit vorhandenen Kapazitäten für etwa 1,5 Mio Haushalte der Bundesrepublik verwirklichen. Die Hürde der geografischen Lage wäre hierdurch wenigstens für die Erzeugung von Heizwärme teilweise zu überwinden. Die Hürde der Zeit würde für dieses Programm viele Jahre erfordern.

Deshalb sind zur Energieversorgung zwei Maßnahmen parallel zu betreiben: Erstens die systematische und nachhaltige Förderung der rationellen Energieverwendung; zweitens die Unterstützung des Ausbaus weiterer Kapazitäten zur Stromerzeugung. Die Entkopplung von Wirtschaftswachstum und Energiemehrverbrauch, vom Verfasser seit einigen Jahren verfochten, dürfte in kleinen Schritten nach und nach für den klassischen Primärenergieverbrauch als Gesamtheit möglich sein, nicht aber oder nicht in dem gleichen Umfang für den Stromverbrauch. Gerade die Elektrizität ermöglicht diesen Entkopplungsprozeß. Bestes Beispiel hierfür sind die strombetriebene Umwälzpumpe im Kollektorkreislauf zur direkten Sonnenenergienutzung oder der kleine Elektromotor am Verdichter der Wärmepumpe zur indirekten Nutzung dieser Wunschenergie.

Betrachtet man hingegen die vorherrschende parteipolitische Meinung und den Meinungstrend der aktiven Öffentlichkeit zur Stromerzeugung und Stromanwendung, so ist es geradezu absurd, wie angesichts einer mit Sicherheit eintretenden Ölverknappung die langfristige Energiebedarfsdeckung „entsichert“ wird. Eine Ölverknappung wird in reichen Ländern „nur“ zu einer erheblichen Energieverteuerung, in armen Ländern zur Existenzfrage führen. Besonders treffend beschreibt diese Zusammenhänge ein Zitat von Heinrich Mandel, dem Präsidenten des Deutschen Atomforums: „Die langfristige Energieversorgungssicherheit eines Landes wird weniger vom Besitz von Ölquellen als von den wissenschaftlich-technischen Fähigkeiten, der Kreativität seiner Bewohner und dem unternehmerischen Wagemut abhängen.“

Wenn doch die öffentlichen Diskussionen um Energiefragen von den physikalischen Grundlagen, den zeitlichen und geografischen Sachzwängen, den wirtschaftlichen Gesichtspunkten ausgingen! Werden solche unumstößlichen Zusammenhänge nicht verstanden oder lästig, laufen sie den vorgefaßten Meinungen zuwider, dann bleibt es bei immer denselben Thesen. Der weithin anerkannte Energiewirtschaftler Helmut Schaefer, Professor für Energiewirtschaft und Kraftwerkstechnik an der Technischen Universität München, sagte schon zur Reaktortagung 1975: „Nie zuvor ist der derzeit vielfach überstrapazierte Begriff einer rationellen Energieverwendung so stark in einer breiten Öffentlichkeit diskutiert worden wie heute, nie zuvor fühlten sich auch Kreise außerhalb der Energietechnik derart berufen, den Gedanken eines sinnvollen Energieeinsatzes auf ihre Fahne zu heften. Nie zuvor gab es eine derartige Fülle von Hinweisen, was verbessert werden sollte, wo und wie Energie zweckentsprechender eingesetzt werden könnte. Nie zuvor war es so schwer, bei den Vorschlägen zu trennen zwischen denen, die realisierbar und denen, die außerdem auch realistisch sind.“

Realisierbare Vorschläge, die außerdem auch realistisch sind, dieses Vorgehen kennzeichnet – auf einen kurzen Nenner gebracht – die vor uns liegenden Entwicklungsschritte zur Nutzung der Sonnenenergie. Die Frage drängt sich auf, warum nicht schon früher mit der Forschung und Entwicklung zur Nutzung von Sonnenenergie begonnen wurde. Die Antwort ist sehr einfach, geradezu primitiv: Weil die Nutzung anderer Energie billiger und die Verfahren zu deren Umwandlung in Nutzenergie einfacher waren.

Noch vor wenigen Jahrzehnten war die Raumfahrt eine Utopie; war einfach nicht vorstellbar, daß durch ein Kernkraftwerk auf einer Fläche von nur 8000 m^2 eine Strommenge von 10 Milliarden Kilowattstunden – der Strombedarf von rd. 3 Millionen Haushalten – aus Uran erzeugt werden könnte; lag außerhalb der Möglichkeiten, daß künstliche Bohrinseln auf stürmischem Meer in hunderten von Metern Tiefe Erdöl oder Erdgas, aus unter dem Meeresboden liegenden Gesteinsschichten, fördern würden.

Heute dagegen können wir uns sehr wohl vorstellen, daß Kraftwerke auch im Weltall gebaut und betrieben werden könnten oder daß das Geheimnis der Fotosynthese, eines täglich auf der Erde zu beobachtenden Prozesses, zu entschlüsseln sei. Heute haben wir, verwöhnt durch die Errungenschaften der Technik, den unerschütterlichen Glauben, daß in kurzer Zeit auch undurchführbar erscheinende Ideen realisierbar und realistisch seien. Genau diese Einstellung findet man auch noch häufig bei den Vorschlägen zur Nutzung der Sonnenenergie.

Nicht oft genug kann gesagt werden, daß zwischen der Verwirklichung bestimmter Entwicklungsschritte und ihrer großtechnischen Nutzung, ihres wirklichen Einflusses auf die Energieversorgung eines Landes himmelweite Unterschiede bestehen und Jahrzehnte vergehen. Der Ausbau der Kohlenzechen und Kohlenförderung benötigte Jahrzehnte. Für die Ölförderung und Ölverarbeitung bis zur heutigen Produktpalette vergingen Jahrzehnte. Kernspaltung, vor 40 Jahren entdeckt, seit etwa 20 Jahren in großtechnischem Maßstab erprobt, beginnt allmählich mit einigen wenigen Prozent bei der Energiebedarfsdeckung ins Gewicht zu fallen. Die Nutzung der Sonnenenergie wird keine Ausnahme machen; sie ist kein Allheilmittel, sie ist ein langer Weg in kleinen Schritten.

15% der Weltbevölkerung, im wesentlichen in Nordamerika und Westeuropa lebend, benötigen mehr als 55% des Welt-Primär-Energiebedarfes;

30% der Weltbevölkerung, hauptsächlich in Südeuropa, der UdSSR und China lebend, benötigen ca. 25% des Welt-Primär-Energiebedarfes;

55% der Weltbevölkerung, in allen übrigen Ländern, vor allem in Entwicklungsländern lebend, benötigen weniger als 20% des Welt-Primär-Energiebedarfes.

Eine der wichtigsten Voraussetzungen für die Erhaltung des Friedens ist deshalb eine überproportionale Steigerung des Lebensstandards in den östlichen Ländern und in den Ländern der Dritten Welt. Während sich in Nordamerika und Westeuropa eine Entkopplung von Wirtschaftswachstum und Primär-Energieverbrauch abzeichnet, kann wegen des „Nachholbedarfs an Lebensstandard“ in den anderen Ländern von einer Entkopplung noch nicht die Rede sein. Daher wird ein überproportionaler Anstieg des Primär-Energiebedarfs in diesen Ländern unvermeidlich sein. Da es sich bei den Entwicklungsländern vorwiegend um sonnenreiche Länder handelt, erhebt sich jedoch die Frage, ob die klassischen Primärenergien allein diesen Bedarfszuwachs decken werden, oder ob hier die Sonnenenergie aus geografischen und daher auch wirtschaftlichen Gründen eine erhebliche Rolle spielen wird.

Wenn Sonnenenergie hierbei nennenswert ins Gewicht fallen sollte, dann müssen die Verfahren zur Stromerzeugung, vor allem zur Methan- oder Wasserstoffherstellung mit Sonnenenergie, besonders vorangetrieben werden.

Denn ein höherer Lebensstandard bedingt vor allem eine Verbesserung der Infrastruktur einschließlich des Verkehrswesens. Für letzteres, in großem Umfang auch für den Energiebedarf der Industrie, werden aber Kohlenwasserstoffe benötigt.

Deshalb wird der steil ansteigende Primär-Energiebedarf der Länder der Zweiten und der Dritten Welt in erster Linie auf Öl und, wo Erdgasnetze vorhanden sind oder errichtet werden, auf Erdgas gerichtet sein. Kann dieser Bedarfsanstieg von Öl und Erdgas befriedigt werden? Antwort: langfristig gesehen, nein!

Schon heute entfallen 45% des Welt-Primär-Energiebedarfes auf Öl und 20% auf Erdgas. Die bekannten Lagerstätten werden in wenigen Jahren erschöpft sein, das Auffinden und der Ausbau neuer Lagerstätten wird nicht einmal für den schon bestehenden Bedarf, erst recht nicht für den noch wachsenden Bedarf ausreichen. Denn der Ersatz von Erdöl und Erdgas durch Kernenergie unterliegt den genannten, hemmenden Einflüssen.

Deshalb wird die Kohle schon ab dem nächsten Jahrzehnt einen erheblichen Teil des Öl- und Erdgasbedarfes der Welt übernehmen müssen, teilweise als fester Brennstoff, teilweise über Verflüssigung und Vergasung. Es fragt sich nur, ob die viel höheren Energiepreise für Kohle oder Kohle-Derivate (weiterverarbeitete Kohleprodukte) gerade von Entwicklungsländern bezahlt werden können.

Nicht wegzudiskutieren ist, daß trotz aller Sicherheitsauflagen die Kernenergie zur Stromerzeugung immer noch preisgünstiger ist als die Kohle. Langfristig von noch größerer Bedeutung ist jedoch, daß die Anreicherung des Kohlendioxidgehaltes der Atmosphäre, durch jegliche Art der Verbrennung im Kraftwerk, im Haushalt, im Auto, usw., die bei Kernkraftwerken ganz entfällt, von manchen Experten als die größte Gefahr für den Klimahaushalt der Erde bezeichnet wird. Mit Hochtemperatur-Reaktoren könnte auch Kohle eher als Rohstoff und weniger als Brennstoff Verwendung finden.

Kernenergie wird in vielen technisch hoch entwickelten Ländern zunehmend genutzt werden. Übrigens selbst dann, wenn die Bundesrepublik oder sogar mehrere westeuropäische Länder sich von dieser Primärenergie abwenden und sich damit ihre zukünftige Entwicklung erheblich erschweren sollten.

Die Preisentwicklung, auch verschiedene politische Rückwirkungen könnten jedoch dazu führen, daß die Kernenergie in Entwicklungsländern keine langfristige Alternative zu Öl, Gas oder Kohle in dem bisher angenommenen Umfang sein könnte. Hier bietet sich für die Sonnenenergie eine echte Chance. Wenngleich diese Wunschenergie auch für Entwicklungsländer kein Allheilmittel, zumindest in den nächsten zehn bis zwanzig Jahren sein kann, so würde sie einzelne Entwicklungsschritte, vor allem auch die dezentrale Energieversorgung, eher ermöglichen, als die klassischen Primärenergien bzw. die Kernenergie.

Auch manche der bei Sonnenenergie anwendbaren Techniken sind einfacher, wartungsfreundlicher, für Entwicklungsländer eher praktikabel als z.B. Kohleverflüssigungsanlagen oder Kernkraftwerke. Kollektoranlagen, die gleichzeitig Strom erzeugen und Wärme entziehen, d.h. Kühlleistung schaffen, sind ein Beispiel für dezentrale Energiebedarfsdeckung. Oder solarthermische Kleinkraftwerke für den Strombedarf von Bewässerungsanlagen, Informationssystemen und Beleuchtungseinrichtungen sind ein anderes Beispiel. Natürlich übersehen wir heute nicht, welche Erfindungen oder welche Weiterentwicklungen in den allernächsten Jahren zur Wasserstofferzeugung mit Hilfe der Sonnenenergie führen könnten. Wenn die Wasserstofferzeugung zu wirtschaftlichen Bedingungen in sonnenreichen Ländern möglich wäre, dann könnte auch für den vom Öl so stark abhängigen Verkehrssektor eine Lösung geschaffen werden.

Aus dieser Zusammenfassung der mit großer Wahrscheinlichkeit zu erwartenden Vorgänge bei der weltweiten Deckung des Primär-Energiebedarfs ergibt sich, daß in hochzivilisierten Ländern, wie der Bundesrepublik Deutschland, mit einem dazu ausgeprägten Verständnis der Bevölkerung für technische Innovationen und praktisch durchführbare Maßnahmen, die Nutzung der Sonnenenergie weniger für die Deckung des Inlands-Energiebedarfs von Bedeutung ist, sondern für große Betätigungsfelder im internationalen Warenaustausch, im Export von Solaranlagen oder speziellen Anlagenteilen bis hin zur Planung ganzer „Solarfarmen" mit deren Folgeeinrichtungen. Sie könnte sich zu einem der Schwerpunkte der Wirtschaft entwickeln. Aus dieser Sicht ist jedes Engagement für die Sonnenenergie besonders zu begrüßen, d.h. auch für Verfahren, deren Anwendung wegen der Sonnenarmut unseres Landes hier wenig Aussicht auf Wirtschaftlichkeit haben.

Wolf Häfele, Direktor des von vielen westlichen und östlichen Ländern getragenen International Institute for Applied System Analysis (IIASA) in Laxenburg bei Wien, faßte die Zukunftsaussichten so zusammen: „Natürliche Energieformen, wie Wind, Wellen, Gezeiten und Wasserkraft können wegen ihrer geringen Energiedichte und wegen des großen Materialeinsatzes nur wenig helfen. Optionen für eine langfristig tragfähige Energieversorgung in der Welt stellen nur Kohle, Sonnenenergie, Kernenergie und evtl. noch Erdwärme dar. Welche Kombination dieser vier großen Energiequellen letztlich die Gesellschaft wählt, wird wahrscheinlich vom Zeitfaktor, den Nebenwirkungen wie Risiken, den Umweltbelastungen und dem Kapitalbedarf abhängen."

Schlußwort

Bei noch wachsender Weltbevölkerung und Ritualisierung des großen Krieges als Machtdemonstration auf wirtschaftlichem, technischem und sportlichem Gebiet konzentrieren sich manche Anstrengungen auf die Nutzbarmachung und Inbesitznahme des Raumes in den Ozeanen, in der Atmosphäre und im Weltall. Zur Entwicklung und Verwirklichung all dieser Vorhaben gehört Energie, immer mehr Energie. Grundlage hierfür ist zuallererst die Sicherheit der Energieversorgung des unmittelbaren Bereiches, des eigenen Landes. Der weltweit stärkste Stützpfeiler der Energieversorgung ist gegenwärtig das Erdöl. Kohle, Kernenergie und Sonnenenergie werden als weitere Stützpfeiler an Bedeutung gewinnen. Ihre Nutzbarmachung und Veredelung für die Zwecke des Bedarfes ist die vordringliche Aufgabe.

Seit Menschengedenken werden Rohstofflager ausgebeutet, bis zum Beginn des 20. Jahrhunderts nur an wenigen Stellen der Erde. Intelligenz, Geschicklichkeit und Wagemut werden aufgebracht, um die Schätze der Natur weltweit, zu Land und zu Wasser, zu heben. Seit der Mitte des 20. Jahrhunderts wird sichtbar, daß manche Rohstoffe oder deren Lagerstätten hoher Konzentration zur Neige gehen. Nur mit erhöhtem Energieeinsatz ist der Abbau von Lagerstätten geringer Konzentration noch lohnend. Mit Hilfe von Energie können Abfallstoffe wiederverwendet werden. Doch die besonders günstigen Lagerstätten für Rohstoffe wie auch für Primärenergie werden seltener. Hohe Konzentration und hohe Energiedichte, beides sind unwahrscheinliche Zustände der Natur. Wo sie zu finden waren, nutzte der Mensch diese Ausnahmezustände.

Von dieser Wertschöpfung unwahrscheinlicher Zustände zehrt unsere Zivilisation. Je mehr wir uns den wahrscheinlichen Zuständen der Natur nähern, desto größer wird die Abhängigkeit von Energie. Betrachtet man die Erde als endliches System, so stellt die Energie der Sonne die wesentliche Quelle für die Bildung ständig neuer Rohstoffkonzentrationen dar. Doch der menschliche Konsum wächst mit größerer Geschwindigkeit als die natürliche Bildung neuer Reserven, neuer unwahrscheinlicher Zustände. Langfristig besteht der einzige Ausweg darin, direkt aus der Quelle zu schöpfen und Sonnenenergie für vielfältige Zwecke in andere Energieformen umzuwandeln. Sonnenenergie wird die Wunschenergie. Die Zukunft der menschlichen Zivilisation ist abhängig von Energie, in vieler Hinsicht von der Energie der Sonne.

Teil V
Anhang

V. 1 Die physikalische Funktionsweise der Wärmepumpe

In der Wärmepumpe wird ein Arbeitsmittel – eine schon bei sehr niedriger Temperatur siedende Flüssigkeit, auch als Kältemittel bezeichnet, – in einem Kreislauf geführt. Im Verdampfer wird das flüssige Arbeitsmittel verdampft. Dazu ist Verdampfungswärme erforderlich.

Beispiel: Die Abkühlung nasser Haut durch die verdunstenden (Verdunstung = Verdampfung) Wassertropfen ist allgemein bekannt.

Die Wärme, die das Arbeitsmittel (Kältemittel) verdampfen läßt, kann einem Luftstrom entzogen werden, der über den Verdampfer geleitet wird. Der Luftstrom kann sogar kälter als 0°C sein.

Der Arbeitsmittel-Dampf wird laufend vom Verdichter angesaugt und auf einen hohen Druck verdichtet. Dabei erhöht sich die Temperatur des Dampfes. Die mechanische Verdichterarbeit wird in Wärme umgewandelt.

Bild 1 Funktionsschema der nach dem Kompressionsprinzip arbeitenden Umgebungsluft-Heizwasser-Wärmepumpe

Beispiel: Diese durch Verdichten erzielte Temperaturerhöhung wird z.B. am Kopf einer Fahrradpumpe spürbar, wenn ein Reifen aufgepumpt wird.

Mit der Druckerhöhung wird auch die Siedetemperatur des Arbeitsmittels erhöht (Siedetemperatur = Kondensationstemperatur).

Beispiel: Im Schnellkochtopf z.B. wird durch erhöhten Druck eine Erhöhung der Siedetemperatur des Wassers erreicht und damit eine Verkürzung der Garzeit der Speisen.

Unter nunmehr erhöhtem Druck gelangt der Arbeitsmittel-Dampf in den Verflüssiger, der z.B. von einem Wasserstrom umspült wird. Die Temperatur des Wasserstromes ist geringer als die durch Druck erhöhte Kondensationstemperatur des Arbeitsmittels (Kältemittels). Der Dampf wird wieder flüssig, er kondensiert. Die im Verdampfer aufgenommene Wärme, vermehrt um die durch Verdichten zugeführte Wärme, wird im Verflüssiger durch Kondensieren wieder frei und an den Wasserstrom abgegeben.

Beispiel: Die beträchtliche Wärme, die z.B. beim Kondensieren von Wasserdampf frei wird, ist vom Erhitzen kalter Milch her bekannt. Der Dampfstrahl aus einer Expressomaschine wird in ein Glas Milch geleitet, die schnell heiß wird, ohne daß die Flüssigkeitsmenge im Glas merklich zunimmt.

Um den Kreislauf zu schließen, wird das Arbeitsmittel in den Verdampfer zurückgeführt. In die Leitung ist ein Expansionsventil eingefügt, in dem das Arbeitsmittel von hohem Druck des Verflüssigers auf den niedrigen Druck des Verdampfers entspannt wird.

Durch die plötzliche Druckverringerung ist die Siedetemperatur überschritten. Ein kleiner Teil der Flüssigkeit verdampft und entzieht die erforderliche Verdampfungswärme dem noch flüssigen Anteil. Das Arbeitsmittel kühlt sich deutlich ab.

Beispiel: Dieser Effekt wird auch bei Camping-Flüssiggas beobachtet. Vor dem Ausströmen muß das flüssige Gas verdampfen und entzieht die Verdampfungswärme der Flüssigkeit. Die Gaskartusche kühlt sich ab.

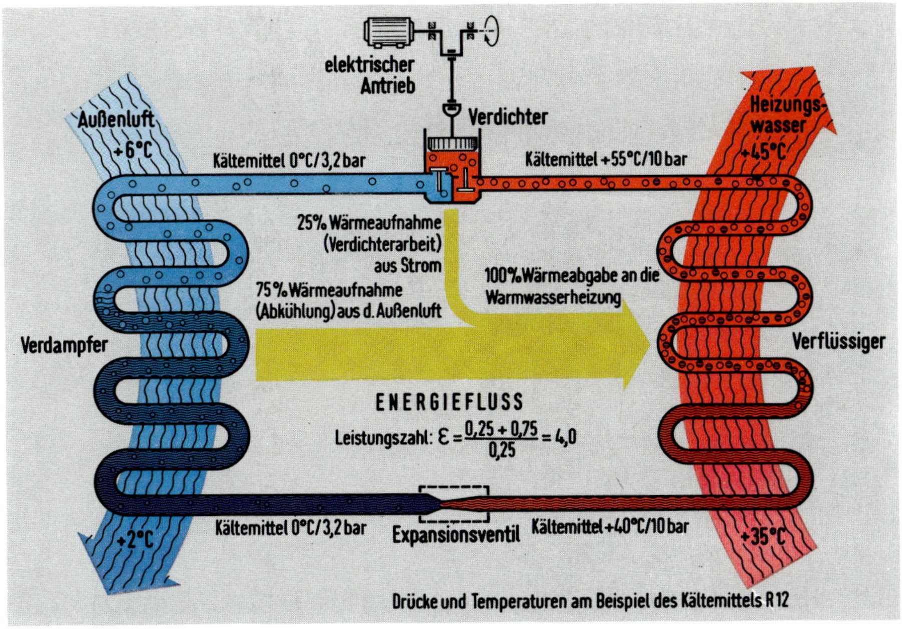

Bild 1: Funktionsschema der nach dem Kompressionsprinzip arbeitenden Umgebungsluft-Heizwasser-Wärmepumpe

Beim Eintritt in den Verdampfer sind der Anfangsdruck und die Anfangstemperatur wieder erreicht. Der Kreislauf ist geschlossen.

Mit einer Wärmepumpe kann somit die niedrige, an sich nicht nutzbare Temperatur einer vorhandenen Wärmequelle (Grundwasser, Erdreich, Umgebungsluft, Laufwasser, Oberflächenwasser, Abwasser, Fortluft) durch Aufbringung mechanischer Energie auf eine höhere, nutzbare Temperatur gebracht werden. Die erforderliche mechanische Energie kann durch Elektrizität oder Brennstoff erzeugt werden. Bei Verwendung des Peltiereffektes für ein hier nicht beschriebenes Wärmepumpenprinzip bewirkt der Elektronendruck im Halbleitermaterial, d.h. die Aufbringung elektrischer Energie, die Anhebung auf eine nutzbare Temperatur der Wärmequelle.

V. 2 ASE-Merkblatt „Empfehlungen und Hinweise für die Nachrüstung eines Hauses mit Sonnenenergieanlagen"

1. Gut wärmegedämmte Bauweise des Hauses, was an sich selbstverständlich und in manchen Landesteilen ohnehin üblich ist.

2. Auslegung der Warmwasserheizung auf maximale Vorlauftemperaturen unter 60° C, d.h. große Heizkörperflächen oder Warmwasser-Fußbodenheizung.

3. Einbau einer zentralen Warmwasserbereitung (bei Stromanwendung Einsatz eines Warmwasser-Großspeichers oder eines Durchlaufspeichers, der entweder zusätzlich mit einem Flansch für die Einbringung eines Solarwärmetauschers ausgerüstet oder installationstechnisch so angeordnet sein sollte, daß vor dem Kaltwassereintritt die Anbringung eines Solarwärmetauschers möglich ist).

4. Einbaumöglichkeiten in Nähe der Heizungs- und Warmwasserbereitungsanlage für mindestens 8 m^3-Langzeitwärmespeicher vorsehen, d.h. Gesamtvolumen von 10 bis 12 m^3 (wegen der Wärmedämmung dieser Speicher).

5. Zwei Leerrohre von der Elektro-Verteilungstafel zum Heizungsraum für den Anschluß einer Wärmepumpe und für Steuerleitungen verlegen.

6. Steigekanal von ca. 50 cm x 50 cm vom Dachboden bis zum Heizungsraum einplanen, in dem später die Wasser- und Steuerleitungen für die Verbindung der Kollektoren oder Solarabsorber mit der Heizungs- und Warmwasserbereitungsanlage eingezogen werden können.

7. Räumliche Anordnung des Speicherraums im Keller und des Steigekanals derart, daß später zu verlegende Verbindungsrohre zwischen den Speichern, dem Kollektor oder Absorber und der Heizungsanlage möglichst kurz sind.

8. Für die Unterbringung von Kollektoren oder Absorbern zur Raumheizung sollte eine Dachfläche mit einem Neigungswinkel von mindestens 40° C und einer Himmelsorientierung im Bereich zwischen Südost und Südwest zur Verfügung stehen, wobei der Flächenbedarf der Kollektoren mindestens ein Drittel der zu beheizenden Wohnfläche betragen wird.

9. Eine besondere Tragekonstruktion im Dach für die Kollektoren oder Absorber ist nicht erforderlich. Sie werden die statischen Voraussetzungen für normale Ziegeldächer erfüllen.

V. 3 RWE-Merkblatt „Anforderungen an die Heizung, die Elektroinstallation und das Gebäude bei bivalenter Wärmepumpen-Heizung“

Bei dem Ersatz des auf Dauer immer teurer werdenden Öls kann die Wärmepumpe einen entscheidenden Beitrag leisten.
Viele Firmen befassen sich deshalb zur Zeit intensiv mit der Entwicklung dieser Technik. Einige dieser Entwicklungen sind bereits auf dem Markt. Dazu zählt auch die „Bivalente Wärmepumpen-Heizung“: Die elektrische Wärmepumpe deckt kostengünstig den gesamten Wärmebedarf des Hauses an den meisten Tagen des Jahres. Denn sie nutzt den kostenlosen Energieinhalt der Umgebungsluft und damit die unerschöpfliche Energie der Sonne. Nur an den wenigen sehr kalten Tagen des Jahres übernimmt die Brennstoffheizung (z.B. Öl oder Flüssiggas) die Wärmeversorgung. Sollten Sie bauen, umbauen oder renovieren, so führen Sie Ihre zentrale Heizungsanlage so aus, daß die zusätzliche Installation einer Wärmepumpe auch nachträglich jederzeit möglich ist – ohne größere Änderungsarbeiten. So halten Sie sich den Weg in die Zukunft frei.

Anforderungen an die Heizungsanlage

Entweder:
- Eine Stellfläche von etwa 1,2 m x 1,2 m für die Wärmepumpe in der Nähe des Ölheizkessels freihalten

Oder:
- Batterietanks für die Öllagerung verwenden. So kann später ein Teil der Tanks wieder entfernt werden, um Platz für die Wärmepumpe zu schaffen.

Denn mit dem Einsatz der Wärmepumpe geht der jährliche Ölverbrauch auf etwa ein Drittel zurück.
Wichtig:
- Um den späteren Anschluß einer Wärmepumpe ohne längere Betriebsunterbrechung und ohne kostspielige Arbeiten zu ermöglichen, ist die Ölheizungszentrale entsprechend Bild 1 auszuführen. Dabei sind drei Handabsperrventile vorzusehen (siehe rote Kennzeichnung). Die so vorbereitete Gesamtanlage ohne Wärmepumpenteil kann zunächst als reine Ölheizung betrieben werden. Bild 2 zeigt das Betriebsschema mit Wärmepumpe, d.h. die bivalente Heizungsanlage.

Anforderungen an die Elektroinstallation:

- Drehstromanschluß
- Je ein Reservezählerfeld für einen zusätzlichen Stromzähler und einen Rundsteuerempfänger an der Niederspannungsverteilung.
- Platz für drei Sicherungselemente.
- Zwei Leerrohre, 16 mm ∅, zwischen Zählertafel und Heizraum.
- Ein Kabel, 5 x 1,5 mm², zwischen Heizraum und einer geeigneten Stelle an der Gebäudeaußenwand für einen zusätzlichen Außentemperaturfühler.

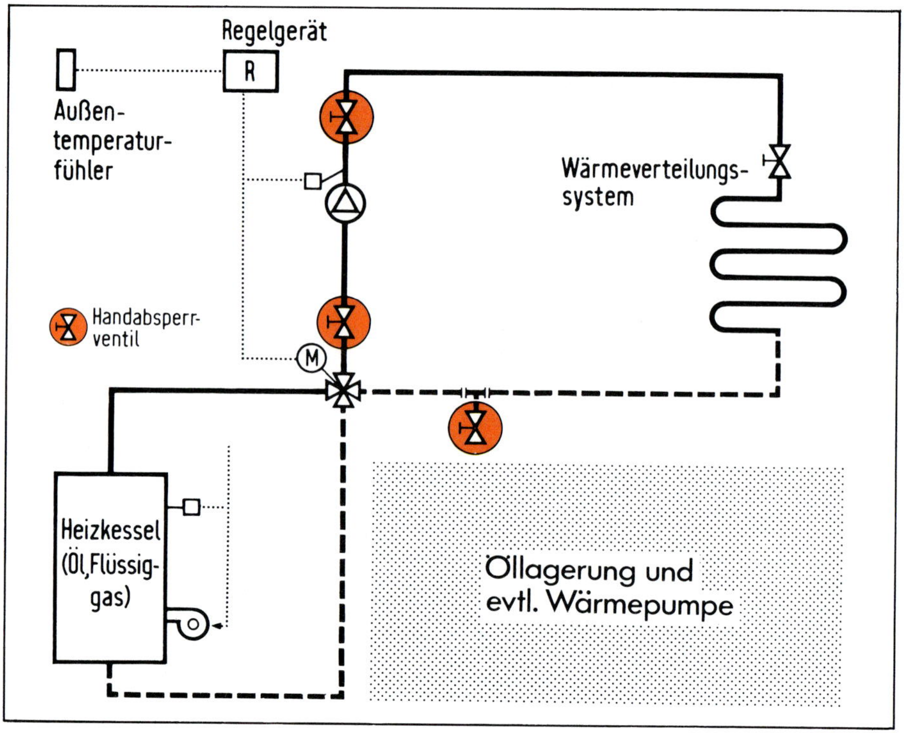
Regelgerät
R
Außen-
temperatur-
fühler
Wärmeverteilungs-
system
Handabsperr-
ventil
M
Heizkessel
(Öl,Flüssig-
gas)
Öllagerung und
evtl. Wärmepumpe

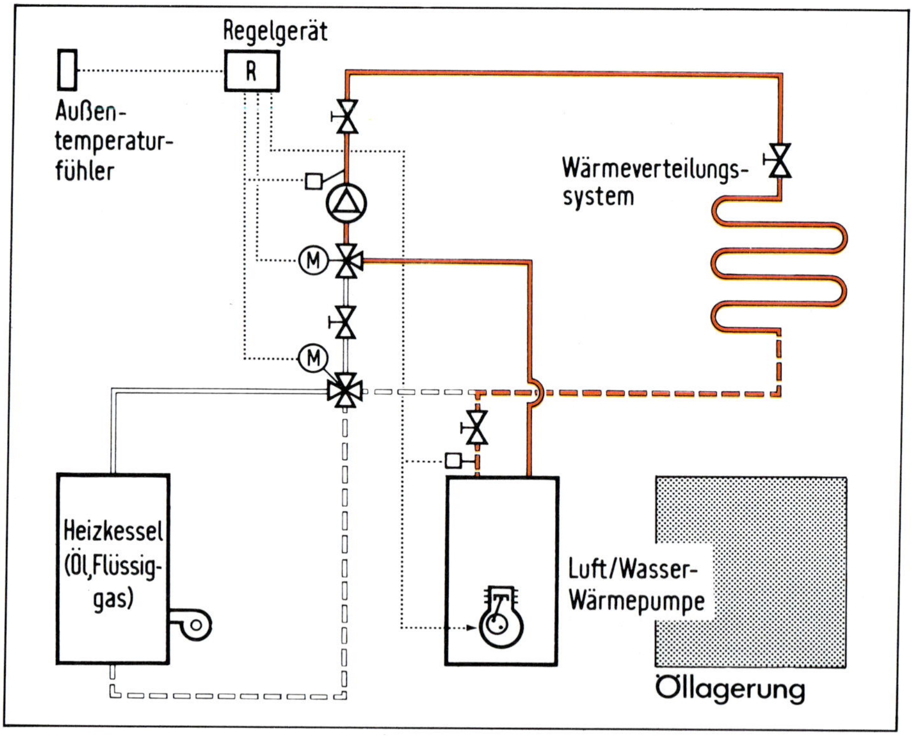
Regelgerät
R
Außen-
temperatur-
fühler
Wärmeverteilungs-
system
M
M
Heizkessel
(Öl,Flüssig-
gas)
Luft/Wasser-
Wärmepumpe
Öllagerung

Bild 1: So ist Ihre Heizung optimal vorbereitet:
1,5 m² Fläche für die Wärmepumpenanlage und drei Handabsperrventile für den späteren Anschluß ohne längere Betriebsunterbrechung.

Bild 2: Schema einer bivalenten Wärmepumpenheizungsanlage.
Wärmepumpe in Betrieb.

Anforderungen an das Gebäude:

- Stehen Wärmepumpe und Heizkessel nicht im gleichen Raum, ist ein Wanddurchbruch von 10 cm x 30 cm erforderlich. Die weiteren baulichen Vorkehrungen hängen vom Aufstellungsort des Wärmepumpenverdampfers ab. Dafür gibt es grundsätzlich fünf Möglichkeiten:

Aufstellung außerhalb des Gebäudes im Freien:

- *Wanddurchbruch von 15 cm x 15 cm für die Verbindungsleitung zwischen Verdampfer und Wärmepumpe vorsehen.*

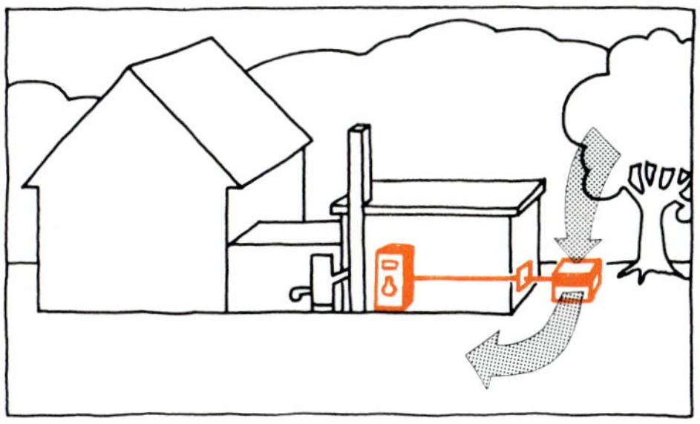

Aufstellung im Keller:

- *Zu- und Abluftöffnung von je 1 x 1 m vorsehen, die aber nicht auf der gleichen Gebäudeaußenwand liegen sollten.*
- *Stehen Verdampfer und Wärmepumpe nicht im gleichen Kellerraum, ist zusätzlich ein Durchbruch von 15 cm x 15 cm für die Verbindungsleitungen erforderlich.*

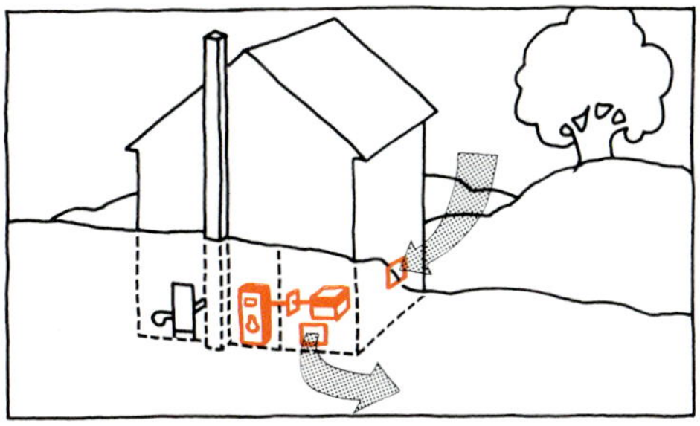

Aufstellung im Dachboden:

- *Einen Verbindungsschacht von mindestens 15 cm x 15 cm vorsehen. (Bei entsprechender Erweiterung kann hierfür auch der Lüftungsschacht für den Ölheizungskeller verwendet werden.)*
- *Je eine Zu- und Abluftöffnung von 1 m² vorsehen. Am zweckmäßigsten in den Giebeln. Sie können jedoch auch nachträglich in die Dachfläche eingebaut werden.*

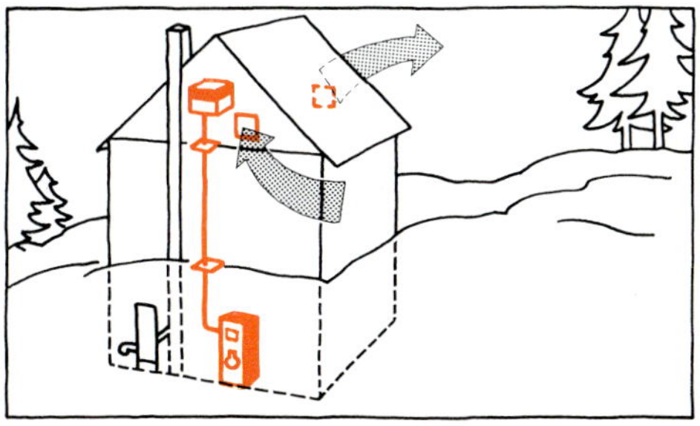

Anordnung als Flächenverdampfer auf dem Flachdach:

(Diese Lösung empfiehlt sich, wenn je m^2 zu beheizender Fläche mindestens 0,5 m^2 Flachdach zur Verfügung stehen.)

- *Einen Schacht für die Verbindungsleitung von 15 cm x 15 cm vorsehen. (Bei entsprechender Erweiterung kann dafür auch der Lüftungsschacht für den Ölheizungskeller verwendet werden.)*
- *Die Montage des Flächenverdampfers kann in der Regel auf der vorhandenen Flachdachabdeckung erfolgen.*

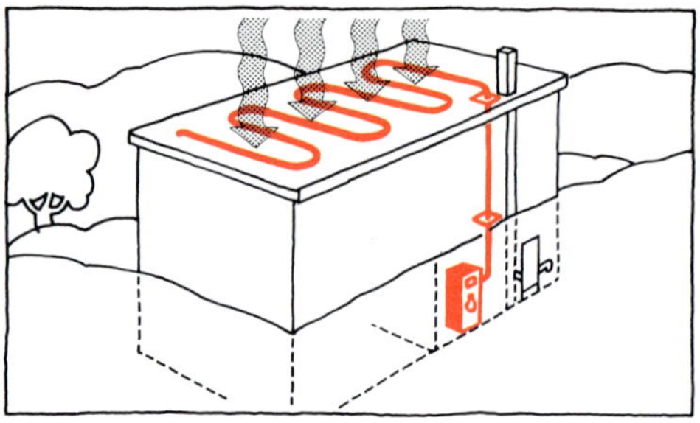

Aufstellung auf dem Flachdach im Freien:

- *Wenn die Dachfläche nicht für den Flächenverdampfer ausreicht, kann ein kompakter Verdampfer auch auf dem Flachdach aufgestellt werden. Für die baulichen Maßnahmen gilt das zum Thema Flächenverdampfer Gesagte.*

V.4 Schaltkombinationen für Solarkreisläufe

Bei nachträglichem Einbau einer Solaranlage für die Brauchwassererwärmung ist darauf zu achten, mit welchem System die vorhandene Heizungsanlage warmes Wasser erzeugt. Bild 1 zeigt verschiedene Ausführungsarten der Brauchwassererwärmung bei Zentralheizungskesseln.

Der Solarkreislauf muß in der Weise mit der vorhandenen Warmwasserbereitung kombiniert werden, daß letztere als Nacherhitzung wirkt und grundsätzlich nur Wärme vom Kollektor in das System eingetragen und nicht der umgekehrte Fall eintreten kann. Dies geschieht durch eine Temperatur-Differenzschaltung, welche die Temperatur des Kaltwassers mit der Temperatur am Kollektor vergleicht. Nur wenn letztere höher ist als erstere, geht die Umwälzpumpe für den Solarkreislauf in Betrieb.

Diese Steuerung ist auch aus Bild 2 und Bild 3 ersichtlich. Bild 2 zeigt das Anlagenschema für eine Warmwasserbereitungsanlage mit Einzelmantelspeicher, bei der im Winter die Ölheizung und im Sommer die Elektroheizung als Nacherhitzer wirkt. Dadurch wird die Ölheizung nur für Heizzwecke und für die Warmwasserbereitung im Winter, aber nicht für die Warmwasserbereitung im Sommer verwendet. Wegen des schlechten Wirkungsgrades der Ölheizung bei Teillastbetrieb wird mit dieser Betriebsweise nicht nur Öl gespart, sondern auch die lästige Luftverschmutzung des eigenen Gartens und der Nachbargrundstücke während dieser Zeit vollkommen unterbunden.

Bild 3 zeigt diese Kombination von Sonne/Öl/Strom mit einem Doppelmantelspeicher. Dieser hat den Vorteil, daß kein besonderer Wärmetauscher für den Solarkreislauf benötigt und die Temperaturschichtung im Speicher ausgeprägter ist als beim Einzelmantelspeicher. Letzterer ist billiger, während ersterer energetisch betrachtet die bessere Lösung darstellt.

Die Bilder 4 bis 6 zeigen verschiedene Solaranlagen, die für Raumheizzwecke mit Ölheizungs-, Wärmepumpen- und elektrischen Speicherheizungsanlagen kombiniert sind.
Bild 4 stellt das Anlagenschema der mit einer Ölheizung kombinierten Solaranlage dar. Wenn die Kollektoren Heizwärme liefern können, so wird über eine Vorrangschaltung zunächst der Brauchwasserspeicher (rechts im Bild) versorgt. Kann mehr Heizwärme geliefert werden, oder ist der Speicher schon genügend aufgeladen, so wird die Heizwärme entweder direkt an das Raumheizsystem oder an den Solarwärmespeicher (links im Bild) abgegeben. Reicht die Kollektoranlage für die Raumheizung nicht aus, so geht zusätzlich die Ölheizung in Betrieb. Diese versorgt auch den Brauchwasserspeicher, wenn die Solaranlage selbst für diesen Speicher nicht mehr ausreicht – z.B. während trüber Wintertage – und wenn der Solarspeicher ein zu niedriges Temperaturniveau hat. Das Energieflußbild dieser Anlage ist in Kapitel II. 16 in Bild 55 gezeigt worden.

Bild 5 stellt das Anlagenschema einer noch komplizierteren Kombination vor. Zusätzlich zu den in Bild 4 gezeigten Geräten und Schaltungen ist hier noch eine sog. interne Wärmepumpe in den Kreislauf geschaltet. Diese Wärmepumpe von meist nur 1,5 bis 2,5 kW Anschlußwert sorgt für eine größere Nutzung der Kollektoranlage, weil diese ggfs. von kälterem Wasser durchströmt wird und weil das Volumen des Solarspeichers wegen der größeren Temperaturspreizung im Speicher besser ausgenutzt werden kann. Wurde bei der in Bild 4 gezeigten Kombination der Speicher nur zwischen ca. 60 und

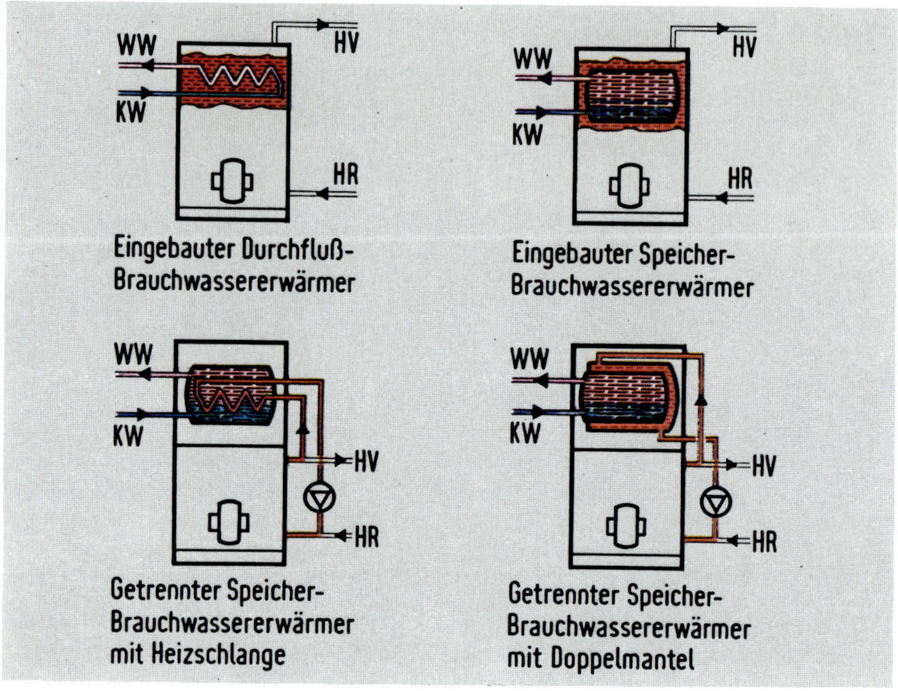

Bild 1: Ausführungsarten der Brauchwassererwärmung bei Zentralheizungskesseln

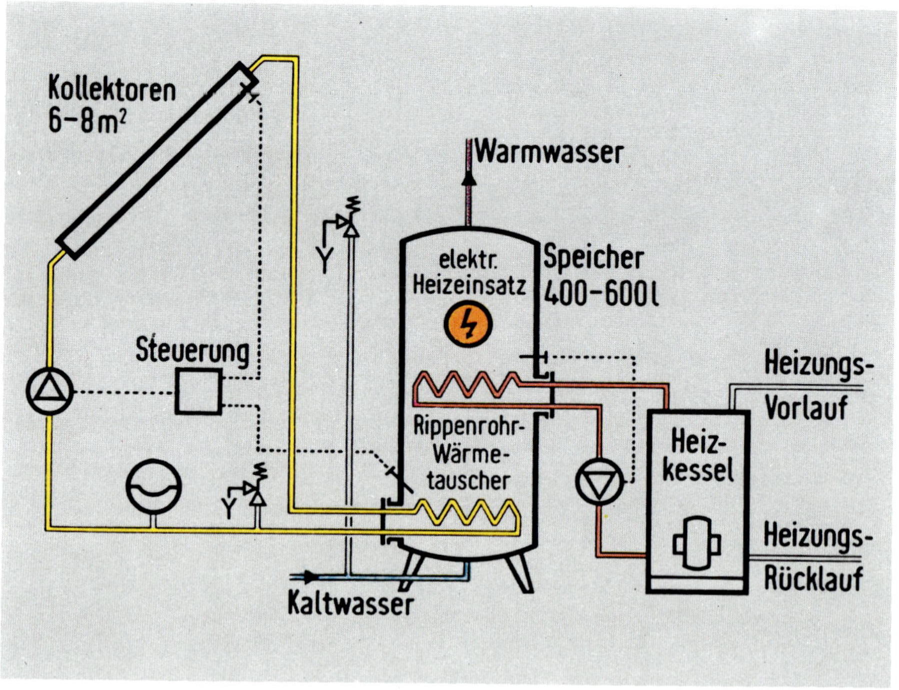

Bild 2: Anlagenschema mit Einzelmantelspeicher für solare Brauchwassererwärmung

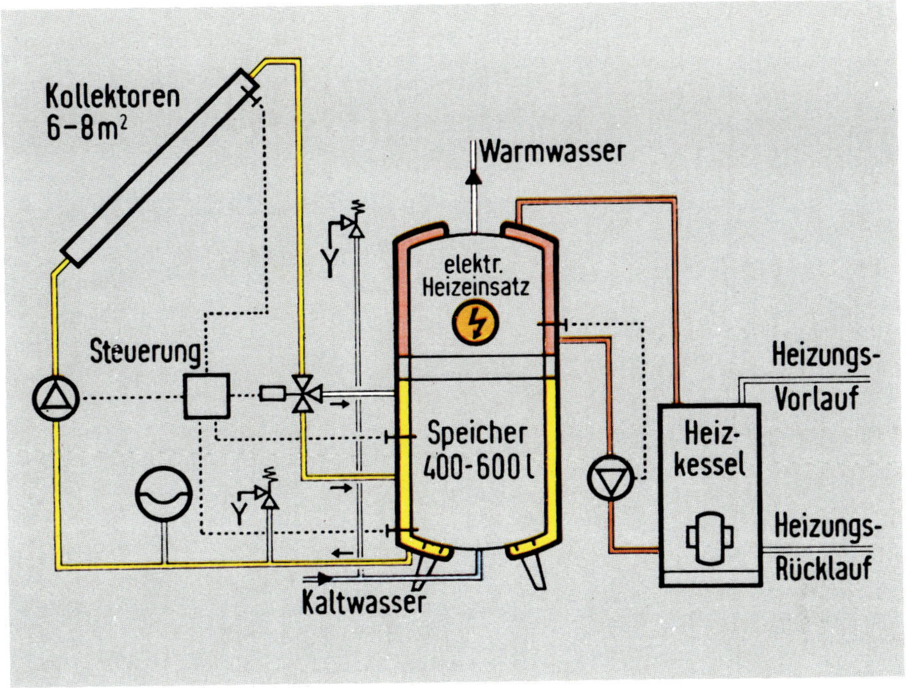

Bild 3: Anlagenschema mit Doppelmantelspeicher für solare Brauchwassererwärmung

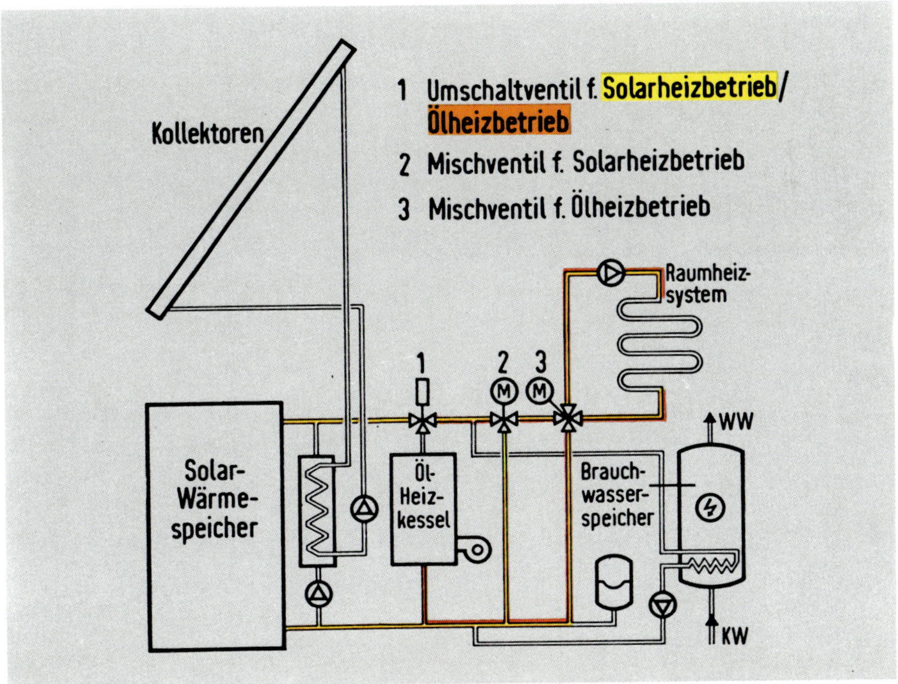

Bild 4: Anlagenschema einer Solaranlage mit kombinierter Ölheizung

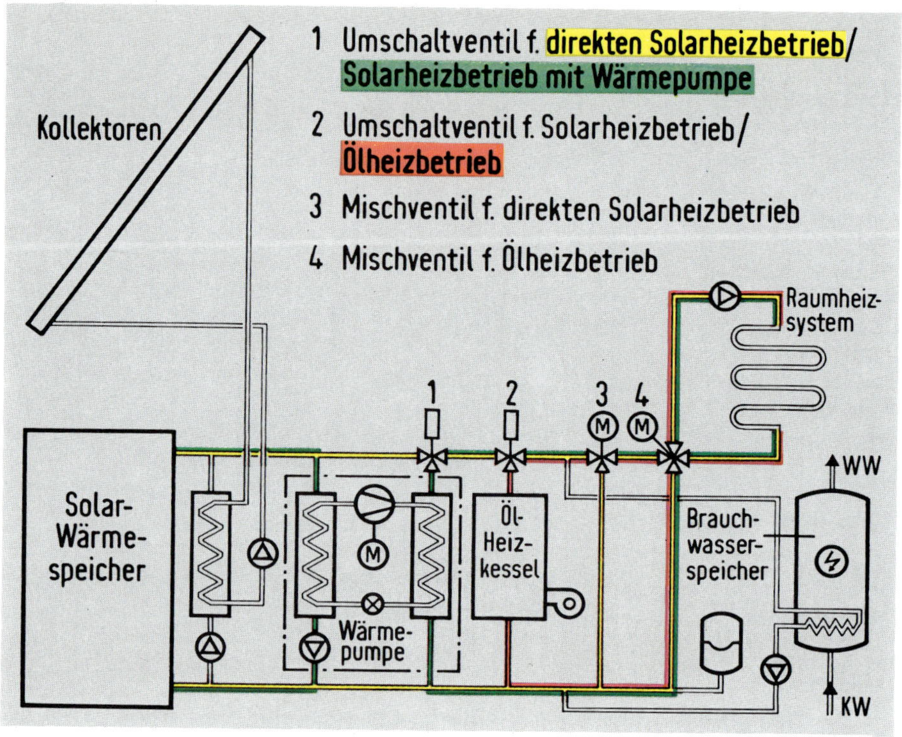
1 Umschaltventil f. direkten Solarheizbetrieb/ Solarheizbetrieb mit Wärmepumpe
2 Umschaltventil f. Solarheizbetrieb/ Ölheizbetrieb
3 Mischventil f. direkten Solarheizbetrieb
4 Mischventil f. Ölheizbetrieb
Kollektoren
Raumheiz-system
Solar-Wärme-speicher
Wärme-pumpe
Öl-Heiz-kessel
Brauch-wasser-speicher
WW
KW

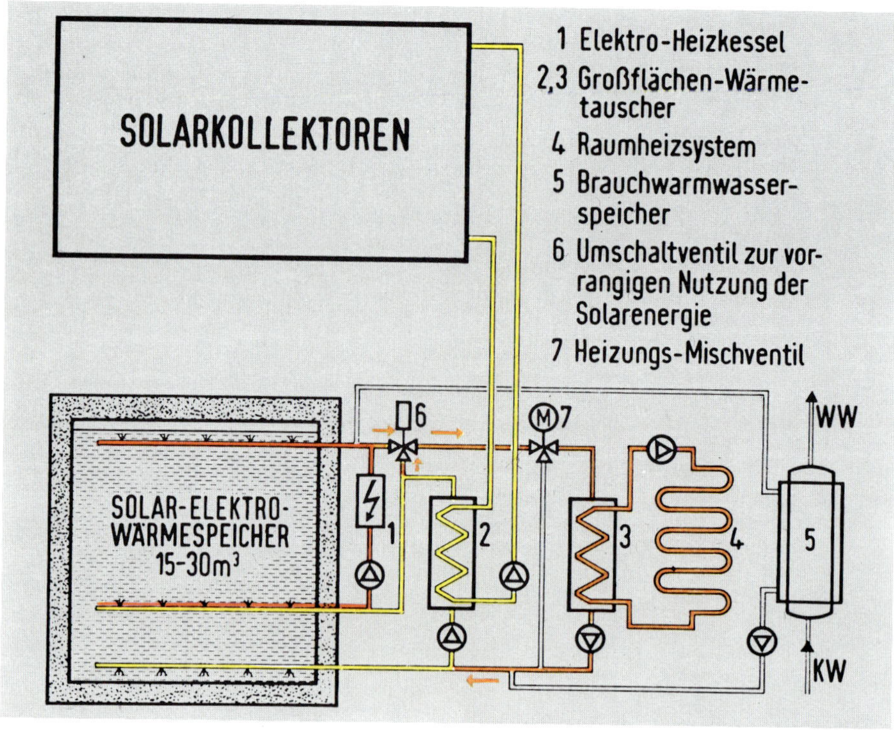
1 Elektro-Heizkessel
2,3 Großflächen-Wärme-tauscher
4 Raumheizsystem
5 Brauchwarmwasser-speicher
6 Umschaltventil zur vor-rangigen Nutzung der Solarenergie
7 Heizungs-Mischventil
SOLARKOLLEKTOREN
SOLAR-ELEKTRO-WÄRMESPEICHER 15-30m³
WW
KW

40 °C betrieben, so kann die Anlage nach Bild 5 das Speicherwasser über die Wärmepumpe bis auf nahe 0 °C abkühlen, also rd. das Dreifache an Speicherkapazität bei gleichem Speichervolumen schaffen. Andererseits sind die Investitionskosten bei Einbeziehung der Wärmepumpe in dieses System höher, während die Heizenergiekosten etwas niedriger sind. Auch hierfür ist in Kapitel II. 16 in Bild 55 ein Energieflußbild dargestellt worden. Außerdem zeigen die Bilder 30 und 31 den Jahreslastgang und die jährlichen gemessenen Energiemengen für Ölheizungs-, Wärmepumpen- und Solarbetrieb.

Eine andere, bisher erst in ganz wenigen Fällen verwirklichte, u.U. aber aussichtsreiche Variante zeigt Bild 6. Hier wird sowohl auf die Ölheizung wie auch auf die Wärmepumpe verzichtet. Dafür ist ein Langzeitspeicher erforderlich, der heute noch teuer, durch Entwicklungsarbeiten der RWE-Anwendungstechnik zusammen mit Behälterbaufirmen und Unternehmen der chemischen Industrie demnächst preisgünstiger werden soll. Dieser Langzeitspeicher soll den Höchstwärmebedarf des Hauses bzw. einen gewissen hohen Prozentsatz hiervon (genaue Zahlen gibt es hierüber noch nicht) für eine Woche speichern können. Er wird nur am Wochenende nachgeladen, falls erforderlich je Nacht zusätzlich noch während einer Stunde. Weiterc Erläuterungen hierzu finden sich in Kapitel II. 16, das auch ein Energieflußbild für diese Anlage enthält. Wenn Sonnenenergie in Heizwärme umgewandelt werden kann, so wird diese über einen Wärmetauscher (2) in das System eingetragen und entweder direkt über einen zweiten Wärmetauscher (3) an das Heizsystem (4) bzw. an die Brauchwasseranlage (5) abgegeben oder über ein Umschaltventil (6) einem Langzeitspeicher zugeführt. Die Nachladung im Speicher erfolgt im untersten Bereich, weil sich dort das kältere Wasser sammelt. Es kann vorkommen, daß wegen der Temperaturschichtung in solchen Großspeichern im oberen Teil noch Temperaturen von 60 bis 70 °C herrschen und im unteren Teil weit niedrigere Temperaturen bestehen, so daß zu bestimmten Zeiten aus dem Solarkreislauf noch Wärme in den Speicher gebracht werden kann.

Bild 5: Anlagenschema einer Solaranlage mit Wärmepumpe und kombinierter Ölheizung

Bild 6: Anlagenschema einer Solaranlage mit kombinierter elektrischer Wochenspeicherheizung

V.5 Arbeitsschwerpunkte der ASE-Mitgliedsfirmen

Warum ASE? Die in der jüngsten Zeit auf dem Energiemarkt eingetretenen Änderungen haben sehr wesentlich dazu beigetragen, daß die schon seit Jahren laufenden Bemühungen in Forschung und Entwicklung weiter intensiviert wurden, Energie rationeller zu nutzen.
Außerdem werden weltweit große Anstrengungen unternommen, neben den „konventionellen" Primärenergieträgern wie Kohle, Öl, Erdgas, Kernenergie, auch die Energie der Sonne, die im Erdinnern gespeicherte Energie und den Energieinhalt der Umgebungsluft, des Windes, der Gezeiten nutzbar zu machen.
Zahlreiche Firmen in der Bundesrepublik haben besonders auf dem Gebiet der Sonnenenergie in sehr kurzer Zeit Techniken geschaffen, die eine Nutzung regenerativer Energiequellen auf verschiedenen Gebieten ermöglichen.
Mit dem Ziel, die Erforschung, Prüfung und Erschließung von Möglichkeiten zur Nutzung von Sonnenenergie zu fördern, haben diese Firmen die Arbeitsgemeinschaft Solarenergie e.V., ASE, gegründet. Diese Zielsetzungen schließen auch ein, gemeinsam interessierende technische Aufgaben zu bearbeiten, die Öffentlichkeit über die Möglichkeiten der Anwendung von Sonnenenergie zu unterrichten und die Zusammenarbeit mit dem Ausland zu fördern.

AEG-TELEFUNKEN

AEG-Telefunken, Raumfahrttechnik und neue Technologien, Industriestraße 29, 2000 Wedel/Holstein
Telefon 0 41 03/70 21, Telex 2 189 520

Entwicklung, Fertigung und Vertrieb von Energieversorgungssystemen zur Nutzung der Sonnenenergie. Photovoltaische Solargeneratoren, Energieaufbereitungs- und -Speichersysteme für die Raumfahrttechnik und für den terrestrischen Einsatz.
Modulares Konzept für Leistungen im Watt- bis Multikilowattbereich.
Thermische Solargeneratoren mit der zugehörigen Energieaufbereitung und -Speicherung für den Leistungsbereich über 10 kW zur autarken Energieversorgung und bis in den MW-Bereich für zentrale Kraftwerke.

BBC smw BROWN BOVERI

Brown, Boveri & Cie AG, Süddeutsche Metallwerke, Abt. SMW/MS
Postfach 1320, 6909 Walldorf
Telefon 0 62 27/3 91, Telex 466 067

Grundlegende systematische Untersuchungen und Entwicklungen von praxisnahen Solaranlagen für die Brauchwasserbereitung, Raumheizung, Schwimmwassererwärmung, Kühlung und Meerwasserentsalzung. Fertigung und Vertrieb des BBC-SOLARWATT-Systems.

BOSCH

Robert Bosch GmbH, Geschäftsbereich Junkers
Postfach 1309, 7314 Wernau
Telefon 0 71 53/6 31, Telex 7 266 808

Entwicklung und Fertigung von Wärmepumpenanlagen, insbesondere für Wohnhausbeheizung. Gerätetypen, angepaßt an die Betriebsbedingungen solarer Heizsysteme, sind verfügbar. Entwicklung von Heizsystemen in energiesparenden Kombinationen der Wärmequellen Sonne, Außenluft und Brennstoff (Junkers Tritherm). Entwicklung von Solarsystemen für Brauchwarmwassererwärmung und Schwimmbadheizung.

BRÖTJE

August Brötje, Werke für Heizungstechnik
August-Brötje-Str. 17, 2902 Rastede 1, Postfach 30
Telefon 0 44 02/*81, Telex 251 910

Fertigung und Vertrieb von Heizkesseln, Öl- und Gasbrennern, Heizkörpern und Solarkollektoren. Solarkollektoren aus Edelstahl für die Schwimmbaderwärmung und Brauchwasserbereitung. Entwicklung von Wärmepumpen und Wärmespeichern. Entwicklung zukunftsgerichteter Heizsysteme.

DORNIER SYSTEM

Dornier System GmbH
Postfach 1360, 7990 Friedrichshafen
Telefon 0 75 45/81, Telex 0 734 359

Lieferung von Programmen und Produkten zur Nutzung der Sonnenenergie für Hausheizung, Warmwasserbereitung, Kühlung, Klimatisierung und Elektrizitätserzeugung. Dabei im besonderen Solarkollektoren nach dem Wärmerohrprinzip. Entwicklung von selektiven Schichten.

ERNO
RAUMFAHRTTECHNIK GMBH

ERNO Raumfahrttechnik GmbH
Postfach 105 909, 2800 Bremen 1
Telefon 04 21/53 91, Telex 0 245 548

Entwicklung einer Superisolation zur Anwendung im Wohn- und Industriebau sowie in der Verfahrenstechnik; Untersuchung von parabelförmigen Sonnenenergie-Spiegelkollektoren; Entwicklung eines neuartigen Sonnenenergie-Plattenkollektors; Systemstudien über Aufbau und Anwendung von Wärmespeichern; Entwicklung eines hybriden Latentwärmespeichers; Berechnung von Wärmeflüssen und Temperaturen in Gebäuden mit dem Ziel der Optimierung des Raumklimas und der Verringerung des Energiebedarfs; Messung von Temperaturen an Gebäuden und technischen Anlagen mittels Infrarot-Aufnahmegerät zur Aufspürung von Wärmelecks.

Klaus Esser GmbH & Co. KG, Solartechnik
Postfach 2909, 4000 Düsseldorf 1
Telefon 0 21 07/1 71, Telex 08 517 711

Forschung und Entwicklung, sowie Fertigung und Vertrieb von Flachdach-Kollektoren; Beratung und Anwendungstechnik zur Nutzung von Sonnenenergie für Brauchwasserbereitung, Raumheizung und Schwimmwassererwärmung.

Hoechst AG, Zentrale Abteilung, Neue Entwicklungen
Postfach 80 03 20, 6230 Frankfurt/M. 80
Telefon 06 11/3 05-1, Telex 041 234

Beratung und Unterstützung bei der Entwicklung von Solarkollektoren und Speichern aus Kunststoffen Hoechst. Spezialfolien von Kalle für Kollektoren. Solartechnik mit ®Trevira hochfest für Hallenbauten. Wärmetauscher und verschiedene Fußboden-Warmwasser-Heizungssysteme aus ®Hostalen PP, ®Frigen als Arbeitsmittel für Wärmepumpen. Frost- und korrosionssichere Übertragungs- und Speichermedien.

Jenaer Glaswerk, Schott & Gen.
Postfach 2480, 6500 Mainz 1
Telefon 0 61 31/6 61, Telex 4 187 401

Entwicklung von Flachkollektoren; Bauteile für Flachkollektoren: großflächige Beschichtungen, IR-reflektierende Beläge, Entspiegelungen, hochwärmespannungsfestes Flachglas, hochtransparente Gläser; Bauteile für konzentrierende Kollektoren: präzise Spiegelträger, hochwärmespannungsfeste Glasrohre.

Kraftanlagen AG Heidelberg
Postfach 10 34 20, 6900 Heidelberg 1
Telefon 0 62 21/3 94-1, Telex 04-61 831

Planung und Montage von Anlagen zur Nutzung der Sonnenenergie für Brauchwassererwärmung, Schwimmbadheizung, Raumheizung, Kühlung, Prozeßwärme und Wasserentsalzung. Wirtschaftlichkeitsberechnung und Optimierung von kombinierten Anlagen der Solarenergienutzung und konventionellen Energietechnik.

Leybold-Heraeus GmbH & Co. KG
Postfach 549, 6450 Hanau
Telefon 0 61 81/3 64-1, Telex 4-184 741

Entwicklung von Verfahren zur Herstellung von Dünnschichtsolarzellen für den terrestrischen Einsatz. Entwicklung von hochselektiven Absorberschichten. Entwicklung transparenter Wärmespiegel und die dafür erforderlichen Produktionsverfahren.

M·A·N

Maschinenfabrik Augsburg-Nürnberg AG, Neue Technologie
Postfach 50 06 20, 8000 München 50
Telefon 0 89/14 80-1, Telex 05-215 934

Forschung, Entwicklung und Erprobung solarthermischer Kraftwerke im Leistungsbereich 10–500 kW in Kooperation mit der Deutschen Forschungs- und Versuchsanstalt für Luft- und Raumfahrt (DFVLR). Entwicklung, Fertigung und Einsatz von Flachkollektoren unterschiedlicher Bauart für wirtschaftliche Warmwasserbereitung und Heizung.
Weiterentwicklung und Fertigung von Arbeitsmaschinen für solarthermische Anwendung (Dampfhubkolbenmotor, Dampfschraubenmotor, Stirlingmotor, Helium-Turbine im Leistungsbereich 30 kW bis einige MW).
Forschung und Vorentwicklung von solarthermischen Großkraftwerken.

MBB

Messerschmitt-Bölkow-Blohm GmbH, Unternehmensbereich Raumfahrt
Postfach 80 11 69, 8000 München 80
Telefon 0 89/60 00-1, Telex 52 870

Entwicklung und Vermarktung von Systemen zur Sonnenenergienutzung:
Solar-thermische Systeme für Schwimmbadheizung, Brauchwassererwärmung, Raumheizung, Kühlung, Klimatisierung und Trocknung
Solar-thermische Kraftwerke vom kW- bis MW-Bereich
Photovoltaische Solargeneratoren
Entwicklung und Herstellung von Sonnenkollektoren und -konzentratoren.

PHILIPS

PHILIPS

Philips GmbH, Unternehmensbereich Licht und Anlagen
– Energie-Systeme –
Mönckebergstraße 7, 2000 Hamburg 1
Telefon 0 40/32 97-1, Telex 2-161 587

Forschung auf dem Solargebiet: Photovoltaische Wandlung (Silizium-Solarzellen). Photothermische Wandlung: mit fokussierenden Kollektoren zur Erzeugung mechanischer und elektrischer Energie, mit effizienten Flachkollektoren zur Erzeugung von Niedertemperaturwärme für Warmwasserversorgung und Raumheizung.
Computergestützte Systemanalysen zur thermischen und ökonomischen Optimierung von Solaranlagen. Untersuchung an integrierten Hausenergiesystemen mit Wärmepumpen und Wärmespeichern. Entwicklung und Betriebserprobung höher-effizienter Kollektoren. Vertrieb photovoltaischer Solargeneratoren.

Rütgers

Rütgerswerke AG
Mainzer Landstraße 217, 6000 Frankfurt/M. 1
Telefon 06 11/7 59 21, Telex 0 411 226

Kollektor-Meßstand zur Prüfung von Funktionsfähigkeit, Wirkungsgrad und Langzeitverhalten von Kollektoren; Flachdach-Solar-Versuchshaus mit bivalenter Ausrüstung zur Überprüfung von Kollektoren, Wärmepumpe und Zusatzheizung im Systemverbund; Auswertung der Ergebnisse zur wirtschaftlichen Solarenergienutzung für Ein- und Mehrfamilienhäuser; Entwicklung von hochwirksamen Wärmedämmstoffen, Abdichtungsmaterialien und anderen Baustoffsystemen für Kollektoren und deren Integration in Dach und Fassade.

RWE
Studiengesellschaft
ENERGIETECHNIK

RWE-Studiengesellschaft Energietechnik GmbH, Gesellschaft für Energie-Umwandlung, -Fortleitung und -Anwendung
Freihofstraße 31, 4300 Essen 18 (Kettwig)
Telefon 02 01/1 85-1, Telex 0 857 851

Entwicklungsarbeiten zur rationellen Energieanwendung mit besonderem Schwerpunkt auf Wärmepumpenanwendungen, Grundlagenentwicklung für Solarsysteme zur Brauchwarmwasserbereitung und zur Raumbeheizung in Wohngebäuden und Großbauten; Analyse der Rückwirkungen auf energiewirtschaftliche Zusammenhänge.

SIEMENS

Siemens AG, Unternehmensbereich Installationstechnik, Abt. IKVK
Werner-von-Siemens-Str. 50, 8520 Erlangen
Telefon 0 91 31/7 78 98, Telex 629 871

Forschung- und Grundlagenentwicklung auf den Gebieten Solarenergieabsorption, Korrosion, Wärmespeicherung und Wärmepumpen.
Entwicklung und Wirtschaftlichkeitsuntersuchung nichtkonventioneller Heizsysteme für die Haustechnik.
Untersuchung der Gebrauchstauglichkeit und des Langzeitverhaltens einer Verbundanlage zur Warmwasserbereitung bestehend aus: Solarkollektoren, Wärmespeichern, Wärmepumpen und Ölheizung.

STIEBEL ELTRON

Stiebel Eltron GmbH & Co. KG
Dr.-Stiebel-Straße, 3450 Holzminden 1
Telefon 0 55 31/70 21, Telex 965 335

Entwicklung, Fertigung und Vertrieb von Produkten zur direkten und indirekten Nutzung von Sonnenenergie für die Heizung und Warmwasserbereitung: Sonnenkollektoren, Wärmeübertragungssysteme, Regelungs- und Steuerungssysteme, Warmwasserspeicher mit integrierter Nacherwärmung, Wasser/Wasser- und Luft/Wasser-Wärmepumpen.

V. 6 FTA-Kriterien für eine vergleichende Betrachtung von Wärmepumpen-Systemen und der Ölzentralheizung

Der Arbeitskreis „Rationelle Energieverwendung" der Fördergesellschaft Technischer Ausbau e.V. (FTA) in Bonn hat 1977 Beurteilungskriterien für Wärmepumpen zur Hausheizung erarbeitet, damit bei zukünftigen Diskussionen von einheitlichen Voraussetzungen ausgegangen werden kann. Diese unter Leitung von P. Kalischer entstandene, verdienstvolle Arbeit ermöglicht es, das komplexe Gebiet „Wärmepumpe" durchschaubarer darstellen und verschiedene Einsatzmöglichkeiten differenzierter beurteilen zu können.

Gemäß den FTA-Zielsetzungen zu einer interdisziplinären Zusammenarbeit haben an dieser Studie Vertreter der Industrie, der Bundes- und Länderbehörden, der verschiedenen Energieversorger, der beratenden Ingenieure sowie der wissenschaftlichen Institute mitgewirkt.

Die Vielzahl der denkbaren Wärmepumpensysteme machte eine Beschränkung der Betrachtungen auf die folgenden, dem heutigen Stand der Erkenntnisse entsprechenden Varianten erforderlich:

Luft-Wasser-Wärmepumpe im monovalenten Betrieb zur ausschließlichen Deckung des Wärmebedarfs.

Luft-Wasser-Wärmepumpe im bivalenten Alternativbetrieb in Verbindung mit einem Ölheizkessel.

Luft-Wasser-Wärmepumpe im bivalenten Parallelbetrieb in Verbindung mit einer Flüssiggasheizung.

Mit Gasmotor angetriebene Luft-Wasser-Wärmepumpe im monovalenten Betrieb zur ausschließlichen Deckung des Wärmebedarfs unter Nutzung der Abwärme des Antriebsmotors.

Um diese Wärmepumpensysteme mit einem gebräuchlichen Heizsystem vergleichen zu können, wurde die Betrachtung ausgedehnt auf die Ölzentralheizung zur ausschließlichen Deckung des Wärmebedarfs.

Für die verschiedenen Kombinationsformen wurde ein Schema zur Einordnung von Wärmepumpensystemen entwickelt, das in Bild 1 für vier ausgewählte Varianten wiedergegeben ist. Andere Kombinationen lassen sich nach diesem Schema leicht finden. Die für diese vier Varianten ermittelten Kriterien für eine vergleichende Betrachtung mit der Ölzentralheizung zeigt Tafel 1.

Bild 1: Kombinationsschema für verschiedene Wärmepumpen und Wärmeverteilungssysteme, entnommen aus FTA-Beurteilungskriterien für eine vergleichende Betrachtung von Wärmepumpen-Systemen und der Ölzentralheizung

Schema zur Einordnung von Wärmepumensystemen zur Raumheizung

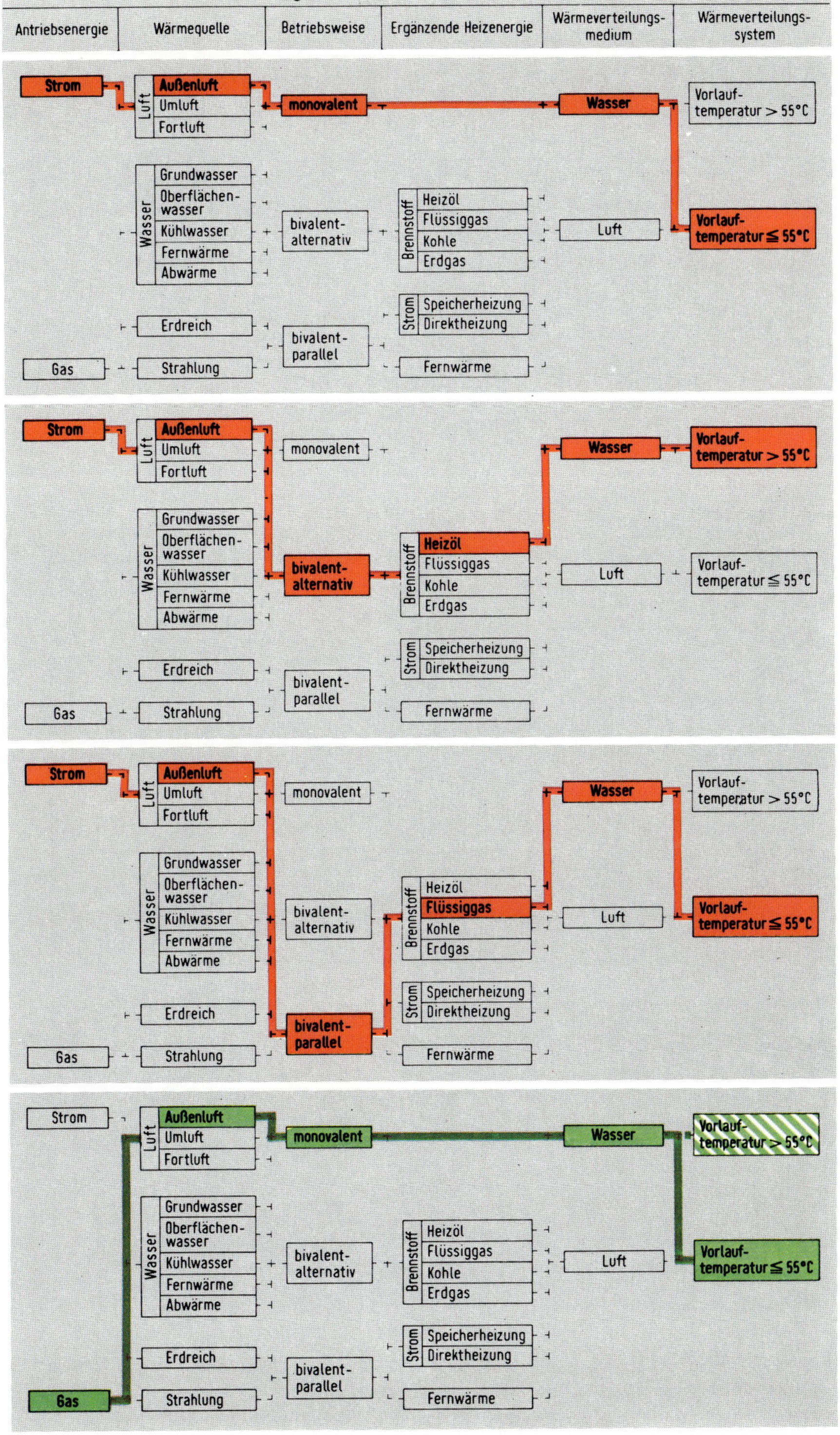

Tafel 1: Kriterien	Systeme	Ölzentralheizung	Elektro-Wärmepumpe monovalent	Elektro-Wärmepumpe bivalent alternativ	Elektro-Wärmepumpe bivalent parallel	Gaswärmepumpe monovalent
1 Eingesetzter Energieträger		leichtes Heizöl	Strom	Strom/Heizöl (Flüssiggas)	Strom/Flüssiggas (Heizöl)	Erdgas
2 Primärenergieverbrauch		100 %	85 %	75 %	85 %	45 %
3 Substitutionsmöglichkeit importabhängiger Energieträger		entfällt	85 %	65 %	80 %	75 %
4 Umweltbelastung	am Kraftwerk	–	****	***	****	–
	am Verbrauchsort	*****	–	**	*	***
5 Standortbedingte Voraussetzungen für WP-Einsatz		entfällt	verfügbare elektrische Leistung $P \approx 0{,}5 \cdot Qh$	verfügbare elektrische Leistung $P \approx 0{,}2 \cdot Qh$	verfügbare elektrische Leistung $P \approx 0{,}25 \cdot Qh$	Gasanschluß $P \approx 0{,}65 \cdot Qh$
6 Einsatzbereiche	in vorhand. Anlagen	uneingeschränkt möglich	eingeschränkt möglich	möglich	eingeschränkt möglich	eingeschränkt möglich
	in Neuanlagen	uneingeschränkt möglich	möglich	möglich	möglich	eingeschränkt möglich
7 Warmwasserbereitung		möglich	möglich max. 55 °C	möglich max. 55 °C	möglich max. 55 °C	möglich
8 Ausbaufähigkeit Kühlung + Entfeuchtung		nicht möglich	möglich	möglich	möglich	möglich
9 Sinnvolle Ergänzungsbrennst. f. biv. Systeme	Öl	entfällt	entfällt	bevorzugt	möglich	entfällt
	Flüssiggas	entfällt	entfällt	möglich	bevorzugt	entfällt
10 Betriebssicherheit		gut	zur Zeit befriedigend	gut	gut	z.Z. statistisch nicht gesichert
11 Versorgungssicherheit		befriedigend	gut	sehr gut	sehr gut	gut
12 technische Voraussetzungen	Zus.-Wärmeerzeuger	entfällt	entfällt	erf.; 100 % Qh	erf.; 50 % Qh	entfällt
	Brennstofflagerung	erf.; 100 %	nicht erforderlich	erf.; 30 %	erf.; 10 %	nicht erforderlich
	Bauliche Maßnahmen	erforderlich	erforderlich	erforderlich	u.U. erforderlich	erforderlich
	Wärmeverteilungssystem	beliebig	Niedertemper.	beliebig	Niedertemper.	Niedertemper. (beliebig)
13 Investitionen Wärmeerzeugung		100 %	175 %	160 %	135 %	(150–200 %)
14 Energiekosten		100 %	130 %	75 %	135 %	50 %
15 Kosten für Bedienung, Wartung, Instandhalt.		100 %	130 %	165 %	115 %	200 %
16 Jahreskosten (ohne Wärmeverteilung)		100 %	165 %	130 %	140 %	140 %

V. 7 Annahmen für die Berechnung der Energieflüsse von Heizsystemen

Für die Berechnung der in Kapitel II. 16 gezeigten Energieflußbilder sind die nachfolgenden Annahmen getroffen worden:

Nutzungs- und Wirkungsgrade

Jahresnutzungsgrad der Ölheizung	62 %
Nutzungsgrad der Ölheizung bei bivalentem Betrieb	75 %
Mittlerer Kraftwerkswirkungsgrad	36 %
Übertragungswirkungsgrad elektrischer Energie (Hoch-, Mittel- und Niederspannung insgesamt)	93 %
Wirkungsgrad der Aufbereitung von Heizöl (= Umwandlungsverluste im Raffineriebereich)	93 %
Wirkungsgrad der Heizwärmeverteilung im Gebäude (nur bei Wärmepumpeneinsatz, da sonst im Jahresnutzungsgrad der Ölheizung enthalten)	95 %

Leistungszahlen

Erdreich- oder Grundwasser-Heizwasser-Wärmepumpe	3,5
Umgebungsluft-Heizwasser-Wärmepumpe	3,3
Wasser-Wasser-Wärmepumpe im internen System z.B. bei Solaranlagen	3,5

Wärmebedarf; Wärmemengen, Benutzungsdauer

Durchschnittlicher Wärmebedarf je Wohneinheit	1500 kcal/h
Anteil der Jahreswärmemenge durch Wärmepumpenbetrieb bei bivalenter Heizung	67 %
Anteil der Jahreswärmemenge durch Ölheizung bei bivalenter Heizung	33 %
Jahresbenutzungsdauer der Zentralheizung	1600 h/a

Für das Energieflußbild 55 (Mitte rechts), d.h. die bivalente Wärmepumpenheizung, sind zusätzlich folgende Annahmen getroffen worden:

Wärmebedarf	28000 kWh	100 %
Ölanteil	9240 kWh	33 %
Ölheizung		75 %
Heizölbedarf am Verbrauchsort	12320 kWh	44 %
(Bei Ölheizung	45161 kWh	161 %)

Heizwärmeverluste		5 %
Bivalente Energie	19747 kWh	70 %
davon Strom	5984 kWh	21 %
Umgebungsluft	13763 kWh	49 %
Primärenergiebedarf		
Strom	17872 kWh	64 %
Öl	13247 kWh	47 %

Energiekostenvergleich Ölheizung – Wärmepumpe bivalent

Stromkosten: $\frac{5984\ \text{kWh} \cdot 0{,}15\ \text{DM}}{\text{kWh}} \approx 900{,}-\ \text{DM}$

Konkurrenz-Ölpreis (ohne Wartung, usw.)

$$900{,}-\ \text{DM} = \frac{(45161\ \text{kWh} - 12320\ \text{kWh})\ 860\ \text{kcal} \cdot 1}{8670\ \text{kcal}\ \qquad \text{kWh}} \cdot x$$

$$x = 27{,}6\ \frac{\text{Pf}}{1}$$

V. 8 Anschriften der bekanntesten Solarzeitschriften sowie von Behörden, Institutionen, Verbänden, Vereinigungen, welche die Entwicklung der Technik und Anwendung von Solaranlagen fördern

1) Anschriften der bekanntesten Solarzeitschriften

Solar Energy Digest
Post Office Box 17776
San Diego
Kalifornien 92117
USA

SET
SonnenEnergie-Technik
Blumenstraße 13
6900 Heidelberg

Solar Energy
Pergamon Press Ltd.
Headington Hill Hall
GB-Oxford OX3 OBW
England

ISES News
P.O. Box 52
Parkville
Victoria 3052
Australien

Sunworld
320 Vassar Ave.
Berkeley
Kalifornien 94708
USA

Revue Internationale
d'Héliotechnique
Coopération Méditerranéenne
pour L'Energie Solaire
COMPLES
Secrétaire Général
P°. Pintor Rosales, 34
Madrid – 8
SPANIEN

2) Anschriften von Behörden, Institutionen, Verbänden, Vereinigungen

Bundesrepublik Deutschland

Arbeitsgemeinschaft Solarenergie e.V.
ASE
Kruppstraße 5
4300 Essen 1

Deutsche Gesellschaft für Sonnenenergie e.V.
DGS
Goethestraße 28
8000 München

Kernforschungsanlage Jülich GmbH
Projektleitung Energieforschung
KFA
Postfach
5170 Jülich 1

Verein für Wind- und Sonnenenergieforschung und -anwendung e.V.
Postfach 1444
2330 Eckernförde

Europa (ausgenommen Bundesrepublik Deutschland)

Frankreich

Société française d'études thermiques
et d'énergie solaire
SOFRETES
b.p. 163–45203
F-Montargis
Frankreich

Chambre Syndicale des
Constructeurs
d'Appareils Solaires
Palais Consulaire
66000 Perpignan

Großbritannien

U.K. Solar Trade Association
88, The Avenue
GB-London NW 6 7NN
England

Italien

Centro di Ricerca Applicata per
L'Impiego dell'Energia Solare
CRAIES
Lung. Galtarossa 8
I-37100 Verona
Italien

Österreich

Austrian Solar Energy Society
Maxglaner Hauptstr. 59/49
A-5020 Salzburg
Österreich

Österreichische Gesellschaft für Sonnenenergie und Weltraumfragen Ges.m.b.H.
Austrian Solar and Space Agency
ASSA
Garnisongasse 7
A-1090 Wien

Spanien

Coopération Méditerranéenne pour
L'Energie Solaire
COMPLES
P°. Pintor Rosales, 34
Madrid – 8
Spanien

Schweden

Scandinavian Section of ISES
VV5-Tekniska Foreningen
Hantverkargatan 8
112 21 Stockholm

Schweiz

Schweizerische Vereinigung für
Sonnenenergie
SSES
ETH Leonhardstr. 27
CH-8001 Zürich
Schweiz

Übersee

Australien

Commonwealth Scientific
and Industrial Research Organization
CSIRO
314 Albert Street
East Melbourne
Vic. 3002, Australien

International Solar Energy Society
National Science Centre
ISES
191 Royal Parade
Parkville, Melbourne
Victoria, Australien

mit nationalen ISES-Sektionen in
14 Ländern. Die deutsche ISES-Sektion
befindet sich beim

Verein Deutscher Ingenieure VDI
Graf-Recke-Straße 84
4000 Düsseldorf

Guatemala

Guatemala Association of
Solar Energy
AGDES
Calzada Aquilar Batres 19–57
Zona 12
Guatemala

Indien

Solar Energy Society of India
Care – Sri Aurobindo Ashram
Pondicherry – 605002
Indien

Japan

Japanese Section of ISES
Solar Research Lab.
Government Industrial
Research Inst.
Kirate-Machi, Kita Ku
Nagoya 462
Japan

Kanada

Solar Energy Society of Canada Inc.
P.O. Box No. 1353
Winnipeg, Manitoba R3C 2Z 1
Kanada

Südafrika

Solar Energy Society of
Southern Africa
P.O. Box 309
Estcourt
Natal, 3310
Südafrika

USA

Energy Research and Development
Administration
ERDA
Divison of Solar Energy
Washington, D.C. 20545
USA

National Solar Heating and Cooling
Information Center
P.O. Box 1607
Rockville, MD 20850
USA

Solar Energy Industries
Association Corp.
SEIA
1001, Connecticut Avenue N.W.
Washington, D.C. 20036
USA

Solar Energy Research Institute
SERI
Golden
Colorado
USA

V.9 Rahmenprogramm der Energieforschung der Bundesregierung, Auszug aus dem Jahresbericht 1976 für die Gebiete „Sonnenenergie, Windenergie, Wärmepumpe“

Auszug aus dem Abschnitt „4.4 Neue Energiequellen“

4.4.1 Sonnenenergie

4.4.1.1 Systemstudie zur Sonnenenergienutzung – ET 4045

4.4.1.2 Expermentalstudie zur Entwicklungsdefinition von terrestrischen Solarzellen-Generatoren – ET 4185 A

4.4.1.3 Warmwasserbereitung mit Sonnenenergie – ET 4025

4.4.1.4 Rationelle Energieverwendung und Nutzung der Sonnenenergie in Gebäuden – ET 5052

4.4.1.5 Entwicklung von hochtemperaturbeständigen Solarabsorberflächen – ET 4065 A

4.4.1.6 Modulares Sonnenhausheizungssystem – Phase I – ET 4066 A

4.4.1.7 Heat-Pipe-Solarabsorber – ET 4148 A

4.4.1.8 Herstellung einer Solarkollektoranlage zur Beheizung eines Freibades – ET 4126 A

4.4.1.9 Warmwasserbereitung mit Sonnenenergie durch Kunststoffsolarkollektoren – ET 4143 A

4.4.1.10 Vergleichende Analyse von Sonnenenergiekraftwerkskonzepten im Bereich 100 W_{el} bis 10 MW_{el} – ET 4234 A

4.4.1.11 Klein-Sonnenkraftwerk 10 kW – ET 4055 B

4.4.1.12 10 kW-Sonnenkleinkraftwerk – ET 4055 C

4.4.1.13 Entwicklung eines industriellen Verfahrens zur Herstellung von In_2O_3-Beschichtungen für die Verbesserung des k-Wertes von Isolierglasscheiben – ET 5001

4.4.1.14 Langzeitspeicher für Wohngebäude und Solarhausarchitektur – ET 4012 A

4.4.1.15 Systemstudie über die Möglichkeiten einer stärkeren Nutzung der Sonnenenergie in der Bundesrepublik Deutschland – ET 5006 A

4.4.1.16 Flächenförmige Sonnenenergiesammler – ET 4057 A

4.4.1.17 Technische Photosynthese – ET 4003 A

4.4.1.18 Suche nach ökonomisch günstigen Photovoltadioden und Methoden zur Gewinnung von Solarenergie – ET 4007 A

4.4.1.19 Sonnenheizanlage für die Sporthalle Unterensingen – ET 4010 A

4.4.1.20 Sonnenkollektoren für Flachdächer – ET 4017 A

4.4.1.21 Brauchwassererwärmung durch Solarenergie – ET 4024 A

4.4.1.22 Solarkonzentratoren für ein Pump- und Kraftwerk von 10 kW – ET 4034 A

4.4.1.23 Entwicklung von großindustriellen Fertigungsverfahren für Komponenten von Sonnenheizsystemen, insbesondere Solarkollektoren. Projektleitung – ET 4051 A

4.4.1.24 Entwicklung von großindustriellen Fertigungsverfahren für Komponenten von Sonnenheizsystemen, insbesondere Solarkollektoren. Entwicklung von selektiven Solarabsorbern auf der Basis von Aluminium/Rollbond-Wärmetauschern – ET 4051 B

4.4.1.25 Entwicklung von großindustriellen Fertigungsverfahren für Komponenten von Sonnenheizsystemen, insbesondere Solarkollektoren. Entwicklung luftdichter Solarkollektorgehäuse – ET 5051 C
4.4.1.26 Entwicklung von großindustriellen Fertigungsverfahren für Komponenten von Sonnenheizsystemen, insbesondere Solarkollektoren. Entwicklung von Komponenten für den Sonnenheizungskreislauf – ET 4051 D
4.4.1.27 Entwicklung von Steuerungen für Solarheizsysteme in Brauchwasser- und Heizungsanlagen. Auswahl eines Wärmeträgers. Erprobung – ET 4051 E
4.4.1.28 Entwicklung von großindustriellen Fertigungsverfahren für Komponenten von Sonnenheizsystemen, 3. Teilprogramm der Metallgesellschaft – ET 4051 F
4.4.1.29 Entwicklung von selektiven Solarabsorbern auf der Basis von Aluminium/Rollbond-Wärmetauschern – ET 4051 G
4.4.1.30 Klein-Sonnenkraftwerk 10 kW – ET 4055 D
4.4.1.31 Entwicklung wirtschaftlicher Solarheizsysteme mit kostengünstigen Kollektoren – ET 4059 A
4.4.1.32 Entwicklung einer Cadmiumselenid-Dünnschicht-Solarzelle – ET 4061 A
4.4.1.33 Modulares Sonnenhausheizungssystem – Phase II – ET 4066 B
4.4.1.34 Solarerwärmung von Luft für Trocknungszwecke – ET 4071 A
4.4.1.35 Erprobung eines Meßstandes zur Qualifikation von Solarkollektoren – ET 4070 A
4.4.1.36 Entwicklung und Bau einer einfachen, mit Sonnenenergie angetriebenen Pumpe – ET 4072 A
4.4.1.38 Technisch-wissenschaftliche Untersuchungen an der Großversuchsanlage zur Nutzung der Sonnenenergie in Wiehl/Bergischer Kreis – ET 4125
4.4.1.39 Identifizierung von wirtschaftlichen und gesellschaftlichen Hemmnissen bei der Einführung von Solartechnologien: Aufzeigen von Lösungsansätzen zur Überwindung dieser Hemmnisse – ET 5008 A
4.4.1.40 Solar-Grünfuttertrocknung – ET 5013 A
4.4.1.41 Sonnenenergiemodell Gönnebeck – ET 5152 A

4.4.2 Windenergie

4.4.2.2 Entwicklung einer Windkraftanlage mit vertikaler Achse (Phase I) – ET 4135 A
4.4.2.4 Erstellung sowie Untersuchung des Betriebsverhaltens eines Windenergiekonverters – ET 4020 A
4.4.2.5 Die Windverhältnisse der Bundesrepublik Deutschland im Hinblick auf die Windkraftnutzung – ET 4021 A
4.4.2.6 Entwicklung eines 5,5 m ∅ Windenergiekonverters mit vertikaler Drehachse – ET 4062 A I
4.4.2.7 Meßtechnische Untersuchung einer 15-kW-Windkraftanlage, Ermittlung übertragbarer Leistungsdaten und Nachweis der rentablen Energieerzeugung – ET 4063 A/B
4.4.2.8 Gutachterstudie über atmosphärenthermische Vertikalwindkraftwerke kleiner Leistung – ET 4102 A
4.4.2.9 Entwicklung, Herstellung und Erprobung eines Prototypen: Windenergie-Konverter 52 m ∅ 200 kW – ET 4104 A

Auszug aus dem Abschnitt „5.3 Wärmeversorgung von Gebäuden"

5.3.1 Wärmepumpen

5.3.1.1 Brennstoffeinsparung bei (konventionellen) Warmwasserheizungsanlagen durch Einsatz gasbetriebener Wärmepumpen – ET 5164 A – ET 5167 A

5.3.1.2 Untersuchung zur Wärmerückgewinnung mit einer integrierten dezentralen Kleinwärmepumpenanlage – ET 5129 A

5.3.1.3 Grundsatzuntersuchungen an Wärmepumpen – ET 5134 A

5.3.1.4 Verbesserung der Wirkungsweise von Wärmepumpen – ET 5209

5.3.1.5 Einbau einer Wärmepumpenanlage zur Erzeugung von Heizwärme und Aufbereitung von Warmwasser für gemischte Abnehmergruppen (Wohnungen und gewerbliche Einheiten) – ET 5084 A

5.3.1.6 Einsatz von Wärmepumpen zur wirtschaftlichen und umweltfreundlichen Temperaturanhebung – ET 5211

5.3.1.7 Außenluft-Wärmepumpen-Anlage mit Latentspeicher für die Raumheizung – ET 5242 A

5.3.1.8 Gaswärmepumpe Sportzentrum Paderborn – ET 5014 A

5.3.1.9 Gasversorgtes Alternativheizsystem Altenkunstadt, Gaswärmepumpe/Gaskessel – ET 5131 A

5.3.1.11 Erdreich-Wärmepumpe mit Umschaltung zur Außenluft und Regeneration des Erdreiches – ET 5025 A

5.3.1.12 Praktische Erprobung der Stallwärmepumpe – ET 5032 A

V. 10 Schätzwerte für 1990 zur Errechnung des Energiebezuges aus regenerativen Energiequellen der Bundesrepublik Deutschland

Die folgenden Ausführungen basieren auf der Studie „Sonnenenergie, geothermische Energie, Massenanziehung in Verbindung mit Rotationsenergie", die 1976 im Energieverlag Heidelberg erschienen und deren Grundlage ein Vortrag des Verfassers zum Thema „Nichtnukleare, nichtfossile Energiequellen" anläßlich der Reaktortagung im April 1976 bildete. Es besteht kein Anlaß, die darin veröffentlichten Schätzwerte für 1990 zu korrigieren, da die getroffenen Annahmen nach wie vor zu vertreten sind. Als Bezugswert wurde damals der End-Energiebedarf mit Stand vom Dezember 1975 gewählt.

Der Verfasser schrieb hierzu: „Daß der heutige End-Energiebedarf als Bezugswert gewählt wurde, liegt an der Ungewißheit über den voraussichtlichen Zuwachs des End-Energiebedarfs. Eine Zunahme von jährlich etwa 4% wird wegen der zunehmenden Entkopplung von Energiemehrverbrauch und Wirtschaftswachstum für zu hoch gehalten. Außerdem wird die Nutzung der hier zu betrachtenden Energiequellen oder Energieträger teilweise zum Ersatz üblicher Primär- oder Sekundärenergie führen, weshalb sich der für das Ende 1975 geschätzte End-Energiebedarf eher als Bezugswert anbietet."
Die Entkopplung von Energiemehrverbrauch und Wirtschaftswachstum wird inzwischen diskutiert.

Ein Promille des End-Energiebedarfs der Bundesrepublik im Jahr 1975 entspricht 0,23 Mio t SKE (Steinkohleneinheiten) oder – über den Umrechnungsfaktor 8,14 kWh/kg SKE – einem Gegenwert von rd. 1,9 TWh (Milliarden kWh).

Für die Energieträger Erdboden, Grundwasser, Laufwasser, Umgebungsluft und Strahlung folgt jeweils eine gesonderte Abschätzung mit den genannten Annahmen, die auf verschiedenen Zusammenhängen des Heizungsmarktes, auf Erfahrungen mit der Entwicklung anderer Heizsysteme und auf subjektiver Beurteilung ihrer Erfolgschancen beruhen.

Erdboden

Die Zahl der rd. 200 schon im Bundesgebiet in Betrieb befindlichen Anlagen ist vernachlässigbar gering. Voraussichtlich werden bei der Wirtschaftlichkeit solcher Anlagen in einem Zeitraum von 15 Jahren – teilweise bei Neubauten, teilweise auch bei Umstellung koksbefeuerter oder altersschwacher ölbeheizter Anlagen in ländlichen Gebieten – einige Tausend solcher Erdreich-Wärmepumpen installiert werden. In der Folge wird versucht, den möglichen Beitrag am End-Energiebedarf für das Jahr 1990 abzuschätzen.
Das Neubauvolumen (Neubau und Sanierung durch Abbruch) wird bis 1990 auf insgesamt 6 Mio Wohneinheiten (1974 bis 1980: 2,6 Mio WoE; 1981 bis 1990: 3,3 Mio WoE) geschätzt, wovon etwa 35% auf Ein- und Zweigeschoßbauten entfallen könnten.

Nimmt man an, daß von 500 solcher Bauvorhaben nur jeweils eines mit diesem System ausgestattet würde (0,2%), so ergeben sich rd. 4000 Anlagen. Bei der fortlaufenden Substitution der gegenwärtig rd. 11,5 Mio ölbeheizten und der rd. 5 Mio kohlebeheizten

WoE wird aus verschiedenen Gründen einem noch geringeren Prozentsatz dieser Wohnungen bis 1990 eine Chance eingeräumt. Somit könnte man wohl höchstens mit insgesamt 10000 Wohneinheiten nach Ablauf dieses Zeitraumes rechnen. Natürlich wird die Zahl der installierten Anlagen nicht allein von wirtschaftlichen Gesichtspunkten abhängen. Mögliche Förderungsmaßnahmen durch die Landesregierungen wie auch die Bundesregierung, besonders die Aktivitäten der Stromversorgungsunternehmen, Wärmepumpenhersteller und Installationsfirmen sind von Bedeutung.

Mit dieser Vielzahl von Erdreich-Wärmepumpenanlagen würden im Jahr 1990 aus dem Energieträger Erdboden äquivalent ca. 0,025 Mio t SKE bezogen. Hierfür würde Elektrizität als Hilfsenergie mit 85 GWh/Jahr benötigt. Gegenüber Ölheizungsanlagen würden rd. 0,03 Mio t SKE weniger an Primärenergie bzw. 0,05 Mio t SKE weniger an Heizenergie am Verbrauchsort benötigt, bei vollkommen rückstands- und schadstoffreier Heizwärmedarbietung (Ausgangswerte und Rechengänge siehe Anlage 6 der oben erwähnten Studie).

Der Bezug von indirekter Sonnenenergie aus dem Erdboden könnte im Jahr 1990 somit nur rd. 0,1 ‰ des gesamten End-Energiebedarfs von 1975 betragen; das ist ein Zehntausendstel.

Grundwasser

Eine Abschätzung bis zum Jahr 1990 läßt die Annahme zu, daß nach Ablauf von 15 Jahren jeweils etwa 6000 Anlagen in Neubauten und bei der Umrüstung vorhandener Heizungsanlagen bestehen könnten. Da es sich hierbei teilweise um größere Gebäude handeln wird, ist ein durchschnittlicher Wärmebedarf von 25000 kcal/h und Anlage einzusetzen.

Somit würden im Jahr 1990 von dem Energieträger Grundwasser 0,045 Mio t SKE oder rd. 0,2 ‰ des gesamten End-Energiebedarfs für 1975 indirekt aus Sonnenenergie bezogen. Hierdurch verbrauchten diese Heizungsanlagen rd. 0,05 Mio t SKE weniger an Primärenergie bzw. 0,07 Mio t SKE weniger an Heizenergie am Verbrauchsort. Die hierfür benötigte Elektrizität als Hilfsenergie würde 140 GWh/Jahr (Millionen kWh) betragen.

Laufwasser

Hier muß zwischen der indirekten Sonnenenergienutzung zur Stromerzeugung über Wasserkraftwerke und der indirekten Sonnenenergienutzung zur Erzeugung von Niedertemperaturwärme unterschieden werden.

Die Stromerzeugung aus Laufwasserkraftwerken der öffentlichen Versorgung, der Industrie- und der Bundesbahn-Wasserkraftwerke betrug 1975 rd. 17 TWh oder 9 ‰ des End-Energiebedarfs jenes Jahres. Hierdurch ist aus indirekter Sonnenenergie hochwertige Sekundärenergie, Elektrizität, erzeugt worden.

Eine Abschätzung des möglichen Anteils der aus dem Laufwasser erzeugten Niedertemperaturwärme im Jahr 1990 ist außerordentlich schwierig. Denkbar ist auch hier, daß ein bivalentes System, d.h. die Kombination von Wasser-Wasser-Wärmepumpe mit einem Ölheizaggregat für die Spitzenlastdeckung, die wirtschaftlichste Lösung darstellt. In diesem Fall würde der Heizleistungsanteil der Wärmepumpe etwa halbiert, ihre Jahresbenutzungsdauer bei rd. 3000 h/a (einschließlich Brauchwarmwasser) liegen. Schon 900 Wärmepumpenzentralen mit je 1 MW Wärmepumpenheizleistung lieferten bei einer mittleren Leistungszahl von 3 eine Energiemenge aus dem Laufwasser, die 1 ‰ des heutigen End-Energiebedarfs entspräche. Hierfür würde Elektrizität als Hilfsenergie mit 600 GWh/Jahr benötigt. Es ist nicht ausgeschlossen, daß je nach Förderung dieses Gedankens, seiner technologischen Weiterentwicklung und der Wettbewerbssituation auf dem Heizungsmarkt mehrere 100 Wärmepumpenzentralen bis zum Jahr 1990 in Betrieb sein könnten.

Umgebungsluft

Wenn wir davon ausgehen, daß die bivalente Heizung in etwa drei bis fünf Jahren marktreif ist und in größeren Stückzahlen hergestellt bzw. installiert wird, so ergeben sich die Grenzen vor allem aus den im Heizungsmarkt gegebenen Möglichkeiten.

Die jahreszeitliche Belastungscharakteristik ließe nämlich theoretisch für die gesamte öffentliche Versorgung der Bundesrepublik im äußersten Fall etwa 5,5 Mio Anlagen im Jahre 1990, das sind etwa 50% aller ölbeheizten Haushalte, zu. Berücksichtigt sind hierbei alle – aus heutiger Sicht – denkbaren Verbesserungen, wie höhere Leistungszahl der Wärmepumpe, Wärmepufferspeicher, Umschaltpunkt bei höherer Außentemperatur, Kombination mit Solarabsorbern (s. Bild 12), Verringerung des Wärmebedarfs der Gebäude sowie evtl. leistungspreisanteilige Stromlieferungen.

Die Möglichkeiten aus der Sicht des Heizungsmarktes dürften sich eher im Rahmen von 20% aller ölbeheizten Wohnungen (Alt- und Neubau) im Jahr 1990 bewegen. Der praktisch erreichbare Anteil wird somit näher bei 20% denn bei 50% liegen.

Nachfolgend werden lediglich die Ergebnisse zu den möglichen Anteilen durch bivalente Heizungen mitgeteilt, die einzelnen Daten und Rechengänge sind in der Anlage der zu Beginn dieses Kapitels erwähnten Studie aufgeführt.

Berücksichtigt man die für Fernwärme, Gasheizungen und elektrische Speicherheizungen vergebenen Anteile, wägt man die Substitutionsmöglichkeiten bei Koks- und Öl-Einzelöfen bzw. -Zentralheizung gegeneinander ab, so könnten somit 1990 theoretisch zwischen 3,4 und 8,5 Mio t SKE aus dem Energieträger Umgebungsluft für dieses Heizsystem bezogen werden.

Diese der Umgebungsluft entzogene, d.h. aus Sonnenenergie gespeiste Energiemenge, entspricht 14,8 bis max. 37 ‰ des heutigen End-Energiebedarfs. Die mit Heizwärmepumpen erzeugten Niedertemperaturmengen würden 1990 insgesamt den Import von 6 bis max. 15 Mio t Rohöl pro Jahr (entspricht – auf Heizölbasis – 8,5 bis 21 Mio t SKE) oder 16 bis max. 40% des gesamten Heizölbedarfs für Raumheizzwecke substituieren. Für den Elektroantrieb der Heizwärmepumpen würden, bei Umstellung von 20% aller ölbeheizten Wohnungen, rd. 11,2 TWh bzw. bei Umstellung von max. 50% aller ölbeheizten Wohnungen rd. 28 TWh als Hilfsenergie aus Kraftwerken benötigt.

Sonnenstrahlung

Da wir erst ganz am Anfang der Nutzung der Sonnenstrahlung zur Erzeugung von Niedertemperaturwärme stehen, ist eine Abschätzung an sich nicht möglich. Differenzierte Überlegungen hinsichtlich der möglichen Anteile von Brauchwassererwärmung, Schwimmbaderwärmung und Solarhäusern (s. Anlage 11 der erwähnten Studie) führen zu dem Ergebnis, daß bis 1990 höchstens 2 ‰ des End-Energiebedarfs aus Sonnenstrahlung gedeckt werden dürften. Für den Betrieb dieser Anlagen wäre eine Strommenge von etwa 900 GWh/Jahr erforderlich. Dabei handelt es sich um rd. 225000 Solar-Einfamilienhäuser (550 GWh/Jahr) und zusätzlich rd. 2000 öffentliche Solar-Freischwimmbäder (340 GWh/Jahr).

Zusammenfassung

Energiebezug aus direkter und indirekter Sonnenenergie für das Jahr 1990 in Promille des End-Energiebedarfs der Bundesrepublik von 1975.

1) Indirekte Nutzung
   a) Hochwertige Sekundärenergie Elektrizität:

Laufwasser	9 ‰	insgesamt	9 ‰

   b) Niedertemperaturwärme:

Laufwasser	0,5 bis 1 ‰		
Erdboden	0,1 ‰		
Grundwasser	0,2 ‰		
Umgebungsluft	15 bis 37 ‰	insgesamt	15,8 bis 38,3 ‰

2) Direkte Nutzung
   a) Niedertemperaturwärme

Sonnenstrahlung	2 ‰	insgesamt	2 ‰

Niedertemperaturwärme	insgesamt rd. 18 bis 40 ‰ oder 1,8 bis 4 %
Elektrizität	insgesamt 9 ‰ oder 0,9 %

Alle nur denkbaren Möglichkeiten, bis auf die Stromerzeugung aus Windenergie, aufsummiert, führen für 1990 zu dem an sich enttäuschenden Ergebnis von 27 bis 49 ‰ oder aufgerundet von 3 bis 5 % des End-Energiebedarfs von 1975, wobei der erstgenannte Wert der wahrscheinlichere ist.

V. 11 Einheiten der Energiewirtschaft und Umrechnungsfaktoren

W	Watt	
kW	Kilowatt	= 1000 Watt
MW	Megawatt	= 1000 Kilowatt
GW	Gigawatt	= 1000 Megawatt = 1 Mio Kilowatt
TW	Terawatt	= 1000 Gigawatt = 1 Mio Megawatt = 1 Mrd Kilowatt

Wh	Wattstunde	
kWh	Kilowattstunde	= 1000 Wh
MWh	Megawattstunde	= 1000 kWh
GWh	Gigawattstunde	= 1000 MWh = 1 Mio kWh
TWh	Terawattstunde	= 1000 GWh = 1 Mio MWh = 1 Mrd kWh

cal	Kalorie	
kcal	Kilokalorie	= 1000 cal
Mcal	Megakalorie	= 1000 kcal
Gcal	Gigakalorie	= 1000 Mcal = 1 Mio kcal

kcal/h	Kilokalorie je Stunde	
Gcal/h	Gigakalorie je Stunde	= 1 Mio kcal/h

1 kWh = 860 kcal	1 kW = 860 kcal/h
1 GWh = 860 Gcal	1 GW = 860 Gcal/h

Die Einheit der Kalorie bleibt nicht mehr als internationale Einheit bestehen. Sie wird durch die Einheit des Joule, gleichbedeutend mit einer Wattsekunde, ersetzt.

J	Joule	= 1 Wattsekunde = 0,239 cal
kJ	Kilojoule	= 1000 Joule = 239 cal = 0,239 kcal
MJ	Megajoule	= 1000 kJ = 1 Mio J = 239 kcal = 0,278 kWh
GJ	Gigajoule	= 1000 MJ = 1 Mio kJ = 0,239 Gcal = 277,78 kWh

1 cal	= 4,1855 Wsec = 4,1855 J
1 kcal	= 1000 cal = 4185,5 Wsec = 4185,5 J
1 Wh	= 3600 Wsec = 3600 J = 860 cal
1 kWh	= 3,6 Mio Wsec = 3,6 MJ = 860 kcal

t	Tonne = 1000 kg
kg SKE	Kilogramm Steinkohleneinheiten (nicht mehr als internationale Einheit zugelassen);
1 kg SKE	= 7000 kcal = 8,14 kWh
t SKE	Tonne Steinkohleneinheiten
1 t SKE	= 7 Gcal = 7000 Mcal = 7 Mio kcal = 8140 kWh

°C	Grad Celsius
K	Grad Kelvin, Einheit der thermodynamischen Temperatur sowie für Temperaturdifferenzen

c Lichtgeschwindigkeit = Fortpflanzungsgeschwindigkeit der elektromagnetischen Wellen im Vakuum = ca. 300000 km/sec (genauer Wert: c = 299 792,5 $\pm$ 0,1 km/sec).
Lichtjahr = Strecke, die das Licht in einem Jahr zurücklegt = $9{,}46 \cdot 10^{12}$ km = 9,46 Billionen Kilometer

Umrechnungstabelle

Einheit	J	kWh	kcal	kg SKE
J	1	$0{,}278 \cdot 10^{-6}$	$0{,}239 \cdot 10^{-3}$	$0{,}034 \cdot 10^{-6}$
kWh	$3{,}6 \cdot 10^{6}$	1	860	0,123
kcal	4185,5	$1{,}163 \cdot 10^{-3}$	1	$0{,}143 \cdot 10^{-3}$
kg SKE	$29{,}3 \cdot 10^{6}$	8,13	7000	1

V. 12 Literaturverzeichnis

Teil I: Eigenschaften der Sonnenenergie

Kappelmeyer, O., Delisle, G.: Bericht über das geothermische Energiepotential in der BRD.
Bundesanstalt für Geowissenschaft und Rohstoffe, 1975

Kertz, W.: Geothermische Energie, ihre derzeitige und eventuell zukünftige Nutzung. Berichte der Braunschweigischen Wissenschaftlichen Gesellschaft. Verlag Erich Goltze KG, Göttingen, 1976

Meliss, M.: Übersichtsvortrag über regenerative Energiequellen, gehalten auf der Tagung Nichtkonventionelle Energieträger, Haus der Technik, Essen, 21. März 1977

Schaefer, H., Philippi, K.: Der Energiehaushalt der Erde.
Brennstoff-Wärme-Kraft 25, 1973

Seidl, M., Stoy, B.: Nutzung der solaren und anthropogenen Umweltwärme zur Energiebedarfsdeckung der Bundesrepublik Deutschland. Unveröffentlicht (Ausarbeitung 1977)

Stoy, B.: Sonnenenergie, Geothermische Energie, Massenanziehung – Zur Frage der wirtschaftlichen und umweltfreundlichen Nutzung unerschöpflicher Energiequellen. (Englische Fassung: Solar Energy, Geothermal Energy, Gravitational Forces – Concerning the economic and environmentally acceptable utilisation of inexhaustible sources of energy).
Energie-Verlag Heidelberg, 1976 (Working Copy 1977)

Teil II: Heizwärme aus Sonnenenergie

Ackermann, H.-G.: Produktinformation für bivalente Heizung.
Aus Veranstaltungsbericht vom 12.2.1976 der RWE-Anwendungstechnik.

Arbeitsgemeinschaft Solarenergie. Viersprachige Informationsschrift über die Zielsetzungen und Aktivitäten der ASE.
Ausgabe 1977

Bähr + Gansfort: Solar-Architektur. Deutsche Bauzeitschrift 4/76

Biasin, K.: Großversuchsanlage zur Nutzung von Sonnenenergie in Wiehl.
Elektrowärme international 33, 1975

Biasin, K.: Solarkollektoren – Neigungswinkeloptimierung. Aus Veranstaltungsbericht vom 12.5.1976 der RWE-Anwendungstechnik.

Biasin, K.: Nutzung der Sonnenenergie bei öffentlichen Freibädern – Systembetrachtungen. Aus Veranstaltungsbericht vom 12.5.1976 der RWE-Anwendungstechnik.

Biasin, K.: Wärmebedarfssenkung und Wärmerückgewinnung im öffentlichen Freibad. RWE informiert Nr. 126, 1976

Biasin, K.: Sonnenenergienutzung im öffentlichen Freibad Wiehl. Beitrag aus „Sonnenenergie, Anwendungen-Systeme-Erfahrungen", ASE Essen 1977

Biasin, K.: Zur optimalen Raumorientierung von Sonnenkollektoren. Unveröffentlicht (Ausarbeitung 1977). Teilweise enthalten in: Solarkollektoren – Neigungswinkeloptimierung. Aus Veranstaltungsbericht vom 12.5.1976 der RWE-Anwendungstechnik.

Birnbreier, H.: Sonnenenergie zur Warmwasserbereitung in Haushalten – Meßergebnisse von Untersuchungen in Mitteleuropa. BBC-Berichte Ki 3/76

Blöhs, H.: Wärmesysteme für Raumheizung im kritischen Vergleich – ein Modell zur analytischen Bewertung verschiedener Heizsysteme aus unterschiedlichen Betrachtungsstandpunkten. Vortrag anläßlich der VDEW-Jahrestagung Mai 1977

Böbel, A.: Erfahrungen mit Wärmepumpen bei Wärmeentzug aus Sonnenenergie. Beitrag aus „Energieanwendung im Endverbrauch". VDI-Bericht 282, 1977

Broschk, J.: Solare Heizung – Wohnhaus mit Versuchsanlage in Essen. Aus Veranstaltungsbericht vom 12.5.1976 der RWE-Anwendungstechnik.

Bruno, R., Hermann, W., Hörster, H., Kersten, R., Klinkenberg, K., Mahdjuri, F.: Systeme zur Nutzung der Sonnenenergie und zur rationellen Energieanwendung in Gebäuden (I. + II.). Philips GmbH Forschungslaboratorium Aachen, 1976

Bruno, R., Hermann, W., Hörster, H., Kersten, R., Mahdjuri, F.: Berechnung und Optimierung von Sonnenenergie-Systemen zur Warmwasserversorgung.
Beitrag aus „Sonnenenergie, Anwendungen-Systeme-Erfahrungen", ASE Essen 1977

Bruno, R., Hermann, W., Hörster, H., Kersten, R., Klinkenberg, K., Mahdjuri, F.: Das Philips Energie-Experimentierhaus, Ergebnisse und Erfahrungen. Beitrag aus „Sonnenenergie, Anwendungen – Systeme – Erfahrungen", ASE Essen, 1977

Bundesministerium für Wissenschaft und Forschung: Sonnenhäuser
Verlag: Österreichisches Institut für Bauforschung, Wien, 1975

Deutsche Gesellschaft für Sonnenenergie (DGS): Heizen mit Sonne, Band 2, Praxisnahe Haustechnik, März 1977

Diedrich, H.: Möglichkeiten und Auswirkungen unterschiedlicher Betriebsweisen von Wärmepumpenanlagen. Aus Veranstaltungsbericht vom 12.2.1976 der RWE-Anwendungstechnik.

Diedrich, H.: Solare Heizung – Wärmebedarf und -verfügbarkeit. Aus Veranstaltungsbericht vom 12.5.1976 der RWE-Anwendungstechnik.

Dietrich, B., Gehrke, H.: Wohnhaus mit Versuchsanlage zur Nutzung von Sonnenenergie.
Elektrowärme international 33, 1975

Dietrich, B.: Solare Brauchwassererwärmung – Integration in die Haustechnik, Wirtschaftlichkeit. Aus Veranstaltungsbericht vom 12.5.1976 der RWE-Anwendungstechnik.

Dietrich, B.: Solare Heizung – Konzepte, Wirtschaftlichkeit. Aus Veranstaltungsbericht vom 12.5.1976 der RWE-Anwendungstechnik.

Dietrich, B.: Sonnenenergie als Beitrag zum Energiehaushalt, Probleme der Speicherung. Beitrag aus „Sonnenenergie, Anwendungen – Systeme – Erfahrungen", ASE Essen 1977

Duffie, J.A., Beckman, W.A.: Solar Energy Thermal Processes
Herausgeber: John Wiley & Sons, New York 1974

Eickenhorst, H.: Zur Wirtschaftlichkeit der bivalenten Wärmepumpe. Aus Veranstaltungsbericht vom 12.2.1976 der RWE-Anwendungstechnik.

Electrical World: Eine Analyse der Käufer von Wärmepumpen Nov. 1975

FAZ – Blick durch die Wirtschaft: Tritherm-Haus optimiert drei Energiewege. 3. Juni 1977

Fördergesellschaft Technischer Ausbau e.V. (FTA): Beurteilungskriterien für Wärmepumpen zur Hausheizung. Januar 1977

Frühling, H., Klein, E.: Die Erft als Wärmequelle für die Raumheizung. Elektrowärme international 33, 1975

Frühauf, H.J.: Öffentliches Freibad Wiehl – Großversuchsanlage zur Nutzung von

Sonnenenergie. Aus Veranstaltungsbericht vom 12. 5. 1976 der RWE-Anwendungstechnik.

Gansfort, K.H.: Solararchitektur. Aus Veranstaltungsbericht vom 12.5.1976 der RWE-Anwendungstechnik.

Gehrke, H.: Das Solarsystem im Solarhaus Dornier/RWE in Essen. Beitrag aus „Sonnenenergie, Anwendungen – Systeme – Erfahrungen", ASE Essen, 1977

Göricke, P.: Arbeitsmedien für Wärmepumpen-Kreisprozesse. Aus Veranstaltungsbericht vom 12.2.1976 der RWE-Anwendungstechnik.

Göricke, P.: Solarkollektoren – Grundlagen und Betriebsanforderungen. Aus Veranstaltungsbericht vom 12.5.1976 der RWE-Anwendungstechnik

Grallert, H.: Die MBB-Solarhäuser, Aufbau, Betrieb und Erfahrungen. Beitrag aus „Sonnenenergie, Anwendungen – Systeme – Erfahrungen", ASE Essen 1977

Handelsblatt: Heißes Wasser anstatt Erdöl. 21.7.1977

Handrock, W., Rostek, H.: Vorplanung und Projektierung von Gaswärmepumpenanlagen – Erläuterung am Beispiel „Gaswärmepumpenanlage Paderborn". Beitrag aus „Energieanwendung im Endverbrauch". VDI-Bericht 282, 1977

Kalischer, P.: Die bivalente Heizung – Grundlegende Betrachtungen. Elektrizitätswirtschaft 74, 1975

Kalischer, P.: Zukünftige Entwicklungsarbeiten zur Nutzung von Sonnenenergie. Aus Veranstaltungsbericht vom 12.5.1976 der RWE-Anwendungstechnik.

Kalischer, P.: Kritische Betrachtungen der Wärmepumpe zur Wohnraumheizung, VDI Berichte Nr. 275, 1976

Kalischer, P.: Solarkollektoren – Technik und Wirkungsweise. Beitrag aus „Sonnenenergie, Anwendungen – Systeme – Erfahrungen", ASE Essen, 1977

Kauer, E., Kersten, R., Mahdjuri, F.: Photothermal Conversion. ACTA Electronica 18.4.1975

Kimpenhaus, W.: Solare Brauchwassererwärmung – Versuchsergebnisse. Aus Veranstaltungsbericht vom 12.5.1976 der RWE-Anwendungstechnik.

Kirn, H., Hadenfeldt, A.: Wärmepumpen. Verlag C.F. Müller, Karlsruhe 1976

Kirn, H.: Wärmepumpen, die als Wärmeträger die Außenluft nutzen. Beitrag aus „Energieanwendung im Endverbrauch". VDI-Bericht 282, 1977

Lehner, G.: Die Nutzung der Sonnenenergie. Technische Akademie Eßlingen, Lehrgang 3195/11.08, Mai 1977

Matthöfer, H.: Sonnenenergie. Forschung aktuell, Umschau-Verlag 1976

Mayr, F.: Ist die Solarheizung auf dem richtigen Weg? Veröffentlicht in Sanitär- und Heizungstechnik, 6, 77

Meysenburg, H.: Rationelle Energieanwendung. Beiträge zum Taschenbuch „Wege zur Energieversorgung", Verlag Karl Thiemig, München 1977

Miller, J.: Das BBC-Solarwatt-System.
Beitrag aus „Sonnenenergie, Anwendungen – Systeme – Erfahrungen", ASE Essen 1977

Müller, P.: Erfahrungen mit Wärmepumpen beim Wärmeentzug aus Abwasser. Beitrag aus „Energieanwendung im Endverbrauch". VDI-Bericht 282, 1977

Müller, W.: Die bivalente Heizung im Meinungsspiegel – Ergebnisse einer Umfrage. Aus Veranstaltungsbericht vom 12.2.1976 der RWE-Anwendungstechnik.

Neiß, J.: Erdreich als Wärmequelle. Vortrag auf der Tagung Nr. 134 (2) – 77 „Nichtkonventionelle Energieträger" im Haus der Technik, Essen

Neue Zürcher Zeitung: Kühlen mit Sonnenlicht, 21. Juni 1977

Rinck, Th.: Anforderungen an die Regelbarkeit von Wärmepumpen. Aus Veranstaltungsbericht vom 12.2.1976 der RWE-Anwendungstechnik.

Röber, H.: Kunststoffe in Systemen der Solartechnik. Beitrag aus „Sonnenenergie, Anwendungen – Systeme – Erfahrungen", ASE Essen 1977

Rudolph, M.: Konzeption von Wärmepumpen-Systemen. Beitrag aus „Energieanwendung im Endverbrauch". VDI-Bericht 282, 1977

Rumpf, H.-G.: Energie und sinnvolle Energieanwendung. Herausgeber: RWE Abt. Anwendungstechnik, 1977

Rumpf, H.-G.: Die Wärmepumpe. Herausgeber: RWE, Abt. Anwendungstechnik, 1977

RWE-Datenblätter Raumheizung: „Industriegebäude im Ruhrtal". Nr. I-1

RWE-Datenblätter Raumbeheizung: „Wärmepumpe im Freibad Wesel". Nr. Sp-3

RWE-Anwendungstechnik: Sinnvolle Energieanwendung im Hochbau. Herausgegeben zur DEUBAU 1977

Sabady, P.R.: Haus & Sonnenkraft – Wissensgrundlage für eine neue Industrie: Die Solar-Bautechnik, Helion-Verlag, Zürich 1976

Schubert, K.-P.: Möglichkeiten zur solaren Klimatisierung von Gebäuden. Beitrag aus „Sonnenenergie, Anwendungen – Systeme – Erfahrungen", ASE Essen, 1977

Schweig, H.: Möglichkeiten und Grenzen der Wirtschaftlichkeit von Solarheizungen. Beitrag aus „Sonnenenergie, Anwendungen – Systeme – Erfahrungen", ASE Essen 1977

Spanke, D.: Erfahrungen mit Wärmepumpen bei Wärmeentzug aus Erdreich. Beitrag aus „Energieanwendung im Endverbrauch". VDI-Bericht 282, 1977.

Stoy, B.: Viele Wege führen zur Sonne. DIE WELT, 29.1.1977

Stoy, B.: Regenerative Energiequellen. Aus Veranstaltungsbericht vom 12.5.1976 der RWE-Anwendungstechnik.

U.S. Department of Housing and Urban Development by the National Bureau of Standards, U.S. Department of Commerce,: Interim performance criteria for solar heating and combined heating/cooling systems and dwellings. January 1, 1975

Vielhaber, K.: Wärmepumpen in Solaranlagen. Beitrag aus „Sonnenenergie, Anwendungen – Systeme – Erfahrungen", ASE Essen 1977

Wallner, I.: Ziele und Aufgaben der Arbeitsgemeinschaft Solarenergie. Vortragsmanuskript zur RWE-Tagung „Ergebnisse von Entwicklungsarbeiten zur Nutzung der Sonnenenergie" am 12.5.1976

Winkler, J.-P., Gygax, P.: Sonnenenergie in Theorie und Praxis Verlag C.F. Müller Karlsruhe, 1976

Ziegenbein, B.: Das BBC-Solarhaus, Aufbau und Betriebserfahrungen. Beitrag aus „Sonnenenergie, Anwendungen – Systeme – Erfahrungen", ASE Essen 1977

Teil III: Elektrizität, Prozeßwärme und Wasserstoff aus Sonnenenergie

Bell, C.R., Jäger, F.: The solar option. Options – a IIASA news report, summer '77

Bundesministerium für Forschung und Technologie: Energiequellen für morgen? Teil II: Nutzung der solaren Strahlungsenergie. (Redaktion: M. Meliß, Arbeitsgemeinschaft der Großforschungseinrichtungen AGF/ASA), 1976, Vertrieb: Umschau-Verlag

Bundesministerium für Forschung und Technologie: Energiequellen für morgen? Teil III: Nutzung der Windenergie. (Redaktion: M. Meliß, Arbeitsgemeinschaft der Großforschungseinrichtungen AGF/ASA), 1976, Vertrieb: Umschau-Verlag

Böhnert, K.: Ungenutzte Kraft liegt in der Luft. Handelsblatt vom 16. Juni 1977

Buter, J.: Methoden zur Bereitstellung von Wärme und Elektrizität. Beiträge zum Taschenbuch „Wege zur Energieversorgung", Verlag Karl Thiemig, Minden 1977

Crawley, G.M.: Energy, Herausgeber: Macmillan Publishing Co. Inc. New York, 1975

Dornier System GmbH, Institut für Luft- und Raumfahrt der TU Berlin: Energienutzbarmachung im erdnahen Weltraum. 1972

EPRI, Electric Power Research Institute: Electric Utility Solar Energy Activities, 1976 Survey

Euler, K.-J.: Nichtkonventionelle Energiequellen und -verfahren. Beiträge zum Taschenbuch „Wege zur Energieversorgung", Verlag Karl Thiemig, München 1977

ERNO '77, Von der Forschung zur Nutzung, herausgegeben von ERNO-Raumfahrttechnik GmbH Bremen, 1977

Gohrbrandt, B. und Schmidt, E.F.: Space power stations – an analysis of problem. International Astronauticcal Federation (IAG). Oktober 1976

Haaf, G.: Herrn Ovshinskys gläserne Revolution. DIE ZEIT vom 22.7.1977

Halacy, D.S.: The coming age of solar energy. Avon books, The Hearst Corporation, New York

Handelsblatt: Windkraftwerke für Schweden, 3. Juni 1977

Kleinkauf, W.: Möglichkeiten und Grenzen der Sonnenenergie. Vortragsmanuskript zur HdT-Veranstaltung am 21.9.1977 „Die Rolle der unkonventionellen Energiequellen in der zukünftigen Energiewirtschaft"

MAN: Solar Energie. Herausgeber: MAN Neue Technologie, 1977

Mandel, H.: Lösung des Energieproblems durch regenerative Primärenergiequellen? Seminarvortrag in der TH Aachen, 1976

Meyer-Abich, K.M.: Wasserstoff aus Sonnenenergie. Das aktuelle Interview. Veröffentlicht in UMSCHAU Heft 8, 1977

Meyer-Franck, H.: Der Griff nach der Sonne – Am Anfang einer neuen Technologie. Unveröffentlicht (Drehbuchentwurf für einen Sonnenenergiefilm des RWE, Ausarbeitung 1977)

Nagel, S.: Mit Wind und Sonne Öl sparen, Handelsblatt, 22.7.77

Schmidt, E.F.: Unkonventionelle Energiewandler. Elitera-Verlag, Berlin, 1975

Schmidt, E.F.: New Development programs of solar generators for space and terrestrial applications. Vortragsmanuskript zum Elektrotechnischen Weltkongreß 1977 in Moskau.

Schümann, H.-W.: Solargeneratoren – Nutzung der Sonnenenergie zur Stromversorgung. Beitrag aus „Sonnenenergie, Anwendungen – Systeme – Erfahrungen", ASE Essen, 1977

Schweizerische Vereinigung für Sonnenenergie (SSES): Krafterzeugung mit Sonnenenergie und Langzeit-Speicherung. Symposium III vom 1.12.1975

Seidl, M: Kurzbericht über das „European seminar on biological solar energy conversion systems" 8.–12. Mai 1977. Unveröffentlicht.

Seidl, M.: Das Honnef Windkraft-Projekt. Unveröffentlicht, April 1977

Selders, M.: Solarzellen für die Sonnenenergiewandlung zur terrestrischen Stromversorgung. UMSCHAU 77 (1977) Heft 13

Simon, M.: Die Zukunft solarthermischer Klein-Kraftwerke. Beitrag aus „Sonnenenergie, Anwendungen – Systeme, Erfahrungen", ASE Essen, 1977

Süddeutsche Zeitung: Sonnenenergie chemisch gespeichert. 10. Juni 1977

Süddeutsche Zeitung: Die Sowjetunion greift nach der Sonne. 5. August 1977

Wessendorf, W.: Hoffnungen in den Wind gesetzt. Die Welt, 18.6.1977

Wissenschaftliches Werk: Das wissenschaftliche Werk Ulrich Hütters. AM-Information 6/77

Teil IV: Förderung und Aussichten der Sonnenenergie

Agarwal, A.: Keine Hoffnung für die Armen? – Die nächste Ölkrise und die Entwicklungsländer. DIE ZEIT – Nr. 30 – 15.7.1977

Bohn, Th.: Energiebedarf und Probleme der Energiebedarfsdeckung. Beiträge zum Taschenbuch „Wege zur Energieversorgung", Verlag Karl Thiemig, München 1977

Böttger, O.: Zukünftige Möglichkeiten der Energieversorgung. Beiträge aus „Wege zur Energieversorgung", Verlag Karl Thiemig, München 1977

BP, Zahlen aus der Mineralölwirtschaft. Herausgeber: Deutsche BP AG, Hamburg, Informationsabteilung, Ausgabe Frühjahr 1977

BP: Energie 2000 – Tendenzen und Perspektiven, Herausgeber: Deutsche BP AG, Hamburg, 1977

Bundesministerium für Forschung und Technologie und Bundesministerium für Wirtschaft: Rahmenprogramm Energieforschung der Bundesregierung. Jahresbericht 1976

Bundesministerium für Forschung und Technologie: Programm Energieforschung und Energietechnologien 1977–1980, veröffentlicht 1977

Energy International: Solar energy in America. Miller Freeman Publications, San Francisco, June 1977

Euler, K.-J., Scharmann, A.: Wege zur Energieversorgung. Verlag Karl Thiemig, München, 1977

Europäische Gemeinschaften: Das Sonnenenergieforschungsprogramm der EG. Information R + D, Ausgabe Nr. 7, 5/77

Europäische Gemeinschaften: Entschließung zu der Notwendigkeit, eine gemeinsame Politik für die Nutzung der Sonnenenergie zu verwirklichen. Amtsblatt der Europäischen Gemeinschaften vom 11.7.1977

FAZ – Blick durch die Wirtschaft: Amerika: Solar-Energie auf dem Vormarsch, 26. Juli 1977

Ginsburg, T.: Fernbeheizte Schweiz? Technische Rundschau, Bern, 17. August 1976

Günther, H. (Pseudonym von W. de Haas): In hundert Jahren – Die künftige Energieversorgung der Welt. Franck'sche Verlagshandlung, 1931

Häfele, W.: Second Status Report of the IIASA Projekt on Energy Systems 1975, Herausgeber: International Institute for Applied Systems Analysis, Laxenburg, Österreich, 1976

Handelsblatt: Energie aus alternativen Quellen zapfen, 14.10.1976

Hauptberatungsstelle für Elektrizitätsanwendung (HEA), Frankfurt: Überlegungen zur künftigen Entwicklung der elektrischen Wohnungsbeheizung in der Bundesrepublik Deutschland. 1974

Jansen, P., Junk, R., Schiemann, H., Vilmar, F. u.a.: Der Energieschock. dva informativ, 1974

Klätte, G.: Folgerungen aus der Energiekrise für die Elektrizitätswirtschaft. ÖTV-Seminar „Energiepolitik", ötv-energiereport, 1975

Mandel, H.: Wege zur Sicherung der Energieversorgung. Beiträge zum Taschenband „Wege zur Energieversorgung", Verlag Karl Thiemig, München 1977

Mandel, H.: Möglichkeiten und Grenzen von Substitutionsprozessen im Energiebereich. Elektrizitätswirtschaft 74, 1975

Meysenburg, H.: Rationelle Energieanwendung – Einige Wege und Möglichkeiten zu einer effizienteren Energiewirtschaft auf der Anwendungsseite. Energie und Umwelt, 1976

Meysenburg, H.: Eröffnungsrede anläßlich der Tagung „Energieanwendung im Endverbrauch". VDI-Bericht 282, 1977

Michaelis, H.: Aktuelle Fragen der internationalen Energiepolitik. Beitrag aus BRAUNKOHLE, Heft 5, Mai 1977

Müller, W. und Stoy, B.: Manuskript eines im Frühjahr 1978 bei dva erscheinenden Buches zum Thema Wirtschaftswachstum und Energiemehrverbrauch mit dem Titel „Entkopplung".

Mislin, H.: Energiepolitik und Sonnenenergie: Ein Vorschlag zur Starthilfe. Chemische Rundschau Nr. 15, 13.4.1977

Palz, W.: L'utilisation de l'énergie solaire: un nouveau départ. Revue française de l'électricité, Nr. 254/76

Puiseux, L.: Energiekraftquellen der Erde. Kurt Desch Verlag GmbH, München 1974

RWE-Anwendungstechnik: Energieflußbild der BRD, 1975

RWE-Anwendungstechnik: Entwicklungsarbeiten für sinnvolle Energieverwendung. 1974. Vortrags- und Diskussionsveranstaltungen der RWE-Anwendungstechnik im HdT.

Schaefer, H.: Integrierte Energieversorgung. VDI-Berichte Nr. 222 (1974)

Schaefer, H.: Verbesserung der Energienutzung. atomwirtschaft 20, Nr. 9 (1975)

Schaefer, H.: Energieeinsparung – Wunsch und Realität. Beitrag aus „Energieanwendung im Endverbrauch". VDI-Bericht 282, 1977

Schmidt-Küster, W.-J.: Neue Energiesysteme – eine echte Alternative? TÜV Bd. 17, 1976

Schulten, R.: Entscheidungen auf dem Wege zum künftigen Energiemarkt. gwf-gas/erdgas 117, 1976

Stoy, B.: Sinnvolle Energieverwendung – weshalb, wo und wie. UMSCHAU in Wissenschaft und Technik, Oktober 1973

Stoy, B.: Rückwirkungen der Energieanwendung auf Kraftwerke und Umwelt. RWE informiert 1976

Stoy, B.: Nicht nukleare, nicht fossile Energiequellen. atomwirtschaft, November 1976

Süddeutsche Zeitung: Diktatur durch Energie, 26. Juli 1977

Trenkler, H.: „Aktuelles aus der Elektrizitätswirtschaft" Vortrag anläßlich der Mitgliederversammlung der VDEW-Landesgruppe Hessen am 24.3.1977.

United States Information Service: Carter legt sein Energieprogramm vor. Rede vor beiden Häusern des Kongresses am 20.4.1977

V. 13 Stichwortverzeichnis

V. 13.1 Erläuterungen zu den verwendeten Abkürzungen

AEG	Allgemeine Elektricitäts-Gesellschaft
ASE	Arbeitsgemeinschaft Solarenergie
ASSA	Austrian Solar and Space Agency
BBC	Brown Boveri & Cie
BMFT	Bundesministerium für Forschung und Technologie
BP	Benzin- und Petroleum AG
COMPLES	Coopération Méditerranéenne pour l'Energie Solaire
CRAIES	Centro di Ricerca Applicata per l'Impiego dell'Energia Solare
CSIRO	Commonwealth Scientific and Industrial Research Organisation
DFVLR	Deutsche Forschungs- und Versuchsanstalt für Luft- und Raumfahrt
DGS	Deutsche Gesellschaft für Sonnenenergie
DIN	Deutsches Institut für Normung
EdF	Electricité de France
EG	Europäische Gemeinschaft
ERDA	Energy Research and Development Administration
ETS	Energietechnik, RWE-Studiengesellschaft für Energie-Umwandlung, -Fortleitung und -Anwendung
EVS	Energie-Versorgung Schwaben
FTA	Fördergesellschaft Technischer Ausbau
HEAG	Hessische Elektrizitäts-AG
IEA	Internationale Energieagentur
IIASA	International Institute for Applied System Analysis
ISES	International Solar Energy Society
JET	Joint European Torus
KAH	Kraftanlagen Heidelberg
KFA	Kernforschungsanlage Jülich
MAN	Maschinenfabrik Augsburg–Nürnberg
MBB	Messerschmidt-Bölkow-Blohm
MKW	Main-Kraftwerke
NASA	National Aeronautics and Space Administration
OTEC	Ocean Thermal Energy Conversion
RWE	Rheinisch-Westfälisches Elektrizitätswerk
SEIA	Solar Energy Industries Association
SET	SonnenEnergie-Technik
SOCOM	Solar Communication
SOFRETES	Sociéte francaise d'études thermiques et d'énergie solaire
SSPS	Satellite Solar Power Station
SVS	Schweizerische Vereinigung für Sonnenenergie
VEBA	Vereinigte Elektrizitäts- und Bergwerks-AG
VDI	Verein Deutscher Ingenieure
VEW	Vereinigte Elektrizitätswerke Westfalen
VFW-Fokker	Vereinigte Flugzeugwerke Fokker
VSE	Vereinigte Saar-Elektrizitäts-AG
VW	Volkswagenwerk

V. 13.2 Geographische Bezeichnungen

V. 13.3 Sachwörter, Fachbegriffe, Firmenbezeichnungen

C

D

F

G

Q

R

S

T

U

V

W

Quellenverzeichnis der Bilder

AEG, Hamburg: Bilder 67, 68, 69a, 69b, 70; Bähr + Gansfort, Düsseldorf: Bilder 23, 24; BBC, Heidelberg: Bild 26; Boeing, Seattle: Bild 72; Borsig, Berlin: Bild 54; BP Hamburg: Bild 77; Deutscher Wetterdienst, Hamburg: Bild 6; Dornier, Friedrichshafen: Bilder 25, 61, 64a; Electricité de France, Paris: Bilder 16, 21, 60, 66; Esso, Hamburg: Bild 3; Energie-Versorgung Schwaben, Stuttgart: Bild 43; ERNO, Bremen: Bild 71; Forschungsstelle für Energiewirtschaft, München: Bilder 1, 40; Fördergesellschaft Technischer Ausbau, Bonn: Bild 1 in V.6.; Happel, Bochum: Bild 49; Hokkaido Power, Sapporo: Bild 18; Junkers, Wernau: Bild 29; Kernforschungsanlage Jülich: Bilder 57, 58, 59; Main-Kraftwerke, Frankfurt: Bild 47; MAN, München: Bilder 63a, 63b; Messerschmidt-Bölkow-Blohm, Ottobrunn bei München: 64b, 65; Neckarwerke, Eßlingen: Bild 45; Owens, Illinois: Bild 4; Philips, Aachen: Bilder 15, 20a, 20b,; Ritter Elektroheiztechnik, Oberhausen: Bild 42; RWE, Essen, und RWE-Studiengesellschaft Energietechnik, Kettwig: Bilder 7, 8, 9, 10, 11, 12, 13, 14, 25, 30, 31, 32, 33, 34, 35, 36, 37, 38, 39, 41, 44, 46, 50, 51, 52, 53, 55, 56, 62, 72, 73a, 73b, 74,75,78, 79, 80, sowie Bild 1 in V.1, Bilder 1, 2, 3 in V.3, Bilder 1, 2, 3, 4, 5, 6 in V.4; Siemens, Erlangen: Bild 47; Technische Hochschule Kopenhagen: Bild 19; Teknotherm, Malmö: Bild 27; Universität Cambridge: Bild 22; Universität Delaware: Bild 17; Vestfrost, Esbjerg: Bild 48